춤추는 물리
The Dancing
WuLi
Masters

춤추는 물리

The Dancing WuLi Masters
An Overview of the New Physics

게어리 주커브 지음 | 김영덕 옮김

범양사
Science Books

The Dancing WuLi masters
Copyright © 1979 by Gary Zukav
This Korean language edition is published
by arrangement with John brockman associates, inc.

Copyright © 1991 (주) 범양사 편집부
Printed in Korea

이 책은 이 책을 읽는 바로 당신에게 바쳐진 것입니다

감사의 말

나는 이 자리를 빌어 이루 말할 수 없는 고마움을 아래에 적은 여러분들에게 전한다. 이 책을 쓰면서 대학원 학생에서 노벨상 수상자에 이르기까지 물리학자들이란, 가까이 가기 쉽고 기꺼이 도와주고 싹싹하고 인정미 넘치는 사람들이라는 걸 깨닫게 되었다. 그래서 내가 오랫동안 간직하고 있던 고정관념, 차갑고 '객관적'인 과학적 인간이라는 생각이 산산이 부서지고 말았다. 나는 무엇보다 앞서 이러한 깨달음으로 인해 여기 적은 여러분에게 감사를 드린다.

물리학 의식연구부 부장 사파티Jack Sarfatti 박사는 내가 여러 사람을 만날 수 있도록 촉매 역할을 해 주었다. 알 충량 황Al Chung-liang Huang은 태극 도사로서 '物理=WuLi'라는 한자의 깊은 뜻을 알려 주고 아름답고 힘찬 휘호를 써 주었다. 조지아 공과대학 물리학 원장 휜켈스타인David Finkelstein 박사는 내 첫 지도교수였다. 이분들은 사실상 이 책의 대부들이다.

사파티와 휜켈스타인 이외에도 다음 여러 물리학자들이 원고를 전부 읽어보고 평을 해 주었다. 로렌스 버클리 연구소의 스타프Henry Stapp 박사는 빈번히 시간을 내어 내 질문에 대답을 해 주었고, 케임브리지대학교의 물리학 교수 죠셉슨Brian Josephson, 이스라엘의 라마트-간 소재 바르-일란대학교의 물리학 교수 얌머Max Jammer도 그와 같은 수고를 아끼지 않았다. 이들에게 나는 특별히 큰 빚을 지고 있다.

또한 로렌스 버클리 연구소의 기초 물리학부의 창시자요 후원자인 라우셔Elizabeth Rauscher 박사를 잊을 수 없다. 물리학자들만이 참석하게 되어 있는 기초 물리학부 주례회의에 비물리학자를 참석시켜 준 그의 호의에 감사한다. 스타프와 사파티 외에도 이 그룹에는 클라우져John Clauser박사, 에버하드Philippe Everhard 박사, 와이스만Geoge Weissman 박사, 울프Fred Wolf 박사, 그리고 카프라Fritiof Capra 박사가 포함되어 있다.

캘리포니아 버클리 소재 캘리포니아대학교의 물리학 교수 제퍼리Carson Jefferies는 내 원고의 일부를 읽고 뒷받침해 주는 노고를 아끼지 않았다. 런던대학교 버크대학의 물리학 교수 보음David Bohm은 원고의 일부를 읽었고, 시래그Saul-Paul Sirag는 여러 차례 조언을 했으며, 로렌스 버클리 연구소의 입자 물리학자들은 이 책 마지막에 있는 입자표 작성에 큰 힘을 주었다. 소노머주립대학교(캘리포니아)의 물리학 교수 크리스웰Eleanor Criswell은 값진 지원을 해 주었고, 캔서스주립대학교의 맥콜럼Gin McCollum 수학 교수는 참을성 있게 나를 가르치고 도와주었다. 한편 C-Life 연구소의 소장 허버트Nick Herbert 박사는 벨 정리에 관한 자신의 탁월한 논문을 제공했으며, 이 책의 한 장의 제목으로 자신 논문 제목 〈둘보다 더한More Than Both〉을 쓰도록 허락했다.

이 책의 도해는 모두 로빈슨Thomas Linden Robinson이 맡았다.

버클리의 캘리포니아대학교 물리학과 명예 교수이며 로렌스 과학관의 전직 관장 화이트Harvey White는 그의 이름난 확률분포무늬(모형, probability distribution patterns)의 모의기법(전산 모의실험, simulation)을 잡은 사진을 손수 마련해 주었다. 전자회절의 사진은 로렌스 버클리 연구소의 그론스키 Ronald Gronsky 박사가 제공했다. 분광학에 대해서는 캘리포니아대학교 버클리 캠퍼스의 물리학교수 데이비스Summer Davis로부터 많은 것을 배웠다. 이 책을 쓰면서 만나게 된 모든 물리학자들과 아울러 이 낯선 사람에게 시간과 지식을 나누어 준 분들에게도 깊은 감사를 드린다.

그리고 이 책을 편집한 과르나셀리Maria Guarnaschelli는 그 예리한 감각과 박식으로 큰 도움을 주었다.

1976년 '물리학과 의식 회의'를 주관한 이살런 연구소 임원과 머피 Michael Murphy의 너그러운 뒷받침이 없었다면 이 책은 햇빛을 보지 못했을 것이다.

CONTENTS

감사의 말   7
내용 개요   12
과학사의 주요 사건 연대   16
소개의 말   19
머리말   24

Chapter ❶ 물리
1. 빅서Big Sur에서 보낸 한 주일   30
2. 아인슈타인은 그것을 좋아하지 않는다   50

Chapter ❷ 유기적 에너지의 무늬들
1. 살아 있음이란?   82
2. 일어나는 것   111

Chapter ❸ 나의 길
1. '나'의 구실   140

Chapter ❹ 무의미 Nonsense
   1. 초발심자의 마음 Beginner's Mind   172
   2. 특수 무의미 Special Nonsense   196
   3. 일반 무의미 General Nonsense   229

Chapter ❺ 나의 생각을 움켜쥔다
   1. 입자 동물원   266
   2. 춤   289

Chapter ❻ 깨달음 Enlightenment
   1. 둘보다 더한   332
   2. 과학의 끝장   364

역자 후기   406
추천사   408
원주 및 참고 문헌   415

내용 개요

1. 물리(서론)

|**빅서에서의 한 주일**| 물리학, 이살런, 중국어와 영어, 물리 도사들, 과학자와 기술자, 나트륨 스펙트럼, 보어의 원자모델

|**아인슈타인은 그것을 좋아하지 않는다**| 새 물리학과 옛 물리학, 뉴턴물리학, 거대한 기계, 우리가 현실을 창조하는가?, 객관성의 신화, 아원자 '입자들', 통계, 기체분자의 운동이론, 확률, 양자역학의 코펜하겐해석, 실용주의, 두뇌분단분석, 새 물리학과 옛 물리학의 개요

2. 유기적 에너지의 무늬들(양자역학)

|**살아있음이란?**| 유기적인 것과 비유기적인 것, 막스 플랑크, '불연속적', 흑체복사, 아인슈타인, 아인슈타인 광전 효과, 파동 파장, 주파수와 진폭, 회절, 영의 쌍-슬릿 실험, 파동-입자 이원성, 확률파

|일어나는 것| 양자역학은 과정, 준비마당, 측정마당, 관측되는 체계, 관측하는 체계, 슈뢰딩거 파동방정식, 관찰가능체, '상호 관계'로서의 입자, 파동함수, 확률함수, 양자뜀, 측정의 이론, 양자역학의 형이상학, 양자역학의 다세계이론, 슈뢰딩거의 고양이, 의심 많은 도마

3. 나의 길(양자역학)

|'나'의 구실| '이-안'과 '저-밖'의 환상, 상보성, 콤프턴 산란, 드 브로이, 물질파, 슈뢰딩거, 서 있는 파동, 파울리의 배타원리, 슈뢰딩거 파동방정식, 막스 보른, 확률파, 원자의 양자모델, 하이젠베르크, S-행렬, 하이젠베르크의 불확정성의 원리, 사태의 역전

4. 무의미(상대성)

|초발심자의 마음| 무의미, 초발심자의 마음, 특수상대성이론, 갈릴레이의 상대성이론, 관성좌표계, 갈릴레오 변환, 광속도 불변, 에테르, 마이클슨-모올리 실험, 피츠제럴드 수축, 로렌츠 변화

|특수 무의미| 특수상대성이론, '고유'와 '상대', 길이와 시간, 테럴의 상대성 수축, 상대적 질량 증가, 동시성, 시공 연속체, 민코프스키, 질량-에너지 보존법칙

|일반 무의미| 중력과 가속도, 엘리베이터의 안과 바깥, 중력 질량과 관성

질량, 시공 연속체의 기하, 유클리드 기하학, 회전하고 있는 원, 비유클리드 기하학, 아인슈타인의 궁극적 비전, 수성의 근일점, 별빛의 편향, 중력적방편이方偏移, 검은 구멍, '무의미'라는 환상

5. 나의 생각을 움켜쥔다(입자 물리학)

|입자 동물원| 변화를 가로막는 것, 거울로 이루어진 복도, 새로운 세계관, 입자 물리학, 기포상자, 생성 소멸의 춤, 흔적을 만드는 것, 양자 상이론, 입자의 질량, 질량 없는 입자, 전하, 스핀, 양자 수, 반입자

|춤| 시공도표, 파인만 도식, 생성 소멸의 춤, 반입자, '시간'의 환상, 엔트로피, 가상 광자, 전자기력, 유가와 히데키, 강력, 가상 중간자, 자체작용, 중력, 약력, 가상 광자, 진공도식, 보존법칙, 대칭, 쿼크, S-행렬

6. 깨달음

|둘보다 더한| 물리학과 깨달음, 벨의 정리와 양자 논리, 폰 노이만, 파동함수, '명제로서의 계획', 훵켈스타인, 상징과 경험, 로고스와 미토스, 배분법칙, 편광, 중첩, 양자 논리, 증명, 전이표, 공 과정, 격자, 배분법칙의 반증, 양자 위상 수학

|과학의 끝장| 깨달음과 통합, 벨, 양자 현상의 연관성, 아인슈타인-포돌

스키-로젠 사고 실험, 초광속도적 전달 효과, 국소발생원인이론, 벨의 정리, 프리드만-클라우져 실험, 사파티, 반무질서도의 초광속도적 전달, 아스펙트 실험, 신호 없는 초광속적 정보의 전달, 비국소성, 반사실적 명확성, 초결정론, 다세계이론, 양자역학의 사상, 보옴, 분해되지 않는 전체성, 내재적 질서, '새로운 사고의 도구', 동양 종교, 칼리kali, 무형의 길, 춤

과학사의 주요 사건 연대

토머스 영T. Young : 1803년, 쌍-슬릿 실험

앨버트 마이클슨A. Michelson, 에드워드 모올리E. Morley : 1887년, 마이클슨-모올리 실험

조지 피츠제럴드G. F. FitzGerald : 1892년, 피츠제럴드 수축

헨드릭 로렌츠H. A. Lorentz : 1893년, 로렌츠 변환

전자Electron : 1897년 ; 전자 발견

막스 플랑크M. Planck : 1900년, 양자 가설

알베르트 아인슈타인A. Einstein :
1905년, 광자이론
1905년, 특수상대성이론

헤르만 민코프스키H. Minkowski : 1908년, 시공개념

핵Nucleus : 1911년, 핵 발견

닐스 보어N. Bohr : 1913년, 원자행성모델

알베르트 아인슈타인 : 1915년, 일반상대성이론

루이 드 브로이L. de Broglie : 1924년, 물질파

닐스 보어, 크라메르스H. A. Kramers. 존 슬레이터 J. Slater : 1924년, 확률파

개념

볼프강 파울리W. Pauli : 1925년, 배타원리

베르너 하이젠베르크W. Heisenberg : 1925년, 행렬역학

에르빈 슈뢰딩거E. Schrodiger :

1926년 ; 슈뢰딩거 파동방정식

1926년 ; 행렬역학과 파동역학의 등식화

1926년 ; 코펜하겐에서 보어와 만나 양자뜀이론을 반박함

막스 보른M. Born : 1926년, 파동함수의 확률 해석

닐스 보어 : 1927년, 상보성

클린튼 데이비슨C. Davisson, 레스터 거머L. Germer : 1927년, 데이비슨-거머 실험

베르너 하이젠베르크 : 1927년, 불확정성의 원리

양자역학의 코펜하겐해석 : 1927년

폴 디랙P. Dirac : 1928년, 반물질

중성자Neutron : 1932년, 중성자 발견

양성자Positron : 1932년, 양성자 발견

요한 폰 노이만Johann von Neumann : 1932년, 양자 논리

알베르트 아인슈타인, 보리스 포돌스키B. Podolsky, 나탄 로젠N. Rosen : 1935년, E-P-R 효과

히데키 유가와Hideki Yukawa : 1935년, 중간자 예언

중간자meson : 1947년, 중간자 발견

리차드 파인만R. Feynman : 1949년, 파인만 도식

16종의 새로운 입자 : 1947-1954년, 입자 발견

양자역학의 다세계이론 : 1957년

데이비드 휜켈스타인D. Finkelstein : 1958년, 일방투막one-way membrane 가설

제임스 테럴J. Terrell : 1959년, 순환논리

준성Quasars : 1962년, 별 같은 천체 발견

쿼크Quarks : 1964년, 쿼크의 존재 가정

벨J. S. Bell : 1964년, 벨의 정리

데이비드 보옴D. Bohm : 1970년, 내재력 질서

스튜어트 프리드만S. Freedman, 존 클라우져J. Clauser : 1972년, 프리드만-클라우져 실험

12종의 새로운 입자 : 1974-1977년, 입자 발견

잭 사파티J. Sarfatti : 1975년, 초광속도적 정보전달이론

에일리언 아스펙트A. Aspect : 1978년, 아스펙트 실험

소개의 말

저자 게어리 주커브Gary Zukav가 이 책의 집필 계획을 털어놓고 그 개요를 설명할 당시 알 황Al Huang과 나는 이살런Esalen의 저녁식탁에서 그 모습을 지켜보고 있었다. 1976년의 일이었다. 그때만 하더라도 주커브가 그처럼 기뻐 날뛰며 착수하던 작업의 규모와 의의가 어느 정도인지 미처 깨닫지 못했다. 이 책이 점점 자라나는 광경을 지켜보고 있노라니, 공부도 되고, 보람도 느끼게 되었다.

저자는 현대적 양자상대론적 물리학quantum relativisic physics의 모든 발전 과정을 추구하겠다는 의도였고 이 학문을 있는 그대로 한편의 거대한 작품으로 펼치려 했다. 그 결과 이 책은 읽기 쉬울 뿐만 아니라, 물리학자들이 온갖 방법으로 전달하려 했으나 실패하고 만 내용을 독자들에게 전달하는 데 성공하였다. 한마디로 게어리 주커브는 비전문가들에게 아주 훌륭한 책을 내놓았다.

주커브의 물리학에 관한 자세는 오히려 나와 가깝고, 때문에 나 역시 비전문가라고 해야 할는지는 모르겠다. 그리고 대다수 전문가들과 이야기하는 것보다는 그와 대화를 나누는 쪽이 훨씬 더 참신한 자극을 준다. 그는 물리학이-무엇보다 앞서-달성할 수 없는 대상을 끊임없이 탐구하는 과정에서 우리들이 가장 아끼던 편견과 낡은 관습을 하나하나 찾아내고 그 형태를 파악하고 제거하여 우리보다 더 위대한 실체와 조화를 이루려는 시도라고 생각한다.

나는 이 자리를 빌어 그의 이야기에 몇 마디를 보태게 해 준 저자의 따뜻한 배려에 고마움을 표시하고 싶다. 우리들이 만난 지 벌써 3년이 되니까 여기서 잠시 내 기억을 더듬어 보아야 하겠다.

옮겨살이 고래들이 먼저 머리에 떠오른다. 우리들이 이살런의 낭떠러지 위에 서서 남쪽으로 옮겨가며 뛰어오르는 고래를 바라보던 기억이 되살아난다. 다음은 아름다운 모나코 나비들이 첫날부터 벌판에 점점이 날아다니더니 어느 마법의 나무에 잎사귀마냥 온통 뒤덮여 있어 잊을 수 없는 한 주일의 피날레를 장식하던 기억이 새롭다. 그 고래들과 나비 사이에서 우리들은 거추장스러운 위엄이나 체면을 벗어던지고 마음껏 놀 수 있었다.

이살런에서 물리학자들과 의사소통하기가 무척 어려웠던 탓도 있었고 그로 인해 나는 대다수의 물리학자들이 양자역학을 놓고 나와 얼마나 다른 생각을 하고 있는가를 깨닫게 되었다. 내 방법이 새롭기 때문이 아니다. 내 방법이라야 노이만Johann Ludwig von Neumann, 1903~1957의 〈양자역학의 수학적 기초Mathematische Grund-lagen der Quantenmechanik,1932〉에서 이미 지적되었던 두 가지 방법 중의 하나다. 그것은,

1. 양자역학은 주체와 객체를 함께 포용하면서 새로운 논리를 준수하는 준비 및 관찰 과정에 의해 규정된 명제들을 다루고 있으며, 객체의 객관적 성질만을 다루지는 않는다.

2. 양자역학은 옛 논리에 따라 객체의 객관적 성질만을 다루고 있으나, 관찰이 행해질 때에는 객체의 성질이 임의의 방향으로 비약한다.

대다수의 현직 물리학자들은 이 두 가지 방법 중 하나(둘째)만을 보고 다른 것은 보지 않는 것 같다. 인성(혹은 개성, personality)이 과학의 방향을 결정짓지 않을까 하는 생각을 해 본다. 나는 '사물적thing' 마음과 '인간적 people' 마음 두 가지가 있다고 생각한다. 훌륭한 부모, 심리학자들 그리고 작가들은 당연히 '인간적' 인간people people이고, 반면 기능공, 기사와 물리학자들은 '사물적' 인간thing people이 되는 경향이 있다. 물리학은 이미 지나치게 '무사물적thingless'이 되어 사물 중심적 물리학자들에게는 너무 두려운 대상이 되고 말았다. 아인슈타인과 하이젠베르크의 경우에 비길 만한 심오한 물리학의 새로운 진화는 보다 더 대담하고 통합된 사유가 가능한 새 세대를 기다리고 있다.

물리학자들은 대다수가 그들의 일상 작업에 사용하는 양자란 도구를 당연한 것으로 보고 있으나, 벌써 다음 물리학으로 통하는 길을 시험하고 있는 전위가 있으며, 아직도 옛 물리학으로 돌아가는 길을 양심껏 지키고 있는 후위가 있다. 벨의 정리는 주로 후자에 중요하고, 여러 저서에 그것이 두드러지게 나타난다고 해서 오늘날 양자물리학상의 문제를 해결해 주고 있다는 뜻은 아니다. 오히려 벨의 정리는 대부분의 물리학자들이 이미 전제하고 있는 논리, 즉 양자역학은 무엇인가를 새롭고 다른 것이라는 견해로 몰아간다.

여기서 모든 것을 예측하려는 〈완전complete〉이론, 다시 말하면 뉴턴주의자들이 추구하는 것(뉴턴은 이따금 하느님이 세계 시계를 재조정하기를 바랐던 만큼 그 자신이 엄격한 뉴턴주의자라고 보기 힘들지 않을까 생각된다)과 가능한 범위 안에서 최대의 것을 예측하려는 〈최대maximal〉이론, 즉 양자물리학이 추구하는 것을 구분할 필요가 있다. 아인슈타인과 보어는 서로 논쟁을 하고 그 방향은 다르면서도 양자역학은 불완전하며, 나아가서는 그 이론은 아직도 최대화되지 않았다는 데 합의했었다. 사실상 그들이 토론한 주제는 불완전한 이론이 최대일 수 있느냐 하는 것이었다.

그들은 유명한 논쟁을 펼치면서 처음부터 끝까지 아인슈타인이 "우리들의 이론은 경험을 표현하기에는 너무나 빈약하다."고 주장하면 보어는 "아니, 아니, 경험은 우리 이론에 비하면 너무 풍요로운 거요." 하고 응수했다. 실존 철학자들이 삶의 불확정성을 증명하는 존재 앞에 절망하는 반면 다른 사람들은 삶의 용솟음elan vital을 느끼는 것과 마찬가지였다.

이러한 논쟁을 유도하는 양자역학의 특징 가운데 하나가 비존재 또는 잠재력에 대한 관심이다. 모든 언어에는 이러한 성향이 어느 정도 담겨 있고, 또 말은 단 한 번밖에 쓸 수 없으나 양자역학은 고전역학보다는 확률에 더 크게 관여하고 있다. 어떤 사람들은 이러한 현상이 양자이론의 신뢰성을 떨어뜨리고 최대이론의 자리에서 격하시킨다고 생각한다. 그러므로 양자이론을 변증하는 다음 몇 가지 사실을 지적해 두는 것이 중요하다.

첫째, 양자역학은 불확정성을 내포하고 있음에도 불구하고 고전역학과 다름없이 개별적인 실험에 대해서는 전적으로 그렇다, 그렇지 않다는 단정적 해답을 내릴 수 있다. 둘째, 확률은 다수의 법칙으로 도출할 수 있으며 공식화할 필요는 없다는 것이다. 나는 양자이론과 고전이론의 차이를 교과서에 표현된 방식보다는 차라리 다음과 같이 설명하고 싶다. 일단 충분한 자료가 주어지면 고전역학은 모든 문제에 단정적인 해답을 내놓는 반면, 양자역학은 이론 안에 있는 몇 가지 문제는 해답을 내리지 않고 그냥 두어, 경험으로 해답을 구하도록 한다. 따라서 양자역학의, 이론에는 없고 경험으로

만 발견되는 해답, 예컨대 국소화된 전자의 운동량 같은 것은 존재하지 않는다고 생각하는 유감스러운 경향-나 자신의 내부에도 있는-을 여기에 지적해 두고자 한다. 우리들은 기호체계에 너무 얽매여 있다.

일주일 동안 토론을 하고 나서도 회의는 양자론의 요소에서 제자리걸음을 하고 있었고, 우리들이 시도하려던 새 양자시간개념에 깊숙이 들어가지 못했으나 다음 문제군으로 옮겨가기는 훨씬 쉬워졌다. 그 문제를 지금 내가 다루고 있다.

양자역학은 해답을 내리지 못하는 문제에 의해서 그 특성이 결정된다. 일부 논리학자, 가령 데이비스Martin Davis 같은 이는 이와 같은 문제가 괴델Godel 이후 논리학을 지배해온 불확정성 명제들과 연관이 있지 않을까 하는 의견을 제시했다. 나는 지금보다 오히려 과거에 내가 알고 있는 내용에 자신이 컸었다. 지금 와서 생각해 보면 그들이 옳을지도 모른다. 여기서 공통되는 요소란, 반사성reflexivity과 한정체계로서는 전면적인 자각이 불가능하다는 점이다. 인류를 제대로 연구하는 작업은 끝이 없어 보인다. 이러한 사상이 완성되어 게어리 주커브가 그것을 주제로 한 책을 쓰게 되기를 바라마지 않는다. 그런 일이라면 그 사람이 제격이기 때문이다.

1978년 뉴욕에서, David Finkelstein

머리말

내가 양자물리학을 처음 접하게 된 것은 몇 년 전의 일이었다, 캘리포니아주 버클리에 있는 로렌스 버클리 연구소에서 어느 날 오후에 열리는 회의에 친구가 나를 초대해 준 것이 계기가 되었다. 그때까지만 하더라도 나는 과학계와는 전혀 인연이 없었으므로, 도대체 물리학자들이 어떻게 생겼나 보고 싶었다. 그런데 그 사람들이 하는 말을 내가 모두 이해할 수 있었고, 그들의 토론 내용은 신학자들의 그것과 흡사하다는 사실을 알고 크게 놀랐다. 내가 보고들은 사실을 믿기가 어려울 정도였다.

내가 짐작했던 것과는 달리 물리학은 메마르거나 지루한 학문이 아니었다. 그것은 철학과 분리될 수 없는, 풍요롭고도 심오한 지적 모험이었다. 이처럼 놀라운 현상의 발전을 깨닫고 있는 인간 집단이 물리학자들뿐이라는 사실을 도무지 믿을 수가 없었다. 물리학에 대한 내 관심과 지식이 늘어남에 따라 나는 이 새로운 발견의 성과를 다른 사람들과 나누기로 결심했다. 이 책은 이러한 내 발견의 산물이다. 그리고 연작물 중의 하나이기도 하다.

대체로 사람들은 그 지적 성향에 따라 두 가지 범주로 나눌 수 있다. 첫째 집단은 논리적 과정의 정확성을 요구하는 탐구 작업을 더 좋아한다. 이들은 자연과학과 수학에 관심을 가지는 사람들이다. 그들은 교육의 결과로 과학자가 되는 것이 아니다. 그 분야가 그들의 과학적 심리 구조에 적합하기 때문에 과학 교육을 선택한다. 둘째 집단은 그보다 논리적 엄격성이 상대적으로 덜 요구되는 지적 작용을 내포하는 탐구를 더 좋아한다. 이들은 인문과학liberal arts에 관심을 가지게 되는 사람들이다. 그들도 교육의 영향이 아니라 그들의 과학적 심리 구조를 충족시켜 주기 때문에 인문과학을 선택한다.

이들 두 집단은 예리한 지성을 지니고 있으므로, 한 집단의 구성원들이 다른 집단 구성원의 연구 내용을 이해하기는 어렵지 않다. 그러나 지금까지 나는 이 두 집단 사이의 의사소통에 상당히 문제가 있음을 알게 되었다. 물리학을 전공하는 내 친구들이 나에게 어떤 개념을 설명하려고 시도한 적이 여러 번 있었는데, 뜻이 잘 전달되지 않자 안절부절못하며 이것저것 설명 방법을 동원하였으나, 어느 방법이나 나에게는 추상적이고 알기 어려우며 일반적으로 심원하다는 인상을 받았다. 그러나 정작 그들이 나에게 전달하려던 내용을 막상 파악하고 나면 그 사상 자체가 극히 단순하다는 사실을 발견하고 놀라지 않을 수 없었다.

반대로 나는 이따금 나에게는 썩 명징한 용어로 어떤 개념을 설명하려고 노력했던 일이 있었다. 그런데 그 용어가 물리학자인 내 친구들에게는 절망적으로 애매모호하여 정확성이 없는 것처럼 비춰져서 나를 안타깝게 했다.

그래서 나는 이 책이 논리물리학에서 일어나고 있는 특이한 과정을 이해할 수 있는 과학적 심리 구조를 가지지 못한(나와 마찬가지로) 사람들에게 도움이 되는 '통역'의 수단이 되기를 바란다. 물론 통역자의 부족함 때문이겠지만, 다른 어떤 통역과 마찬가지로 이것도 원전만큼 훌륭하지는 못할 터이다. 좋든 나쁘든 통역가로서 내 자격은 여러분과 다를 바 없이 내가 물리학자가 아니라는 사실에 있다.

물리학 교육을 받지 못했다는 나의 결함, 그리고 나의 인문과학적 의식구조를 보완하기 위해서, 나는 일단의 비범한 물리학자들에게 지원을 요청하여 승낙을 받았다. 특히 그 중 다섯 분은 원고를 전부 읽었다. 한 장이 끝나면 나는 사본 1부씩을 각자에게 보내어 개념상 또는 사실상의 착오를 고쳐 달라고 부탁했다. 그리고 그밖에 몇 명의 물리학자들은 원고의 일부를 골라서 읽었다.

내 당초의 의도는 그들의 비평을 이용하여 원문을 고치려던 것이었다. 그러나 친구 물리학자들이 내가 감히 기대했던 것 이상으로 원고에 관심을 기울였음을 금방 알게 되었다. 그들의 촌평은 사려 깊고 날카로웠을 뿐만 아니라 그것을 모아놓으면 그것만으로도 뜻 깊은 자료가 되리라는 생각이 들었다. 이러한 촌평을 읽으면 읽을수록, 이것을 독자와 함께 나누어야 하겠다는 마음이 짙어졌다. 그래서 내 원고를 수정하는 자료로 삼는 데 그치지 않고 손질한 본문과 중복되지 않는 범위 안에서 이들을 각주에 담았다. 특별히 본문의 흐름을 더디게 하거나 전문화할 가능성이 있는 비평, 그리고 본문과 일치하지 않는다거나 다른 물리학자들의 비평과 어긋나는 내용도 각주에 실었다. 이처럼 각주에 서로 다른 견해를 실어, 본문에다 써놓았으면 책을 길고 복잡하게 했을 수많은 사상을 처리할 수 있었다.

또한 《춤추는 물리The Dancing WuLi Masters》에서는 처음부터 끝까지 학술어를 사용하였지만 처음 사용하게 되는 경우에는 그 바로 앞이나 뒤에 반드시 해설을 붙였다. 그러나 각주에서는 형식에 구애받지 않고 자유롭게 표현했다. 이는 각주에는 그 바로 앞 또는 그 항목 안과 그 바로 뒤에 설명을 하지 않은 용어가 포함되어 있다는 뜻이 되기도 한다. 이 저서의 본문은 드넓고도 흥미진진한 세계에 새로 들어오게 된 여러분의 실정을 존중하고 있다. 하지만 각주는 그렇지 않다.

그러나 가령 여러분들이 이 책을 읽으면서 각주를 읽어 보면 세계에서 가장 뛰어난 물리학자들 중 다섯 명이 여러분과 마찬가지로 이 책을 읽으면서 무슨 말을 하고 싶어 하는가를 알 수 있는 참으로 희귀한 기회를 가지게 될 것이다. 그들이 작성한 각주는 본문에 있는 모든 내용의 문맥을 보다 선명하게 잡아 주고, 도해를 마련하며, 주석을 가하고, 비판한다. 이들 각주는 과학자들이 동료 과학자-나처럼 훈련받지 않은 동료라 하더라도-의 저서-이 책과 같이 비전문적인 경우에도-의 결함을 제거하려는 적극적인 정확성을 더할 나위 없이 잘 표현하고 있다.

이 책에서 사용되고 있는 '새 물리학new physics'은 1900년 막스 플랑크 Max Planck의 양자론과 더불어 시작된 양자역학, 그리고 1905년 아인슈타인의 특수상대성이론에서 시작되었던 상대성이론을 의미한다. 고전물리학은 뉴턴이 약 300년 전에 발견한 물리학을 가리킨다. '고전물리학classical physics'은 물리적 현실의 모든 요소에 대하여 그에 상응하는 이론이 있다는 방식으로 현실을 설명하려고 시도하는 물리학을 통틀어 가리키고 있다. 그러므로 '고전물리학'에는 뉴턴물리학과 상대성이론이 포함되며, 이들은 모두 1대 1의 방식으로 구성되어 있다. 하지만 여기에 양자역학은 포함되지 않는다. 나중에 알게 되겠지만 이 점이 양자역학의 특성 가운데 하나다.

이 책을 읽으면서 자신에게 너그러운 자세를 가지기 바란다. 여기에는 풍요롭고도 다차원적인 이야기가 많이 담겨 있으나 그 모두가 골치 아픈 소재를 안고 있다. 〈전쟁과 평화〉, 〈죄와 벌〉 그리고 〈레미제라블〉 등의 모든 이야기를 단 한 번에 파악할 수 없듯이, 이 저서에 나오는 내용도 단번에 알 수는 없다. 이 책을 읽을 때는 그 속에서 무엇을 배우겠다는 생각이 아니라 즐기겠다는 자세로 읽기를 권하고 싶다. 이 책 끝머리에는 완벽한 색인이 있고 책머리에는 충실한 차례가 있다. 그 가운데서 어느 것이든 관심을 끄는 대목을 찾아 읽어 보는 것도 한 가지 방법일 것이다. 나아가 배우겠다고 결심하고 대했을 경우보다 그냥 즐겁게 읽는 가운데 더 많은 내용을 알게 될 수도 있으리라 믿는다.

끝으로 이 책은 '물리학과 동양철학'을 다루고 있지 않다. '물리物理'라는 한문의 표의적 틀이 그러한 생각을 일으킬 수도 있으나, 어디까지나 양자물리학과 상대성이론이 이 책의 주제다. 장차 '물리학과 불교'에 관한 저서를 따로 쓰고 싶은 생각이 있다. 그러나 '물리WuLi'의 동양 사상적 측면 - 나에게 너무나 명백한 동양 사상과 물리학의 유사성 - 은 그 의미가 깊기 때문에 스쳐 지나가기라도 하지 않으면 독자 여러분에게 큰 손실을 주게 되리라는 생각에서 언급하기로 했다.

즐겁게 읽어 주시기 바란다.

1978년 7월 샌프란시스코에서, Gary Zukav

chapter 1

물리

빅서에서 보낸 한 주일

    친구들에게 내가 물리학을 공부하고 있다고 하면 모두 고개를 가로젓고, 손을 흔들며 휘파람을 분다. '어휴, 그거 어렵지.' 물리학이라는 말만 들어도 나타내는 이 한결같은 반응이 바로 물리학자들이 하는 일과 대부분의 사람들이 생각하는 물리학자들의 일 사이의 장벽이다. 이 둘 사이에는 큰 차이가 있다.

    이처럼 답답한 상태를 만든 책임의 일부는 물리학자들이 져야 한다. 그들이 연구할 때 쓰는 전문용어는 같은 물리학자가 아닌 사람에게는 어느 나라 말인지 분간조차 하기 어렵다. 그들은 다른 물리학자에게 말하는 경우가 아니면 일상용어를 쓴다. 그러나 그들에게 무슨 일을 하고 있느냐고 물어보면, 다시 어느 원시 미개인의 말인지 모를 소리를 한다.

    그러나 그 책임의 일부는 우리들에게도 있다. 대체로 우리들은 물리학자들(그리고 생물학자 등)이 하고 있을 일을 알아보려는 노력을 하지 않는다. 이것은 곧 우리가 자신에게 큰 손해를 끼치고 있다는 의미가 된다. 물리학자들은 그다지 이해하기 어렵지 않고 지극히 흥미로운 모험에 참여하고 있다.

그들이 일을 해나가는 방법에 때로는 전문적인 해설이 있어야 하는 것은 사실이다. 또한 그 해설이라는 것도 전문가가 아닌 사람에게는 따분하기 마련이다. 그러나 물리학자들이 실제로 하는 일은 아주 단순하다. 그들은, 우주가 무엇으로 만들어졌는가, 어떻게 작용하고 있는가, 그 안에서 우리는 무엇을 하고 있는가, 우주가 움직인다면 어디로 가는가를 궁리하고 있다. 우리들이 별이 총총한 밤에 광막한 우주를 쳐다보며 그것에 압도되면서 동시에 그 일부라고 느낄 때 여러 가지를 연상하는 것처럼 물리학자들도 꼭 같은 일을 하고 있다.

물리학자들이 하는 일은 바로 이런 것이다. 어떤 친구들은 그걸로 밥벌이까지 하기도 한다. 불행히도 대다수의 사람들이 '물리학' 하면 알 수 없는 수학 기호가 빽빽이 들어찬 칠판을 떠올리게 된다. 하지만 물리학은 수학이 아니다. 본질적으로 물리학은 사물이 존재하는 방식에 대한 소박한 놀라움이요, 그것이 그렇게 있는 데 대한 성스러운(어떤 이는 본능적이라 하지만) 관심이다. 수학은 물리학의 도구이다. 수학을 빼고 나면 물리학은 순수한 황홀경이 된다.

나는 전문용어와 수학에 얽매이지 않고, 현대물리학의 동기를 제공한 짜릿한 통찰력을 설명할 수 있는 책을 쓸 수 없겠느냐고 여러 차례 사파티Jack sarfatti에게 말했었다. 그는 물리학자로서 물리학 - 의식연구부Physics-Consciousness Research Group의 책임자다. 그래서 그가 머피Michael Murphy와 함께 이살런 연구소에서 준비 중이던 물리학 세미나에 나를 초대했을 때, 나는 어떤 목적을 가지고 응했다.

이살런 연구소(인디언 부족의 이름을 따서 붙인 것이다)는 북부 캘리포니아에 있다. 북부 캘리포니아는 힘과 아름다움이 대단히 잘 조화된 곳이다. 그 중에서도 소도시 빅서와 세인트루이스 오비스포 사이의 태평양 연안 고속도로 주변은 가장 빼어난 곳이다. 이살런 연구소는 한쪽에는 그 고속도로와 해변의 산들을, 다른 한쪽은 태평양이 내려다보이는 험준한 낭떠러지를 두고 있는 중간지대로서 빅서에서 남쪽으로 자동차로 30분 가량의 거리에 자리 잡고 있다. 춤추며 흐르는 듯한 시냇물이 구내의 북쪽 3분의 1을 나머지와 갈라놓고 있다. 그쪽에 큰 집(연구소 안에서는 아예 Big House라고 부르고 있다)이 한 채 있는데, 거기서 손님들이 묵기도 하고 모임을 갖기도 하며 그 곁에 자그마한 집 한 채가 있어 프라이스Dick Price(머피와 함께 이살런 연구소를 공동 창설한 사람이다)가 가족과 함께 묵고 있다. 개울 건너편에는 식사를 대접하고 회의를 열거나 손님과 연구소 직원들의 잠자리로 이용하기도 하는 수수한 집이 있고 유황온천도 있다.

이살런의 저녁식사에는 촛불과 짜임새 있는 음식, 그리고 자연스러운 분위기가 있었다. 사파티와 나는 먼저 식사를 하고 있던 두 사람과 합석했다. 한 사람은 휜켈스타인David Finkelstein으로 물리학 회의에 참석하려고 예시바대학교에서 온 물리학자였다. 다른 한 사람은 알 충량 황이며, 이살런에서 연구회를 이끌고 있던 태극도사였다.

대화는 오래지 않아 물리학으로 옮겨갔다. "대만에서는 영어로 'physics'라고 하는 어휘를 '우리WuLi' 즉 '물리物理'라고 부르고 있어요. '유기적 에너지의 무늬들(또는 모형들, Patterns of Organic Energy)'이라는 뜻이에요."

식탁에 앉아 있던 사람들은 일제히 이 영상에 사로잡혔다. 이러한 관념이 꿰뚫고 들어가자 정신의 등불들이 하나씩 켜졌다. 뜻글자로 된 〈物理〉라는 한자는 그 자리에 있던 서양인들에게는 시적인 차원을 넘어서는 의미를 가지고 있었다. 그것은 그 만남을 통해서 끌어낼 수 있는 가장 훌륭한 물리학의 정의였다. 그것은 우리들이 한 권의 책으로 표현하고자 하는 그 무엇, 그 살아 있는 성질, 그것 없이는 물리학이 불모가 되고 말 성격의 것이었다.

'그 物理에 관한 책을 한 권 쓰자!'라고 나는 마음속으로 외쳤다. 즉시 여러 가지 관념과 에너지가 흐르기 시작했으며, 그 이전에 짜고 있던 모든 계획이 한꺼번에 창밖으로 날아가 버렸다. 그 에너지의 모임에서 '춤추는 물리 도사Dancing WuLi Master'라는 영상이 나왔다. 이살런에서 보낸 나머지 날들, 그리고 그 뒤의 나날을 물리의 도사들은 무엇이며, 그들은 왜 춤을 추는가를 밝히는 데 바쳤다. 우리 모두는 흥분과 확신에 차 있었다. 우리들이 물리학에 관해서 말하고 싶었던 바로 그것이 흐르게 될 통로를 마침내 찾아냈던 것이다.

한자는 서양 언어의 자모와는 전혀 다르다. 중국어의 한 자, 한 자는 획으로 이루어지는 표의문자다. 표의문자는 단순히 추상적인 기호가 아니다. 그것은 표현하려고 하는 낱말의 뜻을 시각적으로 반영하고 있다(때로는 둘 또는 그 이상의 표의문자가 합쳐져서 다른 뜻의 문자를 형성하기도 한다). 중국어를 영어로 옮기기 힘든 이유가 여기 있다. 훌륭한 번역을 하자면 시인이면서 언어학자인 번역가가 있어야 한다.

예를 들어 '物'은 '물질matter' 또는 '에너지energy' 어느 쪽으로도 표현할 수 있다. '理'는 시적 의미가 풍부한 문자다. 그것은 '우주 질서' 또는 '우주 법칙'을 뜻한다. 또한 '유기적 무늬들'이라는 의미도 있다. 나무판자에 있는 알맹이는 理이다. 잎사귀 표면에 있는 유기적 무늬 역시 理이며 장미 꽃잎의 결도 마찬가지다. 간단히 말해서 物理는 '유기적 에너지의 무늬들('물질-에너지' [物]+'우주 질서-무늬' [理])'을 의미한다. 참으로 놀라운 달관이다.

서양 과학의 창시자들(갈릴레오와 뉴턴)이 전혀 깨닫지 못했으면서도, 사실상 20세기의 중요한 물리학 이론이 지향하고 있는 세계관을 반영하고 있는 것이 아닌가! "우리가 모르고 있는 것을 그들은 알고 있는가." 하는 문제가 아니다. "그들이 어떻게 하여 그것을 알고 있는가."가 중요하다.

영어 낱말은 갖가지 방법으로 발음하더라도 의미에서는 변화가 거의 없다. 나는 대학원을 나와서 5년이 지나서야 컨서미트consummate를 형용사로 쓸 때의 제 발음을 낼 줄 알게 되었다. '완성된, 극치에 달한'이라는 뜻을 지닌 이 낱말의 올바른 발음법-물론 여기서는 형용사로서-은 con-sum-mate의 3개 음절 중에서 가운데 음절에 힘을 주게 되어 있다. 그런데도 첫 음절에 강세를 두어 발음하던 시절을 생각하면 지금도 식은땀이 난다. 누군가가 언제나 웃음을 참느라 기를 쓰는 듯한 느낌이 들었다. 뒷날에 안 일이지만 이들은 사전을 읽은 사람들이었다. 그럼에도 불구하고 내 엉터리 발음으로 인해 다른 사람들이 못 알아들은 적은 없었다. 그것은 억양이 영어 낱말의 뜻을 변화시키지 않기 때문이다. 가령 'No'를 가지고 뒤끝을 올려 'No?'라고 발음하든, 뒤끝을 내려 'No!'라고 하든 또는 억양 없이 'No'라고 읽든 모두 같은 뜻인 '거부, 거절, 부정'을 나타낸다.

그러나 중국어의 경우에는 그렇지 않다. 대다수의 중국어 음절은 몇 가지 다른 발음으로 발음할 수 있다. 각기 다른 발음에 따라 다른 말이 나오고, 철자법도 다를 뿐만 아니라 의미도 다르다. 따라서 같은 음절이라도 귀에 익지 않은 서양 사람들이 구분하기 어려운, 그러나 서로 다른 억양으로 발음하면 분명히 다른 낱말을 이루고, 그 하나마다 고유의 표의문자와 뜻을 거느리게 된다. 그러나 영어로는 이들 상이한 낱말 또는 문자가 모두 똑같은 표기에 똑같은 발음으로 읽힌다.

예를 들어 한자에는 다섯 가지 〈우Wu〉가 있으며, 영문으로는 철자와 발음이 모두 같다. 이것이 〈리Li〉와 결합하면, 서로 다른 5개의 '우리'로 통일된다.

첫째 'WuLi'는 '유기적 에너지의 무늬들'을 뜻하며, 한자로는 物理로 표기한다.

둘째 'WuLi'는 한자로 吾理My Way로 표기하며, 여기서 〈吾〉는 '나' 또는 '자아'라는 뜻이며 소유대명사 '나의my' 라는 의미로도 쓰인다.

셋째 'WuLi'는 無理Nonsense이며, '無'는 말할 필요도 없이 '공허' 또는 '비존재'를 지칭한다.

넷째 'WuLi'는 握理I Clutch My Idea라고 쓰며 '내 이치를 거머쥔다'는 뜻이다.

다섯째 'WuLi'는 悟里Enlightenment라 쓰고 '이치를 깨닫는다'는 의미를 가지고 있다.

능란한 직공이 베틀에서 일을 시작할 때 우리가 그 뒤에 있다고 하자. 그러면 처음에 우리 눈에 들어오는 것은 베가 아니라, 직공의 전문가적 눈으로 골라 뽑아서 움직이는 북에 먹이는 숱한 실가닥, 영롱하게 물들여진 실이다. 계속해서 지켜보고 있노라면 실 가닥은 서로 맞물려 베가 되고 그 베폭 위에, 보라! 하나의 무늬(모형, pattern)가 드러나지 않는가.

그와 마찬가지로 알 황은 인식론적 베틀에서 아름다운 무늬의 언어로 된 비단을 짜놓았다.

PHYSICS = WuLi(물리)

WuLi = Patterns of Organic Energy(物理 = 유기 에너지의 무늬들)

WuLi = My Way(吾理 = 나의 이치)

WuLi = Nonsense(無理 = 이치에 닿지 않음)

WuLi = I Clutch My Idea(握理 = 이치를 거머쥐다)

WuLi = Enlightenment(悟里 = 이치를 깨달음)

회의에 참석했던 물리학자들은 모두 이 풍부한 은유에 공명했다. 마침내 고등 물리학의 씨앗이 되는 요소들을 제시할 수 있는 도구를 찾아낸 것이다. 그 한 주일이 끝날 무렵에 이살런에 있던 모든 사람들이 물리라는 한자와 그 함의를 이야기하고 있었다.

이러한 일이 일어나고 있는 것과 때를 같이하여 나는 영어로 'Master'라고 부르고 있는 대상이 과연 무엇인가를 알려고 애를 쓰고 있었다. 사전은 아무런 도움이 되지 않았다. 어느 정의를 보나 거기에는 지배라는 요소가 들어 있었다. 이 같은 개념 규정은 어느 것이든 우리들이 '춤추는 물리 도사 Dancing WuLi Master'라고 했을 때의 영상과는 쉽사리 들어맞지 않았다. 알 황을 T'ai Chi Master라 부르고 있었으므로 나는 그에게 물었다.

"그건 남들이 나를 가리켜 부르고 있는 말이에요."

그의 대답이었다. 알 황에게 알 황은 알 황 이상도 이하도 아니었다.

며칠 뒤에 나는 그에게 또 다시 질문을 던져 좀 더 구체적인 대답을 듣고자 했다.

"여기서 영어로 'Master'라고 하는 것은 남들보다 앞서 시작한 사람이라는 뜻이에요."

이게 대답의 전부였다.

서양 교육을 받은 나로서는 '마스터Master'의 정의를 내놓으라는 요구에 비정의nondefinition를 해답으로 받아들일 수는 없었다. 그래서 나는 알 황이 쓴 저서 《호랑이를 껴안아라Embrace Tiger》《산으로 돌아가라Return to

Mountain〉를 읽기 시작했다. 거기서 워츠Alan Watts가 서문에 알 황을 소개하는 대목에서 내가 찾던 해답을 발견하게 되었다. 워츠는 알 황을 이렇게 설명하고 있다.

　　그는 주변에서가 아니라 중심에서 시작한다. 그는 좀스러운 세부에 들어가기에 앞서 그 기예의 기본 원리를 터득하게 하며 태극운동을 잘게 쪼개어 하나—둘—셋 하는 식의 훈련으로 전락시켜 제자를 로봇으로 만들기를 거부한다. 전통적 방식은 암통시키는 것이고, 지루하게 오래 끄는 것을 훈련의 가장 중요한 부분으로 꼽는다. 그와 같은 방법 때문에 제자들은 자신이 무엇을 하고 있는지 감각을 잃은 채 몇 년을 허송하기도 한다.[1]

　여기 내가 찾아 헤매던 마스터의 정의 즉, 도사의 참모습이 드러났다. 도사는 본질을 가르친다. 본질을 깨치게 되면, 그는 그 지각을 확대하는 데 필요한 것을 가르친다. 물리의 도사는 학생 또는 제자가 꽃잎이 땅으로 떨어지는 것을 보고 놀라움에 차 서 있을 때에야 비로소 중력을 이야기한다. "정말 이상해요. 하나는 무겁고 하나는 가벼운 돌 두 개를 동시에 떨어뜨렸는데 똑같은 순간에 땅에 떨어졌어요!" 하고 학생이 외칠 때에야 그는 법칙을 설명한다. 그리고 "이걸 좀 더 간단하게 표현할 수 있는 방법이 있을 텐데."라고 할 때까지 수학을 말하지 않는다.
　이처럼 물리의 도사는 자기 제자와 함께 춤을 춘다. 물리의 도사는 가르치지 않으나, 그 제자는 배운다. 물리 도사는 언제나 중심에서, 문제의 핵심에서 출발한다. 이 책에서 우리가 택하게 되는 길도 이러한 접근 방법이다. 이 책은 고등 물리학을 알고자 하면서도 전문용어 그리고 아마도 수학을 모르는 지성인들을 위해 쓰였다. 〈춤추는 물리 도사The Dancing WuLi Master〉는 본질에 관한 저서이며 양자역학, 양자론, 특수상대성, 일반상대성 그리고 물리학이 지금 움직여 가고 있는 방향을 제시하는 몇 가지 새 개념의 본질을 다루고 있다. 그런데 과연 미래가 어느 방향으로 갈지 누가 알 수 있을까? 오로지 확실한 것이 있다면 오늘 우리들이 생각하는 내용이 내일이면 과거의 일부가 되리라는 점이다. 따라서 이 책은 항상 과거시제로 표현되는 지식이 아니라 살아 있는 물리학, 物物의 이치인 상상을 다루고 있다.

인류 역사상 가장 위대한 물리학자의 한 사람인 아인슈타인을 물리의 도사로 손꼽을 수 있지 않을까.

1938년에 그는 다음과 같은 글을 남겼다.

물리의 여러 개념들은 마음이 자유로이 지어낸 것이 아니며, 외부의 인상이 어떻든 간에 외부 세계에 의해서만 결정되는 것도 아니다. 실재를 이해하려고 노력하는 우리들의 모습은 밀폐된 시계의 얼개를 알려고 기를 쓰는 사람과 흡사하다. 그는 문자판과 시계침들을 보고 심지어는 똑딱거리는 소리를 듣기도 하지만, 시계 뚜껑을 열 방도가 없다. 가령 그 사람이 재치가 있다면 자기 눈에 보이는 모든 사물을 뒷받침할 수 있는 어떤 기계 조직과 기능의 형상을 그려볼 수 있을 것이다. 그러나 그는 상상해낸 형상과 실제의 얼개를 영영 비교해 볼 수 없을 것이고, 그러한 비교의 의미가 무엇인지 상상하기조차 어렵다.[2]

대다수의 사람들은 물리학자들이 세계를 설명하고 있다고 믿는다. 심지어 물리학자들의 일부마저도 그렇게 믿고 있으나, 물리의 도사들은 그들이 세계와 더불어 춤추고 있을 뿐이라는 사실을 알고 있는 것이다.

나는 황에게 그가 가르치는 시간을 어떻게 편성하는지 물어보았다.

"한 시간 한 시간이 모두 첫 시간이에요. 우리가 춤을 출 때마다 그것은 처음 추는 춤이니까요."

그는 이렇게 응수했다.

"그렇지만 분명히 시간마다 새롭게 처음부터 시작할 수는 없을 것 아니겠어요?"

내가 반박했다.

"제2과는 제1과에, 선생이 가르친 내용 위에 쌓아올려야 할 것이고, 마찬가지로 제3과는 제1, 2과를 바탕으로 그 위에 세워야 할 게 아닙니까?"

"내가 한 시간 또는 한 과가 처음이라고 한다고 해서 이미 알고 있던 것을 잊어버린다는 뜻이 아니예요. 우리가 하고 있는 것은 언제나 새롭고 우리는 언제나 '그것'을 처음으로 한다는 의미니까요."

이것이 도사의 또 다른 특징이다. 그는 무엇을 하든, 그 일을 처음으로 한다는 열의를 가지고 한다. 이것이 그의 끝없는 에너지의 근원이다. 그가 가르치는, 또는 배우는 모든 과목은 첫 과목이다. 그가 추는 춤은 한결같이 처음 추는 춤이다. 그것은 언제나 새롭고, 개성적이고 살아 있다.

노벨 물리학상 수상자이며 컬럼비아대학교 물리학과 전직 과장이었던 라바이는 이런 글을 썼다.

우리들은 학생들에게 실험의 지적 내용—그 실험의 새로움과 새 분야를 열 수 있는 가능성—을 충분히 가르치지 않는다. ……여러분들이 이러한 일들을 직접 해야 한다는 것이 나의 소신이다. 여러분은 그 결과를 알고 실험하는 자신의 철학에 따라 실험을 해야 한다. 다른 사람이 중요하다는 말을 했다고 해서 그 일을 하는 데 여러분의 시간을 소비하기에는 그 일이 너무 어렵고 인생은 너무 짧다. 여러분은 그 일을 몸소 느껴 보아야 한다.[3]

불행히도 물리학자들의 대다수는 라바이와 같지는 않다. 그들의 절대 다수는 사실상 남들이 자기에게 중요하다고 말한 일을 하는 데 자기 생애를 바친다. 그 점을 라바이는 강조했던 것이다.

여기서 우리는 우리들에게 공통된 오해를 깨닫게 된다. 대부분의 경우 사람들이 '과학자'라고 할 때, 그들이 뜻하는 것은 '기술자'에 지나지 않는다. 기술자는 고도의 훈련을 받은 사람이며, 그의 역할은 알려진 기술과 원리들을 응용하는 데 있다. 그는 알려진 것을 다루고 있다. 그러나 과학자는 물리적 실재의 참된 본성을 알고자 노력하는 사람이다. 그는 미지를 다룬다.

과학자들은 발견하고 기술자들은 응용한다. 그러나 이제 과학자들이 진실로 새 것을 발견하고 있느냐, 아니면 새 것을 지어내는 것이냐는 분명치 않다. 많은 사람들이 '발견'을 사실상 창조 행위의 하나로 믿는다. 그렇다면 과학자, 시인, 화가, 작가의 구분은 불분명하다. 실제로 과학자, 시인, 화가, 작가들은 모두 같은 자질을 가진 부류의 일원일 가능성이 있다. 선천적으로 그들은 평범하다고 하는 대상들을 가지고 인간이 스스로 부과해 놓은 한계를 확대하는 방향으로 그 대상들을 재현하여 제시할 수 있는 자질을 가지고 있다. 이러한 자질이 유난히 뛰어난 사람들을 우리는 천재라 부른다.

사실 대다수의 '과학자들'은 기술자들이다. 그들은 근본적으로 새로운 대상에는 관심이 없다. 그들의 시계는 비교적 좁고, 그들의 에너지는 이미 알려진 것을 응용하는 데 쏠리고 있다. 그들은 어느 특정한 나무껍질에 코를 박고 있으므로, 그들에게 숲을 이야기하더라도 뜻이 통하기는 어렵다. 수소 원자 스펙트럼의 신비한 사례가 과학자와 기술자의 차이를 잘 설명하고 있다.

햇빛과 같은 백색광白色光이 유리 프리즘에 들어갈 때에 지극히 아름다운 현상이 일어난다. 백색광이 프리즘을 통과하면 암적색에서 연보랏빛 사이에 오렌지색, 노랑, 초록, 파랑의 무지개 색깔이 나타난다. 이와 같은 현상이 나타나는 것은 백색광은 이 모든 색깔로 이루어져 있기 때문이다. 흰색은 배합색이며, 반면 붉은빛은 붉은빛, 초록빛은 초록빛만을 담고 있다. 뉴턴은 약 300년 전에 이러한 현상을 주제로 한 그의 유명한 저서 《광학光學》

을 발표했다. 이 색채 배열 현상을 가리켜 백색광 스펙트럼이라고 한다. 백색광의 스펙트럼 분석으로 우리는 완전한 스펙트럼을 볼 수 있게 되었다. 백색광에는 인간의 눈에 보이는 모든 색채가 들어 있기 때문이다. 그리고 인간의 눈에는 보이지 않는 적외선과 자외선 등도 나타난다.

그러나 모든 스펙트럼 분석이 완전한 스펙트럼을 보여 주는 것은 아니다. 예를 들어 나트륨과 같은 화학원소를 하나 택해서 빛을 내게 하여, 그 빛을 프리즘에 통과시키면, 완전한 스펙트럼의 일부만이 나온다.

어떤 물체가 어둠 속에서 보인다면, 그것은 빛을 발하고 있다는 뜻이다. 가령 그것이 붉게 보인다면 붉은빛을 내고 있다. 빛은 '들뜬' 물체에서 나온다. 나트륨 한 조각을 들띄운다는 말은 나트륨에서 '슈퍼 볼Super Bowl(미식축구의 프로팀이 갖는 최종 결승전―옮긴이)'이라는 지글지글 끓는 스포츠 경기에 참가할 입장권을 준다는 뜻이 아니다. 나트륨 한 점을 흥분시킨다는 것은 거기에 에너지를 조금 더 보탠다는 말이다. 그 한 가지 방법이 열을 가하는 것이다. 들뜬(백열된) 나트륨이 내뿜는 빛을 프리즘 또는 분광기에 통과시키면 백색광처럼 모든 빛을 가려낼 수 있는 것이 아니라 그 일부만을 보게 된다. 나트륨의 경우에는 가느다란 노란빛 두 줄기가 나온다.

나트륨 증기로 백색광을 나트륨 스펙트럼의 음영상으로 만들면, 나트륨 증기가 백색광의 어느 부분을 흡수하는지 알 수 있다. 백색광을 나트륨 증기에 통과시키고 그 다음 분광기에 쬐면 무지개의 모든 색깔이 나오지만 백열된 나트륨이 내는 두 줄기 노란색만은 나타나지 않는다.

어느 경우든 나트륨 스펙트럼은 똑같이 선명한 무늬를 보여 준다. 완전한 색채 스펙트럼에 두 가닥 검은 줄로 나타날 수도 있고, 반대로 나머지 스펙트럼은 사라지고 두 가닥 노란색으로만 나타나기도 하지만, 항상 그 양상은 일정하다. 이 무늬가 나트륨 원소의 지문指紋이다. 각 원소는 특정한 색깔만을 방사 또는 흡수한다. 그와 마찬가지로 각 원소는 특정한 분광무늬를 보이고, 그 무늬는 절대로 변하지 않는다.

수소는 가장 단순한 원소다. 그것은 단지 두 개의 구성 요소로만 이루어진 것으로 보인다. 그 하나는 양성자로서 양전하陽電荷를 가지고 있으며, 다른 하나는 전자로 음전하陰電荷를 가지고 있다. 여기서 우리는 '그런 것 같다'는 말을 할 수밖에 없다. 지금까지 이 땅 위에 산 사람 그 누구도 수소 원자를 보지 못했기 때문이다. 만약 수소 원자가 존재한다면, 바늘핀 대가리에 몇 백만 개가 들어갈 수 있으며, 너무 작아 측정하기조차 어렵다. '수소 원자들'이란 시계 속에 무엇이 있는가를 추리하는 것과 같다. 그 같은 실체가 존재한다는 전제가 다른 방법으로는 대단히 설명하기 어려운 어떤 관찰 결과를 잘 설명하고 있으며, 옳다는 증거가 나올는지는 모르겠으나 "귀신이 그 짓을 했다."는 식의 설명 방법을 배제하게 된다는 말을 할 수밖에 없다(갈릴레오, 뉴턴, 데카르트가 오늘날 현대과학이라 부르는 문을 만들어 내는 힘을 얻은 것이 바로 이와 같은 설명이다).

과거 어느 때에 물리학자들은 원자 구조를 추정하면서 원자의 중심에는 우리 태양계 중심에 해가 있듯이 원자핵이 있다고 생각한 적이 있었다. 이러한 이론에 따르면 그 원자핵에는 양전기를 띤 입자들(양성자)과 크기는 양성자와 같으면서 전하가 없는 입자들(중성자-neutron)이 모여 원자질량의 거의 전부를 차지하고 있다(단지 수소만이 원자핵에 중성자가 없다). 행성들이 태양 주위를 돌 듯, 원자핵 주위의 궤도를 돌고 있는 것이 전자이며, 원자핵에 비한다면 질량이 없다고 해도 좋을 만큼 가볍다. 전자는 모두 음전하를 가지고 있다. 전자의 수는 양성자의 수와 언제나 같아서, 양전하와 음전하가 서로 상쇄되어, 원자는 전체적으로 보아 전하가 없다.

원자모델과 우리 태양계를 비교할 경우 문제가 생기는데, 원자핵과 전자 사이의 거리가 태양과 그 행성 사이의 거리를 상상할 때보다 더 크다는 점이 그것이다. 원자가 차지하는 공간은 그 입자들의 질량(거의 전부가 원자핵에 있다)에 비해 너무 광대하여, 원자핵 둘레를 도는 전자들이 "대성당에 있는 몇 마리 파리들 같다."라고 1911년 원자모델을 창안한 라더퍼드는 말했다.

이것이 우리들 거의 전부가 학교에서, 강제적으로 배우게 된 눈에 익은 원자상이다. 불행하게도 이러한 원자상은 시대에 뒤떨어졌으므로, 그 모두를 잊어버려도 좋다. 그러면 물리학자들이 오늘날 원자를 어떻게 생각하고 있느냐는 나중에 논의하기로 한다. 여기서 제시하고자 하는 요점은 원자의 행성모델이 배경이 되어 가장 어려웠던 문제 하나가 풀렸다는 것이다.

원자 중에서도 제일 간단한 수소의 스펙트럼에는 100개가 넘는 줄이 있다. 다른 원소들의 도형은 그보다 훨씬 복잡하다. 흥분한 수소가스에서 나오는 빛을 분광기에 비칠 때, 무늬가 선명한 100여 개의 색채선이 나타난다.*

여기서 일어나는 의문이 있다.

"오직 두 가지 구성 요소, 즉 양성자와 전자가 각각 하나밖에 없는 수소원자와 같은 단순한 원소가 어떻게 그처럼 복잡한 스펙트럼을 보여 줄 수 있는가?"

빛을 보는 한 가지 사고방식은 빛에 파동의 성격을 주는 것인데, 파동의 일종인 소리가 상이한 주파수를 갖고 있는 것과 마찬가지로 서로 다른 색채는 각기 다른 주파수를 지니고 있다는 주장을 한다. 수준급인 피아니스트이

---

*정확히 말해서 수소 스펙트럼의 각 계열별 사진을 촬영하려면 각기 다른 실험 장치가 필요하다. 수소 스펙트럼의 단일 사진 대다수에는 10줄 정도밖에 나타나지 않는다. 이론적으로는 각 원자 스펙트럼에는 무한수의 색선이 있다. 실제로 이론적인 측면에서는 각 스펙트럼의 각 계열에도 무한정한 색선이 있다. 각 계열의 상대적인 고주파역에는 색선이 너무 밀집되어 연속상의 효과를 내고 있기 때문이다.

기도 했던 독일 물리학자 좀머필드는 100여개의 주파수를 발신하는 수소 원자는 불과 88개의 주파수밖에는 내지 못하는 그랜드 피아노보다 더 복잡한 게 틀림없다고 빈정거렸다.

원자에 대해서 아주 그럴듯한 설명을 들고 나와 1913년에 노벨상을 받은 사람은 보어Niels BohR(1885-1962)라는 덴마크 물리학자였다. 물리학 사상 이 거의 모두 그런 것처럼 이 이론도 핵심은 간단하다. 보어는 원자 구조에 관하여 이론적으로 이미 '알려진' 것을 출발점으로 삼지 않았다. 그는 자신이 실제로 원자에 관해서 알고 있던 것, 다시 말하면 싱싱한 분광기자료에서 시작했다. 전자들은 원자핵 주변을 돌 때 임의의 거리를 두고 있는 것이 아니라 궤도 또는 껍질을 따라 선회하며, 그 궤도는 원자핵에서 일정한 거리를 유지하고 있다. 이 원자 껍질 하나하나(이론적으로 원자 껍질의 숫자는 무한하다)가 일정한 수까지의 전자를 거느리고 있으며 그 이상은 없다.

원자가 제1껍질이 거느릴 수 있는 것보다 많은 숫자의 전자를 갖고 있으면, 나머지 전자들이 둘째 껍질을 채우기 시작한다. 가령 그 원자가 제1, 제2 껍질이 합쳐서 수용할 수 있는 것보다 많은 전자를 갖고 있을 경우에는 제3 껍질에 들어오기 시작하며 그 뒤에는 다음과 같이 전개된다.

껍질 번호 1 2 3 4 5…….
전자 수 2 8 18 32 50 …….

보어의 계산법은 전자가 하나밖에 없는 수소 원자를 바탕으로 했다. 그의 이론에 따르면 수소 원자 안에 있는 전자는 원자핵에 가장 가까운 거리까지 접근해 있다. 다르게 말하면 그 전자는 으레 첫째 껍질에 있다. 이것이 수소 원자의 최저 에너지상태이다(물리학자들은 어떤 원자의 최저 에너지상태를 '바닥 상태ground state'라고 한다). 가령 수소 원자를 자극하면 그 전자는 좀 더 멀리 떨어져 있는 바깥 껍질로 튀어나간다. 얼마나 멀리 튀어나가느냐 하는 것은 어느 정도의 에너지를 투입하느냐에 따라 결정된다.

우리들이 실제로 원자를 가열하면(열에너지), 전자는 껑충 뛰어 멀리 있는 바깥 껍질의 하나로 달아난다. 에너지량이 적으면 전자가 뛰는 거리는 짧아진다. 그러나 열을 가하는 것을 중지하면, 그 전자는 보다 가까운 껍질로 되돌아온다. 결국 이 전자는 첫째 껍질까지 돌아가게 된다. 그 전자가 바깥 껍질에서 안쪽 껍질로 뛰어내릴 때마다 빛의 형태로 에너지를 방출한다. 전자가 내놓는 에너지는 애초에 바깥으로 튀어나갈 때 흡수한 에너지량과 꼭 같다. 수소전자가 바닥 상태(제1껍질)로 뛰어내릴 때 이루어지는 모든 뜀질의 조합 수는 수소 스펙트럼의 색선 수와 일치한다.

이것이 앞서 지적한 그랜드 피아노의 수수께끼에 대한 보어의 유명한 해답이다. 수소 원자 안에 있는 전자가 바깥 껍질에서 첫째 껍질까지 한 번에 뛰어 내린다면, 그것은 일정한 양의 에너지를 발산한다. 그것이 수소 스펙트럼에 줄을 하나 긋는다. 수소 원자 속의 전자가 바깥 껍질의 한 단계 안쪽에 있는 껍질로 조금 뛰어 내릴 경우에는 훨씬 적은 양의 에너지를 내보낸다. 그것 역시 스펙트럼선을 이룬다. 예를 들어 수소 원자 안의 전자가 다섯째 껍질에서 셋째 껍질로 뛰어내리더라도 역시 또 다른 선을 하나 긋게 된다. 여섯째 껍질에서 넷째 껍질, 그리고 다시 넷째 껍질에서 첫째 껍질로 뛰어내리면 2개의 스펙트럼 색선을 보이게 된다. 이러한 방식으로 수소 스펙트럼 전체를 설명할 수 있다.

만일 열이 아니라 백색광으로 수소 원자를 자극한다면, 앞서 지적한 바 있는 흡수현상을 일으키게 된다. 안쪽 껍질에서 바깥 껍질로 전자가 뛸 때마다 정확하게 일정한 에너지가 소요된다. 첫째 껍질에서 둘째 껍질로 전자가 한 번 뛰는 데에는 더도 덜도 아닌 일정한 에너지가 있어야 한다. 다섯째 껍질에서 일곱째 껍질로 전자가 뛸 경우에도 마찬가지다. 그 전자가 안쪽 껍질에서 바깥 껍질로 뛸 때마다 일정한 에너지가 필요하며, 그 에너지의 양은 전혀 변화가 없다.

수소 원자에 백색광을 비추면, 원자에다 온갖 에너지량의 슈퍼마켓을 통째로 안겨 주는 격이 된다. 그러나 여러 분량의 에너지를 준다고 수소 원자가 그것을 빠짐없이 쓸 수 있는 것은 아니다. 다만 특정한 양만을 사용한다. 가령 그 전자가 첫째 껍질에서 넷째 껍질로 뛴다고 할 경우에는, 그 앞에 펼쳐놓은 갖가지 에너지 꾸러미에서 특수한 것만을 골라잡는다. 그 원자가 선택하는 꾸러미는, 그렇지 않았으면 완전했을 백색광의 스펙트럼에 검은 줄 하나를 남겨놓는다. 셋째 껍질에서 넷째 껍질로 뛰면 다시 검은 줄이 하나 생긴다. 첫째 껍질에서 둘째 껍질, 그리고 이어 두셋째 껍질에서 여섯째 껍질(여기에는 모든 형태의 조합이 있다)로 뛰면 2개의 검은 줄이 더 생긴다.

수소가스에 백색광을 비추고 그것을 다시 프리즘에 투사하면, 그 결과 눈에 익은 백색광 스펙트럼이 나타나지만 통틀어 100개가 넘는 검은 줄이 그 안에 있다. 이들 검은 줄 하나가 안쪽 껍질에서 바깥 껍질로 뛰어나가는 수소전자의 운동에 필요한 특정 에너지량에 상응한다.

백색광 스펙트럼의 이러한 검은 줄들은 들뜬 수소가스가 발산하는 빛을 프리즘에 바로 투사할 때와 똑같은 도형을 이룬다. 이 경우에 다른 것이 있다면 그 줄들은 색채가 있고 백색광 스펙트럼의 나머지 부분이 없어진다는 것뿐이다. 여기서 색선들은, 전자들이 더 안쪽 껍질로 내려가는 과정에서 처음 뛰어오를 때 흡수한 양과 동일한 에너지를 방출해서 생긴 것이다. 보어의 이론을 이용하여 물리학자들은 간단한 수소 원자들이 방출하는 빛의 주파수를 계산할 수 있게 되었다. 이러한 계산들은 관찰 결과와 일치했다.

그랜드 피아노의 수수께끼는 마침내 해결되었던 것이다.

　1913년에 보어가 자신의 이론을 발표한 직후, 다수의 물리학자들이 다른 원소에 그 방법을 응용하는 작업을 시작했다. 이 방법은 많은 전자를 거느리고 있는 원자에 적용하기는 상당히 복잡했으며, 물리학자들이 원자 현상에 관해서 품고 있던 의문을 전부 해결해 주지도 않았다. 그럼에도 불구하고 이 작업에서 방대한 지식을 얻게 되었다. 보어의 이론을 빌어 그것을 응용하고 한층 더 발전시킨 물리학자들의 대다수는 기술자들이었다. 반면 새 물리학의 창시자의 한 사람이었던 보어는 과학자였다.

　그렇다고 기술자들이 중요하지 않다는 말이 아니다. 기술자와 과학자는 협력 관계에 있다. 보어에게 마음껏 사용할 수 있는 그 풍부한 분광자료가 없었다면 그의 이론은 나올 수 없었을 것이다. 그 자료는 헤아릴 수 없이 많은 시간에 걸친 실험실 연구의 성과였다. 한 개인으로서 그의 이론을 실증한다는 것은 보어의 능력을 넘어서는 일이었다. 기술자들이 그를 대신하여 그 이론을 다른 원소에 응용했다. 기술자들은 과학 공동체의 중요한 구성원들이다. 그러나 '물리의 도사'에 관한 저서는 기술자를 다루려는 것이 아니므로, 지금부터 물리학자라는 낱말을 사용할 때에는 과학자인 물리학자, 다시 말하면 '이미 알려진 것known'에 묶이지 않는 물리학자들을 의미한다는 것을 기억해 주기 바란다. 물리의 도사에 대해서 우리가 알고 있는 적은 지식에 비추어 보더라도 그들이 이러한 집단에서 나온 것만은 확실하다.

　어떠한 물리학이라 하더라도 극복할 수 없는 일정한 한계가 있다. 첫째, 제시해야 할 내용이 너무나 많기 때문에 20권의 저서를 쓴다고 하더라도 남김없이 담을 수가 없다. 해마다 발표되는 새 자료만 하더라도 엄청나다. 설사 물리학자들일지라도 물리학 전반을 알 수는 없다. 한 부분의 흐름을 파악하려 하더라도 꾸준히 자료를 소화시키지 않으면 안 된다. 이 책에 언급되고 있는 항목 하나하나를 들어 보더라도 언급된 내용에 담지 못한 자료가 남아 있다. 물리학은 아무리 열심히 공부해도 언제나 새로운 것이 있게 마련이다. 물리학자들 역시 이런 문제에 부딪치고 있다.

둘째, 수학을 모르고 물리학을 완전히 이해하기는 불가능하다. 그렇지만 《춤추는 물리》에는 수학이 없다. 수학은 고도로 구조화된 사고방식이다. 물리학자들은 이 같은 방법으로 세계를 보고 있다. 그들은 이 구조를 그들이 보는 대상에 적용한다. 세계가 그러한 구조를 통해 가장 완전하게 스스로를 표현한다는 것이다. 아무튼 수학은 물리학을 제일 간결하게 표현하고 있다. 그러나 《춤추는 물리》를 쓰는 이유는 대부분의 물리학자들이 수학 없이는 물리학을 훌륭하게 설명할 수 없다는 데 있다. 수학이 물리학을 간결하게 했지만 불행히도 이해하기 어렵게 만들어 놓기도 했다. 사실은 우리들 대다수가 설명을 할 때 언어를 사용한다.

그러나 수학과 영어(또는 한국어라도 좋다)는 다 같이 언어라는 사실을 기억해 두는 것은 중요한 일이다. 언어는 정보를 전달하는 데 유용한 도구이지만, 체험을 언어로 전달하면 전혀 제 구실을 못한다. 무슨 언어든지 경험에 관해서 이야기할 뿐이다. 물리의 도사들은 경험의 기술이 경험은 아니라는 점을 알고 있다. 그것은 경험에 관한 이야기에 지나지 않는다.

이것은 물리학에 관한 책이다. 그러므로 여기 담겨 있는 내용은 모두 서술이다. 거기에 경험 그 자체가 들어 있는 것이 아니다. 이 말은 이 책을 읽어서는 물리학의 경험을 얻지 못한다는 뜻이 아니다. 책을 읽을 때 경험은 여러분에게서 나오는 것이지 책에서 나오는 것이 아니라는 의미이다. 이를테면 양자역학은 우리들이 과거 어느 때에 생각했던 것과는 달리 세계의 다른 부분과 분리되어 있지 않음을 보여 주고 있다. 입자 물리학은 '나머지 세

계|rest of the world'가 한가하게 '저기out there'에 앉아 있지 않다는 것을 증명하고 있다. 그것은 지속적인 창조, 변형, 절멸의 눈부신 영역이다. 새 물리학 사상을 전면적으로 파악하면 특이한 경험을 얻을 수 있다. 예컨대 상대성이론을 연구하면 공간과 시간은 정신적 구조물에 불과하다는 놀라운 경험을 맛보게 된다. 이처럼 서로 다른 체험 하나하나가 우리들을 변화시켜 우리는 지난날의 세계관을 영원히 잃어버리게 된다.

물리학에는 유일무이한 경험이라는 것이 없다. 경험은 끊임없이 변한다. 물리학자가 아닌 사람에게는 일반적으로 알려지지 않았지만 상대성과 양자역학은 반세기 이상의 역사를 가지고 있다. 오늘날 물리학의 모든 분야는 기대에 부풀어 있고 흥분된 분위기로 충만되어 있다. 근원적인 변화가 임박했다는 느낌이 물리학자들 사이에 퍼져 있다. 가까운 장래에 새 이론이 폭발하듯 출현하고 낡은 이론을 통합하여 우리들에게 한층 넓은 우주관을 제공하고 마침내 보다 폭넓은 인간관을 제시하게 되리라는 일치된 견해가 성숙하고 있다.

이 모든 것의 한복판에 물리의 도사들이 들어와서 이렇게 춤을 추는가 하면, 저렇게 춤추고, 때로는 묵직한 발놀림으로, 때로는 경쾌하고도 우아하게 춤추며 쉬지 않고 자유롭게 흐르고 있다. 그들이 춤이 되는가 했더니, 다시 춤이 그들이 된다. 물리의 도사들은 이러한 메시지를 던진다. 그들이 춤추고 있다는 사실과 그들이 추고 있는 춤의 양식을 혼동하지 말라.

제2장

아인슈타인은 그것을 좋아하지 않는다

 양자역학quantum mechanics은 물리학의 한 분야지 무슨 자동차 수리업이 아니다. 거기에는 몇 가지 갈래가 있다. 대다수 물리학자들은 조만간에 그 모두를 통합할 수 있을 만한 큰 틀을 마련하게 되리라 믿고 있다.
 이러한 관점에 따르면 우리들은 모든 것을 빠짐없이 원칙적으로 훌륭하게 설명할 수 있는 이론을 궁극적으로 발전시키게 된다. 물론 그렇다고 우리들의 설명이 사물의 실상을 반드시 반영하게 되리라는 뜻은 아니다. 아인슈타인이 지적했듯이 우리는 시계를 열어볼 수는 없을 테지만, 참(실재의) 세계(시계 속)에서 일어나는 모든 현상이 우리가 궁극적으로 얻은 초이론super-theory에 의한 상응 요소로 설명될 것이다. 마침내 우리는 눈에 보이는 모든 현상을 설명해낼, 내적 일관성이 있는 이론을 가지게 될 것이다. 아인슈타인은 이러한 상태를 '지식의 이상적 극한'[1]이라고 불렀다.
 그러나 이와 같은 사고방식은 양자역학과 반드시 충돌한다. 그것은 자동차가 우화 속의 벽돌담에 부딪치는 것과 꼭 같다. 아인슈타인은 양자역학의 발전에 중대한 기여를 했지만, 그는 자기 생애의 상당한 몫을 양자역학의 반론에 소비했다. 왜 그런 일을 했을까? 이 같은 질문을 하는 것은 곧 심연의 가장자리에 서 있는 것과 같고 아직은 뉴턴물리학의 단단한 땅 위에 있으면서 허공을 바라보고 있는 것이라고 하겠다. 이 문제에 해답을 하는 것은 새 물리학에 대담하게 뛰어드는 행위이다.

양자역학은 20세기 초에 우겨대듯 나타났다, 물리학자들의 어떤 모임에서도 '양자물리학'이라 불리는 물리학의 새 분야를 시작하라고 투표를 한 적은 없다. 아마도 그 명칭을 제외하고는 어느 물리학자도 이 문제에 관해 선택의 여지가 없었다.

'양자quantum'는 어떤 것의 수량, 즉 특정한 양이다. '역학mechanics'은 운동motion의 연구를 말한다. 따라서 '양자역학'은 분량의 운동을 연구하는 학문이다. 양자이론에 따르면 자연은 조각조각(양자들=quanta)으로 나타났으며, 양자역학은 이러한 현상을 연구하는 물리학의 한 갈래이다.

양자역학은 뉴턴물리학을 대체하지 않고, 그것을 포용한다. 뉴턴물리학은 일정한 범위 안에서 계속 타당성을 가진다. 우리들이 자연에 관해서 중대한 새 발견을 했다고 하면, 그것은 같은 동전의 한쪽 면만을 가리킨다. 그 동전의 다른 면에는 우리는 종전의 이론이 지니고 있는 한계를 밝혀냈다는 말이 적혀 있다. 우리가 실제로 발견해낸 것은 무엇일까? 그것은 우리가 지금까지 자연을 보아오던 방법이 이제는 우리가 관찰하는 일체의 대상을 설명하기에 충분하리만큼 포괄적이지 못하며, 우리는 한층 더 포괄적인 관점을 개발해야만 한다는 것이다. 아인슈타인의 말을 빌리면,

새 이론을 지어낸다는 것은 옛 곳간을 헐어 버리고, 그 자리에 빌딩을 세우는 것과는 다르다. 그것은 오히려 등산과 같아서 새롭고 보다 넓은 시야가 트이고 우리들의 출발점과 그

풍요로운 환경 사이에 예상하지 않았던 연관성을 찾아내는 성과와 비교할 수 있다. 그러나 우리들이 출발했던 지점은 그대로 존재하며 눈에도 보인다. 다만 그것이 전보다 작아 보이고 우리들의 모험스러운 오름길에서 장애물을 극복하여 얻은 넓은 시계의 일부를 이루고 있을 뿐이다.2)

뉴턴물리학은 규모가 큰 세계에는 변함없이 적용될 수 있으나, 원자 단위 이하의 입자 세계에서는 제구실을 하지 못한다. 양자역학은 원자 같은 입자 세계의 연구에서 나온 성과다. 이 세계는 우리 주변에 있는 만물의 밑바닥에 있으며, 그 안에 박혀 있고 그 구성 요소가 되고 있으며 눈에 보이지 않는 우주이다.

뉴턴의 시대에는 이 세계가 완전히 추리의 영역에 머물고 있었다. 원자가 자연의 분할 불가능한 구성체라는 관념은 기원전 400년경에 이미 나왔으나, 1800년대 말까지는 단순한 관념으로 남아 있었을 뿐이었다. 그때부터 물리학자들은 원자 현상의 효과를 관찰할 기술을 개발했으며, 그에 따라서 원자가 존재한다는 사실을 입증하게 되었다. 물론 물리학자들이 증명한 내용은 원자의 이론적 존재가 실험 자료를 설명하기 위해서 당시에 고안할 수 있는 최선의 방법이라는 결론이었다. 또한 그들은 원자가 더 이상 쪼갤 수 없는 것이 아니고, 그보다 훨씬 작은 입자인 전자, 양성자, 중성자 등으로 구성되어 있다는 점을 밝혀냈다.

이들 새 입자들은 '기본 입자(소립자, elementary particles)'라고 불리게 되었다. 물리학자들은 드디어 우주의 궁극적 벽돌(기본 구성체)을 실질적으로 발견했다고 믿었다.

입자이론은 고대 그리스 사상의 현대판이다. 기본 입자를 이해하는 수단으로 완전히 벽돌만으로 세워진 큰 도시를 상상해 보자. 이 도시는 온갖 형태와 크기의 건물로 가득 차 있다. 그 건물 모두와 거리까지도 종류가 몇 가지 안 되는 벽돌만으로 지어졌다. 여기에 '도시' 대신 '우주'를, '벽돌'에 '입자'를 대입시키면 입자이론이 나오게 된다.

물리학자들로 하여금 가장 압도적인(물리학자에게) 발견-뉴턴물리학은 극미의 세계에서는 기능을 발휘하지 못한다-에 직면하게 만든 것은 바로 기본 입자 연구였다. 지구를 뒤흔들고 있는 이 같은 발견의 충격이 아직도 우리들의 세계관을 재편성하고 있다. 양자역학 실험은 뉴턴물리학이 예측할 수도, 설명할 수도 없는 결과를 거듭 내놓았다. 그러나 뉴턴물리학은 거시적 현상들에 대해서는 계속해서 매우 훌륭하게 설명해 주었다(거시적 현상이 미시적 현상으로 구성되어 있기는 하지만). 모름지기 이것이 과학의 가장 심오한 발견이 아닌가 생각된다.

뉴턴의 법칙은 일상 세계를 관찰한 내용을 바탕으로 하고 있다. 그것은 사건을 예측한다. 그리고 이러한 사건은 야구공이나 자전거와 같이 현실적인 물체에 관계된다. 양자역학은 입자계에서 실시된 실험에 바탕을 두고 있다. 그것은 확률을 예측한다. 이러한 확률은 원자 같은 입자 현상에 관계된다. 이 원자 입자의 현상은 직접 관찰할 수 없다. 인간의 어떠한 감각도 그들을 탐지하지 못한다.* 그 누구도 원자(더구나 전자는 말할 나위도 없고)를 아직까지 보지 못했을 뿐만 아니라 어느 인간도 원자의 맛을 보고, 만져보고, 소리를 듣고 냄새를 맡지 못했다.

뉴턴의 법칙은 이해하기가 간단하고 그려내기 쉬운 상태를 묘사한다. 양자역학은 개념화하기 어렵고 시각화하기 불가능한 현상의 확률을 설명한다. 그러므로 이 같은 현상들은 우리들의 일상적인 이해 방법보다 어렵지는

---

*어둠에 적응한 눈이 광자 하나를 탐지할 수는 있다. 그 외에는 입자 현상의 효과만이 우리 감각에 전달된다(인화지 위에 생기는 궤적, 또는 계기에 나타나는 지침의 움직임 등).

않으나 성격이 다른 방법으로 이해되지 않으면 안 된다. 양자역학 현상의 완전한 모형을 머릿속에 그리려고 애쓰지 마라(물리학자들은 양자 현상의 일부를 마음에 그려 보나 그것조차 큰 뜻이 없다).

어떤 대상을 마음에 그려 보려 들지 말고 그 대신 자신의 마음을 열어 놓도록 하여야 한다. 양자물리학의 창시자인 하이젠베르크는 다음과 같은 글을 남겼다.

수학적으로 형성된 양자이론의 법칙에 따르면 인간의 일상적 직관 개념들은 극소립자에 명쾌하게 적용될 수 없다는 사실이 명백하게 드러난다. 우리들이 통상적인 물리적 대상, 이를테면 위치, 속도, 빛깔, 크기 등을 표현할 때 사용하는 모든 언어 또는 개념을 소립자에 적용하려고 하면 불확실하고 문제가 생기게 된다.3)

우리 머릿속에 사물의 형상을 그려내야만 비로소 그 대상을 이해할 수 있다는 생각은 뉴턴적 세계관의 부산물이다. 우리가 뉴턴을 극복하려면 그러한 고정관념의 틀에서 벗어나야 한다.

뉴턴이 처음으로 과학에 위대한 공헌을 한 것은 운동의 법칙이었다. 뉴턴의 말을 빌리면, 어떤 물체가 직선으로 움직일 때 다른 무엇('힘')이 작용하지 않는 한 그 물체는 영원히 직선으로 계속 움직인다. 하지만 외부에서 어떤 힘이 작용하면 그 방향과 속도는 그것에 가해진 힘의 크기와 방향에 따라 바뀐다. 한 걸음 더 나아가서 어떠한 작용에도 크기가 같고 방향이 정반대인 반작용이 따른다.

오늘날 이들 개념은 물리학을 공부했거나 당구장에 들러 본 사람에게는 낯익은 것이다. 그러나 만약 우리들이 마음속으로 우리 자신을 300년 전의 과거로 옮겨 보면, 그러한 생각이 실제로 얼마나 탁월한가를 알 수 있을 것이다.

첫째, 뉴턴의 제1법칙은 당시의 공인된 권위였던 아리스토텔레스에 대한 도전이었다. 아리스토텔레스에 따르면 움직이는 물체의 자연적 성향은 정지 상태로 돌아가는 것이다.

둘째, 뉴턴의 운동법칙은 1600년대에 관찰할 수 없던 사건을 그리고 있다. 뉴턴이 관찰한 대상의 전부였던 일상 세계에서는 움직이는 물체가 예외 없이 마찰로 인해서 정지 상태로 돌아간다. 가령 수레가 움직이게 되면, 그 수레는 공기와 그 바퀴가 돌아가는 땅과 마찰을 일으키게 되어, 고갯길을 굴러 내려가지 않는 한 늦든 이르든 멈추게 된다. 수레를 유선화하고, 바퀴에 기름을 치며 길바닥을 매끈하게 다듬을 수는 있겠지만, 그것은 오직 마찰의 효과를 줄이는 데 그친다. 결국 수레는 외관상 저절로 운동을 중지한다.

뉴턴에게 우주비행 영화를 볼 기회가 있었을 리 만무하지만, 그는 우주 비행사들이 부딪치게 될 현상을 예측했던 것이다. 우주 비행사가 자기 앞에 연필 한 자루를 놓으면 아무 일도 일어나지 않는다. 그냥 그 자리에 떠 있을 뿐이다. 만약 그 연필을 밀면, 그것은 미는 방향으로 벽에 부딪칠 때까지 계속해서 나아간다. 가령 벽이 그 자리에 없으면, 그 연필은 계속해서 동일한 속도로 움직이며 원칙적으로 영원히 운동한다(우주 비행사 역시 그 반대 방향으로 움직이지만, 그의 질량이 상대적으로 크므로 연필보다는 아주 느리게 운동할 것이다).

셋째, 뉴턴의 전제는 '나는 가설을 만들지 않는다Hypotheses non fingo.'는 것이었는데, 그는 자기의 법칙을 다름 아닌 건실한 실험적 증거에 바탕을 두고 있다는 뜻이다. 그는 자신이 제시한 이론의 타당성을 가늠하는 기준을 누구든 자기가 한 실험을 반복하여 똑같은 결과를 얻어야 한다는 데서 찾았다. 실험을 통해서 그것을 입증할 수 있다면, 그 이론은 참이 된다. 만일 실험으로 입증하지 못한다면, 그 이론은 타당성을 의심받게 된다.

뉴턴의 이와 같은 자세를 의혹의 눈으로 바라보는 것이 당시 교회의 가장 관대한 반응이었다. 그도 그럴 것이 교회는 그때까지 1,500년 동안 실험을 통해서 검증할 수 없는 내용을 주장해 왔으므로 사실상 뉴턴물리학은 교회의 권력에 대한 직접적인 도전이었다. 당시 교회의 권력은 상당했다.* 뉴턴이 태어나기 직전에 갈릴레오(1564-1642)는 지구가 태양의 주위를 돌고 있다고 선언했으며, 당시로는 받아들일 수 없는 신학적 의미를 도출했다는 이유로 종교재판에 회부되었다. 그는 감금형 또는 그 이상의 엄중한 처벌의 위협 아래 발언을 취소하라는 압력을 받았다. 이 사건은 당시 많은 사람들에게 상당한 인상을 주었는데, 그 가운데는 현대과학의 창시자의 한 명인 프랑스 사람 르네 데카르트(1596-1651)도 끼어 있었다.

1630년대에 데카르트는 베르사이유의 왕실 정원을 방문했다. 그곳은 정교한 자동 장치automata로 이름 나 있었다. 물을 흐르게 하면 음악이 울려 오고 바다요정이 장난을 치며 거대한 해신Neptune이 삼지창을 들고 무시무시한 자세로 돌진했다. 이곳을 방문하기 전에 그의 마음속에 이미 어떤 구상이 있었는지는 알 길이 없지만 아무튼 그의 수학으로 논거를 잡고 있던 데카르트 철학은 우주와 그 안에 있는 만물 역시 자동 장치라는 결론을 내리고 있었다. 데카르트 시대부터 20세기 초에 이르기까지, 그의 영향으로 우리 선조들은 우주를 거대한 기계로 보기 시작했다. 그 뒤 300년 동안 그

---

*뉴턴이 운동의 법칙을 발견하고 실험을 통한 검증을 전제로 한 자연과학적 방법을 제시했을 때 이미 교회의 세력은 마틴 루터의 공격을 받았다. 뉴턴은 신앙적으로 경건한 인물이었다. 교회의 구체적인 논쟁은 경험적 방법에 관한 것이 아니라 뉴턴의 사상에서 발전되어 나온 신학적 결론과의 싸움이었다. 이 결론에는 창조주인 하느님의 개념과 창조된 세계에서 차지하는 인간의 중심적 위치도 포함되어 있었다.

들은 그 거대한 기계가 어떻게 작용하는가를 구체적으로 밝히기 위해 과학을 발전시켰다.

뉴턴의 과학에 대한 제2의 공헌은 그의 중력법칙이었다. 비록 우리들이 당연한 것으로 간주하고 있지만 중력은 경이로운 현상이다. 예를 들면 지면에서 떨어진 공간에서 공을 들고 있다가 놓아 버리면, 그 공은 직선으로 땅에 떨어진다. 그러나 어째서 이런 일이 일어나는가? 땅이 솟아올라서 공을 끌어내리지 않았는데도, 공은 땅으로 끌려 내려왔다. 옛 물리학은 이 설명할 수 없는 현상을 가리켜 '먼거리작용action-at-a-distance'이라고 불렀다. 뉴턴 자신도 어느 사람 못지않게 당혹했다. 그는 유명한 저서 《자연철학의 수학적 원리Philosophiae Naturalis Principia Mathematica》에서 다음과 같이 밝히고 있다.

나는 지금까지 현상에서 중력의 그러한 속성의 원인을 규명할 수 없었으며, 나는 가설을 만들지 않는다. ……중력이 실제로 존재하고 우리들이 설명해 온 법칙에 따라 작용하며, 천체의 모든 운동을 풀이하는 데 모자람 없이 이바지하는 것으로 충분하다…….[4]

중력의 본질을 진정으로 이해하기란 불가능하다는 점을 뉴턴은 명백히 깨닫고 있었다. 고전학자인 리처드 벤틀리에게 보내는 편지에서 그는 이렇게 쓰고 있다.

한 물체가 다른 어떤 물체의 매개도 받지 않고 진공을 통해서 다른 물체에 작용할 수 있으며 그것을 통하여 그 물체들의 작용과 힘이 서로의 사이에 전달될 수 있다는 이론이 나에게는 너무나 황당하여, 철학적 문제에 충분한 사고 기능을 가진 사람이면 누구도 그와 같은 상태에 빠질 수 없으리라 믿는다.[5]

요컨대 일정한 거리상의 작용을 그려낼 수는 있으나 설명할 수는 없었다.

뉴턴의 주제는 이러했다. 사과를 끌어내리는 바로 그 힘이 달을 지구궤도에 묶어두고, 여러 행성들을 태양 주위의 궤도에 잡아두고 있다는 것이다. 그의 개념을 시험하기 위해, 그는 자신의 수학을 이용하여 달과 행성들의 다양한 운동을 계산했다. 그리고 나서 그는 자기의 계산결과와 천문학자들의 관찰내용을 비교했다. 놀랍게도 그의 계산과 천문학자들의 관찰은 일치했다. 뉴턴은 단번에 지구와 천체는 동일법칙에 지배되고 있음을 입증하여 그 둘 사이에 본질적인 차이가 있다는 가설을 내팽개쳤다. 그는 합리적인 천체역학을 확립했다. 그 이전에는 신령님 또는 하느님의 권한에 속했던 대상이 유한한 인간의 이해영역 안에 들어오게 되었다. 뉴턴의 중력법칙은 중력을 설명하지 않으며(이 작업은 일반상대성 이론으로 아인슈타인이 해결했다) 다만 중력의 효과를 엄격한 수학적 정식으로 전환시킨다.

뉴턴은 광범한 경험영역을 통일하는 자연계의 원리를 발견한 첫 번째 인물이었다. 그는 자연의 끝없는 다양성에서 일정한 통일개념을 도출했으며, 그러한 개념에 수학적 표현을 부여했다. 다른 어떠한 것보다 이로 말미암아 뉴턴의 업적은 우리에게 더할 수 없이 강력한 영향을 주어왔다. 뉴턴은 우리에게 우주현상은 합리적으로 이해가 가능한 방식으로 구성되어 있다는 사실을 밝혀주었다. 그는 역사상 가장 강력한 도구를 우리에게 제공했다. 서양에서는 이 도구를, 지혜롭지 못했을지는 모르겠으나 그들이 지닌 능력의 범위 내에서 최대한 이용해왔다. 긍정, 부정 양면의 성과는 실로 눈부신 것이었다. 우리 환경에 대한 우리들의 엄청난 충격을 소재로 한 설화는 뉴턴의 업적과 더불어 시작된다.

중세에 뒤이어 처음으로 물리적 세계를 계량화한 인물은 갈릴레오 갈릴레이였다. 그는 떨어지는 돌에서 출발하여 흔들리는 진자에 이르는 모든 물체의 운동, 진동수, 속도, 지속 기간을 측정했다. 현대 수학의 기본 기법 중 많은 것을 개발했으며 거대한 기계라는 우주상을 제시한 사람은 데카르트였다. 그리고 그 거대한 기계가 작동되는 법칙을 도출한 인물은 뉴턴이었다.

이들은 12세기에서 15세기에 이르는 중세사상체계의 바탕이었던 스콜라 철학의 지배에 대담하게 반격을 가했다. 그들은 '인간'을 무대의 중심에 혹은 최소한 무대에 복귀시키려 시도했으며, 헤아릴 길 없는 힘에 지배되고 있는 세계에서 방관자가 될 필요가 없음을 입증하려 했던 것이다. 그러나 의도와 달리 정반대의 결과를 빚었던 것은 역사상 최대의 역설이라 하겠다.

매사추세츠 공과대학 MIT의 과학자 와이젠바움은 컴퓨터에 관해서 다음과 같은 글을 남겼다.

과학은 인간에게 힘을 약속했다. 그러나 사람들이 힘의 약속에 유혹될 때 흔히 일어나는 바와 마찬가지로 그 대가는 예속과 무기력이다. 힘은 선택할 수 있는 힘이 아니면 아무런 의미도 없다.[6]

이러한 일이 어떻게 일어났던가?

뉴턴의 운동법칙은 움직이는 물체에 일어나는 현상을 그려 준다. 우리가 일단 운동법칙을 알게 되면, 움직이는 물체의 미래를 알 수 있다. 이때 그 물체에 대해서 일차적으로 일정한 것을 알고 있어야 한다는 전제조건이 있다. 우리가 가지고 있는 일차적 정보의 양에 비례하여 우리들의 예측상의 정확도가 결정된다. 또한 우리는 주어진 대상의 지나간 역사를 되짚어갈 수도 있다. 예를 들어 지구와 달의 현 위치를 안다면, 미래의 어느 시점에 지구와 달이 어떠한 위치에 있을 것인가를 예측할 수 있으며, 월식, 계절 등을 미리 알 수 있게 된다. 그와 마찬가지로 과거에는 달에 대해서 지구의 위치가 어디쯤이었는지를 계산할 수 있으며, 그와 같은 현상이 그 이전에는 언제 일어났던가를 밝힐 수 있다.

뉴턴물리학이 없다면 우주계획은 불가능하다. 달 탐사선은 지구(지축을 중심으로 자전하면서 동시에 우주 공간을 전진하고 있는)상의 발사 지점과 달(역시 자전과 공전을 하고 있는) 위의 착륙 지점과의 상대적 위치가 우주선이 지나갈 항로를 최단거리로 해 주는 순간에 발사된다. 지구, 달과 우주선의 운동계산은 컴퓨터로 하지만 거기에 사용되는 역학은 뉴턴의 자연철학의 수학적 원리에 그려진 것과 동일하다.

실제로 어떤 사상에 따르는 일차적 환경을 남김없이 안다는 것은 지극히 어렵다. 심지어 벽에다 공을 때려 튀게 하는 단순운동도 놀랄 만큼 복잡하다. 기본요소 몇 가지만 들어 보아도 공의 모양, 크기, 탄력과 관성, 그것이 던져진 각도, 공기의 밀도, 압력, 습도와 온도, 벽의 모양, 굳기, 위치 등이 있으며, 공이 어디에 언제 부딪칠 것인가를 가늠하는 데 이 모든 요소를 계산에 넣어야 한다. 그보다 더 복잡한 운동이 포함되는 경우라면 정확한 예측에 필요한 모든 자료를 얻기가 한층 어려워진다. 옛 물리학에 따르면, 그러나 충분한 정보만 있다면 주어진 사상이 어떻게 전개될지 정확하게 예측하는 것은 원칙적으로 가능하다. 실제로 그러한 예측을 하지 못하게 하는 장애요인은 그 작업이 방대하다는 데 있다.

현존하는 지식을 바탕으로 미래를 예측하는 능력과 운동의 법칙은 우리 조상에게 일찍이 알지 못했던 힘을 주었다. 그러나 이들 개념의 내부에는 크게 실망할 논리가 담겨 있다. 자연법칙이 어떤 사건의 미래를 결정한다면, 충분한 정보를 제공할 때 우리는 과거의 어느 시점에서 우리들의 현재를 예측할 수 있었을 것이다. 그 과거의 어느 시점 역시 그에 앞서는 어느 시점에서 예측할 수 있었을 것이다. 간단히 말해서 뉴턴물리학의 기계적 결정론을 받아들인다면 - 우주가 진실로 거대한 기계라면 - 우주가 창조되어 운동하기 시작한 순간부터 그 안에서 일어나게 될 모든 것은 이미 결정되어 있다는 결론에 도달한다.

이와 같은 철학에 따르면 우리는 외관상 우리 인생에 일어나는 사태의 방향을 변경시킬 독자적 의지와 능력이 있는 것 같으나 실은 그렇지 않다. 태초부터 모든 것은 예정되어 있었고, 자유의지를 가졌다는 우리들의 환상도 거기 포함되어 있었다. 우주는 사전에 녹화되어 있는 테이프이며, 그것을 작동하는 방법도 선택의 여지없이 결정되어 있다. 인간의 지위는 과학의 출현 이전보다 무한히 참담해진다. 거대한 기계 - 우주는 맹목적으로 가동되며, 그 안에 있는 만물은 나사에 지나지 않는다.

양자역학에 의하면, 그러나 원칙적인 차원에서마저도 미래를 완벽하게 예측하는 데 충분한 만큼 현재에 관한 지식 또는 정보를 얻어내기는 불가능하다. 설사 우리에게 시간과 결의가 있다 하더라도 이루어질 수 없으며, 가령 제일 훌륭한 계측장치가 있다고 하더라도 가능하지 않다. 그것은 작업의 규모나 탐지기의 비능률성의 문제가 아니다. 사물의 본질이 그렇기 때문에 우리는 그 어느 측면을 가장 잘 알고 싶어 하는가를 선택하지 않으면 안 된다. 인간은 그 중 하나만을 정확하게 알 수 있을 뿐이다.

양자역학의 또 다른 창시자 보어는 이렇게 말했다.

> 양자역학에서는 원자 현상의 보다 자세한 분석을 인위적으로 거부하는 것이 아니라, 원칙적으로 그러한 분석은 배제된다고 인정하고 있다.[7]

예를 들어 공간에서 움직이는 물체를 상상해 보자. 그것은 인간이 측정

가능한 위치와 운동량을 지니고 있다. 이것이 옛 물리학(즉 뉴턴물리학)의 실례이다(운동량은 그 물체의 크기와 속도, 그리고 움직이는 방향을 합친 것이다). 어느 한 시점의 물체의 위치와 운동량을 결정할 수 있으므로 미래에는 어느 위치에 있을 것이냐를 산출하기란 그리 어려운 일이 아니다. 가령 비행기 한 대가 북쪽으로 시속 200마일로 날아간다고 하면, 방향과 속도를 변경시키지 않는 한, 1시간 뒤에는 북쪽 200마일 위치에 가 있을 것이다.

양자역학이 발견되어 인간의식을 확대시켜줌으로써 뉴턴물리학은 원자 이하의 현상에는 적용되지 않음을 알게 되었다. 원자 이하의 세계, 즉 입자계에서는 한 입자의 위치와 운동량을 절대적으로 정확하게 산출하지 못한다. 그것들은 개략적으로만 알 수 있을 뿐이며, 그 중 하나를 알면 알수록 다른 것은 모르게 된다. 위치와 운동량 가운데 어느 하나를 정확하게 알면 다른 하나는 전혀 모르게 된다. 이것이 하이젠베르크의 불확정성의 원리이다. 얼핏 보면 전혀 믿어지지 않으나 실험에 의하여 반복적으로 입증되었다.

우리가 움직이는 입자를 그릴 때 그 위치와 운동량을 동시에 측정할 수 없다고 상상하기란 대단히 어려운 일이다. 그러지 못한다는 생각이 '상식'에 어긋난다. 상식과 모순되는 양자역학 현상은 비단 이것 하나만이 아니다. 사실 상식과의 모순이 새 물리학의 한복판에 자리 잡고 있다. 이러한 모순들이 이 세계는 우리가 그럴 거라고 생각하고 있는 대상과는 다르다는 점을 거듭 말해 주고 있다. 실제로 그 차이는 훨씬 더 클지도 모른다.

입자의 위치와 운동량을 동시에 결정할 수 없으므로, 그 양자에 대해서 예측할 수 있는 내용이란 많지 않다. 따라서 양자역학은 특정한 사건을 예측하지도 않으며, 예측할 수도 없다. 그러나 이것은 확률을 제시한다. 확률이란 어떠한 사물이 일어나거나 일어나지 않을 가능성을 가리킨다. 양자역학은 뉴턴물리학이 거시적 사건의 실제적인 발생을 예측할 경우와 같은 수준의 정확성으로 미시적 사건의 확률을 예측할 수 있다.

뉴턴물리학은 "현재의 상황이 이러이러하다면, 다음에 이러이러한 일이 일어나게 될 것이다."라고 말한다. 한편 양자역학은 "지금 상황이 이러이러하면, 이러이러한 일이 다음에 일어날 확률은……(어떠한 계산의 결과)."이라고 말한다. 우리가 '관찰하고 있는' 입자에 무슨 일이 일어날 것인가를 확실히 알기는 절대로 불가능하다. 확실히 알 수 있는 것은 그 입자가 일정한 방식에 따라 행동할 확률에 지나지 않는다. 뉴턴의 계산법에 반드시 포함되어야 할 두 가지 자료, 위치와 운동량을 동시에 정확하게 알 수는 없으므로, 우리가 알 수 있는 최대한의 내용이 확률이다. 우리들은 실험 방법을 선택하여 가장 정확하게 측정하려는 대상이 어느 것인가를 결정해야 한다.

뉴턴물리학의 가르침은 우주는 합리적 오성rational understanding으로 감지될 수 있는 법칙의 지배를 받는다는 것이다. 이들 법칙을 적용함으로써 환경에 대한 우리의 지식과 인간의 영향력은 확대된다. 뉴턴은 종교적 인간이다. 그는 그의 법칙을 하느님의 완전성을 표현하는 수단으로 보았다. 그럼에도 불구하고 뉴턴의 법칙은 인간의 목적에도 훌륭하게 이바지했다. 그것은 인간의 존엄성을 드높이고 우주에서의 인간의 중요성을 확인했다. 중세에 뒤이어 과학의 새로운 분야(자연철학)가 영혼에 새 힘을 주는 청신한 바람처럼 등장했다. 자연철학이 끝내 인간의 지위를 창조 당시부터 예정되어 있던 기능에 묶인, 기계에 속한 자그마한 부품의 위치로 격하시키게 된 것은 역설이 아닐 수 없다.

뉴턴물리학과는 반대로, 양자역학은 기본 입자계의 사상을 지배하는 것은 알고 보니 우리의 추측과는 거리가 멀다는 점을 가르쳐 주고 있다. 그리고 인간이 기본 입자 현상을 정확히 예측할 수 없음을 알려 준다. 다만 인간의 능력은 그 확률을 예측하는 데 한정되어 있다.

그러나 철학적인 차원에서 보면 그 양자역학의 함의는 현란하다. 인간은 인간의 현실에 영향을 끼칠 수 있을 뿐만 아니라, 어느 범위 안에서는 사실상 그 현실을 창조할 수도 있다. 입자의 운동량과 그 위치 중 어느 한쪽만을 알 수 있는 것이 물질의 본성이므로, 이 두 가지 속성 가운데 어느 하나를 선택할 것인가를 결정해야 한다. 형이상학적 관점에서 접근한다면, 궁극적으로 인간이 스스로 측정할 속성을 선택한다는 말은 그 속성 자체를 지어낸다고 해야 할 경지에 이르게 된다. 표현을 달리하면 우리들이 위치를 결정하고자 하는 의사가 있으므로 입자와 같이 위치를 가진 대상을 지어낼 수 있으며, 우리들이 결정짓기를 바라는 위치를 차지한 대상이 없다면 위치 결정은 불가능하다.

양자물리학자들은 다음과 같은 질문을 신중하게 검토하고 있다.

"우리들이 운동량 측정 실험을 하기 이전에 운동량을 가진 입자가 존재했던가?" "우리들이 입자에 관해서 생각하고 측정하기 이전에 도대체 입자가 존재했을까?" 그리고 "지금 우리가 실험하고 있는 입자들은 우리가 지어낸 것은 아닐까?" 얼핏 듣기에는 믿을 수 없는 문제들이지만 많은 물리학자들이 이와 같은 가능성을 인정하고 있다.

프린스턴대학교의 이름난 물리학자 휠러는 이렇게 말했다.

어떤 기이한 뜻에서 우주란 참여하는 인간들의 참여 행위로 인해서 '존재하게 된' 것은 아닐까? …… 여기서 생생히 살아 있는 행위는 참여 행위이다. '참여자'는 양자역학이 제공한 뒤집힐 수 없는 새 개념이다. 그것은 고전이론의 '관찰자'—두꺼운 유리 뒤에 안전하게 서 있으며 개입하지 않고 지켜보는 인간—라는 개념을 쳐서 무너뜨린다. 그럴 수는 없다고 생각하는 것이 양자역학의 주장이다.8)

동양의 신비주의자들과 서양의 물리학자들이 사용하는 언어가 아주 비슷해지고 있다.

뉴턴물리학과 양자역학은 이중으로 모순되는 관계에 있는 동반자이다. 뉴턴물리학은 현상과 그 현상을 이해하는 데 내재하는 힘을 지배하는 법칙이라는 관념에 바탕을 두고 있으나, 우주라는 거대한 기계 앞에서는 아무런 힘이 없다. 반면 양자역학은 미래의 현상에 대한 최소 지식이라는 관념에 바탕을 두고 있으나, 우리의 현실체는 우리들이 선택하는 데 따라 결정될 가능성이 있다는 경지로 이끌어간다.

그밖에도 옛 물리학과 새 물리학 사이에는 기본적인 차이가 있다. 옛 물리학은 우리와 분리되어 존재하는 외적 세계가 있다는 전제를 두고 있다. 나아가서 외부 세계를 변화시키지 않고 그것을 관찰, 측정, 추정할 수 있다고 생각한다. 옛 물리학에 의하면 외부 세계는 우리와 우리의 요구에 무관하다.

갈릴레오의 역사적 위치는 외부 세계의 현상을 계량화하려는 그의 지칠 줄 모르는 노력에 의해 결정된다. 계량화의 과정에는 위대한 힘이 내재한다. 이를테면 떨어지는 물체의 가속도와 마찬가지로 일단 어떤 관계가 발견되면 누가 그 물체를 떨어뜨렸으며, 어떤 물체가 떨어졌느냐 그리고 어디서 떨어졌느냐는 문제가 되지 않는다. 그 결과는 언제나 같다. 이탈리아의 어느 실험가가 1세기 뒤 그 실험을 반복한 러시아의 실험가와 같은 결과를 얻는다. 그리고 그 실험을 실시한 인간이 회의하면, 믿는 자이든 호기심에 찬 방관자든 결과는 똑같다.

이와 같은 사실들로 인해 철학자들은 물리적 우주가 그 주민을 의식하지 않고 필연적인 운동을 하며 맹목적으로 전진하고 있다는 확신을 가지게 되었다. 예컨대 두 사람을 같은 높이에서 동시에 떨어뜨리면, 그들의 몸무게에 상관없이 똑같은 순간에 땅에 떨어진다는 것은 증명 가능하고 '반복 가능한' 사실이다. 그들의 낙하, 가속도, 충격은 돌의 낙하, 가속도, 충격을 측정하는 것과 일치하는 방법으로 측정할 수 있다. 사실 그 결과는 그 사람이 돌일 경우와 전혀 다를 바 없다.

"하지만 사람과 돌 사이에는 차이가 있다고요!"라고 누군가 말할는지도 모를 일이다.

"돌에는 의견이나 감정이 없지만, 사람은 두 가지를 모두 지니고 있지 않나요? 가령 이렇게 떨어진 사람 가운데 한쪽은 자기 체험에 겁을 먹을 수가 있고, 다른 쪽은 화를 낼 수도 있다는 말이에요. 이 도식 안에서 그들의 감정은 전혀 중요하지 않다는 말인가요?"

그렇다. 그 대상의 감정은 조금도 문제되지 않는다. 그들을 다시 탑 위로 올려(이번에는 버둥거리겠지만) 한 번 더 떨어뜨린다면, 둘 다 미친 듯이 반항을 하더라도 첫 번째와 마찬가지로 낙하의 가속도와 소요시간에는 변함이 없다. 거대한 기계, 우주는 비인간적이다. 바로 이 비인간성이 과학자들로 하여금 '절대적 객관성absolve objectivity'을 추구하게 된 계기가 되었다.

과학적 객관성의 개념은 '여기 이 안에in here' 있는 '나(I)'에 대립되는 '저 바깥out there'에 있는 외적 세계라는 가설 위에 서 있다(다른 사람을 '저 바깥'에 두는 지각 방식은 '여기 이 안'에서는 대단히 고독하다). 이러한 견해를 빌리면 자연은 그 일체의 다양성을 지니고 '저 바깥'에 있다. 과학자의 임무는 '저 바깥'을 최대한 객관적으로 관찰하는 것이다. 어떤 것을 객관적으로 관찰한다 함은 관찰하는 대상에 대해서 편견을 가지지 않고 관찰자에게 나타나는 그대로 본다는 뜻이다.

지난 3세기 동안 주목을 끌지 못한 채 지나쳐 버린 문제가 있다. 그러한 자세를 가지고 있는 사람은 분명히 편견에 빠져 있다는 것이다. 그의 편견은 '객관적'이고자 하는 것, 즉 미리 형성된 의견이 없고자 하는 태도이다. 실제로 의견이 없는 상태에 있기란 불가능하다. 의견이란 일종의 관점이다. 다른 부분이 아니라 현실의 이 부분을 연구하기로 한 결정 자체가 그 결정을 내린 연구가의 주관적 표현이다. 그것은 다른 측면을 접어둔다 하더라도 현실에 대한 그의 지각에 영향을 준다. 우리가 연구하는 대상이 현실이므로, 여기서 그 문제는 아주 까다롭다.

새 물리학 즉 양자역학은 그 대상을 변경시키지 않고 현실을 관찰할 수는 없음을 똑똑히 가르쳐 주고 있다. 어떤 입자 충돌 실험을 한다고 하자. 이 경우 그것을 관찰하지 않더라도 동일한 결과가 나온다고 하는 증거를 제시할 방법이 없다. 우리가 알고 있는 모든 자료는 동일하지 않으리라는 해답을 내놓고 있다. 우리가 얻어내는 결과는 우리들이 찾고 있는 그 사실에 영향을 받았기 때문이다.

어떤 실험에 의하면 빛은 파동과 같다. 다른 실험에 따르면 빛은 입자와 같다는 점을 그에 못지않게 훌륭히 보여 주고 있다. 빛이 입자와 같은 현상이라거나, 그와는 달리 파동과 같은 현상임을 보여 주고자 한다면, 적절한 실험을 선택하기만 하면 된다.

양자역학에 따르면 객관성이란 존재하지 않는다. 우리는 자신을 현상에서 제거할 수가 없다. 우리는 자연의 일부이고, 우리가 자연을 연구할 때, 자연이 그 자체를 연구하고 있다는 사실을 회피하지 못한다. 물리학은 심리학의 한 분야가 되었고, 혹은 그 반대일지도 모른다.

스위스 심리학자 융은 그의 저서에서 다음과 같이 주장한다.

심리학의 법칙을 빌리면 내적상황이 의식화되지 않으면, 그것은 운명으로서 바깥에서 일어난다. 다시 말하면, 개인이 분열되지 않고, 그의 내적 모순을 의식하지 못하면, 세계가 필

연적으로 그 갈등을 연출하여 서로 반대방향으로 양분되고 만다.9)

융의 친구이며, 노벨상을 수상한 물리학자 파울리는 이렇게 표현했다.

내적 중심에서 마음이 외향성을 띠고 바깥 즉, 물리적 세계로 들어가는 것으로 보인다.10)

이들의 말이 옳다면, 물리학은 의식구조의 연구다.

거시적 수준에서 우리들이 극미의 세계라고 불러온 미시적 수준으로 내려가는 운동은 2단계의 과정이다. 운동의 제1단계는 원자 수준이다. 그리고 제2단계는 원자 이하(subatomic, 아원자亞元子)의 수준이다.

우리가 볼 수 있는, 심지어 현미경으로 볼 수 있는 가장 작은 물체라 하더라도 그 안에는 수백만 개의 원자가 들어 있다. 야구공 안에 있는 원자를 눈으로 보려면, 그 크기를 지구만큼 확대해야 한다. 가령 야구공이 지구와 크기가 같다면 그 안에 있는 원자는 포도알 크기 만할 것이다. 만일 지구를 포도가 가득 담긴 커다란 유리공에 비유한다면, 원자가 가득 찬 야구공의 모양과 대략 같을 것이다.

원자 수준에서 아래로 내려가면 아원자 수준에 이른다. 여기서 원자를 이루고 있는 입자를 찾아낸다. 원자 수준과 아원자 수준 사이의 차이는 원자 수준과 막대기 및 바위의 차이만큼이나 크다. 원자의 크기가 포도알만큼 된다고 하더라도 원자핵을 볼 수 없다. 사실 원자가 방만큼 크다고 하더라도 원자핵은 보이지 않는다. 원자의 핵을 보려면 그 원자의 높이가 14층 건물만큼 확대되어야 한다. 14층 건물 높이의 원자 안에 있는 원자핵의 크기는 소금알맹이 만하다. 핵의 질량은 전자의 2,000배이므로 원자핵 주위를 돌고 있는 전자들은 먼지와 같다.

　바티칸에 있는 성 베드로 대성당의 둥근 지붕의 지름이 대량 14층에 해당된다. 성 베드로 대성당의 둥근 지붕 한복판에 소금 한 알이 있고, 둥근 지붕의 가장자리 가까이 소금 알을 중심에 두고 먼지 몇 점이 돌고 있다고 상상해 보라. 이것이 아원자 수준의 입자가 가지고 있는 상대적 규모이다. 뉴턴물리학이 적합하지 않은 것이 증명되고, 양자역학이 입자형태 설명에 필요한 영역이 바로 이 세계 즉 아원자 수준이다.

　아원자 입자는 먼지입자와 같은 '입자particle'가 아니다. 먼지입자와 아원자 입자 사이에는 크기를 제외하고도 다른 점이 있다. 먼지입자는 물체이다. 반면 아원자 입자는 물체라고 할 수 없다. 따라서 아원자 입자를 물체로 보는 관념을 내버려야 한다.

　양자역학은 아원자 입자들을 '존재하는 경향' 또는 '일어나는 경향'으로 보고 있다. 이러한 경향이 얼마나 강한가를 확률이라는 용어로 표현한다. 아원자 입자는 '양자'이며, 양자란 어떤 것의 양을 뜻한다. 그러나 그 어떤 것이 무엇이냐 하는 질문에 대한 해답은 추리의 영역에 머물고 있다. 많은 물리학자들은 그러한 질문을 내놓는 것조차도 무의미하다고 느끼고 있다. 우주의 궁극적 질료를 찾으려는 노력은 환상을 구하려는 운동일 수도 있다. 아원자 수준에서는 질량과 에너지가 끊임없이 서로 변환한다. 입자 물리학자들은 질량이 에너지가 되고 에너지가 질량으로 변화하는 현상에 너무 익숙하며, 그들은 으레 입자의 질량을 에너지 단위로 측정한다.* 일정한 조건 아래에서 나타나려는 아원자 현상의 경향은 확률이므로, 통계학의 문제가 등장한다.

＊엄격히 말해서 아인슈타인의 특수상대성이론에 따르면 질량은 에너지이고 에너지는 질량이다. 하나가 있는 곳에 다른 것이 있다.

우리가 눈으로 볼 수 있는 가장 작은 공간에도 아원자 입자는 수억, 수조 개가 있기 때문에, 그들을 통계적으로 다루는 것이 편리하다. 통계적인 서술은 군중행동을 그린다. 통계는 군중 속의 어느 개인이 어떻게 행동하는가를 설명할 수 없으나 반복된 관찰을 바탕으로 하여 집단이 전체로서 어떻게 행동하는가를 상당히 정확하게 그려줄 수 있다.

예를 들어 인구 성장의 통계학적 연구를 통하여 몇 년 단위로 아이들이 얼마나 태어났으며, 이 뒤의 일정한 기간에 아이가 얼마나 태어나겠는가를 밝힐 수 있다. 그러나 통계는 어느 가족이 새 아기를 낳고 어느 가족이 낳지 않겠느냐를 가려내지는 못한다. 어느 교차로의 교통 형태를 알고자 한다면, 거기에다 자료를 수집할 장치를 해 놓을 수 있다. 이 장치가 제공할 통계는 가령 어느 정도의 자동차가 지정된 시간 안에 좌회전을 했는가를 알려주지만 어느 차가 그랬는가를 밝히지는 않는다.

통계는 뉴턴물리학에도 쓰이고 있다. 이를테면 기체용적과 압력 간의 관계를 설명하는 경우에 사용되기도 한다. 이 관계를 '보일의 법칙'이라고 한다. 뉴턴 시대에 살았던 발견자 보일의 이름을 따서 붙인 것이다. 아래에 설명을 하겠지만, 이것을 자전거 펌프법칙Bicycle-Pump Law이라고 한다면 쉽사리 이해가 될 것이다. 일정한 온도 아래에서 일정한 양의 기체를 담고 있는 용기의 체적을 반으로 줄이면 용기 안의 기체가 내는 압력은 두 배가 된다.

자전거 펌프를 가지고 있는 사람을 상상해 보자. 펌프 손잡이를 한껏 올려서 막 내리누르려 하고 있다. 펌프의 호스는 자전거 대신 압력계에 연결되어 펌프 안의 압력을 볼 수 있게 해두었다. 손잡이에 압력이 가해지지 않았으므로, 펌프 안에는 압력이 없고 압력계의 바늘은 0을 가리키고 있다. 그러나 펌프 안의 압력이 실제로는 0이 아니다. 우리는 공기의 바다(대기권) 밑바닥에 살고 있다. 우리 위에 몇 킬로미터 높이로 쌓여 있는 공기의 무게가 해면 기준으로 우리 몸의 1평방 인치에 14.7파운드의 압력을 가한다. 인간의 몸은 1평방 인치에 14.7파운드의 힘을 밖으로 내보내고 있으므로 폭삭 찌그러지는 법이 없다. 이것이 자전거 압력계가 일반적으로 '0'이라는 수치로 표시하는 상태이다. 보다 정확하게 말한다면 펌프 손잡이를 내리 누르기 전에 압력계를 1평방 인치당 14.7파운드에 맞추어 놓았다고 생각하면 된다.

손잡이를 절반까지 내리누르면 펌프 원통의 내부 용적이 당초의 반으로 줄어들며, 호스가 압력계에 연결되어 있으므로 공기는 일체 빠져나가지 못한다. 계기의 압력치는 평방 인치당 29.4파운드, 당초의 압력보다 2배가 된다. 다음에 손잡이를 3분의 2까지 밀어내린다. 펌프 내의 부피는 당초의 3분의 1로 줄어들고 압력계는 당초의 압력보다 3배를 가리킨다. 이것이 보일의 법칙이다. 온도가 일정할 때 일정한 양의 기체압력은 그 부피에 반비례한다. 부피를 반으로 줄이면 압력은 2배로 늘어난다. 부피를 다시 3분의 1로 줄이면 압력은 3배로 커진다. 이렇게 되는 까닭이 무엇이냐를 설명하려면 고전적 통계학에 의존하게 된다.

펌프 안에 있는 공기는 수백만의 분자로 이루어지고 있다. 이들 분자는 끊임없이 운동하며, 어느 주어진 순간에는 수만의 공기분자가 펌프 벽에 충돌하고 있다. 이 같은 충돌현상을 하나하나 식별할 수는 없으나, 펌프 벽의 1평방 인치에 수백만 회의 충격의 거시효과가 그 위에 압력현상을 일으키게 된다. 이러한 거시적 효과가 '압력'의 배가이다. 당초의 공간을 3분의 1로 줄여 거기에다 기체분자들을 빼곡히 몰아넣음으로써, 단위면적의 펌프 벽에 3배나 되는 분자들이 충돌하게 하여 '압력'을 3배로 증가시킨다. 이것이 기체분자 운동론이다.

다르게 말하면 '압력'은 운동 중에 있는 다수의 분자의 집단 형태에서 우러난다. 그것은 개별적 사상의 집합체이다. 개별적 사상은 하나하나씩 분석

가능하다. 뉴턴물리학에 의하면 개별적 사상은 이론적으로 예외 없이 결정론적 법칙에 지배되기 때문이다. 원칙적으로 펌프 안에 있는 각 분자의 궤적은 계산할 수 있다. 여기서 옛 물리학에 어떻게 통계가 사용되는가를 알게 된다.

양자역학 또한 통계를 신용하지만, 양자역학과 뉴턴물리학 사이에는 커다란 차이가 있다. 양자역학에서는 개별적인 사상을 예측할 길이 없다. 아원자 세계에서 실시된 일련의 실험이 우리에게 가르쳐 준 놀라운 교훈이 바로 이것이다.

그러므로 양자역학은 오직 집단 형태만을 다루고 있다. 개별적인 원자 이하의 사상은 정확하게 결정할 수 없고(불확정성의원리) 뒤에 고에너지 입자의 사례에서 알게 되겠지만 끊임없이 변화하고 있다. 때문에 양자역학은 집단 형태와 개별적 사상 사이의 관계를 불분명한 상태로 남겨두고 있다. 양자물리학은 개별 사상을 지배하는 법칙을 버리고 그 사상의 일정한 집합체를 지배하는 통계법칙을 직접적으로 밝히고 있다. 양자역학은 입자집단이 어떻게 행동하는지를 말해 줄 수 있으나, 개별적 입자에 대해서 말할 수 있는 것은 그것이 어떻게 될 가능성이 있느냐 하는 데에 국한된다. 확률은 양자역학의 주요한 특성이다.

이러한 조건으로 인해 양자역학은 아원자 현상을 다루는 이상적인 도구이다. 예컨대 일반적인 방사성붕괴radio-active decay현상을 들어보자. 방사성붕괴는 예측 불가능한 개별 사상으로 구성되어 있는 예측 가능한 종합행태를 말해 주는 현상이다.

라듐 1g을 장기저장소time vault에 넣어 1,600년 동안 그냥 두었다고 하자. 우리가 돌아왔을 때 라듐 1g이 그대로 남아 있을까? 아니다. 거기에는 0.5g밖에 남아 있지 않다. 라듐 원자는 자연적으로 붕괴되어 1,600년마다 그 절반으로 줄어든다. 따라서 물리학자들은 라듐이 1,600년의 '반감기'를 가지고 있다고 말한다. 앞서 말한 라듐을 장기저장소에 되돌려 1,600년을 더 두면 1g의 4분의 1 즉 0.25g이 될 것이다. 1,600년이 지날 때마다 전 세계에 있는 라듐원자의 2분의 1이 사라지고 있다. 그러면 어느 라듐원자가 남아 있고 어느 라듐원자가 붕괴되는가를 알 수 있는 방법이 무엇인가?

알 수가 없다. 라듐 한 토막에 있는 원자가 1시간 동안에 얼마나 붕괴되는가를 예측할 수는 있지만, 어느 원자가 붕괴될지 알아맞힐 방법이 없다. 그것은 이 같은 선택을 지배하는 물리법칙을 찾아내지 못했기 때문이다. 그럼에도 불구하고 라듐은 계속해서 예정대로 정확하고 변함없이 1,600년마다 반으로 붕괴되고 있다. 어느 원자가 붕괴되는가 하는 것은 순전히 우연의 문제다. 양자이론은 개별적 라듐원자의 분해를 지배하는 법칙을 버리고 집단으로서 라듐원자의 분해를 지배하는 통계적 법칙을 직접 다루고 있다. 새 물리학에서 통계가 사용되는 이유가 여기 있다.

예측 불가능한 개별적 사상으로 구성된 예측 가능한 전반적 (통계적)형태의 좋은 사례 가운데 스펙트럼선의 광도상의 지속적인 변화를 들 수 있다. 보어의 이론에 따르면 원자 내부의 전자들은 원자핵에서 일정한 거리에 있는 껍질(궤도)에만 있다고 한다. 정상적인 경우 수소 원자의 하나밖에 없는 전자가 원자핵에 제일 가까운 껍질에만 있다(바닥 상태, ground state). 만일 이 전자를 들뜨우면(에너지를 가하면), 그 전자는 좀 더 먼 껍질로 뛰어나간다. 에너지를 더 가하면, 더 멀리 뛰어 달아난다. 그러다가 자극을 중단하면 그 전자는 핵에 좀 더 가까운 껍질로 돌아오며, 결국 가장 안쪽에 있는 껍질로 오게 된다. 바깥 껍질에서 안쪽 껍질로 뛰어 들어올 때마다, 그 전자는 밖으로 뛰어 나갈 때에 흡수한 에너지와 같은 양의 에너지를 방출한다. 이처럼 방사되는 에너지다발(광자=photon)이, 프리즘을 통해서 분광될 때 수소 특유의 100여 개의 색선을 보여 주는 빛을 발한다. 수소 스펙트럼의 색선 하나하나가 바로 특정한 바깥 껍질에서 특정한 안쪽 껍질로 뛰어내릴 때 수소전자가 내뿜는 빛으로 이루어진다.

지금까지 언급하지 않은 점이 있다면, 그것은 수소 스펙트럼의 색선의 일부가 다른 색선보다 더 뚜렷하다는 사실이다. 뚜렷한 색선은 항상 뚜렷하고, 희미한 색선은 언제나 희미하다. 수소 스펙트럼에 있는 색선의 강도가 변하는 이유는 수소전자들이 바닥 상태로 돌아가는 경우 반드시 같은 길을 가지 않는다는 사실에 있다.

예를 들어보자. 다섯 째 껍질이 셋째 껍질보다 훨씬 인기 있는 중간 정류장일 수가 있다. 흥분한 수백만의 수소 원자가 내놓은 스펙트럼의 경우 다섯째 껍질에서 첫째 껍질로 뛰어내리는 전자운동에 상응하는 스펙트럼선이 훨씬 선명하고, 가령 셋째 껍질에서 첫째 껍질로 돌아가는 전자운동의 스펙트럼 색선은 한결 희미하게 나타난다. 이 사실에서 보면 첫째 껍질로 뛰어내리기 전에 셋째 껍질에 중간 정지하는 것보다는 다섯째 껍질에 일시 체류하는 사례가 훨씬 많다.

표현을 달리하면, 이 예에서는 들뜬 수소 원자의 전자들이 첫째 껍질로 돌아가기에 앞서 다섯째 껍질에 일시 머물 확률이 아주 높으며, 셋째 껍질에 잠시 체류할 확률은 상대적으로 낮다. 다시 표현을 바꾸어 보자. 일정한 수의 전자들이 다섯째 껍질에 머물 가능성이 있고, 그보다 적은 수의 전자가 셋째 껍질에 머물 가능성이 있다는 것이다. 이미 지적한 대로, 그 전체를 구성하는 개별적 사상의 하나하나를 예측하지 못하면서도 전체적 행태를 정확하게 묘사할 수 있다는 말이다.

그리하여 우리는 양자역학의 중심이 되는 철학적 문제 "양자역학이 묘사하는 것, 대상이 무엇인가?" 하는 의문에 부딪히게 된다. 양자역학은 통계적으로 무엇의 전체적 행태를 묘사하며 무엇의 개별적 행태의 확률을 예측하는가?

1927년 가을 새 물리학을 연구하던 물리학자들이 벨기에의 브뤼셀에 모여 여러 문제 가운데서 특별히 이 문제에 깊은 관심을 표명하였다. 거기에서 그들이 결정한 내용이 양자역학의 코펜하겐해석이라는 이름으로 알려지게 되었다.*

뒷날 다른 해석방법이 개발되었으나 코펜하겐해석은 일관된 세계관으로서의 새 물리학의 출현을 알려준다. 이것은 아직도 양자역학의 수학적 형식에 관해 가장 널리 퍼져 있는 해석방법이다. 뉴턴물리학의 부적합성을 찾아낸 뒤에 일어난 물리학의 반란은 거의 완성되었다. 브뤼셀에 온 물리학자들 사이에 제기된 의문은 뉴턴역학이 원자 이하의 현상에 적용될 수 있느냐(적용될 수 없음은 분명했다) 하는 것이 아니라, 오히려 그것을 대체할 대안이 무엇이냐에 있었다.

코펜하겐해석이야말로 양자역학을 처음으로 일관성 있게 형식화한 것이었다. 아인슈타인은 1927년에 그 이론에 반대했으며, 모든 물리학자들이 그랬듯이 원자 이하의 현상을 설명할 경우의 이점을 인정하지 않을 수 없으면서도 죽는 날까지 그에 대한 반론을 폈다.

코펜하겐해석은 사실상 양자역학이 무엇을 다루든 문제가 되지 않는다고 말하고 있다.**

중요한 것은 그 이론이 제 기능을 발휘하고 있다는 점이다. 이것은 과학 사상 가장 중요한 언명 가운데 하나로 손꼽히고 있다. 양자역학에 대한 코

---

*이것이 제5차 솔베이 회의이며, 여기서 보어와 아인슈타인의 토론이 있었다. '코펜하겐해석'이라는 용어가 보어(코펜하겐에서 온)와 그의 학파가 끼친 지배적인 영향력을 반영하고 있다.
**코펜하겐해석은 양자이론이 우리 경험의 상관관계를 다루고 있다고 말한다. 그것은 특수한 조건 아래에서 무엇을 관찰하게 되는가를 대상으로 하고 있다.

펜하겐해석은 당시에는 미처 깨닫지 못하고 지나쳐 버린 기념할 만한 재결합을 출발시켰다. 과학으로 대표되는 인간정신의 이성적 부분은 1700년대 이후 인간이 무시해온 또 다른 부분, 인간의 비합리적 측면과 다시 결합되기 시작했다.

진리라는 과학적 관념은 전통적으로 '저기 바깥' 어느 곳에 있는 절대적 진리 – 다시 말하면 독립적 존재를 가진 절대적 진리 – 안에 닻을 내리고 있었다. 절대 진리에 접근할수록 인간이 도출하는 이론의 진실성은 높아간다고 말했다. 인간은 영원히 그 절대 진리를 직접 지각하지는 못하지만 – 아인슈타인의 비유를 빌린다면, 그 시계를 열지 못하지만 – 인간은 계속해서, 절대 진리의 모든 측면을 우리 이론에 상응하는 요소로 담아내는 이론을 구성하려고 노력했다.

코펜하겐해석은 이와 같은 실재와 이론 사이에 있는 1대 1의 대칭 사상을 배제하고 있다. 이것이 앞서 우리들이 말한 바 있는 내용을 달리 표현하는 방법이다. 양자역학은 개별적 사상을 다스리는 법칙을 내버리고 집합을 지배하는 법칙들을 직접 밝히고 있다. 이 이론은 대단히 실용적이다.

여기서 말하는 실용주의 철학은 대략 다음과 같이 설명된다. 정신은 오로지 관념을 다루게 틀 지워져 있다. 정신은 관념 이외의 다른 것을 전달할 능력이 없다. 따라서 정신이 실제로 현실을 깊이 파고들 수 있다고 생각하는 것은 옳지 않다. 정신이 헤아릴 수 있는 대상은 실재實在에 관한 문제일 뿐이다(과연 진실로 실재가 그러한 양식으로 있나 하는 문제는 형이상학의 영역에 속한다). 그러므로 어떤 사물이 참되냐 그렇지 않느냐 하는 문제는 절대 진리에 얼마나 접근하고 있느냐에 달린 것이 아니라, 그것이 우리의 경험과 얼마나 일치하느냐에 달려 있다.*

코펜하겐해석의 특별한 중요성은 다음과 같은 사실에 있다. 일관성 있는 물리학을 도출하려고 시도하던 과학자들이 그들 자신의 연구결과에 따라 실재의 완전한 이해는 합리적 사유의 능력 너머에 있다는 점을 처음으로 인정하지 않을 수 없었다. 아인슈타인이 받아들일 수 없었던 점이 바로 이것이었다. 그는 다음과 같은 글을 남겼다. "이 세계를 두고 가장 이해하기 어려운 것은 이 세계가 이해 가능하다는 점이다."[11] 그러나 그 행위는 실천에 옮겨졌다. 새 물리학은 '절대 진리'가 아니라 '인간'에 바탕을 두었다.

로렌스 버클리 연구소의 물리학자 스탭은 이 점을 힘차게 표현했다.

(양자역학의 코펜하겐해석은) 기본적으로 자연을 기초적인 시공적 실재라는 각도에서 이해할 수 있다는 가정을 거부했다. 새로운 관점을 빌린다면, 원자 수준에서 자연을 완전하게 묘사하는 길은 밑바닥에 흐르는 미시적 시공의 현실이 아니라 감각경험의 거시적 대상과 연관되는 확률 기능을 통하고 있었다. 그 이론 구조는 기본적인 미시적 시공의 현실로 뻗어나가 닻을 내리고 있지 않았다. 그보다는 오히려 되돌아가서 사회생활의 기반을 형성하고 있는 구체적인 감각현실에 뿌리를 내리고 있었다. ……실용적 기술은 '무대 뒤'를 기웃거리며 우리들에게 실제로 일어나는 것이 무엇인가를 알려주려는 기술 방법과는 대조를 이룬다.[12]

코펜하겐해석을 이해하는 또 다른 방법(회고적으로)은 두뇌분단분석이라는 각도에서 나온다. 인간의 두뇌는 양분되어 있으며 이 둘은 뇌실 중심에

---

*실용주의 철학은 미국의 심리학자 윌리엄 제임스가 창시했다. 최근에는 양자역학의 코펜하겐해석의 실용주의적 측면을 미국 캘리포니아 버클리 소재 로렌스 버클리 연구소에 있는 이론 물리학자 헨리 피어스 스탭이 강조해 왔다. 실용적인 부분에 더하여 코펜하겐해석은 양자이론이 어떤 의미에서는 완전하고 어떠한 이론도 양자역학보다 더 치밀하게 원자 이하의 현상을 설명할 수 없다고 주장한다.
코펜하겐해석의 본질적인 특징은 보어의 상보원리이다. 일부 역사가들은 실제적으로 코펜하겐해석과 상보성을 등식화한다. 상보성은 스탭의 양자역학의 실용적 해석에 일반적으로 포섭되어 있으나, 상보성을 특별히 강조하는 자세가 코펜하겐해석의 특징이다.

서 조직으로 연결되어 있다. 간질과 같은 병증을 치료하기 위해서 뇌의 양 반구를 수술하여 분리시키는 경우가 있다. 이러한 수술을 받은 사람이 보고한 경험과 그들에 대한 관찰 결과를 근거로 놀라운 사실이 발견되었다. 일반적으로 말해서 두뇌의 좌반구는 우반구와는 다른 방식으로 기능하고 있다. 뇌의 두 반구가 각기 다른 각도에서 세계를 보고 있다.

인간두뇌의 좌반구는 세계를 선 모양으로 감지하고 있다. 그것은 감각자료seniory input를 한 개 선상에 있는 점의 형태로 조직하며, 이때 어떤 점들은 다른 것보다 앞선다. 예를 들어, 선 모양의 언어(사람이 읽는 낱말들은 왼쪽에서 오른쪽, 또는 위에서 아래로 선을 따라 흐른다)는 좌반구의 기능이다. 좌반구는 논리적, 이성적 기능을 맡고 있다. 인과개념, 즉 한 사물이 언제나 다른 사물에 앞서므로, 한 사물이 다른 사물을 일으킨다고 하는 이미지를 창출하는 것은 뇌의 왼쪽 반이다. 그와 비교해서 우반구는 전반적인 도형을 감지한다.

뇌분단 작용을 경험한 사람들은 사실상 두 개의 뇌를 가지고 있는 것과 마찬가지다. 각 반구를 분리시켜 검사하면, 왼쪽 뇌는 말하고 낱말을 사용하는 방법을 기억하고 있으나 오른쪽 뇌는 일반적으로 그러한 능력이 없다는 사실이 밝혀진다. 그러나 오른쪽 뇌는 노래가사를 기억하고 있다. 인간두뇌의 좌반구는 그 감각자료에 어떤 문제를 제기하는 경향이 있다. 그와는 달리 우반구는 한층 자유롭게 주어지는 내용을 수용하는 성향이 있다. 대략 좌반구는 '합리적'이고 우반구는 '비합리적'이다.[13]

생리적인 관점에서 보자면, 좌반구는 인체의 오른쪽을 지배하고, 우반구는 신체의 왼쪽을 통제한다. 이러한 관점에서 보면, 문학과 신학이 오른쪽(좌반구)을 이성, 남성, 독단적 성격과 연관시키고, 왼손(우반구)을 신비적, 여성적, 수용적 성격과 연결한 것은 결코 우연의 일치가 아니다. 중국인들은 비록 분단수술을 몰랐지만, 수천 년 전에 벌써 동일한 현상(음양)에 관한 저서를 남겼다.

우리 사회는 전체가 좌반구적 편견을 반영하고 있다(그 사회는 합리적, 남성적, 독단적이다). 이 사회에서는 우반구를 대표하는 성격(직관적, 여성적, 수용적)을 강화하는 움직임을 찾아보기 힘들다. '과학'의 출현은 좌반구적 사유를 서양적 인식의 지배적 형태로 승화하기 시작하고, 우반구적 사고를 지하적(하위 정신=underpsyche) 지위로 떨어뜨리는 계기가 되었다. 프로이드가 '잠재의식unconscious'을 발견한 뒤에야 비로소 우반구적 사고는 그러한 지위에서 벗어나 부상했다.

이 경우에도 프로이드는 잠재의식을 어둡고 신비하며 비이성적이라고 규정했다(이러한 자세가 좌반구의 우반구에 대한 견해를 표시한다).

코펜하겐해석은 좌반구적 사고의 한계를 인정한 것이었다. 다만 1927년 브뤼셀에 모인 물리학자들이 그러한 용어를 통해서 생각하지 않았다는 차이가 있을 뿐이다. 그것은 또한 합리주의적 사회에서 오랫동안 무시되어 온 정신적 측면을 재인식했다는 증표였다. 결국 물리학자들은 본질적으로 우주를 바라보며 경이감에 가득 찬 인간들이다. 두려움과 놀라움을 안고 서 있다는 것은 곧 특수한 방법을 통해서 이해한다는 것을 말한다. 물론 그러한 이해 또는 깨달음을 표현할 수 없는 경우도 있다. 경이라는 주관적 경험은, 경이의 대상이 감지되고 있으며 합리적이지 않은 방법으로 이해되고 있다는 사실을 이성적 정신에 전하는 메시지이다.

이 다음에 무엇에 경이감을 느끼거든, 그 감정이 자기 내부를 자유롭게 꿰뚫고 지나가게 하고, 애써 그것을 '이해하려' 하지 말라. 여러분들은 분명히 이해하지만, 말로 표현하지 못하는 방식으로 이해에 도달하게 된다는 사실을 깨닫게 될 것이다. 인간은 우반구를 통해서 직관적으로 지각하고 있다. 사용하지 않는다고 우반구가 쇠퇴하지는 않았으나, 그것에 귀 기울이는 인간의 기량은 3세기 동안이나 돌보지 않아 둔해졌다.

물리의 도사들은 이성과 비이성, 독단과 수용, 남성과 여성의 두 가지 방식으로 지각하고 있다. 그들은 어느 한쪽도 거부하지 않는다. 그들은 오로지 춤추고 있을 뿐이다.

뉴턴물리학을 위한 무도지침	양자역학을 위한 무도지침
• 대상을 그릴 수 있다. • 일상적인 감각지각에 바탕을 두고 있다. • 사물을 묘사한다. 즉 공간에 있어서의 개별적 대상과 시간에 있어서의 그들의 변화를 그린다. • 사상을 예측한다. • '저 바깥'에 있는 객관적 현실을 전제한다. • 인간은 대상을 변경시키지 않고 관찰할 수 있다. • '절대적 진리', 즉 '무대 뒤'에 있는 진실한 자연의 모습을 바탕으로 한다고 주장하고 있다.	• 대상을 그릴 수 없다. • 직접 관찰할 수 없는 원자 이하의 입자행태와 체계에 바탕을 두고 있다. • 체계의 통계적 행태를 묘사한다. • 확률을 예측한다. • 인간 경험과 동떨어진 객관적 현실을 전제하지 않는다. • 변경시키지 않고 대상을 관찰할 수 없다. • 경험을 정확하게 상호 연관시킨다고만 주장하고 있다.

이것이 양자역학이다.

다음 문제는 '양자역학은 어떻게 작용하느냐?'이다.

chapter 2

유기적 에너지의 무늬들

제1장

살아 있음이란?

　물리학을 유기적 에너지의 무늬patterns of organic energy라고 할 때, 우리의 관심을 끄는 것은 '유기적'이란 낱말이다. 유기적이란 살아 있음을 뜻한다. 대다수의 사람들은 물리학을 살아 있지 않은 사물들―가령 흔들이나 당구공 같은―을 다루는 학문으로 생각하고 있다. 이것이 널리 퍼진 견해이며, 심지어 물리학자들 사이에서도 그렇다. 하지만 생각과는 달리 그러한 견해에 확고한 근거가 있지는 않다.

　가설적인 인간을 내세워 이런 관점을 보기로 하자. 여기 등장하는 인물은 짐 드 위트Jim de Wit(Jim은 영미의 남성에 가장 흔한 이름이며, Wit는 기지. 따라서 기지를 가진 인간을 대표하는 표의적인 작명이다―옮긴이)라는 젊은이로서 불명확성non-obvious을 변함없이 주장하는 대표적 인간이다.

　"물리학이 비생물을 대상으로 한다는 주장은 옳지 않아요."

　짐 드 위트의 말이다.

　"우리는 앞서 사람이 떨어지는 문제를 검토했었는데, 거기서도 확실히 증명되지 않았습니까. 대상의 일부가 인간이라 하더라도 진공에서는 모두

가 똑같은 비율로 가속되는 거예요. 그러므로 물리학은 생물에도 적용되는 거죠."

"하지만 그건 공정한 실례가 되지 못해요."

우리가 되받는다.

"바위나 돌은 떨어질 때 선택할 능력이 없지 않소. 사람이 떨어뜨리면 떨어지는 거고, 떨어뜨리지 않으면 못 떨어지는 거예요. 반면 인간은 선택할 수가 있어요. 사고가 아니라면 일반적으로 사람이 떨어지는 법은 없어요. 왜? 떨어지면 다치게 된다는 걸 알고 있으며, 다치고 싶지 않기 때문이지요. 바꾸어 말하면 인간은 정보(다칠 가능성이 있음을 알고 있는)를 처리하여, 그에 대응하는 거예요(떨어지지 않음으로써). 돌은 그 둘 모두를 할 수 없어요."

"그거야 겉보기에 그럴 뿐이에요."

드 위트가 응수한다,

"실제로는 그렇지 않을 수도 있는 거예요. 예를 들어 오래 노출시킨 사진을 보면 식물들이 자극을 받으면 이따금씩 인간과 같은 반응을 보인다는 걸 알 수 있지 않습니까? 그들은 고통을 당하면 물러서고, 쾌감을 주는 쪽으로 뻗어나가며, 심지어 애정이 없으면 시들거든요. 오직 한 가지 차이가 있다고 한다면 식물의 반응 속도가 사람들보다 느리다는 것뿐이에요. 그 차이가 너무 커서 일반적인 지각에는 전혀 반응이 없는 것처럼 생각되고 있어요."

그렇다면 바위, 그리고 나아가서 산맥이 살아 있는 유기체와 같은 반응을 하고 있지 않다고 어떻게 단정할 수 있을까요? 그리고 반응 시간이 너무 느리기 때문에 장기 노출사진으로 잡으려면 수천 년이 걸린다고 할 수도 있지 않을까요? 물론 이러한 가정은 증명할 길도 없지만, 그것이 그릇되었다고 증명할 방법도 없어요. 생물과 무생물을 구분하는 것도 쉬운 일이 아니예요."

"제법 똑똑한데. 하지만 실제로 보면 생명이 없는 물체는 자극에 반응하지 않고, 인간은 자극에 반응을 보인다는 것은 의심할 여지가 없잖아."

우리들이 마음속으로 생각한다.

"또 틀렸소!"

드 위트가 우리 마음을 읽어내고 버럭 소리를 지른다.

"화학자라면 누구든 대다수의 화학물질은 자극에 반응한다는 점을 증명해낼 수가 있어요. 가령 조건만 제대로 갖추어진다면 나트륨은 염소와 반응하고, 철은 산소에 반응하지요. 사람들이 배고플 때 음식에, 외로울 때 애정에 반색하는 것과 꼭 같다고요."

"그건 그렇군요."

우리는 먼저 시인하고 나서 말한다.

"그러나 화학반응을 인간 반응과 비교한다는 건 아무래도 당치않다고 생각되는데요. 화학반응은 일어나거나 일어나지 않는 두 가지 길 밖에 없어요. 그 중간 단계란 전혀 없단 말이에요. 그와 같은 두 가지 화학물질이 제대로 결합하면 반응을 한 것이고, 제대로 결합이 되지 않으면 반응은 일어나지 않는 거예요. 사람은 그보다 훨씬 복잡하죠.

배고픈 사람에게 음식을 준다고 합시다. 그 사람은 사정에 따라서 먹을 수도 있고 안 먹을 수도 있어요. 그리고 설사 먹는다 하더라도, 양껏 먹을 경우가 있고 그렇지 않을 때도 있을 거예요. 배는 고프지만 약속이 있는 사람을 생각해 보세요. 그 약속이 무척 중요한 일이라면, 배가 고프더라도 먹지 않고 가지 않겠어요? 그리고 자기 음식에 독이 들어 있다는 걸 알고 있는 사람이라면, 아무리 허기가 지더라도 먹지 않겠죠. 인간 반응과 화학반응을 가름하는 것은 정보 처리와 그에 따라 적절한 대응을 한다는 문제로 귀착되는 거예요. 화학물질은 선택의 길이 없고, 언제나 어느 한쪽으로 작용할 뿐이거든요."

"그야 그렇죠."

짐 드 위트가 빙그레 웃는다.

"하지만 인간의 반응 역시 화학물질의 그것처럼 엄격하게 사전조정pre-programmed되어 있으나, 단지 인간의 반응은 엄청나게 복잡하다는 차이가 있을 뿐인지 어떻게 알겠어요? 비록 우리 인간들은 돌과는 달리 행동의 자유가 있다고 스스로를 속이고 있지만 사실은 돌덩이 이상의 자유가 없는지도 모를 일 아닙니까?"

이와 같은 그의 주장을 반박할 방법도 없다. 드 위트는 우리들의 편견이 지닌 허구를 보여 주었다. 인간은 살아 있고 돌은 생명이 없기 때문에 인간은 돌과 다르다고 생각하고 싶은 것이 우리의 심정이다. 하지만 우리의 태도를 입증하고 그의 자세를 부정할 근거도 없다. 우리로서는 인간이 무기물과 다르다는 점을 분명히 제시하지 못한다. 그렇다면 논리적으로 따져서 우리는 살아 있지 않을 수도 있다는 것을 인정해야 한다는 말이 된다. 이러한 명제는 황당무계하므로, 그 대안으로서 '무생물'이 살아 있을 수도 있다는 논리를 받아들이는 길이 남아 있다.

유기물과 무기물을 구분하는 것은 개념적 편견에 지나지 않는다. 우리들이 양자역학으로 들어감에 따라 이러한 구분을 유지하기는 점점 더 어려워진다. 처리된 정보에 반응할 수 있으면, 그 대상은 우리의 정의에 따라 유기적이라고 판정된다.

그런데 여기에 물리학에 처음 들어오는 사람들을 기다리는 놀라운 발견이 있다. 양자역학의 발전 과정에서 드러난 증거에 의하면 아원자의 '입자들'은 끊임없이 결정을 내리고 있는 것 같다는 점이다. 그뿐만 아니라 그들이 내리고 있는 결정은 다른 곳에서 내린 결정에 바탕을 두고 있다는 인상을 주고 있다. 아원자 입자들은 다른 곳에서 내린 결정을 즉각 알고 있는 것

같으며, 그 다른 곳은 저 멀리 다른 은하계galaxy일 경우도 있다. 여기서 핵심이 되는 낱말은 즉각instantaneously이다. 여기 있는 한 개의 아원자 입자가 저쪽에 있는 다른 입자가 내린 결정을 그 입자가 내리는 것과 같은 순간에 어떻게 알 수 있느냐? 모든 증거로 미루어 양자quantum particle가 실제로 입자라는 주장이 거짓임이 드러나고 있다.

우리가 머릿속으로 그리는(고전적인 정의에 따라) 입자는 일정한 공간에 갇혀 있는 대상이다. 그것은 퍼지지 않는다. 그것은 여기 있거나 저기 있을 뿐, 동시에 여기도 있고 저기도 있을 수는 없다.

여기 있는 한 개의 입자는 저기 있는 입자와 연락을 할 수 있으나(고함을 지르거나, TV 화면을 보내고 손짓을 하여), 설사 수천 분의 1초라고 하더라도 거기에는 시간이 걸린다. 만약 두 입자가 서로 다른 은하계에 있다면, 그 시간은 수세기가 될 수도 있다. 여기 있는 입자가 저쪽에 가 있어야 한다. 그러나 그 입자가 그쪽에 가 있으면, 여기 있을 수가 없다. 만일 두 곳에 동시에 있다면, 그것은 이미 한 개의 입자가 아니다.

바꾸어 말하면 '입자들'은 전혀 입자가 아니라는 뜻이 된다. 또한 외관상 입자들인 이 대상은, 우리들의 '유기적'이라는 정의와 일치하는 역동적이고 친밀한 방식으로 다른 입자들과 관계를 맺고 있다는 뜻이기도 하다.

일부 생물학자들은 한 개의 식물세포는 그 안에 모든 식물을 재생시킬 수 있는 능력을 담고 있다고 믿는다. 마찬가지로 양자역학의 철학적 뜻은 이렇다. 독립해서 존재하는 것으로 보이는 우주만물(인간을 포함해서)은 실제로 모든 것을 포용하는 하나의 유기적 무늬organic pattern의 일부이며, 그 모형의 어느 부분도 전체에서, 또는 상호간에 분리될 수 없다.

이러한 결정을 이해하고 무엇이 그러한 결정을 내리는가를 알기 위해서

1900년의 막스 플랑크Max Plank(1858-1947)의 발견을 출발점으로 삼기로 하자. 일반적으로 이 해를 양자역학이 태어난 시기로 잡고 있다. 그해 12월 플랑크는 마지못해 과학계에 한 편의 논문을 내놓았는데, 그것이 그를 유명하게 하는 계기가 되었다. 그는 자신이 써놓은 논문에 담겨 있는 의미가 언짢았으므로, 자기 동료들이 자기가 할 수 없었던 작업을 해 주길 바랐다. 다시 말하면 그 내용을 뉴턴물리학의 용어로 설명해 주기를 바랐던 것이다. 그러나 동료들뿐 아니라 다른 어떤 사람도 그 일을 해낼 수 없으리라는 것을 그는 알고 있었다. 또한 그는 자신의 논문이 과학의 기초를 바꿔놓으리라는 예감을 받았다. 그것은 정확했다.

플랑크를 그처럼 난처하게 했던 그의 발견은 도대체 어떤 내용을 지니고 있었던가? 그에 의하면 자연의 기본 구조는 낱알granular이며, 물리학자들이 즐기는 용어를 빌린다면 불연속적이다.

'불연속적'이란 무슨 뜻인가?

가령 어느 도시의 인구를 놓고 이야기한다면, 그것은 주민들의 숫자에 의해서만 변동하게 되는 것이 분명하다. 그 도시의 인구 증감의 최소 단위는 한 사람이다. 0.7명이 증가할 수는 없다. 그 숫자가 15명이 증가, 또는 감소할 수는 있지만, 15.27명이 증감할 수는 없다. 물리학의 전문용어를 빌린다면, 인구는 오로지 띄엄띄엄하게, 곧 불연속적으로만 변화할 수 있다. 그래서 늘어나거나 줄어들되 단지 뛰기jumps식으로 변동하며, 그 뜀의 최소 단위가 1명이라는 정수의 인간이다. 일반적으로 말해서 플랑크가 자연의 작용 과정에서 발견한 내용은 이 점이다.

플랑크에게는 뉴턴물리학의 기반을 뒤엎으려는 의도가 없었다. 그는 보수적인 독일 물리학자였다. 오히려 그는 에너지방사를 다루는 특정한 문제를 풀려다가 뜻밖에도 양자역학이라는 혁명의 아버지가 되었다.

플랑크는 물체가 더워질 때 왜 그렇게 활동하는가를 설명할 방법을 찾고 있었다. 말하자면 그는 물체가 뜨거워짐에 따라서 어떻게 하여 밝게 빛나며, 온도가 높아지거나 낮아짐에 따라 색깔이 변하는 이유가 무엇인가를 알고 싶었다.

그때까지 음향학, 광학, 천문학, 등 다양한 분야를 통일하는 데 성공했으며, 과학적 욕구를 거의 충족시켰을 뿐만 아니라, 우주의 수수께끼를 풀어 그것을 깔끔한 꾸러미 안에 다시 정리해 놓았던 고전물리학에는 이 평범한 현상을 조리 있게 설명할 도구가 없었다. 당대의 유행어를 이용한다면, 그것은 고전물리학의 지평선에 걸린 몇 점의 '구름' 가운데 하나였다.

1900년에 물리학자들은 원자를 작고 불거져 나온 용수철 여러 개가 붙어 있는, 자두 모양으로 생긴 핵nucleus으로 그리고 있었다(이것이 원자의 행성모델 이전의 이론모형이었다). 각 용수철 끝에는 전자가 달려 있었다. 예를 들어 가열하여 원자에 충격을 주면 전자들이 각기 용수철 끝에서 흔들렸다. 이렇게 흔들리는 전자들이 빛에너지를 뿜어낸다고 생각했으며, 이와 같은 논리에 따라 뜨거운 물체가 빛을 내는 사실을 설명할 수 있다고 보았다(전하를 가속시키면 전자방사 또는 복사가 생긴다. 전자는 음전기를 띠고 있는데〈음전하〉, 그것이 흔들리면, 그것은 먼저 어느 한 방향으로, 다음에는 다른 방향으로 가속된다.)

금속에 있는 원자에 열을 가하면, 그 원자들이 동요하고 다시 이것이 전자를 아래위로 흔들며, 그 과정에서 빛이 발생한다고 물리학자들은 생각했다. 그 이론에 따르면 충격을 받을 때(가열될 때) 원자가 흡수한 에너지는 흔들리는 전자들을 방출한다는 것이었다(만약 여러분의 친구들이 '흔들리는 전자jiggling electrons'라는 용어를 진지하게 받아들이지 않으면, '원자흔들이atomic oscilators'라는 용어로 바꾸어 놓을 수도 있다).

또한 같은 이론을 빌리면, 원자가 흡수한 에너지는 그 흔들이(전자)에 똑같이 나누어지며, 상대적으로 높은 주파수로 진동하는 전자들이 에너지를 가장 효율적으로 방사했다고 본다.

　불행히도 이 이론은 제구실을 하지 못했다. 그것은 대단히 부정확한 몇 가지 사물을 '증명'해 놓았다. 첫째, 데워진 물체들은 예외 없이 저주파빛(붉은색)보다는 고주파빛(푸른색, 보라색)을 더 많이 방출한다는 것을 증명했다. 고전적 이론에 따르면 약간 데운 물체들마저도 백열된 물체와 마찬가지로 강력한 청백색을 내뿜지만, 그 양에 차이가 있을 뿐이라고 한다. 이러한 주장은 옳지 못하다. 고도로 데운 물체는 한정된 양의 고주파빛을 발사한다.

　고주파와 저주파라는 용어에 너무 구애되지 말기 바란다. 이 낱말은 곧 설명하기로 하겠다. 요컨대 플랑크는 고전물리학의 마지막이고도 중대한 문제 가운데 하나—에너지 방사에 관한 그릇된 예측을 탐색하고 있었다. 물리학자들은 이 문제를 '자외발산The Ultra-Violet Catastrophe'이라는 이름으로 불렀다. 영어 명칭을 보면 마치 록 그룹과 비슷한 인상을 주지만 '자외발산'은 다음과 같은 사실에 절실한 관심을 표명하고 있는 증거가 되기도 했다. 즉 데운 물체들은 고전물리학 이론이 예측했던 것과는 달리 대량의 에너지를 자외선(1900년에 알려진 최고주파광)의 형태로 방사하지 않는다.

　플랑크가 연구하고 있던 현상의 이름은 흑체복사이다. 흑체복사는 완전히 흡수하는 무반사, 평면의 검은 물체에서 나오는 방사를 말한다. 검은 것은 색이 없음(어떤 빛도 반사되거나 방출되지 않는다)을 뜻하므로, 흑체는 가열하지 않는 한 색깔이 없다. 가령 흑체가 어떤 색을 낸다면, 그것은 인위적으로 거기에 에너지를 가했기 때문이고 자연발생적으로 그 색체를 반사하거나 방출하지 않음을 알 수 있다.

　'흑체black body'란 반드시 검은 고체를 뜻하지는 않는다. 조그마한 구명 이외에는 완전히 밀폐된 금속상자 하나가 있다고 가정하자. 그 안을 들여다보면 무엇이 보일까? 아무것도 보이지 않는다. 그 안에 빛이 없기 때문이다(그 구멍으로 빛이 조금은 들어오겠지만 무엇이 보일 정도가 되지는 못한다).

그러면 그 상자가 시뻘겋게 달아오를 때까지 열을 가하고 그 구멍으로 들여다보자. 무엇이 보일까? 붉은색(물리학이 어렵다고 누가 말했나?). 이것이 플랑크가 연구했던 현상이다.

1900년에 물리학자들은 한결같이 이러한 생각을 가지고 있었다. 들뜬 원자의 전자들이 흔들리기 시작하면, 전자는 에너지를 원활하게 그리고 지속적으로 방출하고 마침내 '다 닳아서' 에너지가 사라진다. 그러나 플랑크는 흥분한 원자흔들이가 그렇게 하지 않는다는 사실을 발견했다. 그것들은 오로지 일정한 양을 단위로 해서 에너지를 방출하거나 흡수하고 있다. 그것들은 시계의 태엽이 풀리듯이 원활하고도 연속적으로 에너지를 방출하지 않고, 에너지를 돌발적으로 내며, 분출할 때마다 에너지 수준이 떨어져서 드디어 완전히 진동을 그치게 된다. 간단히 말해서 플랑크는 자연의 변화는 '폭발적'이며, 연속적이고 원활하지 않다는 사실을 밝혀냈다.*

플랑크는 '에너지다발'과 '양자화된 흔들이들quantized oscillators'에 관해서 처음으로 이야기한 물리학자의 한 사람이었다. 그는 자기가 뉴턴의 발견에 맞먹는 중대한 발견을 했다는 느낌을 받았고, 그것은 정확했다. 양자역학guantum mechanics이 형성되기에는 그 뒤 25년이 더 걸렸지만, 물리학의 기본 사상과 틀paradigm은 끊임없이 변했다.

오늘날에는 플랑크의 양자이론이 얼마나 대담한 것이었던가를 이해하기 힘들다. 하버드대학교의 물리학 교수 빅터 기유맹은 이렇게 표현했다

---

* "양자 가설은 자연의 변화가 연속적으로 일어나지 않고 폭발적 양상으로 일어난다는 사상을 바탕으로 했다."-막스 플랑크, 〈물리적 인식의 새 길Neue Bahnen der physukalischen Erkenntnis〉

(플랑크는) 급진적이고 외관상 부조리한 가설을 세우지 않을 수 없었다. 고전적 법칙과 상식에 따르면, 충격으로 일단 운동을 시작한 전자 흔들이는 에너지를 원활하고도 점진적으로 방사하며, 한편 그 진동을 잔잔히 가라앉히며 정지하게 된다는 가정을 제시하고 있었기 때문이다. 플랑크는 그 흔들이가 돌발적인 분출을 통해서 방사선을 내놓으며 분출이 있을 때마다 진동의 진폭이 떨어진다는 가설을 제시하지 않을 수 없었다. 또한 그는 각 흔들이의 운동에너지는 원활하고도 점진적으로 증가, 또는 감소할 수 없고, 오직 돌발적인 뜀으로 변화할 수밖에 없다는 논리에 도달했다. 에너지가 흔들이광선 사이를 오락가락하는 상황에서 그 흔들이들은 서로 구분되는 다발로 방사에너지를 방출, 또는 흡수해야 한다. ……그는 에너지다발을 가리키는 명칭으로 '양자들'이라는 용어를 새로 만들었으며, 그 흔들이들은 '양자화' 되었다고 말했다. 그래서 양자의 뚜렷한 개념이 물리학에 들어왔다.[1])

플랑크는 양자역학의 아버지일 뿐만 아니라 플랑크상수의 발견자이기도 하다. 플랑크상수는 절대로 변하지 않는 일정한 숫자이다.*

이 숫자는 각 광파光波(색)의 에너지다발energy packet(에너지속束, 양자)의 크기를 계산하는 데 사용되고 있다(특정한 색채의 개별적인 광양자light quantum의 에너지는 플랑크상수로 곱한 광주파光周波이다).

각 색채의 에너지다발은 모두 똑같은 양의 에너지를 가지고 있다. 이를테면 에너지다발은 예외 없이 동일한 규모이다. 모든 초록빛 에너지다발도 같은 크기이다. 그러나 보랏빛의 에너지다발은 붉은빛 에너지다발보다 크다.

바꾸어 말하면 플랑크는 에너지가 작은 토막으로 흡수되고 방출되며, 붉은빛처럼 저주파빛의 토막의 크기는 보랏빛 같은 고주파빛의 토막보다 작다는 것을 발견했다. 이것으로 뜨거운 물체가 에너지를 방사하는 이유를 설

---

*$h=6.63 \times 10^{-27}$erg-sec

명하게 된다.

검은 물체를 낮은 열에 데우면, 그것이 내는 첫 번째 빛은 붉은색이다. 붉은빛의 에너지다발은 눈으로 볼 수 있는 빛 스펙트럼 중에서 에너지다발이 가장 작은 것에 속하기 때문이다. 열이 올라감에 따라서, 더 많은 에너지가 작용하여 보다 큰 에너지다발을 흔들어 풀어놓게 된다. 에너지다발이 커지면 푸른색과 보라색과 같은 고주파 색채를 만들어 낸다.

온도가 높아감에 따라서 뜨거운 금속의 불빛의 밝기가 점차 높아지는 것 같은 이유는 무엇인가? 밝기가 올라가고 내려오는 작은 '계단들step'이 너무 작아서 우리 눈이 그것을 가려내지 못하기 때문이다. 그러므로 거시적인 수준에서 보면, 이러한 자연의 측면은 분명하지 않다. 그러나 아원자 세계에서는 자연의 지배적 특성이 그것이다.

에너지다발의 방출과 흡수에 관한 이 논의에서 닐스 보어가 당연히 연상될 것이다. 하지만 보어는 그보다 13년 뒤에 가서야 그의 특수전자궤도이론에 도달하게 되었다. 그때에 이르러서 물리학자들은 흔들리는 전자를 거느린 자두라는 원자모델을 내버리고, 전자들이 원자핵 주변을 회전한다는 행성모델planetary model을 지지하고 있었다.*

플랑크가 양자를 발견하고(1900년), 보어가 수초 스펙트럼을 분석했던 시

＊보어는 다음과 같은 추론을 제시했다. 전자궤도는 원자핵으로부터 일정불변한 거리를 유지하도록 자연에 의해 마련되어 있으며, 원자 안에 있는 전자가 에너지를 흡수하면 원자핵에서 제일 가까운 궤도(원자의 바닥 상태)에서 바깥으로 뛰어나간다. 그리고 뛰어나갈 때 흡수한 에너지다발과 같은 에너지뭉치를 방출하면서 결국 제일 안쪽 궤도로 돌아간다. 보어의 가설에 따르면 소량의 에너지만이 작용할 때低熱 전자는 작은 에너지다발만을 흡수하게 되어 아주 멀리 뛰지는 못한다. 이런 전자들이 가장 낮은 에너지 수준으로 돌아올 때에는 붉은빛의 그림과 같은 작은 에너지다발을 내놓는다. 보다 많은 에너지가 작용하면高熱, 한층 큰 에너지다발이 나오며, 전자는 보다 큰 뜀으로 바깥으로 튀어 나가고, 돌아올 때에는 푸른빛이나 보랏빛과 같은 상대적으로 큰 에너지다발을 방출한다. 그러므로 금속은 저열에서는 붉게 빛나고, 고열에서는 청백색으로 빛난다.

기(1913년) 사이에 한 사람의 탁월한 물리학자가 개인으로서는 보기 드문 기력으로 학계에 뛰어들었다. 그 이름은 알베르트 아인슈타인이었다. 이 26세의 청년 아인슈타인은 한 해(1905년)에 의미심장한 논문 5편을 발표했다. 그중 3편의 논문은 물리학 발전에, 크게 보아 서양의 발전에 중추적 역할을 하였다. 이들 세 논문 중 첫 번째 것은 빛의 양자적 본성을 기술하고 있다. 이 논문으로 그는 1921년에 노벨상을 받았다. 둘째 논문은 분자운동을 그렸다.** 셋째 논문은 특수상대성이론을 제시한다. 이 문제는 뒤에 논의하기로 한다.***

아인슈타인이 내놓은 빛의 이론에 따르면 빛은 작은 입자로 구성되어 있다. 광선은 탄환의 흐름과 같다고 아인슈타인은 말했다. 이 탄환 하나하나를 광자photon라 부른다. 이것은 플랑크의 견해와 비슷하나, 사실은 한 걸음 더 뛰어넘은 것이기도 하다. 플랑크는 에너지는 묶음으로 흡수되고 방출된다는 사실을 밝혀냈다. 그는 에너지 흡수와 방출의 과정을 그렸다. 그러나 아인슈타인은 에너지 그 자체를 양자화하는 이론을 제시했다.

그의 이론을 증명하고자 아인슈타인은 광전 효과photo-electric effect라 불리는 현상을 내세웠다. 빛이 금속의 표면을 때리면(충돌하면), 그것이 금속에 있는 원자로부터 전자를 떼어내어 튀어나가게 한다. 적절한 장치를 마련하면, 이 전자의 수를 계산하고 달아나는 전자의 속도를 측정할 수 있다.

아인슈타인의 광전 효과이론을 빌리면 탄환 하나, 또는 광자가 전자 하나를 때릴 때마다, 당구공이 다른 당구공을 쳐내듯이 광자가 전자를 쳐낸다는

**이 논문은 루드비히 볼츠만Ludwig Boltzmann(1844-1906, 오스트리아의 이론물리학자)이 제시한 물질의 원자이론을 뒷받침했다. 절망한 나머지 볼츠만이 이 논문이 발표되기 불과 2개월 전에 자살했던 것은 비극이 아닐 수 없다.

***1905년에 발표한 아인슈타인의 주요 논문은 각기 기본적 물리 상수들인 h; 플랑크상수(광자 가설), k; 볼츠만 상수(브라운운동 분석), 그리고 c광속(특수상대성이론)을 다루었다.

것이다.

아인슈타인은 그의 혁명적 이론을 레나르드Phillip Eduard Anton Lenard(1862-1947, 독일 물리학자. 1905년 노벨물리학상 수상)의 시험에 바탕을 두었다. 레나르드는 광전 효과에서 전자의 흐름은 침입하는 빛이 표적금속을 때리는 순간부터 시작된다는 점을 입증했다. 빛의 파동이론에 따르면, 금속에 있는 전자들은 빛의 파동에 맞아야만 비로소 흔들리기 시작한다. 그리고 그 전자들은 일정한 속도 이상이어야만 그 금속에서 튀어나온다. 어린이가 그네를 구르고 또 굴러서 드디어 가로대 위를 넘어가듯, 전자가 방출되려면 몇 번 진동을 해야 한다. 요컨대 빛의 파동이론은 전자의 지체방출delayed emission을 예측하고 있다. 그러나 레나르드의 실험은 전자의 즉각방출 prompt emission을 밝혀 주었다.

광전 효과에 있어서 전자의 즉각방출은 아인슈타인의 빛의 입자이론으로 설명되고 있다. 빛의 입자인 광자가 전자를 때릴 때마다, 전자는 즉각 원자에서 튕겨나간다.

레나르드는 또한 침투하는 광선의 강도를 낮추더라도(보다 희미하게 하더라도) 튕겨나가는 전자의 속도는 줄어들지 않고 다만 반동하는 전자의 수들만이 줄어든다는 사실을 발견했다. 그러나 튀어나오는 전자의 속도를 바꾸려면 침투하는 빛의 색깔을 바꾸면 된다는 점도 밝혀내었다.

또한 이 사실은 아인슈타인의 새 이론으로도 설명되었다. 아인슈타인의 이론에 따르면, 가령 초록색과 같이 주어진 색채의 광자 하나하나는 일정한 양의 에너지를 가지고 있다. 초록 광선의 강도를 낮추면, 광선에 들어 있는 광자의 수만이 줄어든다. 남아 있는 광자 하나하나는 그러나 초록빛의 다른 광자와 똑같은 에너지를 계속 지니고 있다. 따라서 초록빛의 어떤 광자가 전자를 때리면, 그 전자는 초록빛 광자의 특징을 이루는 일정한 양의 에너지를 가지고 달아난다.

막스 플랑크는 아인슈타인의 이론을 이렇게 묘사했다.

> 광자들(에너지의 '방울들drops')은 광선의 에너지가 줄어들더라도 작아지지 않는다. 이때 그 개개의 힘은 변하지 않고 일정하며, 다만 간격이 더 멀어지는 현상이 일어날 뿐이다.[2]

한편 아인슈타인의 이론은 플랑크의 혁명적 발견을 실체화했다. 보라와 같은 고주파광은 빨강과 같은 저주파광보다 고에너지 광자로 이루어진다. 그러므로, 고에너지 광자로 구성된 보랏빛이 전자를 치면, 그 전자는 고속도로 튀게 된다. 저에너지 광자로 이루어진 붉은빛이 전자를 때리면, 그 전자는 저속도로 튀어나간다. 어느 경우든 빛의 강도를 늘이거나 줄이면, 그에 따라 튀어나가는 전자의 수효가 늘거나 줄어든다. 그리고 침투하는 빛의 색깔을 바꾸어야만 비로소 그 속도를 변화시킬 수 있다.

간단히 말해서 아인슈타인은 광전 효과를 이용하여 빛은 입자, 또는 광자로 구성되었으며, 고주파빛의 광자는 저주파빛의 광자보다 에너지가 강하다는 점을 증명했다. 이것은 실로 중대한 업적이었다. 오직 한 가지 문제는 102년 전에 토머스 영Thomas Young(1773-1829, 영국의 의사·물리학자)이 빛은 파동으로 이루어졌음을 증명해 놓았다는 것이었으며, 아인슈타인을 포함하여 그 누구도 영의 논리를 반증할 수 없었다.

이제 파동의 문제가 제기되었다. 입자는 한 장소에 담겨 있는 무엇이다. 파동은 퍼져나가는 어떤 것이다.

다음에 파동의 몇 가지 형태가 있다.

우리는 그 중 오로지 마지막 유형의 파동에만 관심을 가진다.

여기 좀 더 자세한 파동의 그림이 있다.

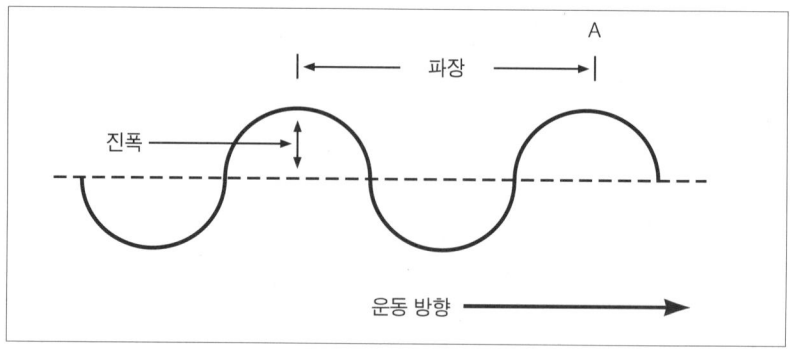

파장wave-length은 파동의 한 정점에서 다음 정점까지의 거리를 말한다. 가장 긴 전파는 6마일을 넘는다. 반면 X선은 10억분의 1cm밖에 되지 않는다. 눈에 보이는 빛의 파장은 400분의 1 내지 800분의 1cm 정도이다.

파동의 진폭amplitude은 점선 위에 솟아오른 파도의 정점까지의 직선거리, 즉 높이를 가리킨다.

여기 진폭이 다른 세 가지 파동이 있다. 가운데 있는 파동의 진폭이 가장 크다.

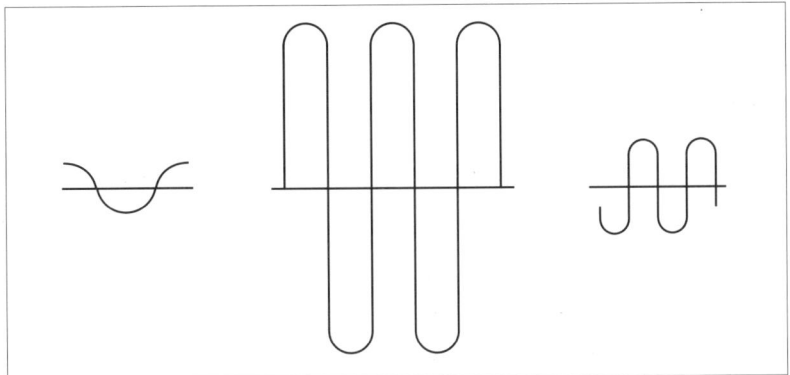

파동의 주파수frequency 또는 진동수는 1초 동안에 주어진 점(위 그림의 A 점과 같은)을 얼마나 많은 정점이 지나가는가를 알려 준다.

만약 그 파동이 화살 방향으로 움직이고 있으며, 정점 하나만이 1초에 A 점을 통과한다면, 이 파동의 주파수는 초당 1사이클cycle이다. A를 매초당 10회 반의 정점이 지나가면, 이 파동의 주파수는 초당 10.5사이클이다. 그리고 1초마다 동일점을 10,000회의 정점이 지나가면, 그 파동의 주파수는 초당 10,000사이클이 된다.

파동의 속도는 파장을 주파수로 곱하면 나온다. 예를 들어 어느 파동의 파장이 2피트이고 그 파동의 주파수가 1초에 1사이클이면 이 파동은 매초당 1파장(2피트)을 움직인다. 따라서 그 속도는 초당 2피트이다. 가령 파장이 2피트이고 주파수가 초당 3사이클이라면 파동의 속도는 초당 6피트이다. 이 파동은 1초마다 3파장을 나아가기 때문이다.

이 문제에는 복잡한 것이 전혀 없다. 만일 어떤 사람의 보폭을 알고 그 사람이 1초에 몇 발자국을 떼어놓는가를 알면 그 사람이 달리는 속도를 알 수 있다. 그 둘을 곱하면 그 사람의 1초당 속도를 알게 된다는 말이다. 가정해서 그의 보폭이 3피트이고 그가 초당 2발자국을 떼어놓는다고 치자. 그러면 그는 초당 6피트를 달린다(시속 약 4마일).

발자국 즉 보폭 대신 파장을 사용한다는 점을 제외하면 파동의 경우에도 그 계산법은 마찬가지다.

빛의 파동의 속도를 계산할 때 그 파장을 주파수로 곱하면 되지만, 그럴 필요가 없다.

물리학자들이 허공에서 빛의 속도는 언제나 초당 186,000마일이라는 사실을 이미 밝혀놓았다. 이것은 빛을 포함한 모든 전자기파에 적용된다. 따라서 일체의 광파(푸른 것, 초록 색, 붉은색 등등)는 전파, X선, 그밖에 모든 형태의 전지기파와 똑같은 속도를 가지고 있다. 빛의 속도는 일정불변하다. 그것은 'c'로 표시하고 있다.

상수 'c'는 대략 초당 186,000마일이며, 절대로 변하지 않는다(그래서 이 속도는 '불변하는constant'〈상수〉가 된다). 그것은 빛이 위로 올라가든 아래로 내려가든, 고주파이거나 저주파이거나 관계없으며, 파장이 길든 짧든, 우리 쪽으로 오건 멀리 떨어져나가건 그 속도는 언제나 변함없이 1초당 186,000마일이다. 이 뒤에 살펴보겠지만, 이 사실을 출발점으로 하여 아인슈타인은 특수상대성이론을 도출했다.

또한 이로 인해 우리들은 어느 한쪽만을 알면 빛의 주파수와 파장을 알 수 있다. 공간에서는 이 폭은 한결같이 1초당 186,000마일이기 때문이다. 어느 한쪽이 더 크면, 다른 한쪽이 작아진다.

예를 들어 두 개의 수를 곱하여 그 답이 12라는 것을 알고 그 중 하나가 6이라는 사실을 알게 되면, 다른 숫자는 2일 수밖에 없다. 가령 그 두 개의 숫자 가운데 하나가 3이면, 다른 숫자는 4임을 계산해낼 수 있다.

그와 마찬가지로 어느 빛의 파동의 주파수가 높으면 높을수록, 그 파장은 짧아지게 된다. 바꾸어 말하면 고주파광은 짧은 파장을, 저주파광은 긴 파이제 플랑크의 발견을 살펴보자. 플랑크가 밝혀낸 것은 광양자의 에너지는 주파수와 비례하여 늘어난다는 점이다. 주파수가 높아지면 높아질수록 에너지도 커진다.

다시 말하면 에너지는 주파수에 비례하고, 플랑크상수는 이 둘 사이의 '비례 상수constant of proportionality'이다. 주파수와 에너지 사이에 가로놓인 이처럼 간단한 관계는 매우 중요하다. 주파수가 높으면 높을수록 에너지가 강해지고, 주파수가 낮으면 낮을수록 에너지는 약해진다.

파동역학과 플랑크의 발견을 합쳐놓으면 다음과 같이 정리된다. 보랏빛 같은 고주파광은 짧은 파장과 고에너지를 가지고 있으며, 붉은빛과 같은 저주파광은 긴 파장과 저에너지를 가지고 있다.

이것이 광전 효과를 설명해준다. 보랏빛의 광자들은 금속의 원자에서 전자들을 쳐내어, 붉은빛보다 빠른 속도로 튀어나가게 한다. 고주파광인 보라빛의 광자는 저주파광인 붉은빛의 광자보다 더 큰 에너지를 가지고 있기 때문이다.

이 경우 우리들이 파동의 용어(주파수)로 입자(광자)를 이야기하고 입자의 용어로 파동을 설명하고 있다는 사실을 무시해 버리면 위에서 설명한 모든 것이 의미를 가진다. 그러나 이 사실을 묵살해 버리지 않으면 전혀 의미 없는 말장난이 되고 만다.

앞서 이야기한 몇 페이지의 내용이 이해할 만하다는 느낌이 든다면, 축하의 인사를 드려야겠다. 이 저서에 담긴 가장 어려운 수학을 이미 터득했으니 말이다.

파장과 주파수가 어떻게 연결되는지 알게 되면 이 둘과 더불어 춤추기가 한결 쉬워진다.

파동이란 제멋대로 춤추기를 즐기는 장난기 많은 대상이다. 예컨대 어떤 조건 아래에서는 파동의 모서리가 휘어진다. 이러한 현상이 일어나면, 그것을 회절diffraction이라 부른다.

우리가 인조 항구의 어귀 위를 떠돌아다니는 헬리콥터에 타고 있다고 상상해 보자. 이 항구의 어귀는 항공모함 2척이 서로 엇갈려 지나갈 만큼 넓다. 바다는 거칠어 바람과 파도가 그 어귀를 정면으로 때리고 있다.

우리들이 내려다보고 있으면, 파도가 항구 안에 일으키는 무늬는 그림과 같다.

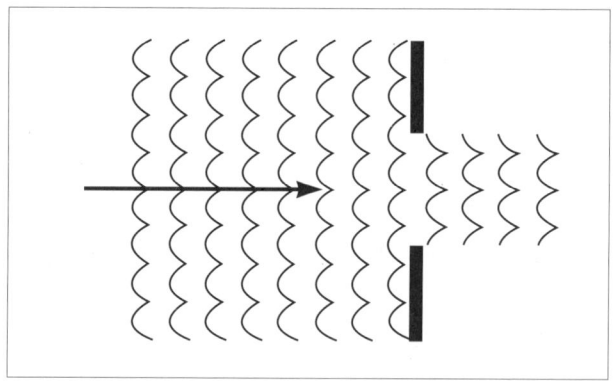

파도는 항구의 어귀를 제외하고는 방파제에 걸려 깨끗이 정지된다. 다만 입구를 통해서만 파도가 계속해서 항구 안으로 들어가 사라진다.

자, 그러면 항구의 출입구가 너무 좁아서 노 젓는 작은 배가 겨우 들어갈 만하다고 치자. 헬리콥터에서 내려다보는 파도의 무늬는 아주 달라진다.

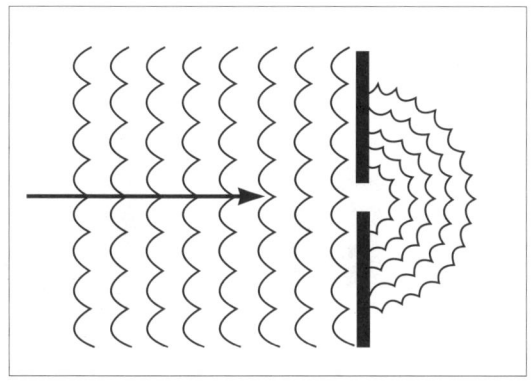

 항구 안으로 곧장 들어가지 않고 항구 안의 파도는 그 안이 웅덩이가 되기라도 하듯이, 또는 바로 그 지점에 돌을 떨어뜨리기라도 한 것처럼 항구 어귀에서 퍼져나간다. 이것이 회절이다.
 왜 이런 현상이 일어나는가?
 항구의 출입구를 줄이면 왜 항구 안에 반원형의 파문이 퍼져나가는가?
 그 해답을 찾으려면 항구의 출입구 크기와 들어오는 파도의 파장의 크기를 비교해 보아야 한다.
 첫째 사례에서는 항구 입구의 크기가 그곳을 통과하는 파도의 정점 사이의 거리보다 상당히 크고, 파도는 파도의 일반적인 성향 그대로 직선을 따라 항구 안으로 똑바로 들어간다(직선전파rectilinear propagation).
 둘째 경우에는 항구 입구의 크기가 들어오는 파도의 파장과 같거나, 그보다 작아서, 둘째 그림에서 보듯이 특색 있는 무늬를 나타낸다(회절).
 파동이 그 파장보다 좁은 공간을 통과할 때에는 반드시 그 공간을 통과하고 나서 회절한다. 빛은 파동 현상이므로, 그 역시 똑같은 형태를 보여야 하고, 실제로 그러하다.
 그림과 같이 가운데를 도려낸 물체 뒤에 광원을 두었다고 하면, 그것과 같은 영상을 투사한다.

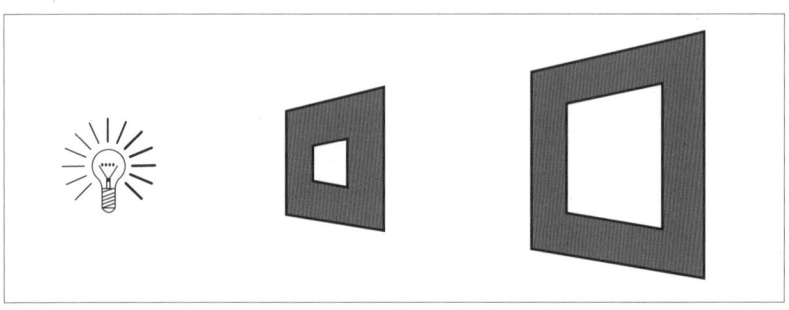

이것은 큰 항구의 입구로 들어가는 바다의 파도와 같다. 잘라낸 부분의 너비가 빛의 파장보다 몇 백만 배나 크다. 그 결과 광파는 직선으로 통과하여, 도려낸 부분과 같은 형태를 벽에 투사한다. 이 투사체도 밝은 부분과 어두운 부분 사이에 경계선이 뚜렷하다는 점을 특별히 주목하기 바란다.

만약 도려낸 부분을 들어오는 빛의 파장과 엇비슷한 너비가 되게 면도날처럼 가늘게 찢었다고 가정하면, 그 빛은 회절한다. 그렇게 되면 밝은 곳과 어두운 곳의 예리한 경계선이 사라지고, 가장자리의 어둠 속으로 희미하게 사라지는 밝은 부분을 보게 된다. 벽을 향해 직선으로 나가는 것이 아니라, 광선이 부채꼴로 퍼진다. 이것이 회절광이다.

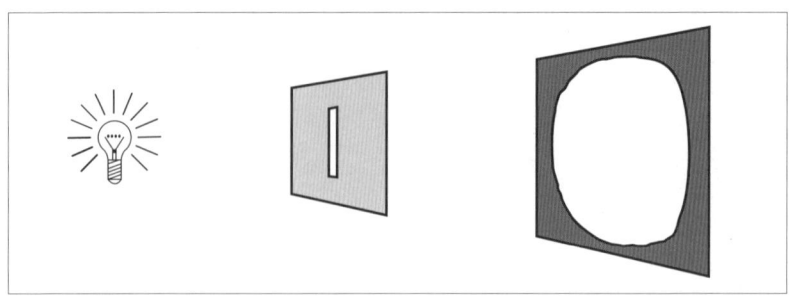

이제 무슨 말인지 알아들었으니 다음 이야기로 넘어가자.

1803년, 토마스 영은 빛의 본질 문제를 영원히 해결했다(고 생각했다). 그는 단순하고도 극적인 실험 방법을 사용했다. 광원(영은 영사막에 뚫려 있는 구멍으로 들어오는 햇빛을 이용했다) 앞에 두 개의, 수직으로 잘린 구멍이 있는 스크린을 놓았다. 어느 구멍이든 개별적으로 막을 수 있는 재료를 마련해 두었다.

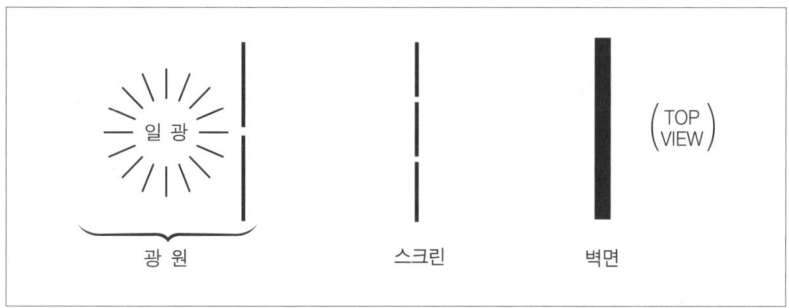

구멍 2개가 있는 영사막 뒤편에 벽이 있고, 그 벽에 2개의 구멍으로 들어온 빛이 미칠 수 있게 했다.

광원은 켜고, 한쪽 구멍을 덮어 버리자, 그 벽에는 다음 그림과 같이 빛이 비쳤다

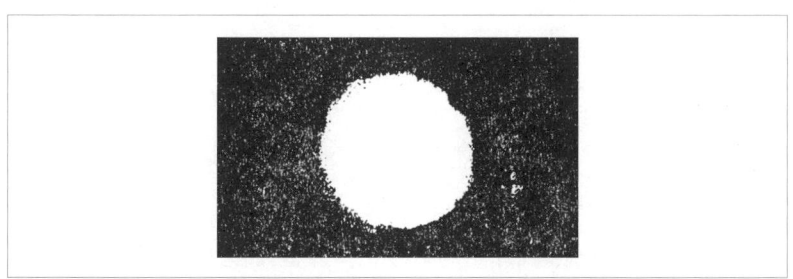

그러나 두 개의 구멍을 다같이 열어놓는 순간, 영은 새 역사를 펼치게 되었다.

벽에 투사된 형태는 두 구멍에서 나온 빛의 합계가 되어야 하는데도 실제로는 그렇지 않았다. 벽에는 빛과 어둠의 띠가 번갈아 나타났다. 그리고 한복판의 띠가 제일 밝았다. 빛의 중심 띠 양쪽에는 어둠의 띠가 있었고, 그 다음에 빛의 띠가 있었으나, 한가운데의 것보다 희미했다. 그리고 그 다음엔 또 어둠의 띠로 섞바뀌어 나오는 식으로 계속 그림처럼 나타났다.

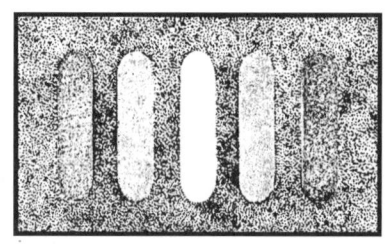

어떻게 이런 현상이 일어났을까?

그 해답의 단순함이 이 실험을 위대하게 만든 원인이다. 빛과 어둠의 띠가 번갈아 나타나는 것은 간섭interference이라 불리는 파동역학의 잘 알려진 현상이다. 두 구멍에서 회절되어 나오는 빛이 서로 엇갈릴 때 간섭이 일어나게 된다. 어느 경우든 이들 파동이 겹쳐서 서로를 한층 강력하게 하기도 한다. 다른 경우에는 서로 상쇄하는 결과를 빚는다.

한 파동의 정점이 다른 파동의 정점과 겹칠 때에는, 그 결과 빛의 강화(빛의 띠)현상이 일어난다. 그리고 정점이 골trough과 만나면, 서로 상쇄되어 벽에 빛이 비치치 않는다(어둠의 띠).

그것은 웅덩이에 돌 2개를 동시에 떨어뜨려 물에 떨어진 지점에서 파문이 퍼져나가는 것을 보는 경우와 같다. 돌이 만드는 파문은 서로 간섭한다. 한 개의 돌이 만드는 파문의 정점이 다른 돌이 일으킨 파문의 정점과 만나는 곳에서는 큰 파도가 일어난다. 그러나 한 쪽 돌이 일으킨 파문의 골과 다른 돌이 일으킨 정점과 만나면 물은 잔잔하다.

요약하면, 영은 쌍-슬릿 실험double-slit experiment을 통해서 빛은 파동 같은wave-like 것일 수밖에 없다는 점을 보여주었다. 왜냐하면 오직 파동만이 간섭무늬를 만들어낼 수 있기 때문이다. 그런데 상황은 다음과 같이 전개되었다. 아인슈타인은 광전 효과를 이용하여 빛은 입자와 같다고 증명했으며, 영은 간섭현상을 이용하여 빛은 파동과 같다고 '증명'해 놓았다. 그러나 파동은 입자일 수 없고, 입자는 파동일 수 없다.

그것은 시작에 지나지 않는다. 아인슈타인이 빛은 광자로 구성되어 있음을 '증명' 했으니까, 영의 쌍-슬릿 실험으로 돌아가 그것을 광자로 운영하기로 하자(이러한 작업은 이미 실시됐다).*

우리들이 한 번에 광자 하나씩을 쏠 수 있는 광선총을 지니고 있다고 가정해 보자. 구멍 하나만을 열어놓았다는 점 이외에는 전과 똑같이 실험을 실시한다. 그리고는 광자를 쏜다. 그러면 그 광자는 열린 구멍을 통하여 그것이 벽을 때린 지점을 표시한다(사진건판을 사용하여). 우리들은 앞서 이 실험을 했으므로, 둘째 구멍을 열어놓을 경우 이 광자는 어두운 부분에 부딪치게 된다는 것을 알 수 있다. 다시 말하면, 둘째 구멍을 열어놓을 경우, 이 부분에는 광자가 전혀 기록되지 않는다는 것이다.

이 점을 확인하기 위해서 이 실험을 다시 하기로 한다. 그러나 이번에는 두 구멍을 모두 열어놓는다. 우리가 생각했던 대로, 우리들의 첫 번째 실험

---

*쌍-슬릿 실험에서 입자적인 측면을 전제하게 되면 비국부적인 것non-locality을 역시 전제로 하지 않는 한 불확정성 관계uncertainty-relation를 위배하게 된다.

에서 광자가 부딪친 지점에 지금은 광자가 전혀 나타나지 않는다. 두 구멍을 모두 열어놓아 간섭이 있으면, 이 부분은 어두운 띠의 중심부에 자리 잡게 된다.

여기서 문제는, 첫째 실험에서 광자가 둘째 구멍이 열려 있지 않았다는 사실을 어떻게 알았을까 하는 것이다. 이 점을 생각해 보자. 가령 두 구멍이 모두 열려 있다면, 언제나 빛의 띠와 어둠의 띠가 번갈아 나오게 된다. 즉 광자들이 가 닿지 않는 부위가 반드시 있다는 의미가 된다(그렇지 않다면 어두운 부위가 없을 것이다). 만일 구멍 하나를 막는다면, 간섭이 일어나지 않아 어둠의 띠는 사라진다. 두 구멍이 열렸을 때 어두운 부분을 포함하여 벽 전체가 밝혀지게 된다.

우리들이 광자를 쏘아 첫째 구멍을 통과할 때, 다른 구멍이 열렸을 경우에는 어두워야 할 부위에 갈 수 있다는 것을 어떻게 '알았을까'? 바꾸어 말하면 그 광자는 다른 구멍이 닫혀 있다는 것을 어떻게 알았을까?

양자역학의 핵심적 신비에 관하여 헨리 스탭Henry Stapp은 다음과 같은 글을 남겼다.

> 그것은 '어떻게 정보가 그처럼 빨리 전달되는가?' 하는 문제이다. 어떻게 하여 그 입자가 구멍이 2개가 있음을 아는가? 다른 곳에서 일어나고 있는 일에 대한 정보가 어떻게 수집되어 여기서 일어날 수 있는 가능성을 결정하게 되는가?[3]

이 질문에 대해서는 결정적인 해답을 내놓을 수는 없다. 워커E. H. Walker와 같은 일부 물리학자들은 광자에 의식이 있다는 추리를 내놓고 있다.

> 의식consciousness은 일체의 양자역학 과정에 연결되어 있을지도 모른다. ……일어나는

모든 현상은 궁극적으로 하나 또는 그 이상의 양자역학적 사건의 결과이므로, 우주의 상세한 작용을 책임지고 있는 거의 무한정한 수의, 다소 불연속적이지만 의식적인 일반적으로 비사유적인 실체non-thinking entity가 살고 있다.4)

워커의 논리가 맞든 맞지 않든, 광자가 현실적으로 존재한다면(광전 효과가 그렇다고 '증명'하고 있다), 쌍-슬릿 실험에서 광자들은 어찌됐든 간에 두 구멍이 열렸는지 열리지 않았는지를 '알고' 있으며, 그에 상응하게 행동한다.*
 이렇게 되면 우리는 다시 원점으로 돌아온다. 만약 무엇인가가 정보를 처리하고 그에 따라 행동할 능력이 있다면, 그것은 '유기적'이다. 여기서 에너지인 광자들이 정보를 처리하고 그에 상응하게 행동하며, 따라서 이상하게 들릴지 모르겠으나, 그들은 유기적인 것 같은 인상을 준다는 점을 인정하는 길 외에는 다른 도리가 없다고 하겠다. 인간 역시 유기적이므로, 광자(그리고 다른 에너지 양자)를 연구함으로써 우리는 우리 자신에 대해 무엇인가를 배우게 될 가능성마저 있다.
 파동-입자의 이원성은 조건적 인과율causality의 끄트머리였다. 그러한 사고방식에 따르면, 일정한 최초의 조건을 알 경우, 미래의 사건을 예측할 수 있다. 그들을 지배하는 법칙을 알고 있으니까. 쌍-슬릿 실험double-slit experimrnt에서는 최초의 조건들을 남김없이 알고 있음에도 불구하고 개별적인 광자에 무엇이 일어나는가를 정확하게 예측할 수 없다.
 예컨대 실험1(구멍 하나만을 열어놓은 상태)에서는 광자의 출처(태양 또는 전등), 그 속도(186,000마일/초), 그리고 열린 구멍을 통과하기 직전의 방향을 알

---

* '알고 있다knowing'는 것을 제외한 설명 방법으로는 동시성synchr-onicity이란 말을 들 수 있지 않을까 생각된다. 이것은 융Carl Jung(1875-1961, 스위스의 심리학자)의 무원인적 연결 원리 acausal connec-ting principle이다.

고 있다. 뉴턴의 운동법칙을 이용하여 그 광자가 사진건판의 어느 지점에 부딪칠 것인가는 예측할 수 있다. 이 계산을 한다고 가정해 보자.

이제 실험2(두 개의 구멍이 열린 경우)를 검토해 보기로 한다.

광자원光子源, 그 속도, 열린 구멍을 통과하기 직전의 방향을 알고 있다. 실험1의 광자의 최초 조건들은 실험2의 광자가 놓여 있는 조건과 꼭 같다. 그들은 같은 지점에서 출발하여 같은 속도로 달려 동일한 지점을 도달한다. 그러므로 구멍 제1번을 통과하기 직전에 같은 방향을 가고 있다. 오직 한 가지 차이가 있다면, 실험2에서는 둘째 구멍 역시 열려 있다는 점이다. 다시 뉴턴의 운동법칙을 사용하여 그 광자가 사진건판의 어느 지점에 떨어질까를 계산하기로 하자.

두 사례에 모두 같은 숫자와 같은 방식을 사용했으므로, 실험1의 광자는 실험2의 광자와 완전히 일치하는 지점에 충격을 주리라는 동일한 해답이 나온다. 그것이 문제다. 실험2의 광자는 실험1의 광자와는 다른 지점에 충돌하게 될 것이다. 실험1의 광자는 실험2에서 어두운 띠에 해당하는 지점에 부딪치고 있다. 달리 표현하면, 설사 그 두 광자에 관계되는 최초의 조건은 똑같을지라도 그 광자들은 같은 위치에 떨어지지 않는다.

우리는 각각의 광자의 진행로는 결정할 수 없다. 우리는 벽 위에 어떤 파문wave pattern이 일어날 것인가를 알 수 있으나, 이 경우에 우리는 그 파동이 아니라 하나하나의 광자에 관심을 가지고 있다. 말을 바꾸어 광자의 대집단이 이루는 무늬는 알고 있지만, 어느 광자가 어디로 가는지는 알 길이 없다. 하나하나의 광자에 대해서 우리가 말할 수 있는 것이라고는 그것을 주어진 장소 안에서 찾아낼 수 있는 확률probability에 지나지 않는다.

파동-입자의 이원성은 양자역학에서 가장 까다로운 문제였다(이다). 물리학자들은 모든 것을 설명할 수 있는 명백한 이론을 좋아하며 그것이 불가능하면 왜 불가능한지를 설명하는 정연한 이론을 끌어내기를 즐긴다. 파동-입자 이원론은 결코 명백한 상황이 아니다. 실제로 그 명백하지 못한 점 때문에 물리학자들은 물리적 현실을 지각하는 혁신적인 새 길을 찾지 않을 수 없었다. 이들 새로운 지각 방식perceptual frames은 옛날의 그것보다 개인적 체험의 본질과 한층 더 조화를 이루는 것이다.

대다수 인간에게 있어서 인생을 흑백으로 나누기란 어려운 일이다. 파동-입자 이원론은 '이것이냐-저것이냐Either-or'라는 세계관의 종말을 표시했다. 그때부터 물리학자들은 빛은 입자가 아니면 파동이라는 명제를 받아들일 수 없었다. 그것을 어떻게 보느냐에 따라서 아인슈타인은 자신의 광자이론이 영의 파동이론을 반증하지 않으면서도 그 이론과 모순된다는 사실을 알고 있었다. 그는 광자들이 '허깨비 파동ghost waves'에 안내되고 있다는 추리를 내놓았다. 유령파동들은 실존하지 않는 수학적 실체였다. 광자들은 파동의 수학적 특성을 모두 지녔으나 실존하지 않는 통로를 따라가는 것으로 보였다. 어떤 물리학자들은 아직도 파동입자 파라독스를 이러한 관점에서 보고 있지만, 대다수 물리학자들에게는 이 설명이 지나치게 꾸며댄 것 같은 인상을 주고 있다. 그것은 이치가 닿는 한 가지 해답이라는 생각이 들지만, 아무튼 어느 것도 설명해 주지 못한다.

파동-입자 이원론은 새로 펼쳐지던 양자이론을 이해하는 데 현실적인 첫걸음을 내딛도록 재촉하는 구실을 했다. 1924년 보어는, 그의 두 동료 크라메르스Hendrik Antony Kramers(1894-1952, 네덜란드의 이론물리학자) 및 슬레이터John Clark Slater(미국의 이론물리학자)와 더불어 문제가 되고 있는 파동은 확률파probability waves라는 의견을 제시했다. 확률파동은 수학적 실체이며, 그에 따라 물리학자들이 일어나거나 일어나지 않는 일정한 사건의 확률을 예측할 수 있었다.

그들의 수학은 옳지 않다는 점이 증명되었으나, 그 이전에 제시된 개념과는 달리, 그들이 내놓은 관념은 건실했다. 그 뒤 그것은 어떻게 해서인지 벌써 일어나고 있었던, 그러나 그때까지 실체화되지 않았던 무엇을 가리키고 있었다. 그것은 일어나게 될 사건으로 어떠한 경향tendency, 설령 절대로 사건으로 나타나지 않는다 하더라도 확연히 규정되지 않은 어떤 방법으로 스스로 존재하는 일종의 경향이었다. 확률파란 이러한 경향의 수학적 범주였다.

이것은 고전적 확률과는 아주 다른 무엇이었다. 가령 우리가 도박장에서 주사위를 던진다고 할 때, 우리는 고전적 확률을 이용하여 우리가 원하는 숫자를 얻을 수 있는 확률을 6분의 1로 계산한다. 보어, 크라메르스와 슬레이터의 확률파동은 그 이상의 의미를 가지고 있다.

하이젠베르크의 말을 빌리면,

그것은 무엇을 위한 일종의 경향을 의미했다. 그것은 아리스토텔레스 철학의 잠세潛勢 potentia의 옛 개념을 계량화한 것이었다. 그것은 사건의 이데아와 그 실체적인 사건의 중간에 서 있는 무엇, 가능태와 완성태의 중간에 있는 일종의 기이한 물리적 실재를 도입했다.5)

1924년에 이르러 플랑크가 양자를 발견함으로써 물리학에 지진과 같은 충격 효과를 일으켰다. 그로 인해서 아인슈타인은 양자를 발견할 수 있었고, 그것은 다시 파동-입자 이원론과 확률파를 낳았다. 뉴턴물리학은 과거의 것이 되고 말았다.

물리학자들은, 영문은 모르겠으나 정보처리를 하고(유기적이게 하는), 설명이 불가능하면서도 어떤 도형(파동)으로 표현되는 에너지를 다루고 있음을 알게 되었다. 요컨대 물리학자들은 - 물리-유기적 에너지의 무늬들을 다루게 되었던 것이다.

일어나는 것

양자역학은 일종의 과정(작용, procedure)이다. 그것은 현실의 특정한 부분을 보는 특수한 방법의 하나다. 그것을 사용하는 유일한 사람들이 물리학자이다. 양자역학의 과정을 따를 때 얻어지는 이점을 들어보기로 하자. 우리들이 일정한 방법에 준하여 실험을 시행하면 일정한 결과를 가져올 확률을 예측할 수 있다. 양자역학의 목적은 실제로 무엇이 일어나는가를 예측하는 데 있지 않고, 오직 갖가지 가능한 결과의 확률을 예측하는 데 있다. 물리학자들이 심경으로는 아원자 사상事象을 좀 더 정확하게 예측할 능력이 있기를 바라고 있으나, 현재로서는 양자역학만이 아원자 현상subatomic phenomena에 관한 오직 하나의 쓰임새 있는 이론이다.

확률은 거시적 사상이 결정론적 법칙을 따르는 것과 꼭 같은 방식으로 결정론적 법칙을 따르고 있다. 직접적인 비유의 실례를 들어보기로 하자. 가령 어떤 실험의 최초 조건들을 충분히 안다면, 엄격한 전개법칙을 이용하여 일정한 결과가 일어날 확률이 정확하게 얼마인가를 계산할 수 있다.

예를 들어, 쌍-슬릿 실험의 어느 단일 광자가 사진건판의 어디를 때릴지 계산할 수 있는 방법은 없다. 하지만 그것이 어떤 장소를 때릴까 하는 확률은 정확하게 계산할 수 있다. 이 경우 실험이 올바르게 준비되고 그 결과를 제대로 측정한다는 전제 조건이 충족되어야 한다.

가령 어느 광자가 A지점에 떨어질 확률을 60%로 계산했다고 하자. 그러면 그 광자는 어느 곳에도 부딪칠 수 있다는 뜻인가? 그렇다. 실제로 그렇게 될 확률이 40%이다.

그럴 경우 (짐 드 위트를 대신하여 질문을 하면), 그 광자가 어디에 부딪치는 가를 결정하는 것은 무엇인가? 양자이론이 제시한 해답은 순수한 우연pure chance이다.

이러한 순수 우연의 측면이 아인슈타인으로 하여금 양자역학을 반대하는 또 다른 이유를 제공한다. 그것은 또한 그가 양자역학을 기본적으로 물리학 이론으로 받아들이기를 끝내 거부한 이유 가운데 하나다. 그는 막스 보른 Max Born(1882-1970, 폴란드 태생으로 영국에 귀화한 이론물리학자)에게 보낸 편지에서 이렇게 밝혔다.

"양자역학은 매우 인상적입니다. ······ 하지만 하느님은 주사위놀이를 하지 않으리라 확신하고 있습니다."[1]

두 세대가 지난 뒤 스위스 물리학자 벨J. S. Bell은 그의 말이 옳을 수도 있다고 증명했으나, 그것은 이야기가 다르다. 이 점은 뒤에 다시 설명하기로 한다.

양자역학 과정의 제1단계는 이른바 준비마당region of prepar-ation이라는 곳에서 일정한 구체적 지시 사항에 따라 물리체계physical system(또는 실험장치)를 마련하는 작업이다.

양자역학 과정의 제2단계는 실험 결과를 측정할 또 다른 물리체계를 준비하는 것이다. 이 측정체계는 측정마당region of measurement이라는 영역에 자리 잡고 있다. 관념적으로 말하면, 측정마당은 준비마당에서 멀리 떨어져 있다. 작은 거시적 거리라 하더라도 원자 이하의 입자 수준으로 내려가면 먼 거리가 된다.

이제부터 이 과정을 이용하여 쌍-슬릿 실험을 실시하기로 하자.

첫째 책상 위에 광원을 놓은 다음, 조금 떨어진 곳에 가늘고 긴 수직 구멍 두 개가 있는 스크린을 세운다. 이러한 기구들이 자리 잡고 있는 영역이 준비마당이다. 그 다음 광원에서 스크린 반대쪽에 노출되지 않은 사진건판을 고정시킨다. 이 영역이 측정마당이다.

양자역학 과정의 제3단계는 준비마당에 있는 장치(빛과 영사막)에 관해서 알고 있는 바를 그것을 대표하는 수학적 용어로 옮기고 측정마당에 자리 잡고 있는 장치(사진건판)에도 동일한 작업을 하는 것이다.

이 작업을 하기 위해서는 그 기구의 자세한 수치를 알아야 할 필요가 있다. 실제 실험 과정에서는 장비를 설치하는 기술자에게 정확한 지시를 내린다는 뜻이 된다. 이를테면, 광원에서 쌍-슬릿 막을 떼어놓은 정확한 거리, 사용하게 될 빛의 주파수와 강도, 두 구멍의 규격, 그리고 그들의 상대적 위치와 광원과의 관계를 명시해 준다.

또한 측정 장치에 관해서, 어디에 두라거나, 사용하게 될 사진필름의 유형이나 현상하는 방법 등도 앞서와 마찬가지로 분명하게 지시를 하게 된다.

실험을 준비하는 배치에 관한 이들 수치를 양자이론의 수학적 언어로 번역하고 난 다음, 이러한 수학적 양을 자연적 인과적 전개의 형태를 표현하는 방정식에 투입한다. 이 마지막 문장이 실제로 전개되고 있는 어떤 현상도 설명하지 않는다는 사실에 주의하기 바란다.

그도 그럴 것이 아무도 모르니까 말이다. 양자역학의 코펜하겐해석에 따르면 양자이론은 진행되고 있는 사건을 상세하게 설명하고 있으므로(경험을 서로 연관시켜 주므로) 일종의 완전한 이론이다(양자이론은 개별적인 사상이 아니라 집단 행태를 다루기 때문에 사물을 충분히 설명하지 못한다는 점이 아인슈타인의 불만이다).

그러나 집단 행태의 예측이라는 문제에 이르면 양자이론은 광고하고 있는 바대로 기능을 다하고 있다. 예컨대 쌍-슬릿 실험에서는 A지역, B지역, C지역 등에 어느 광자가 기록될 확률을 정확하게 예측할 수 있다.

양자역학의 과정에 있는 마지막 단계는 실제로 실험을 하고 결과를 얻는 작업이다.

양자이론을 적용하려면, 물리 세계는 두 부분으로 나뉘어야 한다. 이 두 부분이란 하나는 관찰되는 체계observed system이고, 다른 하나는 관찰하는 체계observing system이다.

피관찰체계와 관찰체계는 관찰마당과 측정마당과 같은 성질이 아니다. '준비마당'과 '측정마당'은 실험기구의 물리적 조직을 가리키는 용어다. 한편 '관찰되는 체계'와 '관찰하는 체계'는 물리학자들의 실험을 분석하는 방법과 연관된다(관찰되는 체계는 관찰하는 체계와 상호 작용을 하고 나서야 관찰할 수 있으며, 나아가서는 그 상태에 도달하고서도 인간이 관찰할 수 있는 것은 기껏 측정장치에 나타난 효과에 지나지 않는다).

쌍-슬릿 실험에 나오는 관찰되는 체계는 양자이다. 이것이 준비마당과 측정마당 사이를 운동한다고 보고 있다. 모든 양자역학 실험의 관찰하는 체계는 관찰되는 체계를 에워싸고 있는 환경-실험을 하는 물리학자들을 포함한-이다. 관찰되는 체계가 외따로 퍼져가면서 자연의 인과법칙에 따라 전개된다. 이 인과전개의 법칙을 슈뢰딩거 파동방정식Schrödinger wave equation이라 부른다. 슈뢰딩거 파동방정식에 투입하는 정보는 양자이론의 수학언어로 옮겨놓은 실험기구에 관한 자료이다.

양자이론의 수학적 언어로 옮겨놓은 이들 실험할 특정량이란 물리학자들이 말하는 이른바 살펴지는 양에 해당된다. 살펴지는 양이란 이미 기술한 실험 조건을 채울 때 우리가 결정할 자연이나 실험의 특정량을 말한다. 우리는 이미 측정마당의 몇 가지 실험 특성을 수학적 언어로 바꾸어 놓았다고 할 수 있으며, 이 하나하나가 각기 상이하면서도 가능성이 있는 결과와 상응한다(즉 그 광자가 A지역에 부딪칠 가능성, 광자가 B지역에 떨어질 가능성, 광자가 C지역을 때릴 가능성 등등).

수학의 세계에서는 측정마당과 준비마당에 있는 이들 가능한 상황의 하나하나에 대한 실험 특성이 살펴지는 양과 일치한다.* 경험의 세계에서는 대상은 이들 조직의 특성 가운데 어느 하나가 현상으로 나타날 가능성(인간 경험에 들어올 수 있는)을 가리킨다.

말을 달리하면, 준비마당과 측정마당 사이에서 관찰하는 체계에 일어나는 것은 두 가지 살펴질 양(생성과 탐지) 사이의 상관correlation이라고 수학적으로 표현한다. 그런데 관찰될 체계는 일종의 입자 - 즉 광자라는 것을 알고 있다. 달리 표현하면, 광자는 두 가지 관찰가능체 사이의 관계relationship이다. 이것은 기본 입자elementary particles의 기본 구성체building-block 개념과는 거리가 상당히 멀다. 수세기에 걸쳐 과학자들은 현실을 분할 불가능한 실체로 줄이려고 노력해 왔다. 그들이 대상에 바싹 접근했다(광자는 '기초적elementary' 성격이 아주 짙다)고 생각했는데, 막상 기본 입자들은 독자적인 존재가 아니라는 사실을 깨달았을 때 그 놀라움과 좌절감이 얼마나 클 것인가를 상상해 보라.

스탭이 미국 원자력위원회에 제출한 서문에 다음과 같은 대목이 있었다.

---

*대응되는 이론적 기술記述 & A 또는 & B로 바꾸어서 나타낼 수 있는 실험상의 특성의 요건 A 또는 B의 각조는 관찰가능체와 일치한다. 수학이론에서는 살펴질 양이 &A 또 &B이다. 경험의 세계에서는 살펴질 양이란 특성을 갖춘 발생가능한 현상(인간 경험에 들어오는)이다.

기본 입자는 독자적으로 존재하는, 분석 불가능한 실체가 아니다. 본질적으로 그것은 다른 사물을 향해 뻗어가는 일련의 관계이다.2)

한 걸음 더 나아가서, 이러한 '관계의 틀set of relationship'을 중심으로 물리학자들이 구축한 수학적 무늬는 현실적으로(물리적으로) 움직이는 입자의 수학적 무늬와 매우 흡사하다.* 그러한 관계상의 틀의 운동을 다스리는 것은 실제로 움직이는 입자의 운동을 규정하는 그 방정식이다.

스탭은 이렇게 말했다.

살펴질 양 사이의 장기적 상관관계는 이러한 효과를 확산시키는 운동방정식이 자유이동 입자의 운동방정식과 꼭 같다는 흥미 있는 성질을 지니고 있다.3)

사물은 자연 안에서 '상관관계'에 놓여 있지 않다. 자연에서는 만물이 그대로 존재하고 있다. 그것이 전부다. '상관'은 우리들이 지각하는 서로의 연관을 기술하기 위해서 우리들이 사용한 개념이다. 사람들과 분리된 '상관'이라는 낱말은 없다. 이것은 인간들만이 낱말과 개념을 사용함으로써 제기된다.

'상관관계'란 하나의 개념이다. 아원자 입자들은 상관관계이다. 인간이 그것들을 지어내지 않으면, '상관관계'의 개념을 비롯하여 어떠한 개념도 있을 수 없다. 요컨대 인간이 지상에 존재하며, 그러한 것들을 만들어 내지 않으면 입자들도 있을 수 없다는 말이다.**

---

*그 입자는 확률밀도함수probability density function의 거의 모든 특성(적절히 대처하여 확률함수를 얻으려고 할 때)을 지니고 있는 파동함수wave function로 표현된다. 그러나 이것에는 확률밀도함수의 주요 특징, 즉 양성의 성격이 결여되어 있다.

양자역학은 관찰되는 체계가 격리된 상태에서 전개되어 나가는 것에 입각하고 있다. '격리된 전개'란, 준비마당을 측정마당에서 떼어놓을 때 생기는 격리 상태를 가리킨다. 우리는 이러한 상황을 '격리isolation'라 부르고 있으나, 실제로 완전히 격리시킬 수 있는 대상은 하나도 없다. 단지 우주를 하나의 전체로 보고 그것을 분리시킬 경우 이외에는 다른 가능성이 없지 않을까 생각된다(무엇으로부터 그것을 격리시킬 수 것인가?).

우리들이 창출하는 '격리'란 일종의 관념 작용이다.

그 한 가지 실례로, 양자역학은 기본적이고 분할되지 않은 통일체에서 광자를 떼어내 관념화하여 우리가 그것을 연구할 수 있게 한다는 견해를 들 수 있다. 사실, 광자는 우리가 그것을 연구함으로써 기본적이고 분리되지 않은 통일체로부터 고립되는 것 같다는 생각이 든다.

광자는 그 자체만으로 존재하지 않는다. 홀로 존재하는 모든 것은 관계의 거미줄(보다 많은 도형들)로 우리에게 제시되는 부서지지 않은 전체성이다. 개별적 실체들은 우리가 얽어놓은 상관관계를 구성하는 관념 작용이다.

간단히 말해서 양자역학에 따르면 물리적 세계는,

**실증적 관점에서 본다면 인간의 개념을 통하지 않고는 '저 바깥out there' 세계의 그 어느 것도 말할 수가 없다. 그러나 인간의 개념이라는 세계 안에서도 입자들이 독립적 존재가 되지 못한다는 인상을 주고 있다. 그들은 파동함수라는 이론만으로 표현되고 있으며, 파동함수의 의미도 오로지 다른 사물과의 상관관계에 달려 있다.

거시적 사상들, 예를 들어 '탁자', '의자'들은 직접적이고 경험적인 의미를 가지고 있다. 다시 말한다면 우리들은 그 대상들을 직접 이용하여 우리들의 감각 경험을 구성한다. 이들 경험을 통하여 우리들은 대상들이 지속적으로 존재하고 시공간에서 확실한 위치를 차지하고 있어서 논리적으로 다른 사물로부터 독립되어 있음을 알게 된다. 그럼에도 불구하고 입자의 수준으로 내려가면 독립적 존재의 개념은 증발하고 만다. 입자 수준에서 독립적 실체의 개념이 이처럼 제약을 받으므로, 실증적 관점에서 검토하면 인간에게는 심지어 탁자와 의자마저도 상관적 경험의 도구에 지나지 않는다.

독립적으로 존재하며 분석 불가능한 실체로 이루어진 구조가 아니라, 그 의미가 전적으로 전체에서 우러나는 요소 사이에 이루어지는 관계의 거미줄이다.4)

새 물리학은 고대 동양의 신비주의와 아주 닮았다.

준비마당과 측정마당 사이에 일어나는 현상은 슈뢰딩거 파동방정식에 따라 일어나는 가능성의 역동적 전개이다. 이러한 가능성이 전개되는 어느 순간을 잡아 그 어느 하나가 일어날 수 있는 확률을 결정할 수 있다.

그 중 한 가지 가능성으로 광자가 A지역에 떨어질 경우를 들 수 있다. 그 광자는 B지역에 부딪칠 또 다른 가능성이 있다. 하지만 동일한 광자가 A지역과 B지역에 동시에 떨어질 가능성은 없다. 이들 두 가능성의 어느 하나가 실현되면, 다른 가능성이 동시에 일어날 확률은 제로가 된다.

어떤 가능성을 현실화시키는 방법은 무엇인가? 우리는 '측정을 한다.' 측정을 하면 이들 가능성의 전개에 개입하게 된다. 달리 말하면, 측정을 한다는 것은 피관찰체계의 격리된 전개에 개입하게 된다는 뜻이다. 관찰되는 체계의 격리된 발전(슈뢰딩거 파동방정식이 지배하는)에 우리가 개입할 경우, 우리는 관찰되는 체계가 격리되어 있을 때 그 일부가 되었던 몇 가지 잠재적 가능성의 하나를 실현하게 된다. 예를 들어 A지역에서 광자를 포착하는 순간, 그것이 B지역 또는 다른 지역에 있을 가능성은 완전히 사라진다.

준비마당과 측정마당 사이에서 일어나는 가능성의 전개는 특수한 종류의 수학적 실체로 나타난다. 물리학자들은 이 수학적 실체가 수학적으로 끊임없이 변하고 확산하고 있는 파동의 전개와 같은 인상을 준다고 해서 파동함수라고 이름 짓고 있다.

요약해서 말한다면 슈뢰딩거의 파동방정식이, 파동함수로 표현되고 관찰되는 체계(이 경우에는 광자)의 격리된 전개(준비마당과 측정마당 사이에서)를 지배한다.

파동함수는 관찰하는 체계(측정 장치)와의 상호 작용이 있을 때 관찰되는 체계에 일어날 모든 가능성을 표현하는 수학적 허구이다. 관찰되는 체계의 파동함수의 형태를 계산하는 것은, 관찰되는 체계가 준비마당을 떠나는 시점과 그것이 관찰하는 체계와 상호 작용하는 시점 사이에 있는 어느 순간에 적용되는 슈뢰딩거 파동방정식을 통해서 가능해진다.

일단 파동함수를 계산하고 나면, 그것을 바탕으로 단순한 수학적 연산이 가능하여(그 영역을 확대하여), 확률함수(또는 전문용어로 '확률밀도함수')라 불리는 제2의 수학적 실체를 창출한다. 확률함수는 파동함수가 표현하는 가능성 하나하나의 주어진 순간에 나타날 확률을 밝혀 준다. 파동함수는 슈뢰딩거의 파동방정식으로 계산한다. 그것은 가능성을 다룬다. 그 확률함수는 파동함수를 바탕으로 하고 있다. 그것은 확률을 다루고 있다.*

가능성이 있는 것은 확률이 있는 것(개연성)과는 차이가 있다.

어떤 사물은 가능성이 있지만 개연성, 즉 확률은 지극히 낮다. 가령 가능성과 개연성이 모두 있는 남극을 제외한 다른 곳에서 여름에 눈이 내리는 경우를 생각해 보면 될 것이다.

어느 관찰되는 체계의 파동함수는 그것을 측정할 때 그 사물의 물리적 제원諸元을 제공하는 수학적 목록이다. 확률함수란 그 사건이 일어날 확률을 제공한다. "이런저런 일이 일어날 기회가 이 정도다." 하고 밝히는 것이 확률함수이다.

---

*인간이 예측할 수 있는 것은 밀도함수로 전환할 수 있는 구체적 지시 사항에 상응하는 확률이다. 정확히 말하면 어느 시점의 확률을 산출하는 것이 아니라 두 가지 상태(최초의 준비, 최종적 탐지) 사이의 전위확률을 계산하게 되며, 그 하나하나를 x와 p(위치와 운동량)의 연속함수로서 표현한다.

관찰되는 체계의 고립된 전개에 인간이 개입하기는 이전에는, 슈뢰딩거의 파동방정식에 따라서 계속 명랑하게 여러 가지 가능성을 산출하게 된다. 그러나 우리들이 측정을 – 무엇이 일어나고 있는가를 살펴보면 – 하자마자 한 가지를 제외하고 다른 모든 가능성의 확률은 제로가 되며, 그 한 가지의 가능성의 확률은 1이 된다. 다시 말하면 그것이 일어난다는 뜻이다.

파동함수(가능성)의 전개는 불변하는 결정론을 따르게 된다. 이 현상의 전개는 슈뢰딩거의 파동방정식을 이용하여 계산한다. 확률함수가 파동함수에 바탕을 두고 있으므로, 가능한 현상의 확률 역시 슈뢰딩거의 파동방정식을 통하여 결정적으로 전개된다.

여기서 우리들은 어느 사건 그 자체가 아니라 그 확률을 정확하게 예측할 수 있는 근거를 찾게 된다. 우리는 바라는 결과의 확률을 계산할 수 있으나, 우리들이 측정을 할 때 그 결과는 우리들이 원하는 것일 수도 있고, 그렇지 않을 수도 있다. 그 광자는 B지역을 때릴 수도 있고 A지역을 때릴 수도 있다는 말이다. 어느 가능성이 현실이 되느냐 – 양자이론에 따르면 그것은 우연의 문제다.

이제 다시 쌍-슬릿 실험으로 되돌아가기로 하자. 쌍-슬릿 실험에서 어느 광자가 어디에 부딪칠지는 예측하지 못한다. 그러나 그것이 떨어질 확률이 가장 큰 곳, 다음으로 큰 곳, 다음으로 큰 곳 등을 산출해낼 수 있다.

어떤 현상이 일어나는가를 보기로 한다.

광자 검출기 하나를 구멍1에 두고 다른 탐지기를 구멍2에 두기로 하고, 그런 다음 광원으로부터 광자를 방출하면, 시간의 차이는 있겠으나, 그 중 하나가 구멍1 또는 2를 통과할 것이다. 그 광자는 두 가지 가능성을 가지게 된다. 그것은 구멍1을 통과하여 탐지기1을 점화시키거나, 구멍2를 통과하여 탐지기2가 작동하게 될 것이다. 이들 가능성의 어느 하나는 그 광자의 파동함수에 포함되어 있다.

　가령 두 개의 탐지기를 검사해 보니 탐지기2가 작동했다는 사실을 알아냈다고 하자. 이 사실을 아는 순간, 우리는 그 광자가 구멍1을 지나가지 않았음을 확신하게 된다. 그런 현상이 일어났을 경우 그 가능성을 표현하는 파동함수그래프의 혹이 직선으로 변한다. 이 현상을 '파동함수붕괴'라고 한다.

　물리학자들은 파동함수가 크게 다른 두 가지 전개 양태를 보여 주는 것 같다고 말한다. 그 첫째는 미끈한 역학적 전개이며, 그것은 슈뢰딩거 파동방정식을 따르므로 예측이 가능하다.

　둘째는 갑작스럽고 불연속적(이 낱말을 다시 쓰게 된다)이다. 이와 같은 전개 양태는 파동함수가 붕괴하는 것이다. 파동함수의 어느 부분이 붕괴되느냐는 순전히 우연에 달려 있다. 제1양태에서 제2양태로의 전이를 가리켜 양자뜀(양자도약)이라고 부른다.

　양자뜀은 춤이 아니다. 그것은 실현되는 하나를 제외한 모든 파동함수가 그 전개하던 모습들을 갑자기 일그러뜨림을 가리킨다. 관찰되는 체계를 수학적으로 나타내보면 문자 그대로 한 상황에서 다른 상황으로 비약하는 것이 드러나며, 그 둘 사이에는 어떠한 발전도 보이지 않는다.

　양자역학 실험에서는 준비마당과 측정마당 사이를 방해받지 않고 운동하는 피관찰체계가 슈뢰딩거 파동방정식을 따라서 전개된다. 이 시간에 그에 따라 일어날 수 있는 모든 것은 발전하는 파동함수로 펼쳐진다. 그러나 그것이 측정 장치(관찰하는 체계)와 상호 작용하는 순간, 그들 가능성의 어느 하나가 실현되고 나머지는 존재할 수 없게 된다. 양자뜀은 다면적인 잠재성으로부터 단 하나의 실제로 옮아가는 것이다.

　일반적으로 양자뜀은 이론적으로 무한한 차원의 현실에서 오직 3차원밖에 없는 현실로의 뜀이기도 하다.*

관찰되는 체계의 파동함수는 관찰되기 이전에 수많은 수학적 차원으로 확산되므로 이러한 현상이 일어난다.

쌍-슬릿 실험에 등장하는 광자의 파동함수를 예로 들어보자. 거기에는 두 가지 가능성이 담겨 있다. 첫째 가능성은 그 광자가 구멍1을 통과하여 탐지기1을 점화하는 것이며, 둘째 가능성은 그 광자가 구멍2를 지나 탐지기2를 작동시키는 경우다. 이 가능성의 하나하나를 단독으로 떼어놓을 때 3차원과 시간을 내포하는 파동함수로 표현된다. 그 이유는 우리 현실이 길이, 너비, 깊이라는 3차원과 아울러 시간을 지니고 있다는 데 있다.

물리적 사건을 정확하게 그리려면, 그것이 어디서, 언제 일어났는지를 밝혀야 한다.

어떤 것이 어디서 일어났느냐를 기술하려면 3개의 '좌표'가 필요하다. 텅 빈 방 안에 떠 있으면서 보이지 않는 풍선의 방향을 가리키고자 한다고 치자. 이를테면 이런 방식으로 말을 할 수 있다.

"어느 구석에서 출발하여 어느 벽을 따라 5피트를 가라(1차원). 그 벽에서 직선으로 4피트 떨어지고(2차원), 바닥에서 3피트 위로 올라가라(3차원)."

모든 가능성은 3차원에 존재하고 또한 시간을 가지고 있다.

만약 어떤 파동함수에 두 가지 가능성이 있다면, 그 파동함수는 6차원, 즉 각 가능성에 3차원씩을 주고 있다. 한 파동함수에 12개의 가능성이 있다면, 그 파동함수는 36차원으로 존재한다.

인간의 경험은 3차원에 한정되어 있기 때문에 이것을 시각화하기란 불가

---

*자유도自由度 degrees of freedom가 반드시 이런 방법으로 무너지지는 않는다. 만일 그 실험이 특별히 각 입자의 위치를 결정하는 경우에는 그것은 고전적 공간자유도로 환원된다. 그러나 그밖에 다른 형태의 측정도 가능하다. 사실상 일반적으로는 입자들의 정확한 위치를 결정하지 않고 오히려 (p, x)공간에 대한 어떤 종류의 무게 평균치를 정하게 된다.

능하다. 그렇지만 이것이 바로 상황의 수학이다.

　어떤 양자역학 실험에서 측정을 할 때 – 피관찰체계가 관찰체계와 상호작용할 경우 – (다차원적) 현실을 인간 경험과 조화되는 3차원의 현실로 환원시킨다는 것이 여기서 생각하게 되는 요점이다. 가령 우리들이 네 개의 서로 다른 점에서 있음직한 광자검출용 파동함수를 산출한다고 하면, 그 파동함수는 네 가지 상이한 우발적 현상이 12차원에 동시에 존재하는 수학적 현실이다. 원칙적으로 우리들은 무한수의 차원에서 동시에 일어나는 무한수의 사건을 표현하는 파동함수를 계산해낼 수가 있다. 그러나 파동함수가 아무리 복잡하더라도 우리들이 측정을 하는 순간 그것은 3차원의 사건으로 축소되며, 그것이 순간순간으로 우리들에게 정상상태에서 주어지는 체험적 실재의 유일한 형태이다.

　이제 다음 문제에 부딪치게 된다.
　"정확하게 파동함수는 언제 붕괴하는가?"
　관찰되는 체계를 향해 전개되고 있는 모든 가능성이 하나만을 남기고 사라지는 것은 어느 때인가?
　지금까지는 누군가가 관찰되는 체계를 바라볼 때 붕괴현상이 일어난다고 말해왔다. 이것은 한가지 관점에 지나치지 않는다. 다른 견해(이 문제에 관한 논의의 어느 것이든 의견이다)에 따르면 그 파동함수는 내가 관찰되는 체계를 볼 때 붕괴한다. 그리고 또 다른 의견을 빌리면 측정이 이루어질 때, 설사 도구로 그 작업을 하더라도 파동함수는 무너진다. 이 견해에 비추어 보면, 우리 인간이 거기서 보든 안 보든 그것은 중요하지 않다.
　우리 실험에 인간이 실험자로 참여하지 않는다고 잠시 가정해 보기로 한다. 그 실험은 완전히 자동적이다. 광원이 광자 하나를 내놓는다. 그 광자의 파동함수에는 그 광자가 구멍1을 지나서 탐지기1을 작동시킬 가능성이 있으며, 또한 그 광자가 구멍2를 통과하여 탐지기2를 점화시킬 가능성도 포함하고 있다.

자, 그러면 탐지기2가 광자 하나를 기록했다고 가정해 보자.

고전물리학에 의하면 광원은 실질적인 입자인 광자 하나를 방출하고, 그것이 광원을 떠나 탐지기2가 기록한 구멍까지 이동한 것이다. 비록 그것이 이동할 때의 위치를 몰랐지만, 그 방법만 알았다면 그 위치를 결정할 수 있었을 것이다.

그러나 양자역학에 따르면 그렇게 되지 않는다. 광자라 불리는 실질적인 입자가 광원과 스크린 사이를 운동하지는 않았다. 구멍2에서 광자가 현실화되기 이전에는 광자가 없었고, 그때까지는 오직 파동함수만이 있었다. 달리 표현하면 그때까지 존재했던 모든 것을 통틀어 구멍1 또는 구멍2에서 현실화될 광자의 성향만이 있었다. 그것이 구멍1로 갈 가능성이 50-50이요, 구멍2로 갈 확률도 50-50이다. 양자역학의 관점에서 보면, 탐지기에 점화될 때까지 광자는 존재하지 않는다. 광자가 구멍1, 그리고 구멍2로 가는 발전적인 잠재력이 있을 뿐이다. 이것이 하이젠베르크가 말하는 '가능성과 현실의 한가운데에 있는 기이한 유형의 물리적 현실'이다.[5]

이것을 한층 명료하게 표현하기란 쉬운 일이 아니다. 수학을 일반적인 언어로 바꾸어 놓으면 정확성이 상실되지만 그것이 문제가 되지는 않는다. 우리들이 슈뢰딩거의 파동방정식의 전개를 쫓기에 충분하게 수학을 배우면 이 현상을 좀 더 명백하게 규정한 전체상을 경험할 수 있다. 불행히도 그 전체상을 똑똑히 밝혀놓으면 마음을 어지럽히는 데 도움을 줄 뿐이다.

우리들이 세계를 단순하게 보는 것이 습관이 되었다는 것이 절실한 문제가 된다. 우리들은 무엇이 저기 있거나 없거나 하다는 생각에 젖어 있다. 우리의 경험은, 물리적 세계란 단단하고 실재하며 우리와는 독립적으로 존재하고 있다고 우리 자신에게 일러주고 있으나 양자역학은 그렇지 않다고 간단하게 잘라 버린다.

어느 기술자가 우리 실험이 자동적이라는 사실을 모르고 방에 들어가 어느 탐지기가 광자를 기록했는지 살펴본다고 하자. 그가 관찰하는 체계(검출기들)를 볼 때, 두 가지를 볼 수 있다. 첫째 가능성은 탐지기1이 기록했을 경우이고, 둘째 가능성은 탐지기2가 광자를 기록했을 경우이다. 따라서 관찰체계(여기서는 그 기술자)의 파동함수는 가능성 하나마다 한 개의 혹이 생겨 두 개의 혹을 나타낸다.

그 기술자가 검출기를 볼 때까지는 양자역학적으로 말해서 어떤 방법으로든 두 가지 상황이 모두 존재한다. 그러나 그가 탐지기2가 점화되었음을 확인하는 순간, 탐지기1이 작동했을 가능성은 사라진다. 측정체계의 파동함수가 지니고 있는 그 부분이 붕괴하고 기술자의 현실은 탐지기2가 한 개의 광자를 기록했다는 사실로 압축된다. 말을 바꾸면, 그 실험의 관찰하는 체계인 검출기들이, 기술자와의 관계로 보아서는 관찰되는 체계로 벌써 바뀐 것이다.

그러면, 감독하는 물리학자가 방에 들어가 기술자를 점검한다고 가정하자. 그는 기술자가 검출기에 관해서 무엇을 알았는가를 검토하고자 한다. 이 시각에서 두 가지 가능성이 제시된다. 하나는 그 기술자가 검출기1이 광자 하나를 기록한 것을 보았다는 것이고, 다른 하나는 검출기2가 광자를 기록한 것을 확인하는 것이다.*

---

*수학적 표현의 간결성을 보기 위해서는 측정이론으로 기술된 전체적 과정, 즉 광자(체계, S)로부터 탐지기(측정 장치, M), 기술자(관찰자, O)를 수학적으로는 단 하나의 문장으로 표현할 수 있다는 점을 생각해야겠다. $(\Psi_s^1 + \Psi_s^2) \otimes \Psi_m \otimes \Psi_o \rightarrow \Sigma(\Psi_s^1 \otimes \Psi_m^1 \otimes \Psi_o^1) + \Sigma(\emptyset_s^2 \otimes \emptyset_m^2 \otimes \emptyset_o^2)$

파동함수를 2개의 혹(동그라미)으로 나누면, 즉 가능성 하나를 혹 하나로 표현함으로써, 이 작업은 광자에서 시작하여 탐지기, 기술자, 감독자의 순서로 진행되었다. 가능성의 확산은 슈뢰딩거의 파동방정식이 지배하는 유형의 전개이다.

광자, 탐지기, 기술자, 감독자 등등의 파동함수를 2개 부분으로 분할하는 것을 측정의 분리, 혹은 때로 '측정이론'이라고 말한다.* 만일 그 광자의 파동함수에 25개의 가능성이 있다면 측정체계, 기술자와 감독자의 파동함수에도 마찬가지로 인지가 있고 파동함수가 붕괴된 때까지 25개의 혹을 각각 지니고 있게 된다. 광자에서 탐지기, 기술자, 감독자로 이행해가면 마침내 전 우주를 포함하게 된다. 누가 우주를 보고 있는가? 달리 말해, 우주는 어떻게 실체화되고 있는가?

그 해답은 원점으로 돌아간다. 우리들이 우주를 실체화하는 것이다. 우리들은 우주의 일부이므로, 그로 인해서 우주(와 우리들)를 스스로 실현하는 것이다.

이러한 사유의 흐름은 불교심리학의 어느 측면과 비슷하다. 나아가 미래의 의식 모델에 대해서 물리학이 내놓을 다수의 중요한 공헌 가운데 하나로 손꼽힐 수 있을 것이다.

양자역학의 코펜하겐해석에 의하면 양자역학이 제대로 구실을 하는 한 (경험을 어김없이 상호 연관시키는 한) '실제로 무엇이 일어나고 있는지를 알려고 무대의 뒤쪽을 기웃거릴' 필요가 없다. 그리고 빛을 어떻게 입자와 동시에 파동으로 표현할 수 있느냐를 알 필요가 없다. 그렇게 되어 있고 가능성을 예측하는 작업을 하는 데 이 현상은 사용가능하다는 점을 아는 것만으로

---

*여기 제시된 측정이론은 노이만의 1935년 토론의 줄거리를 빌려 온 것이다.

충분하다. 다시 말하면 빛의 파동 및 입자 특성은 양자역학으로 말미암아 통일되지만, 일정한 대가를 지불해야 한다. 거기에는 실재의 기술이 없다.

'실재reality'를 묘사하려는 일체의 기도는 형이상학적 추론의 세계로 보인다.** 하지만 물리학자들은 추리했고 그 중 헨리 스탭이 대표적이다. 그들의 논리는 아래와 같다.

양자역학에 있어서 기본적이고 이론적인 양은 파동함수이다. 파동함수는 가능한 현상의 역동적(시간의 진척에 따라서 변화한다) 기술이다. 그런데 파동함수가 실제로 무엇을 그리느냐? 서양의 사고방식을 빌리면 세계는 오직 두 가지 본질적인 측면을 지니고 있는데 그 하나는 물질상matter-like이며, 다른 하나는 관념상idea-like이다.

물질상의 측면은 외부 세계와 연관되어 있고, 그 대부분이 돌, 금속 등과 같이 단단하고 반응이 없는 무생물로 구성되어 있다고 생각되고 있다. 그리고 관념상의 측면은 우리들의 주관적 경험을 말한다. 이 둘을 조화하려는 것이 역사를 관통하는 종교의 중심 과제였다. 이들 측면을 주도하는 철학들이 유물론materialism(우리들의 인상과는 상관없이 세계는 물질상이다)과 관념론(현실은 관념상이며 그것은 외양과는 관계가 없다)이다. 문제는 이 두 측면의 어느 것이 파동함수를 대변하느냐에 있다.

스탭이 개발한 양자역학의 실제적 관점에 따르면 그 해답은 파동함수가 관념상과 물질상의 특징을 다 같이 지니고 있는 무엇을 표상한다는 것이다.***

예를 들어 파동함수에 의해서 표상되고 있는 피관찰체가 준비마당과 측

**파동함수는 물리학자의 실재 기술방식이다. 문제가 되는 것은 파동함수의 해석이고, 그것이 최선의 가능성 있는 기술 방법이냐(또는 물리학자들이 사용하는 언어에 적합한, 오직 하나의 해석 방법이냐)하는 것이다.

정마당 사이를 고립된 채 운동한다면, 그것은 엄격한 결정론적 법칙(슈뢰딩거의 파동방정식)에 따라서 전개된다. 인과법칙에 따른 시간적 전개는 일종의 물질적 성격이다. 따라서 파동함수가 무엇을 표현하든, 그 무엇은 물질적 측면을 지니고 있다.

그러나 파동함수에 의해서 표현된 피관찰체계가 관찰체계와 상호 작용할 경우(우리들이 측정을 할 때), 그것은 돌연 새로운 상태로 도약한다. 이러한 '양자뜀'형 전환은 관념상적 성격을 지니고 있다. 관념들(어떤 것에 대한 우리의 지식과 마찬가지로)은 불연속적으로 변할 수 있으며, 그렇게 변하고 있기도 하다. 그러므로 파동함수가 무엇을 표현하든 그 무엇 역시 일종의 관념상적 측면을 가지고 있다.

그러나 이들 특성은 파동함수로 전환되어 결정적인 법칙(슈뢰딩거의 파동방정식)에 따라 발전한다. 이것이 물질상의 측면이다. 발전하는 그 사물은 오로지 확률을 그릴 뿐이다. 확률은 사유와 분리되어 존재하는 사물 또는 오직 사상事象 안에 존재하는 사물을 묘사한다고 생각할 수 있다. 그러므로 파동함수가 표현하는 것은 관념상과 물질상을 함께 지니고 있다.

엄격히 말해서 파동함수는 양자역학 실험이 관찰되는 체계를 대변한다. 한층 일반적인 용어로 말한다면, 그것도 물리학자들이 지금까지 탐색할 수 있었던 가장 기초적 수준(아원자의 단계, subatomic)에서 물리적 실재를 그리

***파동함수는 우리가 자연을 이해하는 도구이므로 우리 사유 안에 있는 무엇이기도 하다. 그것은 일정한 물리체계의 일정한 특성을 대변한다. 과학자들과 기술자들이 그것에 동의할 수 있다는 뜻에서 그 특성은 객관적이다. 하지만 이 특성은 사유와 동떨어져 존재하지 않는다. 또한 어느 주어진 물리체계도 많은 특성 집합을 갖추고 있으며, 수많은 물리체계들이 한 짝의 특성을 갖출 수도 있다. 이 모든 특성들이 관념적이고 파동함수가 표현하는 대상이 설혹 객관적이라고 하더라도 일정한 범위 안에서는 관념적이다. 그러나 이들 특성은 파동함수로 전환되어 결정적인 법칙(슈뢰딩거의 파동방정식)에 따라 발전한다. 이것은 물질상의 측면이다. 발전하는 그 사물은 오로지 확률을 그릴 뿐이다. 확률은 사유와 분리되어 존재하는 사물 또는 오직 사상 안에 존재하는 사물을 묘사한다고 생각할 수 있다. 그러므로 파동함수가 표현하는 것은 관념상과 물질상을 함께 지니고 있다.

고 있다. 양자역학을 빌려 생각하면 사실상 파동함수는 그 수준에서 물리적 실재를 완벽하게 묘사하고 있다. 절대다수의 물리학자들이 파동함수보다 한층 더 완벽하게 체험을 밑받침하는 토대를 기술한다는 것은 불가능하다고 믿고 있다.

"잠깐!"

짐 드 위트가 불쑥 뛰어든다(아니 이 사람이 어디서 나타났지?).

"파동함수로써 나타내는 기술은 좌표(3, 6, 9, 등등)와 시간으로 구성되어 있는데 그것이 어떻게 현실의 완벽한 기술이 될 수 있겠어요? 내 여자친구가 어느 집시와 멕시코로 도망갔을 때 내 기분을 한번 상상해 보시오. 파동함수의 어디에 그런 흔적이 나타난다고 생각하시오?"

물론 나타나지 않는다. 양자이론이 파동함수가 그러한 것이라고 주장하는 이른바 '완전한 기술'이란 물리적 실재를 기술한 데 지나지 않는다. 우리 기분은 어떠하든, 우리가 무엇을 생각하고 무엇을 보고 있든, 파동함수는 우리들이 그 행동을 어디에서 언제 하고 있느냐를 가능한 한 묘사하고 있다.

파동함수가 물리적 실재의 완벽한 기술로 생각되고, 파동함수가 묘사하는 대상이 물질적인 동시에 관념적이기 때문에 물리적 실재는 관념상이고 동시에 물질상이라야 한다. 달리 표현하면, 세계는 그 외양과 같을 수가 없다는 것, 믿어지지 않겠지만, 이것이 양자역학의 실질적 견해가 내린 결론이다. 물리적 세계는 완전히 실질적인 것처럼 나타나 보인다. 그럼에도 불구하고 그것이 관념적 측면을 지니고 있다면, 물리적 세계는 그 낱말의 통상적 뜻(100% 물질이고 0% 관념이라는) 그대로 실질적이지는 않다.

스탭은 이렇게 말했다.

그것이 제공하는 경험보다 더 완전한 체험을 밑받침하는 토대를 기술하는 것이 불가능하다는 강력한 의미에서 양자역학의 자세가 옳다면, 이 용어의 통상적인 의미 그대로의 실질적인 물리적 세계란 존재하지 않는다. 여기서 실질적인 물리 세계는 존재하지 않을지도 모르며, 아니 그보다 오히려 실질적 물리 세계는 단연코 존재하지 않는다는 허망한 결론에 이르고 만다.6)

이것은 세계가 완전히 관념상이라는 뜻이 아니다 양자역학의 코펜하겐해석은 그 실재가 '막후에 실질적으로 있는 것과 같다'는 말까지는 하지 않으나, 실재는 겉보기와 다르다는 말을 분명히 하고 있다. 우리들이 물리적 현실이라고 지각하고 있는 대상은 사실 우리들이 그것을 인식으로 구성한 것이라고 말한다. 이러한 인식적 구성이 실질적인 인상을 줄지 모르나 양자역학의 코펜하겐해석을 빌리면 물리 세계 그 자체가 그렇지 않다는 결론에 바로 도달하게 된다.

이와 같은 주장은 첫인상이 너무 황당무계하고 우리 경험과는 동떨어진 것 같아서 우리들의 성향으로는 그것을 폐쇄된 지식인들의 어리석은 산물로 내버리고 싶어진다. 하지만 우리가 그다지 성급히 굴지 말아야 할 몇 가지 상당한 이유가 있다.

그 첫째는 양자역학이 논리적으로 일관성 있는 체계라는 점이다. 그것은 자체의 일관성이 있을 뿐 아니라 알려진 일체의 실험과도 일치하고 있다.

둘째, 실험적 증거 그 자체가 실재에 대한 우리들의 일상적 관념과 양립할 수 없다.

셋째, 물리학자들만이 세계를 이런 방식으로 보고 있는 유일한 사람들이 아니다. 그들은 작지 않은 집단에 이제 갓 들어온 구성원에 지나지 않는다. 대다수의 힌두교도와 불교도들도 비슷한 견해를 가지고 있다.

그러므로 형이상학을 경멸하는 물리학자들마저도 그 형이상학을 피하기는 어렵다는 사실이 명백해진다. 이제 우리는 실재를 묘사하려고 발부터 먼저 뛰어 들었던 물리학자들에게 돌아가 보자.

　지금까지 우리들은 논의의 근거를 양자역학의 코펜하겐해석에 두었다. 이 해석에 불가피하게 들어 있는 결함이 측정 문제이다. 관찰하는 체계에 의한 탐지 방법의 어떤 유형이 관찰하는 체계의 피동함수를 물리적 실재로 붕괴시키는 데 필요하다. 그렇지 못하다면, '관찰되는 체계'가 슈뢰딩거의 파동방정식을 따라 발생되는 끝없이 확산되는 숱한 가능성을 제외하고는 물리적으로 존재하지 못한다.
　에버리트Hugh Everett, 휠러Wheeler와 그레이엄Neill Graham이 내놓은 이론이 이 문제를 제일 간단하게 해결해 준다. 이들의 주장에 따르면 피동함수는 실재하는 것이며 그것이 나타내는 모든 가능성 역시 실재하고 그들은 모두 일어난다고 한다. 양자역학의 정통적 해석을 빌리면 피관찰체계의 파동함수에 내포된 가능성 중 하나만이 현실화되고 나머지는 사라져 버린다. 에버리트-휠러-그레이엄이론으로는 그들 모두가 현실화되지만, 우리 세계와 공존하고 있는 다른 여러 세계에서 그렇다는 것이다. 이들 다른 세계에 누가 있는가? 우리들이 있다.
　다시 한번 쌍-슬릿 실험으로 돌아가자. 발원이 광자 하나를 방출한다. 그 광자는 구멍1 또는 구멍2를 통과할 수 있다. 구멍1과 구멍2에 탐지기가 하나씩 설치되어 있다. 여기에 새로운 실험절차를 하나 더 보탠다. 광자가 구멍1을 지나가면, 내가 위층으로 뛰어올라간다. 광자가 구멍2를 통과하면, 나는 아래층으로 달려 내려간다. 따라서 한 가지 일어날 수 있는 일은 그 광자가 구멍1을 지나서 탐지기1을 점화시키고 내가 위층으로 뛰어올라가는 것, 둘째로 일어날 수 있는 일은 광자가 구멍2를 지나 탐지기2를 작동시키고 내가 아래층에 달려 내려가는 것이다.

코펜하겐해석에 의하면, 이들 두 가지 가능성은 서로 배타적이다. 내가 동시에 위층으로 뛰어 올라가고 아래층으로 달려 내려가지 못한다는 이유에서이다. 이렇게 따지고 보면 우리들은 양자역학의 가장 괴이한 함축에 이르게 된다. 인간이 체험하는 실재의 최종적 상태는 상호 배타적인 가능성의 간섭에 영향을 받는다. 이러한 가능성을 대변하는 파동함수가 슈뢰딩거의 파동방정식에 따라서 전개되므로, 이들 상호 배척하는 가능성이 서로 간섭하게 된다.

그와 똑같은 방식으로 쌍-슬릿 실험의 구멍 하나에서 나오는 광파의 정점과 골은 어느 지점에서는 서로 보강하고, 다른 지점에서는 서로 상쇄하며, 상호배태적인 가능성들이 우리가 경험하는 실재의 양상을 결정하는 양자적 실재의 수준에서 서로 간섭한다.

에버리트-휠러-그레이엄 이론을 빌리면, 파동함수가 '붕괴하는' 순간, 우주는 두 개의 세계로 나누어진다. 그 한쪽에서 나는 계단을 뛰어올라가고 다른 한쪽에서 나는 계단을 뛰어 내려간다. 거기에 분명히 상반되는 나의 모습이 있다. 그 어느 하나가 다른 무엇인가를 하고 있으며, 그 하나하나가 상대방이 무엇을 하고 있는지 모른다. 그리고 그들(우리들)의 통로가 서로 교차하는 법이 없다. 태초의 우주가 분열되어 생긴 두 세계는 현실의 분리된 두 영역으로 영원히 남게 된다.

측정을 할 때마다(어떤 하나가 다른 하나 대신 일어날 때마다), 우주는 여러 가지 상이한 세계로 분열되며, 한 가지 가능성마다 하나의 세계가 생겨난다. 각 세계에 대해서는 파동함수로부터 산출해낸 확률에 상응하는 각기 다른 비중이 주어진다. 모든 세계는 똑같으나, 그 세계의 분열과 그 결과로 빚어낸 사건만이 다를 뿐이다. 에버리트-휠러-그레이엄 이론을 양자역학의 다세계풀이many worlds interpretation of quantum mechanics라고 부르는 것이 적절한 명명이라 생각된다.

양자역학의 다세계적 해석의 수학은 지극히 미학적이다. 그것을 일반적인 언어로 풀이해 놓으면 신비스러운 시를 연상시킨다.

관찰자는 그 전체로서 하나인 우주를 관찰자 하나와 피관찰자 하나로 나누는 어떤 방식으로 정의된다('관찰자'는 반드시 의식하는 존재일 필요가 없다. 어떠한 탐지도, 심지어 기계장치도 없다손 치더라도 세계를 서로 다른 영역으로 갈라놓는다).* 각 관찰자마다 피관찰자라는 상대적 상태가 있다.

말을 달리하면 '내'는 우주에서 나오며 '내'가 세계를 볼 때, '내'가 보는 것은 '나me'에게 나타나게 배열된 우주의 나머지 부분이다. 그것은 이 특수한 '나'에게 상대되던 특수한 상태 안에 있다. 이 특수한 상태가 우주의 '내' 영역과 일치한다. 관찰을 할 때마다 우주는 서로 다른 분야로 갈라진다. 이것이 우주가 새로 형성된 '나들I's' 가운데 하나를 통해서 스스로를 본다는 말을 달리 표현한 것이다. 자연스러운 귀결로서 그 '나'는 그처럼 특수한 방법으로 우주를 보는(파악하는) 오직 하나뿐인 존재이다. 그 관찰자는 파동함수를 분해하는 특수방식의 하나이다.

이런 관점에서 보면 측정 문제는 이미 문제가 아니다. 궁극적으로 측정 문제는 '누가 우주를 보고 있느냐'로 귀착되었다. 다세계이론Many Worlds theory은 우주를 현실화하기 위해서 파동함수를 무너뜨릴 필요가 없다고 말한다. 다세계이론에 따르면 파동함수는 붕괴되지 않는다. 파동함수가 '붕괴하는' 경우 '현실화되지 않는'(코펜하겐의 해석에 의하면) 피관찰체계의 파동함수에 포함되어 있는 상호 배타적인 모든 가능성은 실제로 분명히 구현되지

---
*파동함수가 여러 분야로 분해되는 것은 일상적인 낱말 뜻대로의 '관찰자들'이 물리적으로 있든 없든 상관이 없다.

만, 우주의 이쪽 편에서 그렇게 되지는 않는다. 이를 테면, 파동함수 안에 들어 있는 가능성의 하나가 우주의 이쪽 편에서 현실화된다(내가 계단을 뛰어 오른다). 파동함수에 내포된 또 다른 가능성(내가 계단을 뛰어 내려간다) 역시 실현되지만, 현실의 다른 분야에서 이루어진다. 현실의 이 분야에서 나는 계단을 뛰어올라간다. 현실의 다른 분야에서는 내가 계단을 달려 내려간다. 어느 쪽의 '나'도 다른 나를 알지 못한다. 두 쪽의 '내가' 다 같이 그의 우주 분야가 실재의 전체라고 믿고 있다.

다세계이론은 우주는 하나이며 그 파동함수는 '관찰자'와 '피관찰자'로 자체 분해할 수 있는 모든 방법을 표현하고 있노라고 주장한다. 우리는 모두 함께 여기 한 개의 큰 상자 안에 있으며, 그것을 현실화하기 위해서 바깥으로부터 그 상자를 보아야 할 필요가 없다.

이러한 각도에서 다세계이론은 특별히 흥미가 있다. 아인슈타인의 일반 상대성이론에 따르면 우리 우주는 닫혀 있는 하나의 큰 상자일 가능성이 있으며, 그렇다면 그 '바깥으로' 나갈 길이 없다.*

슈뢰딩거의 고양이는 고전물리학, 양자역학의 코펜하겐해석과 양자역학의 다세계해석의 차이점을 요약하고 있다. 슈뢰딩거의 고양이는 슈뢰딩거 파동방정식의 이름난 발견자가 오래전에 제시한 딜레마이다.

고양이 한 마리를 상자 안에 둔다. 상자 안에는 당장 고양이를 죽일 수 있는 가스분출장치가 있다. 돌발 사건(어떤 원자의 방사능 붕괴 현상)이 가스를 방출하느냐 않느냐를 결정한다. 상자 바깥에서는 그 안에 무슨 일이 일어나는

---

* "양자역학의 재래식 방정식을 시-공의 3차원 기하학에 어떻게 응용하느냐?" 이 문제가 닫힌 우주에서는 날카롭게 제기된다. 그 체계 밖에 서서 그것을 관찰할 자리는 없다. —에버리트, 《Reviews of Modern Physics》7)

지 알 길이 없다. 상자를 밀폐하고 실험을 개시한다. 한순간 뒤에 가스가 방출되었을 수도 있고 그렇지 않았을 수도 있다. 문제는 그 안을 들여다보지 않고 그 안에서 무슨 일이 일어났느냐를 아는 데 있다(이 대목은 아인슈타인이 제시한 열 수 없는 시계를 떠올려 준다).

고전물리학에 의하면 그 고양이는 죽었거나 죽지 않았거나 둘 중 하나다. 우리가 해야 할 일은 그 상자를 열어 어느 쪽이 맞느냐를 확인하는 일이 고작이다. 하지만 양자역학을 빌려서 생각하면, 상황이 그처럼 단순하진 않다.

양자역학의 코펜하겐해석은 그 고양이가 죽을 수도 있고 살아 있을 수도 있는 가능성마저 포함된 파동함수에 의해 표현되는, 일종의 망각지대 limbo에 있다고 말한다.** 우리가 그 상자 안을 들여다볼 때–그 이전이 아니다–두 가능성의 어느 하나가 실현되고 다른 것은 사라진다. 이것이 파동함수의 붕괴이다. 일어나지 않는 가능성을 표현하던 파동함수의 혹이 무너지기 때문에 이런 용어가 사용되기에 이르렀다. 그때까지는 오직 하나의 파동함수가 있을 뿐이다.

이것이 의미가 통하지 않는 소리라는 것은 의심할 여지가 없다. 경험에 따르면, 한 마리의 고양이는 우리가 상자 안에 넣은 것이고, 고양이는 변함없이 상자 안에 있는 대상이지 파동함수가 아니다. 유일한 문제는 그 고양이가 살아 있는 고양이냐 죽은 고양이냐 하는 것이다. 그러나 우리가 보든 말든 고양이 한 마리가 거기 있다. 가령 우리가 상자 안을 들여다보기에 앞

**실제로 고양이와 같은 거시적 대상을, 열역학적으로 반전 불가능한 과정의 지배적인 영향 때문에 발생하는 파동함수가 표현할 수 있는지 분명치 않다. 그럼에도 불구하고 슈뢰딩거의 고양이는 물리학도들에게 양자역학의 환각적 측면을 오랫동안 설명해왔다.

서 휴가를 갔다고 하더라도 고양이에 관한 한 그 사실은 아무런 영향을 주지 않는다. 고양이의 운명은 실험 초기에 결정되었다.

상식적인 견해가 고전물리학의 관점이기도 하다. 고전물리학에 의하면, 우리는 무엇을 관찰함으로써 알게 된다. 그런데 양자역학에 따르면, 우리들이 관찰하기 이전에는 그것이 거기에 있지 않다. 그러므로 그 고양이의 운명은 우리가 상자 안을 들여다볼 때까지 결정되지 못한다.

양자역학의 다세계이론과 양자역학의 코펜하겐해석은 우리들이 상자 안을 들여다볼 때까지 고양이의 운명이 결정되지 않는다는 데에 의견을 같이 한다. 우리들이 상자 안을 들여다보는 순간 그 고양이를 표현하는 파동함수에 담겨 있는 가능성의 어느 하나가 실현되고 다른 것은 사라진다.

그와는 달리 다세계해석을 좇으면 우리가 그 상자 안을 들여다보는 순간, 세계는 두 가지로 나누어지고, 그 하나하나가 고양이의 다른 모습을 가지고 나타난다. 그 고양이를 대표하는 파동함수는 붕괴하지 않는다. 고양이는 살아 있는 동시에 죽어 있다. 그 세계의 어느 한쪽에서 그 고양이는 죽어 있고 그것을 우리가 보고 있다. 그 세계의 다른 쪽에서는 그 고양이가 살아 있으며, 우리들이 그것을 보고 있다. 이 세계의 두 쪽에서 동시에 우리들은 상이한 판형을 보는 작업을 하고 있다.*

간단히 말해서 고전물리학은 눈에 보이는 그대로의 세계, 오직 하나의 세

---

* 정확히 말해서 다세계해석에 따르면, 세계는 즉각 두 가지로 분열되어 그 하나는 죽은 고양이와 함께 있으며, 다른 하나는 살아 있는 고양이와 더불어 살아 있다. 따라서 그 고양이는 좀 더 큰 뜻으로 풀이하면 죽어 있는 동시에 살아 있다. 이들 두 가지는 동일한 파동함수에 대표되는 관찰자를 거느리고 있다. 그 관찰자가 상자를 열고 안을 들여다볼 때, 그의 파동함수가 영향을 받게 된다. 그것은 두 부분으로 갈라질 것이며, 그 하나는 죽은 고양이와 연계되고 다른 하나는 산 고양이와 이어지게 된다. 따라서 그 고양이는 어떤 더 큰 관점에서 보면 죽어 있으면서 동시에 살아 있으나, 두 관찰자의 어느 한쪽은 서로 다른 고양이, 즉 하나는 죽은 고양이를, 다른 하나는 살아 있는 고양이를 보게 된다.

계가 있으며, 그것을 전부라고 말한다. 양자역학은 그러하지 않을 가능성을 안고 있는 길마저 허용하고 있다. 양자역학의 코펜하겐해석은 세계가 '사실 어떻게 생겼느냐'를 묘사하기를 피하지만 그것이 어떻게 생겼든 일상적인 의미의 실질이 있지 않다는 결론을 내리고 있다. 양자역학의 다세계해석을 빌리면 우리들은 동시에 많은 세계, 헤아릴 수 없는 세계에 살고 있으며, 그 모두가 빠짐없이 현실적이다. 그밖에도 양자역학에 대한 해석 방법이 많지만 예외 없이 어느 면으로나 모두 터무니없다.

양자역학은 공상과학소설보다 한층 더 기괴하다.

양자역학은 아원자 현상을 다루는 이론이며 하나의 과정이다. 아원자 현상은 대체로 정교하지만 값비싼 시설을 이용할 수 있는 사람들이 아니면 접근하지 못한다. 설사 제일 값비싼 시설이 있다고 하더라도 우리들이 볼 수 있는 것은 아원자 현상이 내는 효과에 지나지 않는다. 아원자의 세계는 감각 지각의 한계를 넘어서 있다.** 그것은 또한 합리적 오성의 영역 너머에 있다. 물론 우리는 그에 관한 합리적 이론을 가지고 있지만 '합리적rational'이라는 어휘를 확대하여 과거에는 무의미했던 것nonsense 또는 좋게 말해서 역설까지도 포함하게 되었다.

우리들이 살고 있는 이 세계, 고속도로, 욕실과 다른 사람들이 있는 이 세계는 파동함수, 그리고 간섭과는 아득히 멀리 떨어져 있는 것 같은 느낌을 준다. 요컨대 양자역학의 형이상학은 미시적 단계에서 거시적 단계에 이르는 비실체적인 도약에 바탕을 두고 있다. 이러한 아원자 연구가 지닌 뜻을 세계 전체에 적용할 수 있을까?

**어둠에 적응된 눈으로 단일 광자를 찾아낼 수 있다. 그러나 기타 모든 원자 이하의 입자들은 간접적으로 탐지하지 않으면 안 된다.

아니다. 개개의 실례에 수학적 증거를 마련해야 한다면 그럴 수가 없다. 그런데 무엇이 증거인가? 증거는 우리들이 규칙을 따라 경기를 하고 있다는 것밖에 증명하지 못한다(어쨌든 우리들은 규칙을 만든다). 이 경우 그 규칙이란 우리들이 물리적 실재의 본질에 관해서 내놓은 논리적으로 일관되며 경험과 일치하는 것이다. 그 규칙에는 우리들이 제의하는 것이 '현실'과 같아야 한다고 규정한 대목이 없다. 물리학은 경험의 내적 일관성을 지닌 설명이다. 증명의 중요성은 물리학의 자기 일관성의 요구를 만족시키려는 데 있다.

성서의 신약은 다른 견해를 보여 준다. 부활한 그리스도는 도마(그 유명한 '의심 많은 도마')에게 자기 상처를 보여 주고 만져 보게 하여, 자신이 죽은 자 가운데서 살아난, 진실한 그 자신임을 증거했다. 그러나 동시에 그리스도는 증거 없이 자신을 믿는 자들에게 특별한 은혜를 베풀었다.

증거 없이 받아들인다는 것은 서양종교의 기본적 특성이다. 한편 증거가 없으면 거부하는 것은 서양과학의 기본적 성격이다. 다시 말하면 종교는 감정의 문제가 되었고, 과학은 정신의 문제가 되었다. 이 유감스러운 사태는 생리적으로 하나가 다른 하나가 없이는 존재할 수 없다는 사실을 반영하고 있지 않다. 누구나 그 둘이 모두 필요하다. 정신과 감정은 우리들의 다른 측면에 불과하다.

그렇다면 누가 옳을까? 제자들은 증거 없이 믿어야 하는가? 과학자들은 그런 증거를 주장해야 할 것인가? 이 세계에는 실질이 없는가? 그것은 실재이되 수없이 많은 가지로 갈라지고 있는가?

물리의 도사들은 '과학'과 '종교'는 춤에 지나지 않으며, 그것을 좇는 자들은 무도자라는 것을 알고 있다. 무도자들은 '진리'를 따른다거나 '현실'을 추구한다고 주장하겠지만, 물리의 도사들은 그들보다 더 잘 알고 있다. 그들은 알고 있다. 모든 무도자들의 진정한 사랑은 춤 그자체임을……

chapter 3
나의 길

 제1장

나의 구실

지구가 태양 주위를 돌고 있다는 사실을 코페르니쿠스가 발견하기 이전에는 태양이 우주의 다른 천체와 더불어 지구 둘레를 돌고 있다는 인식이 공통된 신념이었다. 지구는 만물의 고정된 중심이었다. 좀 더 시대를 거슬러 올라가면 인도에서 이러한 지구 중심적 좌표가 인간에게 주어졌다. 심리적으로 말해서 한 사람 한 사람이 우주의 중심으로 인정되었다. 얼핏 이와 같은 관점은 이기적으로 보일지 모르겠으나, 각자가 하느님의 현현으로 인정되었던 만큼 반드시 그렇다고 할 수도 없었다.

힌두의 아름다운 한 폭 그림에는 야무나 강의 둑에서 달빛을 받으며 춤추고 있는 크리슈나Krishna(괴력을 가진 목동으로 악마, 악인을 물리친다. 그의 피리 소리에 맞춰 즐겁게 춤추는 목녀의 모습이 인도의 민화에 자주 나온다. 태양신 비슈누의 화신이라고 한다 - 옮긴이)가 아리따운 브라야 여인들이 원을 그리고 있는 한복판으로 들어간다. 그녀들은 한결같이 크리슈나를 사랑하며 그와 함께 춤추고 있다. 크리슈나는 이 세계의 온갖 영혼들과 더불어 춤추고 있으며 - 사람은 자기 자신과 춤추고 있다. 만물의 창조자인 신과 함께 춤춘다는 것은 우리 자신과 함께 춤추는 것이다. 이것이 동양문학에 되풀이해서 등장하는 주제이다.

이것은 또한 새로운 물리학인 양자역학과 상대성이론이 지향하는 듯한 방향이기도 하다. 상대성이라는 혁명적 개념과 양자역학의 논리 부정적인 역설에서 고대의 어형변화표語形變化表가 나타나고 있다. 막연한 형태나마 우리들은, 우리 한 사람 한 사람이 물리적 현실 창조에 아버지의 구실을 한몫하게 되는 개념의 틀을 얼핏 보기 시작한다. 무기력한 방관자로서 표현된 우리들의 옛 자기상, 다시 말하면 보기는 하되 영향을 주지 못하는 존재는 해체되고 있다.

우리들은 모름지기 인류 역사상 가장 짜릿한 행위를 지켜보고 있는 것이다. 거대하고 형체 없는 힘 앞에서 느끼던 무력감을 비롯하여 우리들에게 그처럼 많은 것을 주어 온 옛 '과학'이, 입자 가속기의 힘찬 진동과 컴퓨터의 경쾌한 타자음, 그리고 춤추는 계기 가운데에서, 그 자체의 기초를 밑바닥에서부터 뒤집고 있다.

우리들이 주었던 어마어마한 권위를 과시하며 과학은 우리들이 믿음을 두어왔던 자리가 잘못 되었다고 이야기하고 있다. 우리들은 불가능한 것, 다시 말하면 우주에 있어서의 우리 구실을 포기하려 했던 것 같다. 우리는 우리의 권위를 과학자들에게 넘겨주었다. 우리는 과학자들에게 창조, 변화, 죽음의 신비를 캐는 책임을 맡겼다. 그리고 우리에게는 무심한 삶의 틀에 박힌 일상사를 맡겼다.

과학자들은 거리낌 없이 과업을 떠맡았다. 우리들도, 끊임없이 증가하는 '현대과학'의 복잡성과 점차 확대되는 현대기술의 전문화 앞에서 무기력한 구실을 하는 우리 과제를 쉽사리 맡아하게 되었다.

3세기가 지난 오늘날 과학자들은 그들이 발견한 결과를 들고 돌아왔다.

그들은 우리(지금까지 일어나고 있는 현상에 생각을 기울여온 사람들)와 마찬가지로 곤혹에 빠져 있다.

그들은 이렇게 말하고 있다.

"딱 잘라 말하기는 어려워요. 하지만 우리들은 우주를 이해하는 열쇠가 당신이라는 점을 밝히는 증거를 쌓아올려 왔어요."

이것은 지난 3백 년 동안 우리들이 세계를 이해했던 방법과 다를 뿐만 아니라 그 정반대다. 과학이 그 위에 서 있는 '이 안in here'과 '저 밖out there'의 구분이 몽롱해지고 있다. 그것은 갈피를 잡을 수 없는 사정을 말해 준다. 과학자들은 '이 안-저 밖'의 구분을 이용하여 '이 안-저 밖'의 구분이 존재하지 않을 수 있음을 발견했다. '저 밖'은 철학적 의미만이 아니라 엄격한 수학적 의미로도 우리들이 '이 안'에서 결정하는 것에 좌우된다는 인상을 주고 있다.

새 물리학은 관찰자는 그가 보는 대상을 관찰할 때 반드시 그 대상을 변화시킨다고 말해 준다. 관찰자와 관찰되는 것은 현실적이고 근본적인 뜻에서 서로 관계하고 있다. 이 상관관계의 정확한 본질이 밝혀지지는 않았으나, '이 안'과 '저 밖'의 구분은 환상이라는 증거는 점차 늘어나고 있다.

방대한 실험 자료가 뒷받침하고 있는 양자역학의 개념적 틀이 현대물리학자들로 하여금 풋내기가 아닌 사람들에게마저 신비주의자들의 소리와 같은 어투로 그들의 견해를 표현하게 하고 있다.

경험을 통해서 물리 세계에 접근한다. 그런데 모든 경험의 공통 단위는 그 경험을 치르는 '나'이다. 요컨대 우리들이 경험하는 것은 외적 현실이 아니라 그것과 우리의 상호 작용이다. 이것이 '상보성complementarity'의 기본적인 가정이다.

상보성은 닐스 보어가 빛의 파동입자 이중성을 설명하고자 개진한 개념이다. 지금까지는 그 누구도 이보다 더 훌륭한 개념을 생각해내지 못했다. 이 논리에 따르면 파동과 같은 성격과 입자와 같은 성격은 빛의 상호 배타적이거나 상호 보완적인 측면들이다. 비록 그 어느 한쪽이 언제나 다른 한쪽을 배척하지만, 이 둘은 모두 빛을 이해하는 데 필요하다. 어느 한쪽이 항상 다른 한쪽을 배척하는 이유는 빛, 또는 그밖에 어느 것도 동시에 파동과 같으면서 입자와 같을 수는 없다는 데 있다.*

그렇다면 서로 배타적인, 파동과도 같고 입자와도 같은 행태가 어떻게 한 가지 빛의 공동 성질일 수 있는가? 그것들은 빛의 성질이 아니다. 그것은 빛과 인간의 상호 작용의 성질을 가리킨다. 우리들이 선택하는 실험 방법에 따라서 빛이 입자적 성질과 파동적 성질의 어느 한쪽을 나타내게 된다. 가령 빛의 파동적 성질을 증명하려면, 간섭현상을 일으키는 쌍-슬릿 실험을 하면 된다. 만약 빛의 입자적 성질을 입증하기로 한다면, 광전 효과를 설명하는 실험을 하면 된다. 그리고 콤프턴Arthur Holly Compton(1892-1962, 미국의 물리학자, 콤스턴 효과의 발견자, 1927년 노벨물리학상 수상)의 유명한 실험을 실시하면 빛의 파동적인 성질과 입자적 성질을 함께 볼 수 있다.

1923년 콤프턴은 세계 최초로 원자 이하의 미립자로 당구놀이를 했으며, 그것으로써 17년이나 된 아인슈타인의 빛의 광자이론을 확인했다. 그의 실험은 개념적으로 볼 때 어려운 것이 아니었다. 그는 단순히 전자를 향하여 X선을 발사했다. 누구나 아는 바와 같이 X선은 파동이다. 그런데 X선이 마치 입자처럼 전자에 부딪쳤다 튕겨 나왔으니 대다수 사람은 놀랄 수밖에 없었다.

---

*개별적인 사건들은 예외 없이 양자와 같다, 파동 행태는 통계적 형태, 다시 말하면 간접으로 탐지된다. 그러나 양자 영역의 또 다른 창시자 디랙의 말에 따르면, 심지어 단 하나의 아원자 입자마저도 '자체간섭현상을 일으킨다.' 가령 한 개의 전자와 같은 단일 미립자가 어떻게 '자체간섭'을 할 수 있느냐는 점이 기본적인 양자역설이다.

예를 들어 전자들을 슬쩍 때린 X선들은 원래의 진로에서 살짝 빗나갔다. 그 충돌 과정에서 에너지를 많이 잃지는 않았다. 그런데 전자와 좀 더 정면으로 부딪친 X선들은 충돌 과정에서 상당량의 운동에너지를 상실했다.

콤프턴은 충돌 전후에 X선의 주파수를 측정하여 편향된 X선의 에너지 상실량을 계산할 수 있었다. 거의 정면으로 충돌한 X선의 주파수가 충돌 전에 비해서 충돌 후에 눈에 띄게 낮아졌다. 이것은 그 X선의 에너지가 충돌 전보다 충돌 후에 많이 떨어졌다는 사실을 말해 준다.

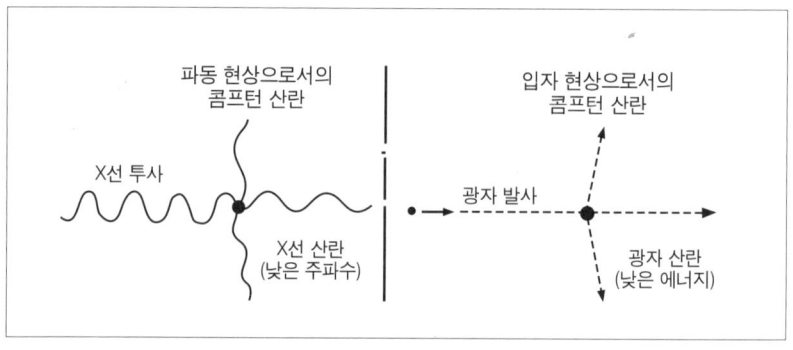

콤프턴의 발견은 양자이론과 밀접한 관계가 있다. 만일 플랑크가 주파수는 에너지에 비례한다는 법칙을 발견하지 않았더라면, 콤프턴이 X선의 입자성 행태를 밝혀내지는 못했을 것이다. 이 법칙이 콤프턴에게 그의 실험에 이용된 X선들이 입자성 충돌에서 에너지를 상실했다(그들의 주파수가 충돌 전보다 충돌 후에 낮아졌으므로)는 증명을 가능하게 하였다.

콤프턴 실험에 나타난 이 개념적 역설은 파동입자 이중성이 양자역학에 얼마나 깊이 뿌리박고 있는가를 보여 준다. X선과 같은 전기복사의 주파수를 측정하여 입자성을 증명한 것이 콤프턴이었다. 물론 입자는 주파수가 없다. 파동만이 주파수를 가지고 있다. X선에 일어났던 사실을 기려, 콤프턴이 발견한 현상을 콤프턴 산란Compton scattering이라 부른다.

간단히 말해서 빛은 광전 효과를 통해서 입자와 같음을, 쌍-슬릿 실험으로 파동과 같음을, 그리고 콤프턴 산란으로 그 입자 파동성이 증명될 수 있었다. 빛의 두 가지 상보적 측면(파동과 입자)은 빛의 본질을 이해하는 데 필요하다. 어느 것이 진정한 빛의 성질이냐고 묻는 것은 무의미하다. 빛은 어떤 실험 방식을 택하느냐에 따라 파동처럼 행동하기도 하고 입자처럼 움직이기도 한다.

그 실험을 하는 '우리들'이 입자로서의 빛과 파동으로서의 빛을 이어주는 공통적 연계이다. 쌍-슬릿 실험에서 우리가 관찰하는 파동적 형태는 빛의 성질이 아니라 인간과 빛의 상호 작용을 표현하는 성질이다. 그와 마찬가지로 광전 효과에서 관찰하는 입자적 특성도 빛의 성질이 아니다. 그것 역시 빛과 우리의 상호 작용에서 나온 성질이다. 파동적 행태와 입자적 행태는 모두 상호 작용의 성질이다.

입자와 같은 행태와 파동과 같은 행태만이 우리가 빛에 돌리는 성질이며 이제 이들 성질이(상보성이 옳다면) 빛 자체가 아니라 빛과 우리의 상호 작용에 속한다는 점이 인정되므로, 빛은 우리와 독립된 성질을 가지고 있지 않다는 인상을 준다. 어떤 대상이 전혀 성질이 없다고 말하는 것은 그 자체가 존재하지 않는다는 말과 같다. 이 논리의 다음 단계를 피할 수는 없다. 우리들 인간이 없으면 빛은 존재하지 않는다.

우리가 으레 빛에 귀속시키는 성질들이 우리와 빛의 상호 작용에 전이되면 빛으로부터 그 독립된 존재를 박탈하게 된다. 우리가 없다면, 또는 거기에서 유추하여 상호 작용할 타자가 없다면 빛은 존재하지 않는다. 이 놀라운 결론은 빛이 없거나 거기서 유추하여 상호 작용하는 다른 것이 없으면 우리는 존재하지 않는다는 의미와 같다! 보어는 다음과 같이 말한 바 있다.

> 평범한 물리적 의미에서의 독립적 실재를 그 현상에 되돌려줄 수 없을 뿐더러 관찰 기능에 귀속시킬 수도 없다.[1]

'관찰 기능'이라는 용어는 사람이 아니라 도구를 가리켰을 가능성이 있으나, 철학적으로 상보성은 이 세계가 사물로 구성되어 있지 않고 상호 작용으로 이루어져 있다는 결론을 이끌어낸다. 성질은, 독립적으로 존재하는 '빛'과 같은 사물에 속하는 것이 아니라 상호 작용에 귀속된다. 이것이 보어가 빛의 파동입자 이중성을 해결한 방법이다. 파동입자의 이중성은 만물의 특성이라는 발견과 더불어 상보성의 철학적 함축을 더욱 뚜렷하게 했다

우리들이 양자역학의 이야기를 잠시 중단했을 때 그 이야기는 대체로 다음과 같은 대목까지 와 있었다. 1900년에 막스 플랑크는 흑체복사를 연구하여 에너지는 덩어리로 흡수·방출된다는 사실을 발견하고 그 에너지 덩어리를 양자라고 불렀다. 그때까지는 빛을 비롯한 방사에너지는 파동과 같다고 생각되었다.

이러한 견해는 1830년 토머스 영이 빛이 간섭을 일으키고(쌍-슬릿 실험), 파동만이 그런 현상을 일으킨다는 점을 밝혀 놓았기 때문에 나온 것이었다.

플랑크의 양자 발견에 자극을 받아 아인슈타인은 광전 효과를 이용하여 에너지의 흡수, 방출 과정만이 양자화되어 있는 것이 아니라 에너지 그 자체가 일정한 규모의 꾸러미로 나온다는 그의 이론을 설명했다.

그러므로 물리학자들은 2개조의 실험(반복 가능한 경험)에 부딪치게 되었

는데 그 하나가 다른 하나를 부정하는 것 같은 성격을 나타냈다.

이것이 양자역학의 기본이 되는 이름난 파동-입자 이중성이다.

물리학자들이 어떻게 파동이 입자가 될 수 있느냐를 설명하려고 노력하고 있을 때 프랑스의 젊은 귀족 드브로이Louis de Broglie는 고전적 견해의 잔재를 궤멸시키는 폭탄을 떨어뜨렸다. 그의 제의에 따르면 파동이 입자일 뿐만 아니라 입자들 역시 파동이다.

드브로이의 사상을 빌리면 물질은 그에 '상응하는' 파동을 지니고 있다는 것이다. 그 사상은 철학적 추리 이상이었다. 그것은 또한 수학적 추리이기도 했다. 플랑크와 아인슈타인의 단순한 방정식을 활용하여 드브로이는 자신의 단순한 방정식을 도출했다.* 이 방정식이 물질에 '상응하는' '물질파동'의 파장을 결정한다. 그에 따르면 입자의 운동량이 크면 클수록 그것에 상관적인 파장은 짧아진다는 것이다.

이 이론이 물질파동이 거시 세계에서는 드러나지 않는 이유를 설명해 준다. 드브로이의 방정식은, 우리들이 볼 수 있는 최소의 대상에 상응하는 물질파동은 그 대상의 크기에 비해 너무나 작아서 그 효과가 보잘것없다고 말한다. 그러나 전자처럼 아원자의 입자만큼 작은 대상에 이르면, 전자의 크기가 그에 연관되는 파장보다 작다.

이러한 상황에서는 파동과 같은 물질의 행태가 또렷해지며, 물질은 우리들이 습관적으로 생각해온 '물질'과는 다르게 행동한다. 이것이 그 현상의 정확한 표현이다.

드브로이가 이 가설을 내놓은 뒤 불과 2년 만에 데이비슨Clinton Joseph Davidson(1881-1958, 미국의 물리학자, 1937년 노벨문학상 수상)이 그의 조수 거

---

*플랑크의 방정식: $E=h\nu$, 아인슈타인의 방정식: $E=mc^2$, 드브로이의 방정식: $\lambda=h/mv$

머와 벨 전화연구소에서 공동 작업을 하여 실험적으로 그 가설을 입증했다.

데이비슨과 드브로이는 다 같이 노벨상을 받았고, 물리학자들에게는 파동이 어떻게 입자일 수 있으며, 또한 입자가 어떻게 파동일 수 있느냐를 설명해야 하는 과제가 맡겨졌다.

우연히 실시했다가 유명해진 데이비슨-거머 실험으로 전자가 파동이어야만 설명할 수 있는 형태의 전자의 수정표면 반사효과가 밝혀졌다. 그러나 전자가 입자임은 말할 나위도 없다.

오늘날, 용어상의 모순이 분명한 전자회절electron diffraction은 평범한 현상의 일종이 되기에 이르렀다. 전자선beam of electrons을 전자의 파장(우스운 말이 아닌가-입자는 파장이 없다!)과 같거나 그보다 작은 구멍, 이를테면 금속종이에 있는 원자 사이의 공간에 통과시키면, 그 전자선의 광선이 회절하는 것과 꼭 같이 회절한다.

고전물리학적으로는 이러한 현상이 일어날 수 없으나, 여기 실제로 그 사진이 있다.*

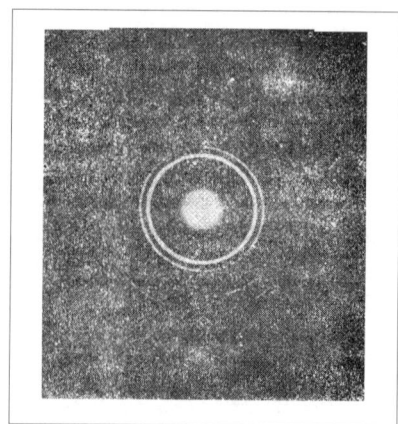

파동으로 이루어진 빛이 입자와 같이 행동했을 때에도 참으로 혼란이 컸다. 그러나 입자인 전자가 파동처럼 행동하게 되자 사태는 견딜 수 없으리만큼 심각해졌다.

양자역학의 발전은 고도의 아슬아슬한 드라마였다(지금도 마찬가지다). 하이젠베르크는 다음과 같은 글을 남겼다.

나는 보어와 나눈 토론(1927년)을 기억하고 있다. 이 토론은 밤이 이슥할 때까지 몇 시간이나 계속되었고 거의 절망적인 상태로 끝났다. 토론이 끝나고 가까운 공원으로 혼자 산책을 나가서 나는 나 자신에게 거듭 질문을 던졌다. 과연 자연이 이러한 원자 실험에서 나타난 대로 그다지도 부조리할 수 있을까?2)

그 뒤에 있는 실험을 통하여 아원자 입자들만이 아니라 원자와 분자들 역시 연관된 물질파가 있음을 밝히게 되었다.

휴즈의 개척적 저서의 제목 《중성자 광학Neutron Optics》이, 드브로이의 박사학위 논문에서 그 탄생을 알린 파동과 입자의 융합을 웅변적으로 증언하고 있다. 사실상 이론적으로는 만물이 일정한 파장을 가지고 있는데 - 야구공, 자동차, 사람이 모두 예외가 아니다 - 다만 그들의 파장이 너무 작아서 의식하지 못할 뿐이다.

드브로이 자신은 자기 이론을 설명하는 데 큰 도움이 되지 못했다. 다만

---

*이 사진을 여러분 앞에 들고 있으면 전자선(투과선=transmitted beam)이 중심에 있는 크고 흰 점에서 나와 바로 여러분에게 다가온다. 흰 점에는 또 회절물질(이 경우에는 전자선이 작은 금박 알갱이에 회절된다. 다시 말하면 전자선이 얇은 다결정금박을 통과하게 된다.)이 자리 잡고 있다. 사진에 나오는 고리들은 회절된 전자선이 전자원으로부터 금박의 반대편에 있는 필름을 때린 부위를 가리킨다. 사진 중심에 있는 흰 점은 금박을 통과하여 필름을 바로 때린 투과선 가운데서 회절되지 않은 전자가 일으켜 놓은 흔적이다.

데이비슨-거머 실험이 증명한 내용, 즉 전자 같은 물질이 파동과 같은 측면을 지니고 있다는 점을 예측하는 데 불과했다.

그의 방정식은 나아가서 이 파동의 파장을 예언했다. 그럼에도 불구하고 이들 파동이 실제로 무엇인지 아무도 몰랐다(지금도 모른다). 드브로이는 그것을 물질에 '상응하는' 파동이라 불렀지만, 그는 '상응한다'는 말이 무슨 뜻인지 설명하지 않았다.

어느 물리학자가 무엇을 예측하고 그것을 표현하는 방정식을 산출하고 나서도 자신이 말하고 있는 대상이 무엇인지 모를 수가 있을까?

그렇다. 러셀Bertrand Russell은 아래와 같이 밝혔다.

수학은 우리들이 무슨 말을 하고 있는지 전혀 모르며, 우리가 하는 말이 참된 것인지 아닌지 모르면서 다루고 있는 과목이라고 규정할 수 있을지도 모른다.[3]

코펜하겐에서 물리학자들이 양자역학을 완전한 이론으로 받아들이기로 한 이유가 여기 있다. 양자역학이 그 세계가 '실제로 어떻게 생겼는지' 설명하지도 못하고, 예측하는 내용도 실제적인 사건이 아니라 확률에 지나지 않는 데도 말이다. 그들은, 양자역학이 경험을 정확하게 상호 관계로 이어 준다는 이유로 완전한 이론이라고 인정하게 되었다.

양자역학과 실용주의자의 견해에 따르면 모든 과학은 경험 사이의 상관관계의 연구이다. 드브로이의 방정식은 경험의 상관관계를 올바르게 설명한다.

드브로이는 토마스 영(쌍-슬릿 실험)과 알베르트 아인슈타인(광자이론)이라는 천재를 통하여 빛을 보게 되었던 파동-입자 역설을 융합시켰다. 달리 말하면 그는 가장 혁명적인 물리학의 두 가지 현상, 에너지의 양자적 성질과 파동 – 입자 이중성을 이어 주었다.

　드브로이는 1924년에 물질파동이론matter-wave theory을 내놓았다. 그 뒤 3년 동안에 양자역학은 현재의 그것과 본질적으로 같은 체계를 갖추게 되었다. 뉴턴물리학의 세계, 단순한 심상, 그리고 상식이 사라지고 말았다. 새 물리학이 인간정신을 비틀거리게 한 독창성과 힘을 지니고 형성되었다.

　드브로이의 물질파동이 빈의 물리학자 에르빈 슈뢰딩거에게는 보어의 원자행성모델planetary model보다 한층 자연스러운 원자 현상의 관점으로 생각되었다. 단단하고 둥근 전자들이 일정한 수준에서 원자핵 주변을 돌고 있으며, 한 수준에서 다른 수준으로 뛰어감으로써 광자를 방출한다는 보어의 모형은 단순한 원자의 색채스펙트럼을 설명해 주었다. 그러나 각 원자 껍질이 왜 일정한 수의 전자들만을 거느리고 있으며 그 이상도 그 이하도 없느냐는 문제를 풀어 주지는 못했다. 또한 그의 모델은 전자들이 어떻게 뛰느냐(예를 들어 원자 껍질 사이에 무슨 일이 있느냐)도 설명하지 않았다.*

　드브로이의 발견에 자극을 받아 슈뢰딩거는 전자가 구형의 물체가 아니라 정상파의 패턴patterns of standing waves이라는 가설을 제시했다.

　정상파는 빨랫줄을 가지고 장난쳐 본 사람이라면 누구나 눈에 익을 현상이다. 말뚝 하나에 줄의 한쪽 끝을 매고 팽팽히 당겨 들고 있다고 하자. 이 줄에는 정상파건 진행파traveling wave건 일체 없다. 이제 우리들이 팔목을 힘차게 아래로 꺾었다가 위로 휙 젖혔다고 하자. 줄에 혹이 나타나고 그것이 줄을 따라 말뚝까지 간다. 그 혹(그림A)이 진행파이다. 줄을 따라 일련의 혹을 내려 보내게 되면 우리들은 다음 그림과 같이 서 있는 파동의 무늬들을 설정

＊정확하게 말해서 슈뢰딩거의 이론 역시 그 뜀Jump을 풀이하지 못한다. 사실 슈뢰딩거는 '뜀'이라는 관념을 좋아하지 않는다.

152

할 수 있고, 그림에는 없지만 그밖의 많은 파동도 만들어 낼 수 있다.

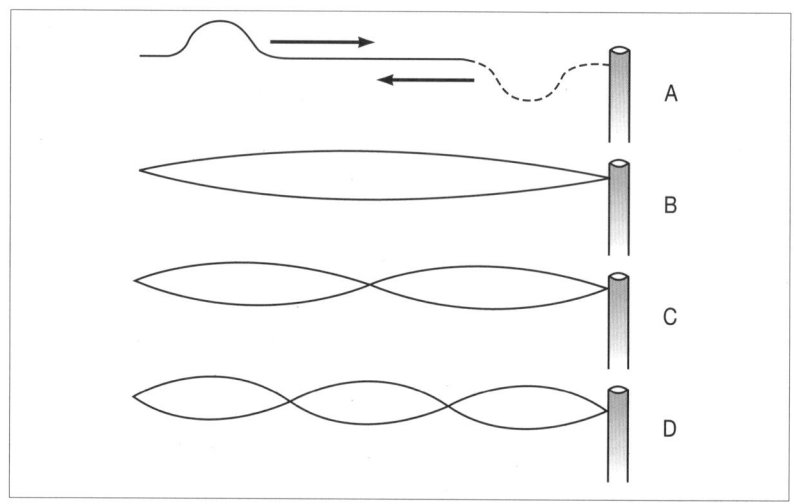

이들 가운데 제일 간단한 것이 그림B이다. 이 무늬는 직접적인 파동 하나, 그리고 반대 방향으로 진행하며 반사된 파동, 이 두 개의 진행파를 포개어 만들어 낸 것이다. 움직이지 않는 것은 줄이 아니라 그 무늬이다. 정상파에서 가장 폭넓은 부분의 점은 항상 정지 상태로 머물러 있으며 정상파의 두 끝에 있는 점도 마찬가지이다. 이들 점을 마디라고 부른다. 제일 간단하게 머문 상태의 경우에는 마디가 2개 있으며 하나는 우리 손에 그리고 다른 하나는 줄에 묶인 말뚝에 있다. 이들 정지 상태에 있는 무늬들, 즉 진행파의 중첩을 정상파라고 한다.

　우리가 쓰는 줄이 길든 짧든 상관없이 그 줄에 나타나는 정상파 수는 정수이다. 달리 표현하면 그들은 하나의 서 있는 파동의 무늬, 또는 2개의 서 있는 파동을 가진 무늬와 3, 4, 5개 등이 나타나는 무늬를 그릴 뿐, 1과 1/2개의 서 있는 파동 무늬, 또 2와 1/4의 서 있는 파동 무늬를 그리는 법은 절대로 없다는 말이다. 그 서 있는 파동수는 정수로 나뉘게 마련이다. 달리 표현하면, 줄에 나타나는 서 있는 파동의 수를 정수의 배로만 늘이거나 줄일 수 있다는 말이다. 다시 말하면 어느 줄에 나타나는 서 있는 파동의 수가 증가하거나 감소하는 방법은 오직 '불연속적'이다.

한 걸음 더 나아가서 줄에 서 있는 파동은 어떤 크기라고 정해질 수가 없다. 그것은 언제나 줄을 고르게 나누게 마련이다. 그 파동의 실제 크기는 그 줄이 얼마나 긴가에 달려 있으나, 그 줄이 얼마나 길든 간에 그 줄을 등분하는 일정한 길이에 한정된다.

1925년에 와서는 이 모두가 낡아빠진 이야깃거리가 됐다. 기타 줄을 뜯으면 그 위에 정상파 모형이 생긴다. 오르간의 파이프에 공기를 불어넣으면 그 위에 정상파 모형이 나타난다. 여기서 새로운 것은 슈뢰딩거의 인식—정상파는 원자현상과 마찬가지 방법으로 '양자화된다'는 사실이었다. 실제로 슈뢰딩거는 전자가 정상파라는 견해를 내놓았다.

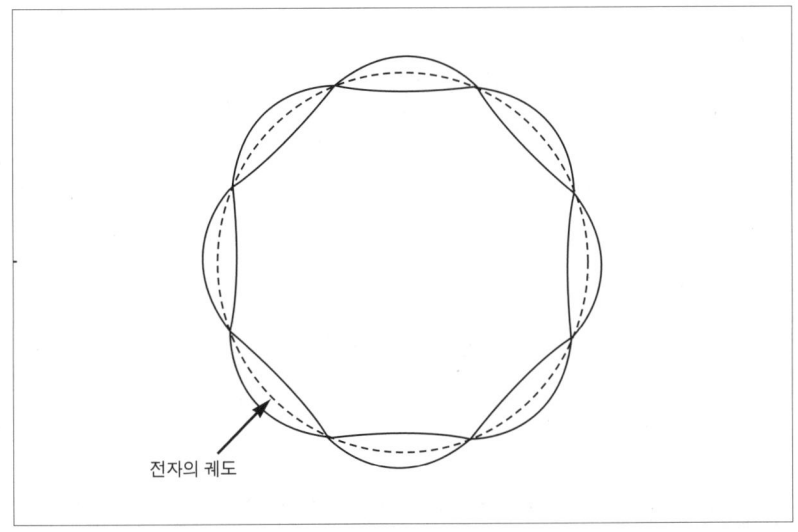

전자의 궤도

돌이켜보면 이는 처음에 받은 인상만큼 황당무계하지는 않다. 그러나 당시에는 그것이 천재의 섬광이었다. 원자핵 주변의 궤도에 있는 전자를 그려 보자. 그 전자가 원자핵 둘레를 한 바퀴 돌 때마다 그것은 일정한 거리를 움직인다. 그 거리는 우리가 사용한 줄의 길이가 일정한 것처럼 정해져 있다. 마찬가지로 정수 개수의 정상파만이 이 거리 안에서 형성될 수 있으며 정수 이하 개수의 파동은 일어나지 않는다(그런데 이 길이가 무슨 길이냐는 질문에는 해답이 없다).

슈뢰딩거는 이 정상파 하나하나가 전자라는 가설을 제시했다. 달리 표현하면, 그는 전자는 마디로 묶인 진동의 한 토막이라고 말한 것이다.

지금까지 우리는 빨랫줄이나 기타 줄 같이 선상에 있는 정상파를 이야기했으나 물과 같은 매질에도 정상파는 일어난다.

우리가 둥근 연못에 돌을 하나 던졌다고 치자. 그러면 그 낙하점에서 파동이 방사된다. 이 파동들은 때로는 한 번 이상 연못의 다른 가장자리에 반사된다. 반사되어 퍼지는 파동이 서로 간섭할 때 이들은 정상파의 복잡한 무늬를 만들어 내는데 이것이 우리의 옛 친구 '간섭'이다.

한 파동의 정점이 다른 파동의 골과 만나면, 이 둘은 서로 상쇄되며, 이 상호 작용선을 따라 나 있는 수면은 잔잔하다. 이 잔잔한 영역이 정상파를 분리하는 마디들이다. 쌍-슬릿 실험에서는 빛과 어둠이 엇갈리는 무늬의 검은 띠가 마디를 가리킨다. 밝은 빛의 띠는 정상파 정점을 말한다.

슈뢰딩거는 복잡하고도 정교한 간섭무늬가 나타나는 작은 물통을 모델로 선택하여 원자의 본질을 설명했다. 그의 표현을 빌리면, 이 모형은 원자 크기의 대야에 일어나는 전자파와 비슷한 것이라고 한다.

재치 있는 그러나 어느 정도 인위적인 '보어의 원자모델 가설'은 ⋯⋯드브로이의 파동 현상에 나타난 한층 더 자연스러운 가설로 대체된다. 파동 현상은 원자의 현실적인 '몸'을 형성한다. 그것은 보어 모형에서 원자 껍질 주변을 우글거리고 있는 낱낱의 점 모양의 전자들을 대체한다.4)

빨랫줄에 서 있는 정상파는 두 가지 차원, 즉 길이와 너비를 가진다. 물과 같은 매질 안, 또는 콩가conga(라틴 아메리카에 기원을 둔 무도장용의 근대적 춤 — 옮긴이) 북의 가죽면에 일어나는 정상파는 길이, 너비와 깊이라는 3차원을 가지고 있다. 슈뢰딩거는 제일 단순한 원자, 오직 전자 하나밖에 없는 수소의 정상파 무늬를 분석했다. 수소만으로도 그는 자신의 새 파동방정식을 이용하여 가능성 있는 다양한 형태의 정상파를 산출해냈다. 한 개의 줄에 나타나는 모든 정상파는 똑같다. 그러나 이러한 논리는 원자의 정상파에 적용되지 않는다. 그들 모두가 3차원이요, 그 모두가 서로 다르다. 그 중 일부는 동심원의 모양을 하고 있다. 그리고 다른 정상파는 나비처럼 생겼고, 또 다른 파동은 만다라같이 생기기도 했다.

슈뢰딩거의 발견 직후 다른 오스트리아 물리학자 파울리Wolfgang Pauli가 한 원자에 있는 이들 정상파 무늬의 어느 것도 똑같지 않다는 사실을 발견했다. 일단 어느 특정한 파동 형태가 원자 안에 형성되면, 그것이 같은 종류의 다른 무늬를 배척한다. 이런 이유로 파울리의 발견은 배타율이라는 이름으로 알려지게 되었다.

파울리의 발견으로 수정된 슈뢰딩거의 방정식에 의하면 보어의 에너지 수준 또는 껍질의 최저 단계에서는 오직 두 가지 파동 무늬가 가능하다. 그러므로 거기에는 전자가 2개밖에 없다. 그 다음 에너지 수준에는 8개의 정상파 무늬가 있을 수 있으므로 그 안에는 8개의 전자밖에 없다.

이들이 바로 보어의 모델에 따라 각 에너지 수준에 부여하는 전자의 수이다. 이와 같은 각도에서 이들 두 모형은 같다. 그러나 다른 중요한 각도에서는 서로 같지 않다.

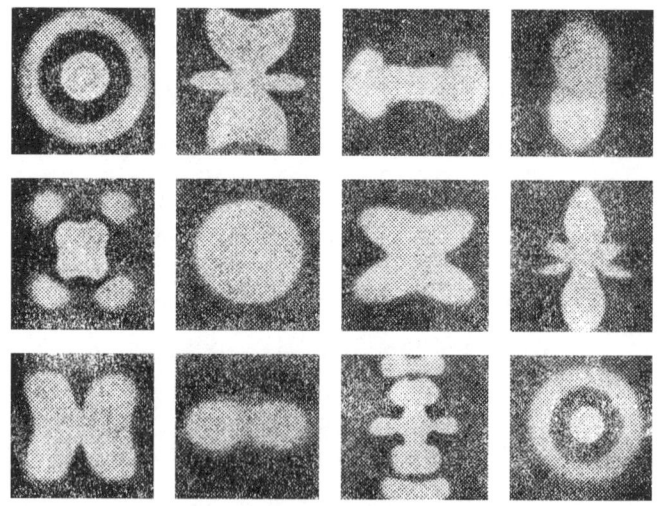

《현대 대학 물리modern college physic》에서, Harvey White, N.Y., Van Nostrand, 1972.＊

보어의 이론은 전적으로 경험적인 것이다. 즉 그는 실험을 통해 관찰한 사실을 바탕으로 그 이론을 세워 그 사실을 설명했다. 그와는 대조적으로 슈뢰딩거는 드브로이의 파동입자 가설 위에 자기 이론을 세웠다. 그의 이론은 실험적으로 입증된 수학적 가치를 산출하고 있을 뿐만 아니라 그것을 일관되게 설명해 주고 있다.

＊이들 사진은 수소 원자 안의 서로 다른 전자 상태에 관한 확률밀도분포probability density distribution의 기계적 모의기법을 보여 준다. 표현을 달리하면, 그 원자가 이런저런 특수 상태일 때 우리들이 찾으려고 한다면 점과 같은 전자를 어디서 찾을 가능성이 제일 큰가를 알려 준다. 당초에 슈뢰딩거는 실제로 전자를 이와 같은 형상을 한 얇은 구름으로 그렸다.
'양자뜀'은 이 그림 가운데 어느 하나에서 다른 그림으로 전이하는 것으로 생각할 수 있으며, 그 중간 단계는 없다.

예를 들어, 각 에너지 수준에는 일정한 수의 정상파 무늬만이 존재할 수 있으므로 각 에너지 수준에는 일정한 숫자의 전자밖에 없다. 한 원자의 에너지 수준은 어느 특정한 수치에서 다른 특정 수치로만 도약한다. 오직 일정한 차원의 정상파 무늬만이 원자와 맺어지고 다른 것은 이루어지지 않기 때문이다.

슈뢰딩거가 비록 전자는 정상파라는 확신을 가지고 있었더라도 그는 무엇이 파동을 치는가는 확실히 몰랐다.** 그럼에도 불구하고 그는 무엇인가가 물결을 치고 있다고 굳게 믿고 그것을 그리스어 알파벳 '사이Ψ'로 표시했다(파동함수=wave function과 사이함수=Ψ functing은 같다).

슈뢰딩거의 파동방정식에 문제가 되는 원자의 일정한 특성을 대입하면 원자 안에서 일어나는 정상파 무늬의 시간적인 진화를 볼 수 있다. 만일 우리들이 한 개의 원자를 제1차 단계에 두고 그것을 고립시켜 전파하게 하면 시간이 흐름에 따라 상이한 정상파 무늬로 발전한다. 이 무늬의 순서는 계산이 가능하다. 슈뢰딩거 파동방정식은 물리학자들이 이들 무늬의 순서를 산출하는 데 이용하는 수학적 장치이다. 달리 말하면, 한 개의 원자 안에서 정상파 무늬의 발전은 결정론적이다. 최초의 조건을 부여하면, 한 개의 패턴은 슈뢰딩거 파동방정식에 맞추어 다른 패턴의 뒤를 따른다.***

슈뢰딩거 파동방정식은 수소 원자의 규모에 관해 논리 정연하게 설명해

**전자는 틀림없이 서 있는 정상파라고 했던 슈뢰딩거의 초기 해석은 면밀한 검증을 통과하지 못하여, 그는 자기 견해를 포기하지 않을 수 없었다. 그런데 오래지 않아, 관찰되는 체계를 대표하는(그리고 슈뢰딩거 파동방정식을 따라 발전되는) 파동함수에 바탕을 둔 확률 개념이 원자 연구의 기본적 도구가 되었고, 슈뢰딩거의 유명한 방정식은 양자이론의 뗄 수 없는 일부가 되었다. 그러나 슈뢰딩거의 파동방정식은 비상대성이므로 고에너지 단계에서 제구실을 하지 못한다. 따라서 고에너지 입자 물리학자들은 일반적으로 전이transition확률을 계산하는 데 S-행렬matrix을 사용한다(S행렬이론은 다음 장에서 검토할 것이다).

주기도 한다. 그에 의하면 우리가 수소 원자라고 부르는 전자와 양성자 각 1개씩의 체계가 지닌 파동 무늬는, 그 최저 에너지 상태에서 보어의 최소 괘도의 지름에 해당하는 범위 안에서만 식별할 수 있는 강도를 지니고 있다. 바꾸어 말하면, 그러한 파동 무늬는 한 개의 수소 원자의 바닥 상태와 같은 크기라는 것이 밝혀진다.

슈뢰딩거의 파동방정식이 오늘날 양자역학의 기둥이 되었으나, 보어의 원자 이하 현상의 모형 가운데서 유용한 측면들은 파동이론이 적합한 결과를 내지 못할 경우에 아직도 이용하고 있다. 그러한 사례에서는 물리학자들이 정상파라는 관점의 사고를 중지하고 입자라는 각도에서 다시 생각을 시도하게 된다. 이 문제(파동)에 보어의 모형이 적용될 수 없다고 말할 수 있는 사람은 아무도 없다.

슈뢰딩거는 자기의 방정식이 수학적 추상이 아니라 현실적인 사물을 묘사하고 있노라고 확신했다. 그는 얇은 구름의 형태로 파동 무늬 위에 실제로 펼쳐진 상태의 전자를 그렸다. 만약 그 그림이, 정상파가 3차원(길이, 너비와 깊이)만을 가진, 전자가 한 개뿐인 수소 원자에 한정된다면 쉽게 상상할 수가 있다. 그러나 전자 2개를 가진 원자의 정상파는 6개의 수학적 차원으로 존재하며, 4개의 전자를 가진 원자의 정상파는 12개 차원으로 나타난다. 이것을 그리기에는 제법 힘이 든다.

이 시점에 이르러 독일 물리학자 보른M. Born이 아원자 현상의 새로운 파동 해석에 마지막 손질을 했다. 그의 말을 빌리면, 이들 파동은 실제의 사물이 아니라, 확률파probability waves이므로 가시화할 필요도 없고, 할 수도 없다.

***전파체계가 측정 장치와 상호 작용할 때까지 그것은 급작스럽고 예측할 수 없는 다른 상태로의 전이transition를 일으킨다.

사건의 모든 노선은 확률 법칙에 따라 결정된다. 공간의 어떤 상태에 대해서 그에 상응하는 결정적 확률이 있으며, 그것을 그 상태와 연관된 드브로이 파동이 제시해 준다.5)

주어진 상태의 확률을 얻기 위해서는 그의 상태와 연관된 물질파의 폭을 제곱한다.

드브로이의 방정식과 슈뢰딩거의 방정식이 실제적인 사물을 대표하느냐 추상을 표현하느냐 하는 문제가 보른에게는 분명했다. 그로서는 3차원 이상의 상태로 존재하는 실제적인 사물을 생각해내려고 애쓰는 것은 무의미했다.

우리들은 두 가지 가능성을 가지고 있다. 우리들이 3차원 이상의 공간에서 파동을 사용하느냐, 그렇지 않으면 3차원 공간에 머물러 있으면서 파동 진폭이 일반적인 물리적 강도라는 단순한 그림을 내팽개치고, 그것을 우리들이 들어갈 수 있는 순수 추상적인 수학 개념으로 대체하느냐…….6)

그는 빈틈없이 그대로 했다. 그는 이렇게 말하고 있다.
물리학이란,

결정되지 않은 사례의 본질과 연관되어 있으며, 따라서 통계의 문제이다.7)

이는 보어, 크라메르스Kramers와 슬레이터Slater가 그 이전에 생각했던 것과 동일한 관념(확률파동)이다. 하지만 이번에는 드브로이와 슈뢰딩거의 수학을 이용하여 그 숫자들이 정확하게 나왔다.

슈뢰딩거의 이론에 보른이 기여한 바를 들자면 양자역학으로 확률을 예측할 수 있게 한 점이다. 어떤 상태의 확률은 그것과 연관된 물질파의 진폭을 제곱하면 되고, 최초의 조건을 부여하면 슈뢰딩거 방정식이 이들 파동패턴의 발전을 예측하므로, 이 둘을 합치면 확률의 결정적 발전을 보여 준다. 어떤 최초의 상태를 제시하면, 물리학자들은 어느 특정한 시간에 주어진 또 다른 상태에서 어느 관찰되는 체계가 관찰되는 확률을 예측할 수 있다. 그러나 그 상태가 그 시점에서 가능성이 제일 큰 상태라고 해도 관찰되는 체계가 그러한 상태로 관찰되느냐 하는 것은 우연의 문제이다. 다시 말하면 양자역학의 '확률'은 그것이 주어진 최초의 상태로 준비가 되었을 경우, 주어진 시간에 주어진 상태로 관찰되는 체계를 관찰하는 확률이다.*

  그리하여 양자역학의 파동적 측면이 발전되기에 이르렀다. 파동이 입자와 같은 특성을 지닌 것과 꼭 마찬가지로(플랑크, 아인슈타인), 입자 역시 파동과 같은 성격을 지니고 있다(드브로이). 사실상 입자는 정상파라는 관점에서 이해할 수 있다(슈뢰딩거). 최초의 조건이 주어지면, 정상파 무늬의 정확한 진화를 슈뢰딩거 파동방정식을 통해 계산할 수 있다. 물질파(파동함수)의 진폭을 제곱하면 그 파동에 상응하는 상태의 확률을 얻게 된다(보른). 따라서 일련의 확률을 슈뢰딩거 파동방정식과 보른의 단순한 공식을 사용하여 최초의 조건에서 산출할 수 있다.

  우리들은 갈릴레오의 낙체실험으로부터 시작하여 먼 길을 왔다. 이 길을 따라온 한 걸음 한 걸음이 우리를 보다 높은 추상의 단계로 이끌어 주었다. 제일 먼저 지금까지 아무도 보지 못한 사물의 창조(전자와 같은) 단계에서, 우리들의 추상 작업을 그려 보려는 노력을 포함한 모든 시도를 포기하는 단

---

*가령 그 상태가 $\Psi(t)$ 상태로 준비가 된다면, 그것이 $\phi(t)$ 상태로 관찰될 확률은 $1\langle\Psi(t)\mid\phi(t)\rangle]^2$이다. 만약 그것이 $\Psi(t)$ 상태로 준비가 되었다면, 그것이 t시간에 Δ지역에서 관찰될 확률은 $\Delta\int d^3 \times \Psi^*(X,t) \times \Psi(X,t)$이다.

계에 이르렀다.

    그러나 문제는 인간 본성이 변하지 않는 한 우리들은 이들 추상 작업을 중지하지 않는다는 것이다. 우리들은 '이들 추상이 무엇에 관한 것이냐?'를 끊임없이 묻고 있으며, 그것이 무엇이든 가시화하려고 노력한다.

    앞서 '물리학자들이 현재 원자를 어떻게 생각하고 있느냐'는 나중에 보기로 약속하고, 보어의 원자행성모델을 뒤로 미루었었다. 자, 이제 때가 되었으나 이 과업은 매우 까다롭다.

    우리들은 아주 쉽사리 낡은 원자 모델을 내팽개쳤는데, 그것은 좀 더 뜻있고 그에 못지않게 명쾌한 다른 것으로 대체되리라는 전제가 섰기 때문이었다. 그런데 알고 보면, 우리들이 대체하는 그림도 그림이 아니라 가시화할 수 없는 추상이다. 이렇게 되면 불평을 하게 된다. 원자는 어떤 의미로도 '현실적인' 사물이 아니었음을 우리에게 깨우쳐 줄 뿐이기 때문이다. 원자는 실험 관찰을 이해할 수 있도록 짜인 가설적 실체이다. 어느 한 사람도 아직까지 원자를 본 적이 없다. 그렇지만 우리들은 원자가 하나의 물체라는 관념에 너무 습관화되어 그것이 하나의 관념이라는 사실을 잊고 있다. 이제 우리는 원자는 하나의 관념에 그치지 않고, 심지어 우리들이 그릴 수 없는 관념이라는 말을 듣고 있다.

    그럼에도 불구하고 물리학자들이 영어로(독일어, 덴마크어, 한국어라도 상관없다) 수학적 실체를 언급할 때 그들이 사용하는 낱말들은, 그것을 듣기는 하지만 물리학자들이 거론하는 수학에 익숙하지 않는 비전문가들에게는 필연적으로 영상을 자아낸다. 따라서 그렇게 할 수 없는 이유를 이처럼 장황하게 설명하고 나서, 우리는 지금 물리학자들이 오늘날 어떻게 원자를 그리고 있느냐 하는 문제에 도달한다.

원자는 원자 껍질과 전자로 구성되었다. 원자핵은 원자의 중심에 자리 잡는다. 그것은 원자 체적의 작은 부분을 차지하고 있을 뿐이지만 그 질량의 거의 모두를 차지하고 있다. 이것이 행성의 모델에 나오는 것과 꼭 같은 원자핵이다. 행성모델과 마찬가지로 전자는 원자핵의 일반 영역 안에서 움직인다. 그런데 이 모형에서는 전자들이 '전자구름' 내부 어디든 있을 가능성이 있다. 전자구름은 원자핵을 에워싸고 있는 갖가지 정상파로 이루어져 있다. 이들 정상파는 물질이 아니다. 그것들은 위치 에너지의 패턴이다. 전자구름을 이루고 있는 여러 가지 정상파의 형태는 그 구름 안 어느 주어진 자리에서 특정 전자를 찾아내게 될 확률을 물리학자들에게 알려 준다.

요컨대 물리학자들은 아직도 원자를, 주변에 전자들이 돌아다니는 원자핵으로 생각하고 있으나, 작은 태양계마냥 그리 간단하지는 않은 그림을 그리고 있다. 전자구름은 물리학자들이 그들의 경험을 상호 연관시키기 위해 만들어 놓은 수학적 개념이다. 전자구름은 원자 안에 존재할 수도 있고 그렇지 않을 수도 있다. 사실은 아무도 모른다. 하지만, 전자구름의 개념이 원자의 원자핵 주변에 있는 여러 장소에서 정해진 전자를 찾아낼 확률을 밝혀 주며 이 확률은 경험적으로 정확하다는 사실을 우리는 알고 있다.

이러한 뜻에서 전자구름은 파동함수와 같다. 파동함수 역시 물리학자들이 그들의 경험을 서로 연관짓기 위해서 꾸며 놓은 수학적 개념이다. 파동함수는 '실재로 존재'할 수도 있을 것이고 그렇지 않을 수도 있다(이와 같은 형식의 언명은 생각과 물질 사이에 질적 차이를 두고 있으므로 좋지 못한 가설이 될지도 모르겠다). 그러나 파동함수 개념이 그것이 주어진 방법대로 준비가 될 경우 주어진 상태에 있는 어느 체계를 관찰할 확률을 제시하는 것만은 부정하지 못한다.

파동함수와 같이 전자구름들도 일반적으로는 가시화할 수 없다. 단 한 개의 전자를 포함하는 전자구름(수소 원자의 전자구름과 마찬가지로)은 3차원으로 존재한다. 그러나 그 이외의 전자구름은 하나 이상의 전자를 내포하고 있으므로 3차원 이상의 상태로 존재한다. 이를테면 6개의 전자를 거느리고 있는 단순한 탄소원자의 핵은 18차원의 전자구름에 둘러싸여 있다(그와 비슷한 논리로 파동함수는 그것이 대표하는 가능성 하나마다 3차원을 포함하게 된다). 마음속으로 그림을 그려 본다면 이러한 상황은 확실히 불분명하다.

이와 같은 모호함은 제약된 개념(언어)으로 똑같은 제약을 받고 있지 않는 상황을 그리려는 시도에서 빚어진다. 그것은 또한 보이지 않는 아원자의 영역에서 실제로 무슨 일이 벌어지고 있는지 우리들은 알지 못한다는 사실을 위장하고 있다. 우리들이 사용하는 모델들은, 아인슈타인의 말을 빌리면 '인간정신의 자유로운 창조물'이며, 경험을 합리적으로 상관 지으려는 내재적 요소를 충족시켜 주는 것이다. 그것은 알 수 없는 세계 안에서 '실제로' 무슨 일이 일어나고 있는가를 추측한 것이다. 그것이 실제로 어떤 사물을 묘사하고 있다고 생각한다면 큰 잘못이다.

실은, 젊은 독일 물리학자 베르너 하이젠베르크는 보이지 않는 아원자 세계에서 실제로 무엇이 일어나고 있는지는 결코 알 수 없을 것이고, 그러므로 우리들은 '원자 작용의 지각적 모델을 구축하려는 일체의 노력을 포기해야 한다'[8]고 단정했다. 그의 이론에 따르면 우리들이 정당하게 따를 수 있는 것은 우리가 직접 관찰할 수 있는 것에 한정된다. 우리가 알고 있는 것은 어떤 실험의 출발점에 우리가 가지고 있는 것이 전부다. 이 두 상태 – 살펴지는 상태 – 사이에 실제로 일어나고 있는 것을 설명하는 어떤 작업도 추리에 지나지 않는다.

거의 같은 시기(1925년), 그러나 드브로이와 슈뢰딩거와는 독립적으로 25세의 하이젠베르크가 실험 자료를 도표로 편성하는 수단을 개발하는 일에 착수했다. 그보다 66년 전 해밀턴William Rowam Hamilton(1805-1865, 영국의 수학자이며 이론 물리학자)이라는 수학자가 자료를 행렬이라는 수학적 일람표로 작성하는 방법을 개발해 놓았으므로 하이젠베르크로서는 다행한 일이었다. 그 당시에는 해밀턴의 행렬식을 순수 수학의 한계라고 생각했었다. 미래의 어느 날 그들이 미리 맞추어 잘라 놓은 조각처럼 혁명적 물리학의 구조에 딱 들어맞으리라고 누가 짐작할 수 있었겠는가?

하이젠베르크의 일람표를 이용하면 우리는 그냥 최초의 조건과 연관된 확률이 얼마인가를 읽거나 계산하면 된다. 하이젠베르크가 행렬역학이라고 이름 지은 이 방법을 이용하여 우리들은 물리적으로 관찰할 수 있는 대상만을 다룬다. 관찰할 수 있는 대상이란 우리가 실험을 시작할 때 알고 있는 것을 의미한다. 우리는 그 중간에 무엇이 일어났느냐에 대해서는 추리하지 않는다.

뉴턴물리학을 대체할 이론을 찾아내려고 25년 동안 벅찬 씨름을 하고 나서, 물리학자들은 문득 그들 앞에 두 개의 다른 이론이 놓여 있음을 깨닫게 되었다. 그 하나하나가 모두 동일한 사물에 접근하는 독특한 방식이었다. 드브로이의 물질파에 바탕을 둔 슈뢰딩거의 파동역학과 아원자 현상의 분절 불가능성에 기초를 둔 하이젠베르크의 행렬역학이 그것이었다.

하이젠베르크가 그의 행렬역학을 개발한 지 1년이 채 되기도 전에 슈뢰딩거는 그것이 그 자신의 파동역학과 수학적으로 등가라는 사실을 밝혀냈다. 이들 두 이론이 아원자 연구에 값진 도구였기 때문에 모두 양자역학으로 알려지게 된 물리학의 새 분야에 통합되기에 이르렀다.

오랜 세월이 흐른 뒤 하이젠베르크는 행렬수학을 고에너지 입자 물리학의 입자충돌 실험에 응용했다. 그러한 충돌은 예외 없이 입자산란을 가져오므로, 그것을 산란행렬scattering matrix, 줄여서 S-행렬이라고 부르게 되었다.

오늘날 물리학자들은 양자역학 실험의 출발점에서 관찰한 내용과 실험의 종점에서 관찰한 내용 사이의 천이확률을 계산하는 두 가지 방법을 쥐고 있다.

첫째 방법이 슈뢰딩거의 파동방정식이고 둘째 방법이 S-행렬이다. 슈뢰딩거 파동방정식은 확률의 시간적 전개를 기술하며 그 확률 가운데 하나가 우리들이 양자역학 실험을 하는 과정에서 돌연 현실화된다. S-행렬은 시간상의 발전, 또는 그것의 부재, 기타 어떠한 상태도 지적함이 없이 관찰되는 둘 사이의 천이확률을 직접 제시한다. 둘 다 제 기능을 가지고 있다.*

새 물리에 행렬수학을 도입한 것에 못지않게 중요한 하이젠베르크의 다음 발견으로 '정밀과학exact sciences'의 기초가 뒤흔들렸다. 그는 아원자 수준에서는 '정밀과학'이란 있을 수 없음을 증명했던 것이다.

하이젠베르크의 경이적인 발견을 통하여 인간은 자연의 여러 과정(작용)을 동시에 정확하게 측정하는 데 한계가 있다는 사실이 드러났다. 이러한 제약들은 우리들의 측정 기구가 투박하고 우리들이 측정하려는 실체가 지극히 작기 때문이기도 하겠지만, 그보다는 오히려 자연이 인간 앞에 나타나는 방법에 더 큰 이유가 있다. 달리 말하면, 우리가 불확실성의 영역으로 모험해 들어가지 않고는 통과할 수 없는 모호성의 장벽이 존재한다. 이와 같은 이유로, 하이젠베르크의 발견을 '불확정성의 원리'라고 부르게 되었다.

불확정성의 원리는, 우리가 아원자의 세계를 깊이 파고들면 들수록 우리들은 자연현상의 어느 한 부분 또는 다른 부분이 몽롱해지는 지경에 도달하며, 그 부분을 다시 분명하게 하려면 반드시 또 다른 부분을 모호하게 해야

---

*그러나 슈뢰딩거의 파동방정식은 상대적으로 낮은 에너지 수준에서 작용한다. 이 방정식은 비상대적이므로 고에너지에서는 제구실을 하지 못한다. 따라서 대다수의 입자 물리학자들은 S-행렬(S-행렬은 다음 장에 설명한다)을 사용한다.

한다는 사실을 밝히고 있다. 그것은 우리가 마치 초점이 약간 빗나간 동영상을 조정하려는 것과 같다. 화면의 오른쪽이 똑똑해지면 왼쪽은 초점을 잃게 된다. 화면 왼쪽에 초점을 맞추려고 애를 쓰면 오른쪽이 희뿌옇게 되기 시작하여 상황은 뒤바뀐다. 이 두 극단 사이에 균형을 유지하려고 하면 화면 양쪽이 알아볼 수 있는 상태로 돌아오기는 하지만, 최초에 있던 그 흐림을 제거할 방법이 전혀 없다.

불확정성의 원리의 원형에 따르면 화면의 오른쪽은 움직이는 입자의 공간적 위치에 상응한다. 그런데 화면의 왼쪽은 그 운동량과 일치한다. 우리들이 동시에 움직이는 입자의 위치와 운동량을 정확하게 측정할 수 없다는 것이 불확정성의 원리의 가르침이다. 이 성질의 어느 하나를 정확하게 결정하려고 하면 할수록 다른 것은 점차 알 수 없게 된다. 가령 우리들이 입자의 위치를 정확하게 밝히면, 이상하게 들리겠지만 우리들은 그 운동량에 대해서 전혀 알 수 없다. 만일 우리들이 그 입자의 운동량을 정확하게 결정하면 그 위치를 알아낼 방법이 없다.

이처럼 기이한 언명을 설명하고자, 하이젠베르크는 비상한 고도 확대력을 가진 초고성능 현미경-실제로 궤도를 선회하는 전자를 볼 수 있을 만큼 강력한-을 상상해 보라고 했다. 전자는 너무 작으므로, 전자를 '보기'에는 지나치게 긴 파장을 가진 일반 광선을 우리 현미경에 사용할 수는 없다. 그것은 긴 파장을 가진 바다의 파도가 물 위에 튀어나온 가느다란 막대기에 영향을 받을 수 없는 이치와 같다.

만약 우리들이 밝은 빛과 벽 사이에 머리카락 한 가닥을 들고 있으면, 그 머리털은 벽에 뚜렷한 그림자를 던지지 않는다. 그 머리털은 빛의 파장에 비해 너무 가늘어서, 빛이 그것의 장애를 받기보다는 그 주위를 돌아간다. 어떤 대상을 보려면 우리가 이용하여 보려는 광파를 가로막아 주어야만 한다. 표현을 바꾸어 보면, 무엇을 보기 위해서는 그 대상보다 파장이 작은 빛을 비추어야 한다. 이러한 까닭으로 하이젠베르크는 그의 가상적인 현미경에 보이는 빛을 감마선으로 대체했다. 감마선은 알려진 빛 가운데 파장이 가장 짧으며 전자를 보는 데 필요한 바로 그 빛이다. 전자는 감마선의 파장에 비교하면 크고 그것을 방해할 만하다. 말하자면 벽에 그림자를 남길 수 있고, 그래서 우리들은 전자의 위치를 확인할 수 있게 된다.

양자물리학이 영상화되어 들어오는 이곳의 오직 한 가지 문제는, 플랑크의 발견에 따르면, 눈에 보이는 광선보다 훨씬 파장이 짧은 감마선은 한편으로 가시광선보다 아주 센 에너지를 가지고 있다는 것이다. 감마선이 상상의 전자를 때리면 그것은 그 전자를 밝히지만, 불행히도 그것을 제 궤도에서 쳐내어 예측할 수 없고 제어할 수도 없는 방법으로 그 방향과 속도(그 운동량)를 변화시킨다(전자 같은 입자와 감마선과 같은 파동 사이의 반응각을 정확하게 계산할 방법이 없다). 간단히 말해서 우리들이 전자를 추적하기에 알맞은 짧은 파장을 가진 빛을 사용하면 그 전자의 운동량에 결정 불가능한 변화를 일으킨다.

그 유일한 대안으로 그보다 에너지가 낮은 빛을 이용하는 길이 있다. 그렇지만 한층 에너지가 떨어지는 빛은 우리가 처음 부딪쳤던 문제를 불러온다. 전자의 운동량에 영향을 주지 않을 만큼 약한 에너지의 빛은 파장이 지나치게 길어서 전자가 어디 있는지 보여 주지 못한다. 따라서 우리들은 움직이는 입자의 위치, 운동량을 동시에 알 길이 없다.

이것이 불확정성의 원리의 제1차적인 의미다. 아원자 수준에서 우리는 그 대상을 변화시키지 않고 관찰할 수 없다. 그 대상에 영향을 주지 않고 자연스레 제 길을 달리는 광경을 바깥에서 지켜볼 수 있는 독립된 관찰자란 있을 수 없다.

어떤 의미로는 이는 그처럼 놀라운 말이 아니다. 어느 낯선 사람이 여러분을 돌아보게 하는 좋은 방법 중 하나는 그 사람의 등을 뚫어지게 쏘아보는 것이다. 우리 모두가 이 사실을 알고 있으나, 우리는 가능하다고 가르침을 받은 것과 모순되는 일이 벌어지면 아예 그것을 믿지 않으려 든다. 고전 물리학은 우리로부터 독립된 우리 현실이 엄격한 인과법칙을 따라서 시간과 공간을 달리고 있다는 가설에 바탕을 두고 있다. 우리는 그것이 전개되는 과정을 눈치 채이지 않고 관찰할 수 있을 뿐더러 원인법칙을 최초의 조건에 적용하여 그 미래를 예측할 수도 있다. 이러한 의미로 본다면 하이젠베르크의 불확정원리는 대단히 놀라운 진술이다.

우리는 뉴턴의 운동법칙을, 최초로 좌표와 운동량이 밝혀지지 않은 개별적 입자에는 적용하지 못한다. 그런데 바로 불확정성의 원리가 그 좌표와 운동량을 동시에 결정할 수 없음을 알려 주고 있는 것이다. 바꿔 말하면, 뉴턴의 법칙은 아원자의 영역에는 적용되지 않는다(뉴턴의 개념들도 아원자의 영역에서는 적용되지 않는다).* 전자빔이 주어지면 주어진 시간, 주어진 공간의 전자 확률분포를 양자이론이 예측할 수 있다. 그런데 양자이론은 그 원리에 있어서조차 단일 전자의 진로를 예측할 수 없다. 인과의 우주라는 전체적인 관념이 불확정성의 원리에 의해 송두리째 뒤집히고 말았다.

그와 관계되는 맥락에서 닐스 보어는 양자역학이 본질적으로 담고 있는 내용을 이렇게 밝히고 있다.

인과율이라는 고전적 이념의 궁극적인 포기의 필요성, 그리고 물리적 실재의 문제에 대

---

*엄격하게 말한다면 뉴턴의 법칙이 아원자의 영역에서 완전히 사라져 버리지는 않는다. 그것은 연산자방정식operator equations으로서 계속 효력을 가진다. 또한 아원자적 입자를 포함하는 실험에서는 뉴턴의 법칙이 일어나고 있는 현상을 기술하는 훌륭한 근사치라고 할 수도 있을 것이다.

한 우리 태도의 급진적인 수정.9)

그런데 불확정성의 원리에는 또 다른 하나의 놀라운 함의가 있다. 위치와 운동량의 개념들은 우리들이 움직이는 입자라고 부르는 대상에 관한 우리들의 관념과 밀접하게 묶여 있다. 우리들이 지금까지 늘 그럴 수 있다고 상상해왔던 것과는 달리, 우리가 움직이는 입자, 즉 운동입자의 위치와 운동량을 결정할 수 없다면, 우리가 운동입자라고 부르는 그 대상은 그 정체가 무엇이든 간에 우리가 그러하다고 생각하는 바와는 다르게 '움직이는 입자'가 아니라는 점을 인정해야 한다. 왜냐하면 '운동입자들'은 지금까지는 언제나 위치와 운동량을 지니고 있었기 때문이다.

막스 보른은 이렇게 말한다.

만일 이 두 가지 성질(일정한 위치와 운동량을 가진 것)의 어느 하나 이상을 실제로 결정할 수 없고 어느 한쪽이 결정될 때 동시에 다른 성질을 전혀 확인할 수 없다면 우리 실험에 관한 한 실험을 받고 있는 '대상'을 그 용어의 일반적 의미에서 입자라고 결론 내릴 정당한 근거가 없다.10)

우리들이 관찰하고 있는 대상이 무엇이든 그것은 결정 가능한 운동량을 가지고 있을 수 있으며 또한 결정 가능한 위치를 가질 수 있으나 이 두 가지 성질 가운데서, 주어진 시간에 어느 쪽에 초점을 맞출 것인지는 우리가 선택해야 한다. 아무튼 '운동입자'에 관한 한 우리들은 그것을 '실제 모습대로'는 절대 볼 수 없으며 오직 우리들이 선택하는 데 따라서만 그 대상을 볼 수 있다는 뜻이 된다.

하이젠베르크는 이런 글을 남겼다.

우리가 관찰하고 있는 것은 자연 그 자체가 아니라 우리들의 질문 방법에 노출된 자연이다.[11]

불확정성의 원리는 우리 주변의 세계와 분리된 '나의 길吾道, my way'이 있을 수 없다는 사실을 준엄하게 깨우쳐 주고 있다. 상보성과 상관관계로서의 입자 개념이 그런 바와 마찬가지로 불확정성의 원리는 '객관적'인 실재의 존재 자체를 문제삼게 되었다.

사태는 역전된 것이다. '정밀과학exact sciences'은 우리의 관심은 아랑곳하지 않고 그 예정된 진로를 가면서 우리들이 멋대로 방치해 두었던 객관적 실재를 연구하지 않게 되었다.

아원자의 수준에서 이제 과학은 엄밀하지 않으며, 객관과 주관의 구분은 사라져 버리고, '나', 그 가운데 우리들, 무의미한 우리들이 오래 전 옛날 한 시절에 알고 있었던 그대로, 무력하고 피동적인 증인에 지나지 않던 – '나'가 우주 전개의 문, 다시 말해 우주가 스스로를 드러내는 문이 된 것이다. 우주의 위대한 기계속의 나사못들이 우주의 창조자가 되었다.

새로운 물리학이 우리를 어디로 인도했는가. 그것은 우리를 우리 자신에게 회귀시켰다. 그것이 우리가 갈 수 있는 유일한 곳이다.

chapter 4

무의미 Nonsense

제1장

초발심자의 마음 Beginner's Mind

무의미Nonsense의 중요성은 아무리 강조해도 지나치지 않는다. 우리들이 무엇을 '무의미'한 것으로 체험하는 정도가 분명하면 할수록, 우리는 스스로 부과한 인식 구조의 한계를 더욱 뚜렷이 체험하게 된다. '무의미'는, 우리들이 현실에 덮어씌워 왔으며 미리 간추려 둔 무늬에는 맞아 들어가지 않는 것을 말한다. 어느 대상을 그렇다고 규정하는 판단성judgemental intellect이 없다면 '무의미'라는 것도 있을 수 없는 것이다.

참된 예술가들과 참된 물리학자들은 무의미란, 우리들이 지니고 있는 현재의 관점 때문에 우리들의 지성으로서는 이해되지 않는 것일 뿐이라고 말한다. 무의미는 우리들이 아직도 그것이 의미를 가질 수 있는 관점을 찾지 못했을 때에만 무의미하다.

일반적으로 물리학자들은 무의미를 다루지 않는다. 대다수의 물리학자들이란 잘 다져 놓은 사고 노선思考路線을 따라서 생각하면서 그들의 연구 생활을 보낸다. 이처럼 다져진 사고 노선을 열어나가는 과학자들은 그러나 무의미 속으로, 어떤 바보라도 분명히 그렇지 않다고 말할 수 있음직한 일로 대담하게 뛰어들기를 두려워하지 않는 사람들이다. 이것이 창조적 정신의 표징이다. 실은 이것이야말로 창조적 과정 또는 작용이다. '무의미'가 결코 무의미가 아닌 – 사실상 그것이 확연해지는 관점이 존재한다는 흔들리지 않는 확신이 그 특징을 이루고 있다.

다른 분야에서도 그렇거니와 물리학에서는, 창조적 과정의 짜릿한 기쁨을 가장 크게 맛본 사람들이야말로 기지既知의 굴레를 가장 멋지게 빠져나와 뻔한 것the obvious의 장벽 저 너머에 있는 미탐험의 영역으로 멀리 뛰어 들어가는 사람들이다. 이러한 유형의 사람은 두 가지 특성이 있다. 첫째는 우리들이 알고 있는 바에 따라서 나타나는 세계가 아니라 있는 그대로의 세계를 보는 아기와 같은 능력이다. 이 이야기가 《임금님의 새 옷The Emperor's New Clothes》이 담고 있는 우의寓意이다. 임금님이 벌거벗은 몸으로 말을 타고 거리를 돌아다닐 때 오직 한 어린이만이 임금님은 옷을 입지 않았다고 잘라 말했으며, 나머지 신하들은 임금님이 가장 멋진 새 옷을 입고 있다는 말을 줄곧 들어 왔으므로 억지로라도 그렇게 믿고 있었다.

우리들 안에 있는 그 어린이는 언제나 지나치게 단순화된 뜻으로 천진하고 때가 묻지 않는다. 일본 명치시대의 선사였던 남은Nan-in이 어느 대학교수를 맞이한 선화禪話가 전해지고 있다. 그 교수는 선문답을 하러 왔었다. 남은은 그에게 차를 대접했다. 남은은 손님의 잔이 가득 찼는데도 계속 차를 부었다. 교수는 넘치는 차를 지켜보다가 끝내 참을 수가 없었다.

"차가 넘치고 있습니다. 더 들어갈 수가 없습니다."

"이 잔과 같소."

남은이 그제야 입을 열었다.

"선생께서는 아집과 사변으로 가득 차 있소. 선생이 먼저 그 잔을 비우지 않는 한 내 선禪을 설파說破할 수 있겠소?"

우리들 인간의 잔은 으레 '분명한 것', '상식', 그리고 '자명한 것'으로 넘칠 만큼 가득 차 있다.

미국에서 처음으로 선원을 세운 영목 노사가 그의 제자들에게 깨달음을 얻기는 어렵지 않으나 (선禪의 본질 그대로 아동바동 기를 쓰지 않고도) 초발심자 初發心者의 마음을 지켜나가기는 어렵다고 말했다. 그는 이렇게 설법했다.

"초발심자의 마음속에는 수많은 가능성이 있으나, 전문가의 마음속에는 가능성이 매우 적다."

영목의 사후에 그의 제자들이 스승의 법어집을 발간하면서 그 책을 《선의 마음, 초발심자의 마음 Zen Mind, Beginner's Mind》이라 불렀는데, 적절한 제목이었다. 그 머리말에서 미국의 선사 베이커는 다음과 같이 말했다.

> 초발심자의 마음은 텅 비어 있으며, 전문가들의 습관에 물들지 않아서, 모든 가능성을 받아들이고 의문을 제시하며, 모든 가능성에 문을 열어 놓고 있다.1)

과학을 공부하는 초발심자의 마음을 놀라울 만큼 훌륭히 설명해 주는 것이 아인슈타인과 그의 상대성이론이다. 그것이 이 장에서 살펴보고자 하는 주제이기도 하다.

참된 예술가와 참된 과학자들의 둘째 특성은 그들이 자기 내부에 지니고 있는 확고한 신념이다. 이 확신은 겉보기와는 반대로, '혼란에 빠진 것은 그들이 아니라 세계라는 앎'을 튼튼한 바탕으로 하여 대담하게 자기 의견을 제시하게 하는 내적 힘의 표현이다. 인류가 지난 수세기 동안 그것을 통해서 발전시켜 온 환상은 확실히 외로운 자리에 있다. 그 통찰의 순간에 그, 오로지 그만이, 입문하지 않는 사람들(나머지 전 인류)에게는 아직도 무의미하고 심지어 광기나 이단으로 나타나는 것을 오로지 그만이 분명한 것으로 보게 된다. 이 확신은 바보의 고집이 아니라, 자신이 무엇을 알고 있으며 그것을 남에게 의미 있는 방법으로 전달할 수 있음을 알고 있는 사람의 확실성이다.

작가 헨리 밀러Henry Miller(1891-1890, 미국 뉴욕 태생, 《북회귀선》《남회귀선》의 작가―옮긴이)는 이렇게 말했다.

나는 내 자신의 본능과 직관만을 따른다. 내가 미리 알고 있는 것이라고는 하나도 없다. 이따금 나는 나 자신이 이해하지 못하는 사물을 기록해 두는데 뒤에 가서 그것이 나에게 분명해지고 뜻이 새겨지리라는 생각에서다. 나는 글을 쓰는 그 사람, 나 자신, 그 작가를 믿고 있다.2)

가요작가 밥 딜런이 기자회견 석상에서 한 말을 인용해 본다.

나는 그냥 노래를 쓰는 거예요. 그리고 그게 제대로 되리라는 걸 알고 있어요. 하지만 나는 그게 어떤 상태를 가리키는지는 알지 못합니다.3)

물리학계에서 이런 유형의 믿음을 말해 주는 실례가 광자이론The ory of light quanta이었다. 1905년 당시만 하더라도 공인되고 증명된 빛의 이론에 따르면 빛은 파동 현상이었다. 그럼에도 불구하고 아이슈타인은 빛이 입자 현상이라는 유명한 논문을 내놓았다. 하이젠베르크는 그 매혹적인 상황을 이렇게 그렸다.

(1905년) 빛은 맥스웰 이론에 따라서 전자기파로 이루어졌다고 해석할 수도 있었고, [아인슈타인의 이론을 빌려서] 고속도로 공간을 이동하는 에너지다발인 광자로 구성되었다고

풀이할 수도 있었다. 그런데 빛이 파동이면서 입자일 수 있는가? 말할 나위도 없지만 아인슈타인은 잘 알려진 산란과 간섭현상을 오직 파동 현상의 바탕 위에서만 설명할 수 있음을 알고 있었다. 그는 이 파동 현상과 광자의 관념 사이에 드러나는 완전한 모순을 논박할 수 없었다. 나아가서 그는 이러한 해석의 불일치를 제거하려 하지도 않았다. 그는 그와 같은 모순을 뒷날 이해할 가능성이 있는 것이라고 담담하게 받아들였다.4)

바로 그러한 기대가 현실화되었다. 아인슈타인의 주제는 양자역학의 출발점이 되었던 파동 – 입자 이원론으로 이어졌으며 그로써 우리들이 익숙했던 것과는 엄청나게 다른 실재관實在觀 및 인간관을 이끌어냈던 것은 우리가 알고 있는 바와 같다. 아인슈타인은 그의 상대성이론으로 널리 알려졌으나 그에게 노벨상을 안겨준 것은 빛의 양자성을 주제로 한 그의 논문이었다. 이것 역시 무의미에 대한 확신의 훌륭한 사례였다.

그런데 무엇이 무의미이며 무엇이 무의미가 아니냐 하는 구분은 단순히 관점의 문제일 수도 있다. "잠깐." 하고 짐 드 위트가 말을 가로막고 나선다. "우리 아저씨 위어드 조지(Weird George 위어드는 '불가사의한, 기묘한'이라는 뜻. 조지는 영미인들에게 흔한 이름이다. 짐 드 위트와 마찬가지로 필자의 의도를 수행하는 가상적 인물—옮긴이)는 자기가 축구공이라고 믿고 있거든요. 우리들이야 물론 알죠. 그것이 헛소리(무의미)라는 걸. 하지만 아저씨 조지는 우리들이 돌았다고 생각하고 있는 거예요. 그분은 자신이 축구공이라고 굳게 믿고 있으며, 줄곧 그 이야기를 하고 있어요. 달리 말하면 자기의 헛소리, 또는 무의미에 대단한 확신을 가지고 있다는 말이지요. 그렇다면 이것 때문에 그분이 위대한 과학자가 되는 건가요?"

아니다. 실은 기묘한 조지에게는 한 가지 문제가 있다. 그 사람은 이처럼 특수한 시각을 지닌 유일한 사람일 뿐만 아니라 이처럼 특수한 시각은 아인슈타인의 특수상대성이론의 심장부로 우리를 이끌어 주는, 또 다른 관찰자의 그것과는 아무런 관계가 없다. 아인슈타인은 두 가지 상대성이론을 창출했다. 시간적으로 뒤에 나왔고 한층 일반적인 그의 제2이론을 일반상대성이론이라고 부른다. 이 장과 다음 장에서는 그의 제1이론인 특수상대성이론을 다루기로 한다.

특수상대성이론은 상대적인 것에 관한 것이라기보다는 상대적이지 않은 대상에 관한 이론이다. 이것은 물리적 실재의 상대적 측면이 상이한 관찰자들의 관점에 따라서(실제적으로는 상호간의 상대적인 운동 상태에 따라서) 어떻게 다른 모습을 나타내는가를 기술하지만, 그 과정에서 물리적 실재의 불변, 즉 절대적 측면도 역시 규정하고 있다.

특수상대성이론은 모든 것이 상대적이라는 이론이 아니다. 이 이론에 따르면 외관이 상대적이다. 우리들에게 길이 30cm로 보이는 자(물리학자들은 '가늠자'라고 한다)가 우리를 (매우 빨리) 지나가는 관찰자에게는 길이 10cm로 보일 수도 있다. 우리들에게는 1시간으로 나타나는 시간이 우리를 지나(매우 빨리) 이동하는 관찰자에게는 2시간으로 나타날 수도 있다. 그처럼 이동하는 관찰자는 특수상대성이론을 활용하여 우리의 자와 시계가 우리들에게 어떻게 나타나느냐를 결정할 수 있으며(만약 그가 우리들과의 상대적인 운동을 안다면), 마찬가지로 우리들은 특수상대성이론을 이용하여 우리의 자와 시계가 그 이동하는 관찰자에게 어떤 모양으로 나타나느냐를 판별할 수 있다(가령 우리들이 그와의 상대적인 운동을 알고 있다면). 만일 우리들이, 그 이동하는 관찰자가 우리를 지나치는 것과 같은 순간에 실험을 한다면 우리와 그 이동 관찰자는 동일한 실험을 보게 된다. 그러나 쌍방은, 즉 우리는 우리 나름의 자와 시계로, 그는 그의 자와 시계로, 서로 다른 길이와 시간을 기록하게 된다.

그러나 특수상대성이론을 이용하여 우리들 서로는 각각 한쪽의 자료를 상대방의 준거의 틀에 맞춰 바꿔놓을 수 있다. 그리하여 최종 숫자는 쌍방에게 똑같은 결과를 보여준다. 본질적으로 특수상대성이론은 상대적인 것을 대상으로 하지 않고 절대적인 것을 다루는 이론이다.

그러나 특수상대성이론은 외양이 관찰자들의 운동 상태에 따라 결정된다는 점을 밝혀 주고 있다. 예를 들면 특수상대성이론은 (1)운동하는 물체는 그 운동 방향으로 속도에 반비례하여 축소되고 빛의 속도에 이르면 마침내 사라진다. (2)운동하는 물체의 질량은 그 속도에 비례하여 점차 증가하며 빛의 속도에 이르면 무한대가 된다. (3)움직이는 시계는 그 속도가 증가하면 할수록 느려지고 빛의 속도에 이르면 완전히 정지하고 만다는 점을 지적하고 있다.

이 모두가 자신을 향해 움직이는 물체를 관찰하는 관찰자의 관점에서 나온다. 움직이는 대상과 함께 이동하는 관찰자에게는 그 시계가 시간을 완벽하게 지켜 1분에 60초씩 정확하게 움직이고, 어떤 것도 짧아지거나 질량이 늘어나지 않는다. 특수상대성이론은 한편으로 공간과 시간이 두 가지의 분리된 사상事象이 아니며, 에너지와 질량은 사실 같은 사물의 다른 형태, 즉 질량에너지라고 한다.

"어떻게 그럴 수 있나!"

우리들이 고함을 지른다.

"물체의 속도가 빨라짐에 따라 그 질량이 증가하고 그 길이가 감소하며, 그 시간이 느려진다고 생각하는 것은 무의미한 거라구."

우리의 잔이 흘러넘친다.

이런 현상들을 일상생활 중에 관찰할 수는 없다. 눈에 지각될 만큼 되는 데 필요한 속도는 빛의 속도(1초에 약 186,000마일, 305,200km)에 가까워야만 하기 때문이다. 우리들이 거시적 세계에서 부딪치는 느린 속도에서는 이와 같은 효과를 사실상 탐지할 수가 없다. 가령 탐지할 수 있다고 하면, 고속도로를 달리는 자동차는 정지해 있을 때보다 짧고, 무게는 더 나가며, 시계는 정지해 있을 때보다 느리게 간다. 실제로 뜨거운 쇠는 차가운 쇠보다 무겁다는 것을 알게 될 것이다(에너지는 질량을 가지고 있으며, 열은 에너지이니까).

  아인슈타인은 이 모든 것을 어떻게 발견했는가-이것이 '임금님의 새 옷'의 현대판이다.

아인슈타인만이 그 시대의 중대한 수수께끼 둘을 바로 보고 초발심자의 마음으로 그것을 대했다. 그 결과 특수상대성이론이 나왔다. 아인슈타인 시대의 첫째 수수께끼는 광속도의 불변성이었다. 그리고 그 시대의 둘째 수수께끼는 움직인다, 또는 움직이지 않는다는 것이 무슨 뜻인지에 관한 물리학적, 철학적, 불확정성uncertainty이었다.*

"잠깐."

우리들이 입을 연다.

"거기에서 불확실한 것이 무엇이란 말이오? 가령 내가 의자에 앉아 있고 다른 사람이 나를 지나간다면, 나를 지나가는 사람은 움직이고 있으며, 나는 내 의자에 앉아 있으니깐 움직이지 않는 거예요."

"옳은 말씀이에요."

---

*아인슈타인이 특수상대성이론으로 떠나는 결별점은 고전적 상대성이론과 맥스웰의 광속도 'c' 예측치와의 갈등이었다. 빈번하게 논의되는 이야기에 따르면 아인슈타인은 광파와 같은 속도로 이동하는 상태를 상상하려던 방법을 들려준다. 예컨대 그가 속도를 줄이지 않는 한, 시계에서 나오는 다른 광파가 따라오지 못할 것이므로 시계의 바늘이 서 있는 것처럼 보이게 되리라고 설명했다.

짐 드 위트가 말꼬리를 잡고 나왔다.

"한데, 그게 그처럼 단순하지 않다고요. 당신이 앉아 있는 의자가 비행기에 있고 당신을 지나치는 사람이 스튜어디스라고 가정해 봅시다. 거기에다 내가 지상에서 그 두 사람이 다 같이 지나가는 것을 보고 있다고 해 보시오. 당신의 관점에서 보면 당신은 정지해 있고 그 스튜어디스는 움직이고 있지만, 내 관점에서 본다면 나는 정지해 있으나 당신네들 둘은 움직이고 있는 거예요. 그 모두가 각자가 가지고 있는 기준틀에 따라 결정되고 있어요. 당신의 준거의 틀은 비행기이고, 내 준거의 틀은 지구예요."

으레 그렇듯이 드 위트는 문제를 정확하게 파악하고 있다. 불행히도 그는 문제를 풀지 못했다. 지구 그 자체는 정지해 있는 법이 없다. 지구는 팽이처럼 그 축, 지축을 중심으로 돌고 있을 뿐만 아니라, 지구와 달은 공통된 중력 중심 둘레를 돌면서 동시에 그 둘이 다 같이 1초에 18만 마일(약 30만km)의 속도로 태양을 돌고 있다.

"그건 공정한 비유가 아니에요."

우리들이 대든다.

"물론 그건 사실이지만, 지구가 그 위에 살고 있는 우리들에게 다가오지는 않는 것 같은데요. 우리들이 준거의 틀을 지구에서 태양으로 옮겨놓으면, 지구가 움직이게 되는 거예요. 그러한 놀이를 시작하면, 전 우주에 '가만히 서 있는' 것을 찾아내기란 불가능해요. 은하계의 관점에서 보면 태양이 움직이고 있으며, 제2의 은하계에서 보면 우리 은하계는 움직이고 있고, 제3의 은하계의 관점에서 보면 제1, 제2의 은하계는 운동하고 있지요. 실제로 각자의 관점에서는 상대방이 움직이고 있는 거예요."

"멋지게 풀이하는군요."

짐 드 위트가 웃는다.

"그리고 그게 바로 요점이에요. 절대로 정지해 있는 것, 명백하게 움직이지 않는 것이란 결코 없다는 것이지요. 운동, 또는 운동의 부재는 언제나 무엇인가 다른 것과의 상대적인 관계를 말하는 겁니다. 우리들이 움직이느냐 움직이지 않느냐를 결정하는 것은 우리들이 사용하는 준거의 틀이에요."

위에서 펼쳐 보인 토론은 특수상대성이론이 아니다. 실은 위의 토론은 300여년이 되는 갈릴레오의 상대성원리를 일부 설명한 내용이다. 어느 물리학 이론이든 간에 짐 드 위트와 마찬가지로 절대 운동 또는 절대 정지를 인정하는 것이라면 상대성이론이다. 상대성이론은 우리가 결정할 수 있는 오직 한 가지 운동이란 다른 것과의 상대적인 운동, 또는 정지라고 전제하고 있다. 나아가 갈릴레오의 상대성원리에 따르면 역학의 여러 법칙은 상호 간의 관계에서 한결같이 움직이는 모든 준거의 틀(물리학자들은 '좌표계co-ordinate systems' 라고 한다)에 다 같이 유효하다.

갈릴레오의 상대성원리는, 이 우주 어느 곳엔가 역학법칙들이 완전히 유효한 준거의 틀-다시 말하면 실험과 이론이 완전하게 일치하는 준거의 틀이 존재한다고 주장한다. 이러한 준거의 틀을 가리켜 관성적 준거의 틀이라고 한다. 관성적 준거의 틀이란 역학법칙이 완전히 유효한 준거의 틀을 의미하는 데 지나지 않는다. 한결같이 움직이는 그밖의 모든 준거의 틀은 관성적 준거의 틀과는 상대적인 관계에 있으나, 그들 역시 그 자체가 관성적 준거의 틀이다. 역학의 법칙은 모든 관성적 준거의 틀에 똑같이 유효하므로, 우리들이 그 안에서 역학 실험을 해서는 갑이라는 관성적 준거의 틀과 을이라는 준거의 틀을 구분할 수 없다는 것이다.

서로 상대적으로 한결같이 움직이는 준거의 틀은 일정한 속도와 방향으로 이동하는 좌표계이다. 달리 표현하면, 그들은 일정한 속도로 움직이는 준거의 틀이다. 이를테면 도서관에서 줄지어 서 있다가 책 한 권을 우연히 떨어뜨릴 경우, 그 책은 뉴턴의 중력법칙을 따라 바로 밑쪽으로 떨어지며, 그 책을 떨어뜨린 장소 바로 밑에 가서 부딪친다. 우리들의 준거의 틀은 지구이다. 지구는 태양 둘레를 엄청난 속도로 움직이고 있으나, 그 속도는 불변이다.*

우리들이 불변 속도로 움직이고 있는, 이상적일 만큼 매끈한 열차를 타고 여행을 하면서 그와 똑같은 책을 떨어뜨리더라도, 마찬가지 현상이 일어난다. 그 책은 뉴턴의 중력법칙을 따라 밑으로 직선을 그으며 떨어지고, 그것을 떨어뜨린 곳 바로 아래에 있는 열차 바닥을 때릴 것이다. 이번에 우리들이 사용할 준거의 틀은 열차다. 이 열차가 지구와의 관계로 보아 속도를 높이거나 낮추지 않고 불변속도로 움직이고 있으며, 또한 지구도 열차와의 관계에 있어서는 같은 방법으로 움직이고 있는 까닭에, 두 가지 준거의 틀은 상호 관계에 있어서 한결같이 움직이고 있는 역학법칙들은 그 둘에 다 같이 유효하다. 그 준거의 틀 가운데 어느 쪽이 '움직이고' 있느냐는 조금도 문제가 되지 않는다. 어느 한쪽 기준틀에 있는 사람은 자신이 움직이고 있다는 생각을 하고 다른 준거의 틀에 있는 사람은 정지하고 있다(지구는 정지 상태에 있고, 열차는 움직이고 있다)는 생각을 할 수 있으며, 그 반대의 경우(열차는 서 있고, 지구는 움직이고 있다)를 상상할 수도 있다. 물리학의 관점에서 보면 거기에는 차이가 없다.

만약 우리들이 실험을 하고 있는 동안 기관사가 갑자기 속도를 높이면 어떻게 될까? 그때에는 물론 모든 것이 뒤집어지고 만다. 떨어지던 책은 그래도 열차 바닥에 떨어지겠지만, 책이 떨어지는 동안에 열차바닥이 훨씬 빨리 앞으로 가버렸으므로 책이 떨어진 지점은 상대적으로 뒤쪽이 될 것이다. 이

---

*우리들이 직접 경험하지는 못하나, 지구의 궤도운동은 가속되고 있다.

러한 경우 그 열차는 지구와의 관계에서 균일하게 움직이지 않고, 따라서 갈릴레오의 상대성원리가 적용되지 않는다.

여기 포함된 모든 운동이 균일하게 상대적이라고 가정한다면, 우리들은 한 준거의 틀에서 지각한 운동을 다른 준거의 틀로 옮길 수 있다. 예컨대 우리들이 바닷가에 서서 시속 30km로 지나가는 배를 보고 있다고 치자. 배의 갑판에는 난간에 기대어 서 있는 한 남자 승객이 이 있다. 그는 가만히 서 있으니까, 그의 속도는 배의 그것과 같이 시속 30km이다(그의 시각에서 본다면 우리들은 시속 30km로 그를 지나쳐 움직이고 있다).

자, 그러면 이렇게 생각해 보기로 하자. 그 사람이 시속 3km로 뱃머리 쪽으로 걷기 시작한다. 이제 그의 속도는 우리와의 상대적 관계에서 시속 33km이다. 배가 그 사람을 시속 30km로 실어 나르고 있으며, 거기에다 그의 걸음이 3km를 더 보태고 있다(여러분들이 에스컬레이터에서 걷는다면 훨씬 빨리 꼭대기에 도착한다).

이번에는 그 사람이 돌아서서 배의 고물로 돌아간다고 가정해 보자. 배에 대한 그의 상대적 속도는 시속 3km에 변함이 없으나 또 한편, 바닷가에 대한 상대적인 그의 속도는 이제 시속 27km로 떨어진다.

표현을 달리하면, 그 승객이 우리들과 상대적으로 얼마나 빨리 움직이는가를 계산하기 위해서 그가 배가 움직이는 것과 같은 방향으로 걸어간다면, 그의 좌표계(배)의 속도에 그의 속도를 더한다. 반대로 가령 그가 배와는 반대 방향으로 걸어간다면, 그의 좌표계의 속도에서 그의 속도를 빼게 된다. 이러한 계산법을 고전적(갈릴레오) 변환이라 부른다. 두 준거 틀의 한결같은 상대 운동을 알면, 우리들은 그 자신의 좌표계에 비친 그 승객의 속도(시속 3km)를 우리 좌표계에 비친 그의 속도(시속 33km)로 환치할 수 있다.

고속도로는 한 준거의 틀에서 다른 준거의 틀로 넘어가는 고전적 변환의 예를 풍부하게 제공해 준다. 우리들이 시속 100km로 차를 몰고 있다고 생각해 보자. 우리 쪽으로 달려오는 트럭 한 대가 보인다. 그 차의 속도계 역시 시속 100km이다. 고전적 변환을 한다면 그 트럭은 우리와 상대적으로 시속 200km로 접근하고 있노라고 말할 수 있다. 이것으로 정면충돌이 대부분 더 치명적인 이유를 설명할 수 있다. 그럼 자동차 한 대가 우리들이 가고 있는 방향으로 가면서 우리를 지나친다고 가정하자. 그 차의 속도는 150km이다(그 차종이 경기용인 페라리라고 하자). 다시 고전적 전환을 시도하면 우리와 상대적으로 페라리는 시속 50km로 우리 위치에서 멀어져가고 있다.

고전역학의 변환법칙들은 상식이다. 그에 따르면 우리가 비록 어느 준거의 틀이 절대 정지 상태에 있느냐 없느냐를 가름할 수 없다 하더라도, 우리는 한 준거의 틀에서 나오는 속도(와 위치)를 다른 준거의 틀 안에 옮겨 넣을 수 있다. 다만 이 경우 여러 준거의 틀들이 서로 상대적으로 균일하게 움직이고 있다는 전제가 필요하다. 나아가서 갈릴레오의 변환이 도출된 갈릴레오의 상대성원리에 의하면, 만일 역학법칙이 어느 한 준거의 틀에 유효할 때 그에 상대적으로 똑같이 움직이는 다른 준거의 틀에서도 유효하다고 한다.

불행히도 이 모두에 함정이 하나 있다. 아직까지 어느 한 사람도 역학법칙들이 유효한 좌표계를 찾아내지 못했다는 것이다.*

"뭐라고요! 당치도 않은 소리! 그럴 수가 있나!"

우리들이 눈이 휘둥그레지며 고함을 친다.

"지구가 있지 않소?"

그런데 고전역학법칙들을 처음으로 탐색했던 갈릴레오도 의식적이지는

---

*항성들fixed stars은 무자전non-rotation에 관한 한 그와 같은 준거의 틀을 제공한다.

않았지만 준거의 틀로 지구를 이용했다. 이제 우리들의 측정 장치들은 종종 자기 맥박을 사용했던(그가 흥분하면 할수록 그의 측정은 한층 더 부정확해졌다는 뜻이다) 갈릴레오의 그것보다 훨씬 정확하다. 우리들은 갈릴레오의 낙체실험을 다시 할 때마다 우리들이 당연히 얻어야 할 이론적 결과와 우리가 실제로 손에 쥐는 실험적 결과 사이에서 늘 차이를 보게 된다. 이들 차이는 지구의 자전에 기인한다. 역학법칙들이 지구에 엄격히 밀착되어 있는 좌표계에는 효력이 없다는 것이 쓰디쓴 진리다. 지구는 관성적 준거의 틀이 아니다. 그 출발점에서부터 고전역학이라는 가난한 법칙들은, 말하자면 집 없는 신세가 되어 지금에 이르렀다. 고전역학법칙들이 완벽하게 현현되는 좌표계를 아무도 발견하지 못한 것이다.

　물리학자의 관점에서 본다면, 이리하여 우리들은 큰 혼란에 빠진다. 한편으로 우리는 물리학에 필요불가결한 고전역학법칙들을 쥐고 있으며, 다른 한편으로는 동일한 이 법칙들이 존재하지 않을 수도 있는 좌표계에 근거를 두고 있다.

　이 문제는 상대성과 관계가 있으며, 이것이 친숙한 방법으로 절대 정지를 결정하는 문제이기도 하다. 절대 정지와 같은 것이 탐지된다면, 그에 밀착된 좌표계는 오랫동안 찾지 못했던 관성적 준거의 틀, 즉 역학의 고전적 법칙들이 완벽하게 효력을 발생하는 좌표계이다. 그렇게 되면, 모든 것이 다시 의미를 가지게 될 것이다. 그 이유는 역학의 고전적 법칙에 유효한 준거의 틀이 주어질 때 어떠한 준거의 틀, 역학의 고전적 법칙들이 드디어 영원한 안식처를 찾게 될 것이기 때문이다.

　물리학자들은 끝이 허름한 이론을 즐기지 않는다. 아이슈타인 이전에는 절대 운동(또는 절대 정지-만약 우리가 어느 한쪽을 찾으면 다른 것도 찾게 된다)을 탐지하는 문제와 관성적 좌표계를 찾는 문제가 아무리 좋게 말해도 끝이 허름한 것들이었다. 고전역학의 전체 구조는 어느 곳에서 어떻게 되었든 고전역학의 법칙들이 유효한 준거의 틀이 반드시 있다는 사실에 기반을 두었다. 물리학자들이 그것을 찾아낼 능력이 없자, 고전역학은 마치 모래 위에 세운 거대한 성처럼 보였다.

아이슈타인을 비롯하여 그 누구도 절대 운동을 발견하지 못했으나 그것을 찾아내지 못하는 무능이 아이슈타인 시대의 주요 관심사였다. 아이슈타인 시대의 주요한 제2의 논쟁점(플랑크의 양자 발견을 계산에 넣지 않고)은 이해 불가능하고 논리 부정적인 빛의 성질이었다.

광속도를 실험하는 과정에서 물리학자들은 아주 이상한 것을 발견했다. 빛의 속도는 고전역학의 변환법칙을 무시한다. 물론 그건 불가능하지만, 실험에 실험을 거듭하여 그 반대의 사실을 증명했다. 빛의 속도는 지금까지 발견된 것 중에서도 제일 무의미한 대상이 되었다. 그것은 절대로 변하지 않으니까 말이다.

"그러니까 빛은 언제나 똑같은 속도로 움직이는 거예요. 그게 뭐 그리 이상한가요?"

우리들이 다그친다.

"이런, 이런."

정신이 어지러워진 어느 물리학자가 되받는다. 때는 1887년경.

"당신은 문제를 도무지 이해하지 못하시는구먼. 측정의 환경이 어떻든, 관찰자의 운동이 어떠하든, 광속도는 예외 없이 1초에 186,000마일(약 305,200km)이에요."*

---

*진공에서 광속도는 매질의 굴절률에 따라 매질속에서 변화한다. C매질=C/굴절률

"그게 뭐 나쁜가요?"

여기 무엇인가 이상한 것이 있다는 감을 잡기 시작하면서 우리들이 대꾸한다.

"나쁘다고 할 정도가 아니에요. 그건 불가능해요. 이봐요."

그 물리학자의 대답이다. 그는 마음을 가라앉히려 애를 쓰면서 말을 잇는다.

"우리들이 가만히 서 있고 우리 앞 어느 지점에 역시 정지해 있는 전구가 있다고 합시다. 그 전구는 불이 켜졌다 꺼졌다 하고, 우리들은 그 전구에서 나오는 빛의 속도를 측정하고 있어요. 그 속도가 얼마나 되리라 생각하시오?"

"그야 1초에 186,000마일, 빛의 속도 그대로죠."

우리들이 대답한다.

"맞았어요!"

물리학자가 목청을 돋우고 그럴 줄 알고 있었다는 표정을 지어 우리들을 불안하게 만든다.

"자, 그럼 그 전구가 정지해 있으나 우리들이 전구를 향해 100,000마일의 초속으로 움직이고 있다고 가정해 봅시다. 그러면 우리가 측정한 광속도는 얼마가 되겠소?"

"그야 초속 286,000마일이지 뭐예요?"

우리가 얼른 받는다.

"광속도(초속186,000마일) 더하기 우리 속도(초속 100,000마일)."

이것이 고전적 변환의 전형적 실례이다.

"틀렸어!"

물리학자의 고함이 터진다.

"바로 그게 핵심이오. 빛의 속도는 변함없이 초속 186,000마일이에요."

"뭐라고요?"

우리들이 되받는다.

"그럴 수가 없어요. 전구가 정지해 있고 우리도 가만히 서 있을 때 전구에서 나오는 광자의 속도가, 우리들이 전구를 향해 달려 갈 때 나오는 광자의 속도와 우리들에게 똑같이 측정된다는 말씀이신가요? 그래 가지고는 뜻이 통하지 않는다고요. 광자가 반사되면 1초에 186,000마일로 달립니다. 우리 역시 움직이되 그 광자들을 향해 이동하면 그만큼 광속도는 빨라지는 거예요. 실제로 그들은 방사된 속도 더하기 우리들의 속도로 이동하는 것으로 나타나야 할 거예요. 따라서 그 광자들의 속도는 초속 186,000마일 더하기 초속 100,000마일이 되어야 하는 겁니다."

"그래야 옳겠지요."

우리들의 말벗이 응수한다.

"하지만 그렇지가 않아요. 재어 보면 초속 186,000마일, 마치 우리들이 가만히 서 있는 것과 꼭 같다고요."

잠시 뜸을 들였다가 그는 다시 입을 연다.

"이제 그 반대 상황을 생각해 봅시다. 그 전구가 가만히 서 있고, 이번에는 우리가 1초당 100,000마일의 속도로 거기서 멀어진다고 가정하는 거요. 그럼 광자의 속도가 얼마로 나오겠소?"

"초속 86,000마일 아니에요?"

우리들은 은근히 희망을 걸면서 말을 던져 본다.

"광속도에서 접근해오는 광자로부터 멀어져가는 우리의 속도를 빼면 말이지요."

"또 틀렸어!"

다시 우리 말벗이 목소리를 높인다. "그래야 할 것 같지만 그렇지 않다고. 광자의 속도는 여전히 초속 186,000마일이에요."

"이것 참 믿기 어렵군요. 가령 전구 하나가 정지해 있고, 우리 역시 가만 있을 때 전구에서 나오는 광자의 속도를 측정하고, 다음 우리들이 그것을 향해 움직일 때 거기서 방사되는 광자의 속도를 측정하며, 끝으로 우리가 전구에서 떨어져 나가면서 방출되는 광자의 속도를 측정하는데 이 세가지 사례에 모두 똑같은 결과가 나온다는 말이에요?"

"바로 그거예요!"

물리학자가 힘차게 받는다.

"초속 186,000마일"*

"증거가 있으세요?"

우리들이 대든다.

"불행한 일이오만."

슬쩍 둘러친다.

"가지고 있어요. 두 사람의 미국 물리학자 마이클슨Albert Abraham Michelson(1852-1931, 마이클슨 간섭계 발명. 1907년 노벨물리학상 수상)과 에드워드 모올리Edward Morley(1887년 마이클슨과 함께 절대 정지의 에테르에 대한 지구의 상대운동 실험을 함)가 막 한 가지 실험을 완성시켰는데, 그에 따르면

---

*그 반대 상황(광원이 움직이고 관찰자가 정지해 있는)은 상대성물리학 이전의 이론으로 설명할 수 있다. 빛을 파동방정식이 지배하는 파동 현상으로 가정한다면, 그것이 측정된 속도는 광원의 속도와 독립되어 있으리라 예상된다. 이를테면 제트기로부터 우리에게 전달되는 음파의 속도는 비행기의 속도에 좌우되지 않는다. 이들 음파는 비행기의 운동에 관계없이(소리의 주파수는 소리의 근원이 움직임에 따라 변한다. 예를 들어 도플러효과) 소리의 원점에서 주어진 속도로 되는 매질(천기)(음파의 경우에는 매기, 광파의 경우에는 에테르)을 전제하고 있다. 여기서 측정된 광속도는 관찰자의 운동과는 독립되어 있음을 발견하게 되었다(마이클슨-모올리 실험). 말을 달리하면 매질 속을 접근해오는 광파를 향해 이동하면서도 그 측정된 광속도를 증가시키지 않을 수 있을까?

관찰자의 운동 상태와는 상관없이 빛의 속도는 일정하다는 것을 밝혀 주는 거였어요. 이럴 수 없는데 말이오."

그는 한숨을 쉰다.

"그런데 그렇게 일이 일어나고 있는 거예요. 전혀 의미가 통하지 않는데도."

절대 정지의 문제와 광속도의 불변성의 문제가 마이클슨-모올리 실험에서 수렴되었던 것이다. 마이클슨-모올리 실험(1887)은 결정적 실험이었다. 결정적 실험이란 어느 과학이론의 생사를 좌우하는 실험을 가리킨다. 마이클슨과 모올리가 실험한 이론은 에테르이론이었다.

에테르이론에 따르면 전 우주는 아무런 성질도 없고 오로지 광파가 전파될 수 있는 무엇이 있어야 한다는 이유만으로 존재하는, 냄새도 맛도 없고, 눈에 보이지 않는 질료 안에 있으며, 그 질료의 침투를 받고 있다. 그 이론에 의하면 빛의 파동으로 이동하기 위해서는 물결칠 수 있는 무엇이 있어야 한다. 그 무엇이 에테르였다. 그와 같은 에테르이론이 우주를 물物something로 설명하려던 최후의 시도였다. 관찰자의 우주를 물의 관점에서 해석하는 방법(위대한 기계라는 관념과 같이)은 뉴턴에서 시작하여 1800년대 중반에 이르는 일체의 물리학을 의미하는 기계관의 특이한 성격이었다.

그 이론을 빌리면 에테르는 어느 곳, 어느 물체에나 있다. 우리들은 에테르의 바다에서 살고 있으며, 그 안에서 실험하고 있다. 에테르 앞에서는 가장 단단한 물질substance도 물에 잠긴 스펀지처럼 구멍투성이다. 에테르로 들어가는 문은 없다. 우리들이 비록 에테르바다에서 움직일 망정 에테르바다는 움직이지 않는다. 그것은 절대적으로, 의심할 여지없이 움직이지 않는다. 그러므로 에테르가 존재하는 첫째 이유가, 빛이 그것을 통하여 전파되는 무엇을 제공하고자 하는 데 있었지만, 그 존재는 한편으로는 원초적인 관성적 좌표, 즉 그 안에서 역학법칙들이 완전히 유효한 준거의 틀을 찾아내는 오랜 문제를 해결했다. 에테르가 존재했다면(그리고 존재하지 않아서는 안 되었다면), 거기 자리 잡은 좌표계는 그에 비추어 다른 일체의 좌표계가 비교되어 그것이 움직이느냐 움직이지 않느냐를 가늠할 수 있는 바로 그 좌표계였다.

마이클슨과 모올리의 발견으로 에테르이론에 사형선고가 내려졌다.* 그와 마찬가지로 그 발견의 결과로 아이슈타인의 혁명적 새 이론의 수학적 기초가 도출되었다.

마이클슨-모올리 실험의 발상의 목표는 에테르 바다를 꿰뚫고 나아가는 지구의 운동을 결정하려는 것이었다. 문제는 이 작업을 어떤 방법으로 해내느냐는 데 있었다. 바다에 떠 있는 두 척의 배는 상호 간의 상대적 운동을 결정할 수 있으나, 배 한 척만이 잔잔한 바다를 통과하고 있다면, 그 배는 자체의 진행을 측정할 기준점이 없다. 옛날에는 뱃사람들이 통나무토막을 바다에 던져 그에 비교하여 배의 속도를 가늠했다. 마이클슨과 모올리도 꼭 같은 방법을 사용했다. 다만 이들은 통나무 대신 광선을 던졌다는 점이 다를 뿐이다.

그들의 실험은 개념상으로 간단하고 독창적이었다. 그들의 논리를 빌려 보자. 가령 이 지구가 움직이고, 에테르의 바다가 정지해 있다면 에테르 바다를 통과하는 지구의 운동은 당연히 에테르 바람을 일으켜야 한다. 따라서 에테르 바람을 거슬러서 달리는 광선이 에테르 바람을 등지고 나는 광선보

---

*양자장이론에서는 새로운 형태의 에테르가 부활된다. 예를 들어 입자들은 무無(진공상태)의 형체 없는 바닥 또는 기저상태의 들뜬 입자 상태이다. 진공상태는 특성이 전혀 없고 지극히 높은 대칭성을 지니고 있으므로 우리는 실험적인 방법으로 거기에 속도를 부여할 수 없다.

다 속도가 느려야 당연하다. 이것이 마이클슨-모올리 실험의 핵이다.

조종사라면 누구든지 주어진 거리를 비행할 때, 전 항로의 1구간을 역풍을 받고(비록 귀로에는 순풍을 받는다 하더라도) 가는 경우가 동일한 거리를 순풍만으로 나는 것보다 시간이 더 걸린다는 사실을 알고 있다. 마찬가지로 에테르 바다 이론이 옳다면 에테르 바람을 맞받아 거슬러 올라갔다가 다시 등지고 내려오는 광선이 에테르 바람을 가로질러 같은 거리를 왕복하는 광선보다 느려야 한다고 마이클슨과 모올리는 생각했다. 이와 같은 속도상의 차이를 확정하고 탐지하기 위해 마이클슨과 모올리는 간섭계(interferometer)라는 장치를 고안했다.

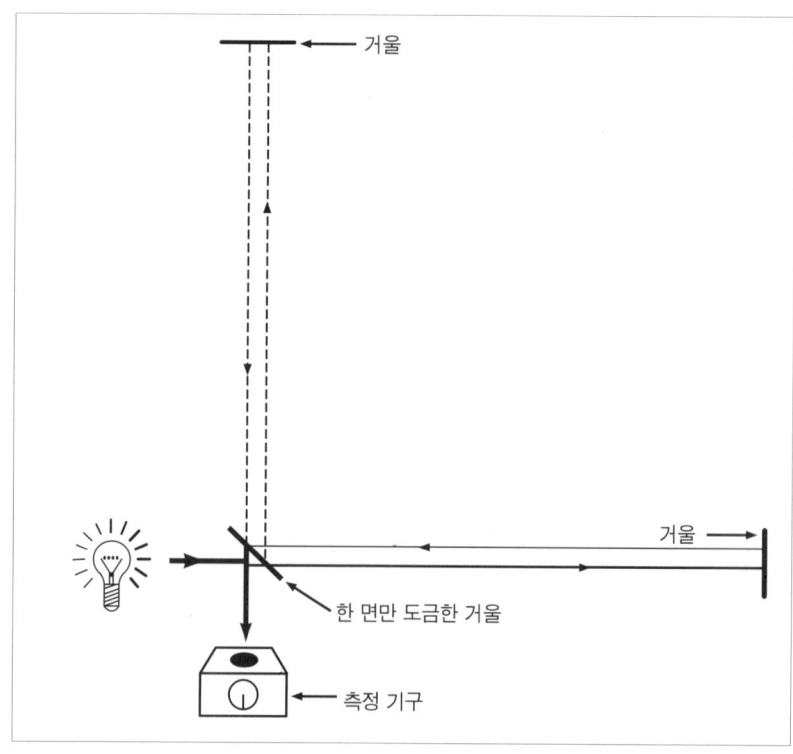

이것은 두 개의 광선이 동일점에 돌아올 때 만들어 내는 간섭패턴을 탐지하기 위해서 설계됐다.

광원에서 반투명거울(한쪽에서 보면 거울과 같고, 그 반대쪽에서 보면 투명한 선글라스의 렌즈와 비슷한 거울)을 향해 광선을 내보낸다. 원광선이 반투명거울에 의해서 두 개(-》)(…》)로 갈라지며, 그 하나하나가 동일한 거리를 이동하자면 서로 직각을 이루며 갔다가 되돌아온다. 그런 다음 두 광선은 동일한 반투명거울을 거쳐 재결합되어 측정 장치에 들어간다. 측정 장치 안에서 이처럼 수렴된 광선들이 만들어 내는 간섭을 관찰하여 봄으로써 그 둘 사이의 속도 차이를 정확하게 결정할 수 있는 것이다.

그런데 실제로 실험을 해 본 결과 두 광선 간에는 전혀 속도상의 차이가 탐지되지 않았다. 간섭계를 90° 회전시켜 에테르 바람을 맞받아 날던 광선을 바람을 가로지르게 하고, 횡단하던 광선은 에테르 바람을 거슬러 올라가게 했다. 여기서도 역시 두 광선 사이의 속도 차이를 조금도 탐지할 수 없었다.

다시 말하면, 마이클-모올리 실험은 에테르의 존재를 증명하는 데 실패하고 말았다. 설명이 제시되지 않는 한 물리학자들로서는 두 가지 불확정적인 대안 가운데 어느 하나를 선택해야 할 처지에 놓이게 되었다. (1)지구가 움직이지 않거나(그래서 코페르니쿠스가 과오를 범했거나) (2)에테르는 존재하지 않는다. 그 어느 하나도 쉽사리 받아들일 수가 없었다.

마이클슨과 모오리는 다음과 같이 생각했다. 지구는 우주 공간을 운동하면서 대기를 거느리고 다니는 것과 마찬가지로 에테르의 바다를 이동할 때 에테르층을 에워싸고 다닐지도 모르며, 따라서 지구 표면 아주 가까운 곳에서는 에테르 바람을 탐지할 수 없다. 아무도 그보다 훌륭한 가설을 제시하지 못했으나 마침내 아일랜드 사람 조지 피츠제럴드가 비상한 설명을 내놓았다(1892).

　피츠제럴드의 논리에 따르면, 에테르 바람의 압력은 물속을 움직이는 탄성체가 진행하는 방향으로 단축되는 것과 같이 물질을 단축시킨다. 이것이 사실이라면, 에테르 바람을 가리키는 간섭계의 지침은 그것을 가리키지 않은 지침보다 약간 짧을 것이다. 따라서 에테르 바람을 맞받아 올라갔다가 등지고 돌아오는 빛의 속도 감소는 빛이 운동하는 거리 역시 축소될 터이므로 탐지되지 않을 수도 있다. 에테르 바람을 지시하는 지침이 짧아진 수치가 그 지침을 오르내리는 광선 속도의 감소치와 똑같다면, 실험에 나온 두 광선이 동일한 시점에 측정 장치에 도달하게 된다(상대적으로 먼 거리를 가는 속도 빠른 광선이 소요하는 시간은 속도가 상대적으로 느린 광선이 한층 짧은 거리를 나는 시간과 같다).

　피츠제럴드의 가설은 다른 온갖 가설보다 중요한 장점이 있다. 그것을 반증(원문: 반품)하기는 불가능하다는 것이다. 거기서는 속도가 증가하면 그에 비례하여 1차원적 수축이 일어난다(운동 방향으로)고 간단하게 밝히고 있었다. 여기서 만물이 수축된다는 것이 함정이다. 빛의 속도에 비해서 대단히 빠르게 움직이고 있는 물체의 길이를 재려고 할 때, 먼저 우리가 그 대상을 따라잡아야 하고, 그렇게 했다고 하면 이와 같은 이론에 따라 우리가 들고 간 자도 역시 축소된다. 정지 상태에서 20cm였던 물체가 초고속으로 날아갈 경우에도 여전히 20cm이다. 우리 눈 안에 있는 수정체도 같이 축소되어 모든 것이 정상으로 보이기에 알맞게 일그러졌으므로, 어느 사물도 축소되어 보이지 않을 것이다.

　그보다 1년 뒤에 네덜란드 물리학자 로렌츠Hendrick Antoon Lorentz(1853-1928)가 다른 문제를 풀다가 독자적으로 피츠제럴드 가설에 도달했다. 그러나 로렌츠는 엄격한 수학적 용어로 자신의 발견 내용을 표현했다. 이 작업은 피츠제럴드의 가설을 존경받는 위치로 올려놓았으며, 이 가설은 그 환상적인 성질에도 불구하고 놀라울 정도로 인정을 받기 시작했다. 피츠제럴드-로렌츠 수축의 로렌츠 수식은 로렌츠 변환으로 알려지게 되었다.

그리하여 무대는 설치되었다. 모든 장치가 제자리에 들어섰다. 에테르 탐지 실패, 마이클슨-모올리 실험*, 광속도의 불변성, 피즈제럴드-로렌츠 수축, 로렌츠 변환, 이들은 20세기 초에 끊임없이 물리학자들을 당황하게 했던 사실들이다. 유일한 예외가 알베르트 아인슈타인이었다. 이러한 단편적 무대장치를 보자, 그의 초발심자적 마음이 특수상대성이론을 찾아냈던 것이다.

---

*아인슈타인이 특수상대성이론을 발견했던 논리 전개 과정에 마이클슨-모올리 실험의 결과가 담겨 있었다고 한다. 그러나 잘 알려졌던 이 실험 결과는 아인슈타인의 특수상대성 논문(1995)이 나오기 전 18년 동안 '공중에 떠돌아' 다녔으며, 특수상대성의 수식화에 핵심이 되었던 로렌츠 변환을 유도했다.

제2장

특수무의미 Special Nonsense

아인슈타인이 그 사실들을 검토하여 취하게 된 전문가로서의 첫 행위를 한마디로 표현한 '에테르는 존재하지 않는다.'[1]는 말을 제외하고 그와 동등한 구절을 찾는다면 무엇이라고 할 수 있을까 – 하지만 임금님은 옷을 입고 있지 않아요!'

특수상대성이론의 첫째 메시지를 풀이하면 에테르는 탐지할 수가 없고 실제로 쓸모가 없기 때문에 에테르를 찾으려는 노력을 계속할 까닭이 없다는 것이다. 그것이 탐지 불가능한 이유는, 마이클슨-모올리 실험으로 절정에 이른 에테르 측정, 또는 그 성질 결정의 모든 시도가 그 실재를 지적하는 것마저도 철저하게 실패했다는 데서 찾게 된다.

그것이 쓸모없게 된 이유는 다음과 같다. 빛의 전파를 에테르매질의 교란으로 그려볼 수 있는 것과 마찬가지로 맥스웰James Clerk Maxwell(1831-1879)의 장방정식field equations에 따르면 빛의 전파는 텅 빈 공간empty space(진공in vacuo)을 통해서 에너지가 전파되는 것으로 형상화할 수도 있다. 아인슈타인은 맥스웰의 방정식에 이미 함축되어 있었던 것을 명확하게 밝혔다(맥스웰은 전자기장electro magnetic field을 발견하기도 했다). 그의 글을 빌리면 "전자기장은 매질(에테르)의 상태도 아니며 어느 보지자保持者에게 묶여 있는 것이 아니라 어떠한 다른 것으로도 환원시킬 수 없는 독립된 실재이다……."[2] 이와 같은 단언을 뒷받침해 주었던 것이 물리학자들이 에테르를 탐지하지 못했다는 사실 바로 그것이다.

이러한 언명으로 아인슈타인은 물리적 사건을 사물의 관점, 또는 용어로 설명할 수 있다는 관념, 곧 역학의 쟁쟁했던 역사에 종지부를 찍었다. 고전 역학은 물체와 힘의 상호 작용에 관한 이야기이다. 1900년대 초에 전자기장에는 어떠한 물체도 없으며 그것이 에테르매질의 어떠한 상태도 아닐 뿐더러 그 자체가 '궁극적 불가분의 실재'[3]라고 단정함으로써 3세기의 전통으로부터 결별하는 주목할 만한 사태가 전개되었다. 양자역학에서 보듯이 그 이후에는 물리학 이론과 연관된 구체적 영상이 나타나지 않게 된다.

상대성과 양자이론은 그리하여 일찍이 볼 수 없었던 경험과의 격리 현상을 예고했으며 지금까지 이 현상이 물리학 이론의 성격을 규정지어 왔다. 실제로 그 경향은 지금도 계속되고 있다. 마치 무자비한 법칙에 지배되기라도 한 것처럼 물리학이 다루는 경험의 영역이 넓어짐에 따라서 점차 그 추상성이 늘어나고 있다. 이러한 경향이 역전될 수 있을 것인지는 미래에 가서야 밝혀지리라.

존재하지 않았던 옷을 보지 못하는 아인슈타인의 무능에 바쳐진 둘째 희생물은 절대 정지였다. 그것만이 절대적으로 움직이지 않는다고 규정하여 여타의 모든 것과는 달리 어느 특정한 준거의 틀에 '특권을 부여'[4]해야 할 이유가 무엇인가? 이론상으로는 바람직할는지도 모르겠으나 그러한 준거의 틀이 우리 경험의 일부를 구성하지 않으므로 당연히 무시해야 한다. 우리들의 경험 체계 안에 있는 특성과 상응하지 않는 어떤 특성을 이론 구조에 둔다는 것은 '용납할 수 없는' 5) 일이다.

한마디로 아인슈타인은 근본적으로 새로운 실재 지각 방법을 가로막던 두 가지 주요한 물리 철학적 장애물을 제거했다. 상황을 교란시킬 에테르와 절대 운동의 개념이 없으므로 상황은 한층 단순하게 되었다.

아인슈타인은 다음 단계로 마이클슨-모올리 실험에 등장하는 빛의 수수께끼, 다시 말하면 광속도불변성과 대결하게 되었다. 관찰자의 운동 상태와 관계없이 빛의 속도는 어떻게 하여 항상 초속 186,000마일일 수 있는가?

독창적인 사고의 전환으로 아인슈타인은 이 수수께끼를 공리로 바꾸어 놓았다. 어떻게 이 현상이 일어나는가를 궁리하는 것을 잠시 멈추고, 그는 이러한 현상이 일어나고 있다는 사실―실험으로 논란의 여지없이 확증된 사실을 다소곳이 받아들였다. 이 명백한 사실이 장차 분명해질 논리적 과정의 첫 단계가 되었다.

광속도불변의 수수께끼는 광속도불변의 원리가 되었다. 광속도불변의 원리는 특수상대성이론의 첫 번째 초석인 것이다.

광속도불변의 원리는 이렇게 말하고 있다. 우리들이 광원과 상대적으로 운동을 하든 하지 않든 상관없이 우리들이 광속도를 측정할 때면 으레 그 결과는 동일하다. 빛의 속도는 변하지 않고 1초에 186,000마일이다.* 마이클슨과 모올리가 그들의 유명한 실험을 거쳐 밝혀낸 사실이다.

고전역학의 관점에서 본다면, 광속도불변의 원리는 전혀 의미가 없다. 사실상 이 원리는 상식과 격렬하게 충돌한다. 아인슈타인 이전에는 '상식'의 전체주의적 지배 하에서 광속도불변의 원리는 역설의 지위로 밀려나 있었다(우리들이 스스로 덮어씌운 인지된 현실의 한계에 부딪칠 때마다 그 결과는 언제나

---

*진공에서 빛의 속도는 물질의 굴절률에 따라 그 매질 속에서는 변한다.

역설이었다). 존재하는 것이 그대로 있다면(광속도불변성) 상식은 잘못되었음이 틀림없다는 점을 받아들이는 데는 아인슈타인과 같은 순수한 초발심의 마음이 있어야만 했다.

아인슈타인이 지니고 있던 초발심자의 마음에 바쳐진 가장 중요한 희생자는 고전적(갈릴레오적) 변환의 전체 구조였다. 즉 거시적 차원과 속도에 닻을 내린 달콤하고도 환상적인 상식의 열매였다. 상식을 포기한다는 것은 쉬운 일이 아니다. 아인슈타인은 그의 공간 및 시간의 본질 지각이 근본적으로 변화하는 철저한 방식으로 상식을 내팽개친 첫 번째 인물이었다. 나아가서 아인슈타인의 시공간이 상식의 그것보다 훨씬 유용하다는 결론에 도달하게 되었다.

특수상대성이론의 둘째 주춧돌은 상대성원리이다. 아인슈타인이 절대 정지의 관념을 폐기하면서 그의 이론은 사실상 상대성이론이 되었다. 갈릴레오의 상대성원리 이상으로 좋은 이론이 없었으므로 아인슈타인은 그것을 그냥 빌려왔으며, 물론 그것을 현대화했다.

갈릴레오의 상대성원리에 따르면 어느 준거의 틀에 유용한 역학법칙들(낙체를 지배하는 법칙과 같은)은 그것과 연관을 가지며 한결같이 또는 균일하게 움직이는 모든 준거의 틀에 유효하다. 달리 설명하면 동일한 역학법칙들이 역시 유효한 다른 준거의 틀과의 상대적 관계에서 역학법칙이 내포된 실험을 해서는 우리의 준거의 틀이 움직이느냐 정지해 있느냐를 결정할 수 없다.

아인슈타인은 갈릴레오의 상대성원리를 확대하여 단순히 고전역학의 법칙만이 아니라 모든 물리학 법칙을 포함시켰다. 특히 그는 갈릴레오의 시대에는 알려지지 않았던 전자기복사를 지배하는 법칙을 낳기에 이르렀다.

그러므로 아인슈타인이 현대화한 상대성원리에 의하면, 자연법칙은 상호간 균일하게 움직이는 모든 준거의 틀에서 정확하게 일치하며, 따라서 절대로 한결같은 운동 또는 비운동을 가려낼 길이 없다.

 요컨대 특수상대성이론의 두 가지 초석은 광속도불변의 원리(마이클슨-모올리 실험)와 상대성원리(갈릴레오)이다. 보다 구체적으로 말하면, 특수상대성이론은 다음 두 가지 공리에 바탕을 두고 있다.

 (1)진공에서의 광속도는 서로 한결같이 움직이는 모든 준거의 틀(모든 관찰자의 틀)에 동일하다.

 (2)모든 자연법칙들은 상대적으로 균일하게 움직이는 모든 준거의 틀에 동일하다.

 이들 두 공리 가운데 첫째 것, 광속도불변의 원리는 문젯거리다. 이 원리와 고전적 변환법칙(과 상식)에 따르면, 빛의 속도를 계산할 때 관찰자가 그 광원에 가까워지거나 멀리 떨어져나갈 경우 빛이 광원에서 방출되는 속도에 관찰자의 속도를 더하거나 빼야 한다. 실험에 의하면, 광속도는 관찰자의 운동에 구애되지 않고 언제나 불변이다. 상식과 실험 결과는 정면으로 충돌하고 있다.

 아인슈타인의 초발심자적 마음은 이렇게 말했다. 우리들은 현실적으로 존재하는 것(실험에 의한 증거)을 부정할 수 없으므로 우리의 상식이 그릇되었음이 틀림없다. 상식을 무시하고, 임금님이 입고 있었으며 그가 볼 수 있었던 오직 한 가지 옷(빛의 속도불변성과 상대성원리)에 새 이론의 바탕을 두기로 한 자신의 결정에 따라 아인슈타인은 대담하게 미지로, 아니 상상의 세계로 들어섰다. 벌써 새 땅에 들어간 그는 계속해서 일찍이 사람의 발길이 닿지 않는 영역을 개척해 나갔다.

 자신의 운동 상태와는 관계없이 모든 관찰자에게 빛의 속도가 똑같은 이유가 무엇일까? 속도를 재려면 시계와 자(빳빳한 막대기)가 필요하다. 광원과는 상대적으로 정지해 있는 관찰자가 측정한 빛의 속도가 그것에 대해서 움직이고 있는 관찰자가 재어 본 속도와 같다면 이러한 결론을 내리지 않을 수 없다. 어떤 이유로서든 그 측정 장치가 갑이라는 준거의 틀에서 을이라는 준거의 틀로 옮아갈 때 변하되, 그 변화는 항상 광속도가 동일하다는 결과를 빚는다.

그것을 측정하려고 사용한 시계와 막대기가 그들의 운동에 따라 한 준거의 틀에서 다른 준거의 틀로 옮길 때 변형되므로 광속도는 언제나 변하지 않는다. 간단히 말해서 정지해 있는 관찰자에게는 움직이는 막대기의 길이가 변하고 움직이는 시계의 리듬이 달라진다. 동시에 움직이는 막대기 및 시계와 함께 이동하는 관찰자에게는 그 길이와 리듬에 전혀 변화가 나타나지 않는다. 그러므로 두 관찰자가 측정한 빛의 속도는 동일하고 쌍방은 다 같이 그 측정 결과나 측정 장치에서 이상한 점을 전혀 찾아낼 수 없다.

이것은 마이클슨-모올리 실험의 사례와 아주 비슷하다. 피츠제럴드와 로렌츠에 따르면 에테르 바람(우리 이론에서는 이제 배제되어 버린)을 향하고 있는 간섭계의 지침은 에테르 바람의 압력에 의해서 단축된다. 따라서 '에테르 바람'에 맞서 있는 간섭계 지침을 따라 나는 빛보다 짧은 거리를 가게 되고 시간은 그 길이에 비해 더 오래 걸린다. 이것이 로렌츠 변환을 기술한 내용이다. 이렇게 생각해 보면 허구적인 에테르 바람에 의한 수축의 경우와 마찬가지로 로렌츠 변환을 운동에 기인한 수축을 기술하는 데 사용할 수 있다.

피츠제럴드와 로렌츠는 에테르 바람의 압력을 받고 빳빳한 막대기가 수축되었다고 상상했으나 아인슈타인에 따르면 수축에 더하여 시간 팽창을 일으키는 것은 운동 그 자체이다.

그밖에도 이것을 보는 또 다른 방법이 있다. 움직이는 관찰자가 정지해 있는 관찰자보다 짧은 측정 막대기(measuring rod, 따라서 빛이 가야 할 거리가 보다 짧다)와 한층 느린 시계(따라서 시간이 소요된다)로 광속도를 측정하게 되므로, 움직이는 측정 막대기가 짧아지고 움직이는 시계가 훨씬 더디게 간다면 그 결과는 어김없이 '빛의 불변속도'이다. 그러나 각 관찰자는 자기가 가지고 있는 막대기와 시계가 아주 정상적이며 전혀 흠이 없다고 생각하게 된다. 그러므로 이들 두 관찰자는 빛의 속도가 초속 186.000마일임을 알게 되고 제대로 고전적 변환법칙에 묶여 있다면 이 사실에서 곤혹을 맛보게 될 것이다.

이들이 아인슈타인의 기본 가설(광속도불변의 원리와 상대성원리)이 낳은 첫 열매들이었다. 첫째, 움직이는 물체는 운동 방향으로 수축되며 그 속도에 반비례하여 짧아지다가 빛의 속도에 이르면 드디어 사라져 버리게 된다. 둘째, 이동하는 시계는 정지해 있는 시계보다 느리게 가며 그 속도가 증가함에 따라 점차 그 리듬이 느려지다가 광속도에 도달하면 마침내 완전히 멈추어 버린다.

이러한 효과는 '고정된' 관찰자에게만 나타난다. 즉 운동하는 시계와 막대기에 대해서 상대적으로 정지해 있는 사람을 가리킨다. 다시 말하면 시계 및 막대기와 함께 이동하는 관찰자에게는 이와 같은 효과가 나오지 않는다. 이 점을 명백히 하기 위해서 아인슈타인은 '고유proper'와 '상대relative'라는 용어를 도입했다. 우리들이 고정된 막대기와 고정된 시계를 볼 때 우리 역시 이와 고유한 시간이다. 고유한 길이와 시간은 언제나 정상적으로 보인다. 그래서 그들을 '고유한'이라는 관형사로 수식한다. 우리들이 고정되어 있고 우리와는 상대적으로 매우 빨리 이동하는 막대기와 시계를 관찰한다면 우리들이 보는 것은 그 이동하는 막대기의 상대적 길이와 이동하는 시계의 상대적 시간이다. 이 상대적 길이는 고유한 길이보다 항상 짧으며 상대적 시간은 고유한 시간보다 언제나 느리다.

여러분이 가지고 있는 시계에 따라 알고 있는 시간이 여러분의 고유한 시간이며 여러분 곁을 지나가는 사람의 시계를 여러분이 보았을 때의 시간이 상대적 시간(여러분-여러분 곁을 지나가는 사람이 아니라-에게 보다 느리게 가고 있는 것으로 나타나는)이다. 여러분의 손에 들려 있는 측정 막대기의 길이가 그 고유한 길이며 여러분 곁을 지나가는 사람 손에 들려 있는 측정 막대기의 길이는 상대적 길이(여러분-다른 사람이 아니라-에게 한층 짧게 보이는)이다. 여러분 곁을 지나가는 사람의 관점에서 보면 그는 정지해 있으며 여러분은 움직이고 있어서 그 상황이 뒤집힌다.

우리들이 외계 탐험에 나선 우주선을 타고 있다고 가정하자. 우리들은 15분마다 버튼을 눌러 지구로 신호를 보내게 미리 준비해 두었다. 우리들의 속도가 점차 증가함에 따라서 지구에 있는 우리 동료들은 우리 신호가 15분이 아니라 17분 간격으로 가기 시작하다가 25분 간격으로 틈이 벌어지고 있음을 눈치 채게 될 것이다. 며칠이 지나면 우리 동료들은 신호가 이틀에 한 번씩 전달되어 크게 걱정하게 된다. 우리들의 속도가 계속 높아짐에 따라서 우리 신호는 몇 년 만에 한 번씩 도착하게 된다. 결국 우리 신호가 한 번 가는 사이에 지구에서는 한 세대가 지나게 될 것이다.

한편 우주선의 우리들은 지구상의 난관을 전혀 깨닫지 못하고 있다. 우리들로서는 모든 일이 계획대로 진행되고 있다. 다만 15분마다 버튼을 누르는 일상생활이 따분해질 뿐이다. 몇 년(우리들의 고유 시간) 뒤에 우리들이 지구에 돌아올 때 지구의 시간은 몇 세기(상대 시간)를 지났을 가능성도 있다. 그 기간이 얼마나 되느냐 하는 문제는 우리들이 얼마나 빨리 비행했느냐에 달려 있다.

이러한 장면은 공상과학소설이 아니다. 그것은 잘 알려진(물리학자들에게) 현상, 특수상대성이론의 쌍둥이 역설에 바탕을 두고 있다. 이 역설의 일부는 쌍둥이 중의 하나가 지구에 남아 있고 다른 하나는 우주여행을 갔다가 돌아왔는데, 돌아온 그가 나이가 더 젊더라는 것이다.

고유 시간과 상대 시간의 사례는 많다. 우리들이 우리와는 상대적으로 초속 161,000마일의 속도로 이동하고 있는 우주 비행사를 관찰하는 우주 정류장에 있다고 하자. 그를 지켜보고 있으면 마치 저속영상화면에서 움직이는 것처럼 그의 동작이 약간 느릿느릿하다는 것을 깨닫게 된다. 또한 그의 우주선에 있는 모든 것이 저속화면에서 마냥 작동하는 것 같은 느낌을 받게 된다. 이를테면 그가 피우는 담배는 우리들의 그것보다 2배나 오랫동안 탄다.

말할 필요도 없거니와 그의 동작이 느린 이유 가운데 일부는 그가 우리와의 거리를 급속히 확대하고 있으며 한순간이 지남에 따라 빛이 그의 우주선으로부터 우리에게 도달하는 시간이 더 길어지기 때문이다. 그럼에도 불구하고, 빛의 여행시간을 계산에 넣어도, 그 우주인은 평상시보다 한결 느리게 움직이고 있음을 알게 된다. 그러나 우주 비행사에게는, 초속 161,000마일의 속도로 그의 곁을 쏜살같이 지나가는 사람은 우리들이며, 그가 필요한 일체의 조정을 하고 나서도 느릿느릿 움직이는 쪽은 우리라는 인식에 도달하게 된다. 우리가 피는 담배가 그의 것보다 2배나 오래 간다.

이러한 상황은 상대방의 풀밭의 풀이 언제나 더 파란 이유가 무엇인가를 궁극적으로 설명해 주는 실례가 될 수 있다. 각자의 담배는 상대방의 그것보다 2배나 오래 탄다(불행히도 치과의사를 찾아가는 길은 누구에게나 그런 법이다).

우리들 자신이 경험하고 재어 보는 그 시간은 우리들의 고유 시간이다. 우리 담배는 정상적인 시간의 길이만큼 계속 탄다. 우리들의 우주 비행사를 상대로 재는 시간이 상대적 시간이다. 그의 시간은 2배나 느리게 지나가므로 그의 담배는 우리 것보다 2배나 오래 가는 것처럼 보인다. 고유의 길이와 상대적 길이도 사정은 비슷하다. 우리들의 시각에서 보면 가령 우주 비행사의 담배가 우주선이 움직이는 방향을 가리키고 있다면 우리 담배보다 짧다.

　같은 동전의 반대쪽, 즉 같은 사실을 뒤집어놓고 보면 우주 비행사는 자신이 고정되어 있고 그의 담배가 정상적인 것으로 생각한다. 그 역시 우리들이 그와는 상대적으로 초속 161,000마일로 이동하고 있으며, 우리 담배가 그의 것보다 짧고 한층 천천히 탄다.

　아인슈타인의 이론은 여러모로 그 실질적 내용이 확인되어 왔다. 그 모두가 무서우리만큼 정확하게 그 이론을 입증하고 있다.

　시간 팽창을 가장 일반적으로 입증하는 방법이 고에너지 입자 물리학에서 나온다. 뮤온이라 불리는 아주 가벼운 소립자가 지구 대기권 정상에서 양자(우주복사cosmic radiation의 한 형태)와 공기 분자의 충돌로 만들어진다. 뮤온이 가속기에서 만들어지는 실험을 통하여 우리는 그것이 아주 짧은 시간 동안 존재한다는 점을 알고 있다. 그들이 대기권 상층에서 지구에 도달할 정도로 존재하는 경우는 절대로 없어 보이며, 그 입자가 이 거리를 통과하기 훨씬 이전에 자연발생적으로 다른 유형의 입자로 붕괴해야 한다. 그렇지만 지구 표면에서 많이 탐지되고 있는 점으로 미루어 자연상태에서도 그러한 현상은 일어나지 않고 있다.

　우주복사로 만들어진 뮤온이 더 오래 존재하는 까닭은 무엇인가? 우주방사와 공기 분자의 충돌로 만들어진 뮤온은 우리가 실험적으로 만들어낼 수 있는 어느 뮤온보다 훨씬 빠르다는 것이 그 대답이다. 그들의 속도는 광속도의 99%가량이다. 그 속도에서는 팽창 시간이 상당히 눈에 뜨이게 된다. 그러한 뮤온들은 그들의 관점에서 보면 이례적으로 오래 있는 것이 아니지만 우리들의 시각에서 보면 그보다 낮은 속도와 비교할 때 7배나 오래 간다.

　이 점은 뮤온만이 아니라 거의 모든 원자 이하의 입자, 즉 아원자적 입자에 해당되며 그러한 입자는 적지 않다. 예를 들어 또 다른 유형의 아원자 입자인 파이온pion은 광속도의 80%로 이동하면 느린 파이온보다 평균 1.67배 더 오래 있다. 특수상대성이론은 그 고속 입자들의 본질적인 수명이 증가하지 않았으나 상대적 시간 경과율은 느려진다고 밝히고 있다. 또한 특수상대성이론은 우리들이 그 입자들을 창출할 수 있는 기술 능력을 보유하기 오래전에 이들 현상을 계산 가능하게 했다.

1972년, 당시에 있던 가장 정확한 원자시계 가운데 4개를 비행기에 싣고 세계 일주를 했다. 그 비행이 끝나고, 출발 전에 시간을 맞추어 놓은 시계들은 육지에 고정되어 있던 다른 시계보다 시간이 약간 늦어져 있음을 알게 되었다.* 여러분이 비행기를 타면 설사 아무리 미세하더라도 여러분의 시계는 더디게 가고 여러분의 몸뚱이는 체중이 더 나가며 만일 여러분이 조정석을 향해 있었다면 여러분의 몸은 좀 더 홀쭉해진다.

플라톤의 이름난 동굴의 우화는 동굴벽에 나타나는 그림자만을 볼 수 있게 동굴 안에 묶여 있는 한 무리의 사람들을 그리고 있다. 이들 그림자들이 그 사람들이 보는 유일한 세계이다. 어느 날 이들 가운데 한 사람이 동굴 밖으로 탈출한다. 처음 그는 햇빛에 눈이 멀었으나 다시 시력을 회복하여 이것이 진정한 세계이고 그 이전에 실제로 진정한 세계라고 생각했던 것은 동굴벽화에 던져진 참된 세계의 투영에 지나지 않음을 인식하게 되었다(그가 여전히 동굴 안에 묶여 있는 사람들에게 돌아갔을 때 그들은 이 사람을 미쳤다고 생각했으니 딱한 일이었다).

특수상대성이론에 의하면, 움직이는 물체는 그 속도가 증가함에 따라서 그 운동 방향으로 수축되어 보인다. 물리학자 제임스 테럴James Terrell은

---

*그 시계들은 각기 다른 방향(동과 서)으로 세계 일주를 했다. 일반상대성 및 특수상대성의 효과가 다 같이 드러났다.

이 현상이 시각적 환상과 같은 것이며 실은 현실 세계를 플라톤의 동굴벽에 투영했던 것과 비유된다는 점을 수학적으로 증명했다.[6]

그림A는 우리 머리 꼭대기와 구체球體의 꼭대기를 내려다보는 모습을 그린 것이다. 두 점선은 우리 눈과 구체 두 끝에 있는 점을 이어 주고 있다. 우리들이 구체에서 훨씬 멀어지면 이 두 점 사이의 거리는 구체의 지름과 거의 같아진다. 그림A는 화가가 마치 우리 머리 및 두 눈과 구체 위에서 내려다보며 그린 것과 같다.

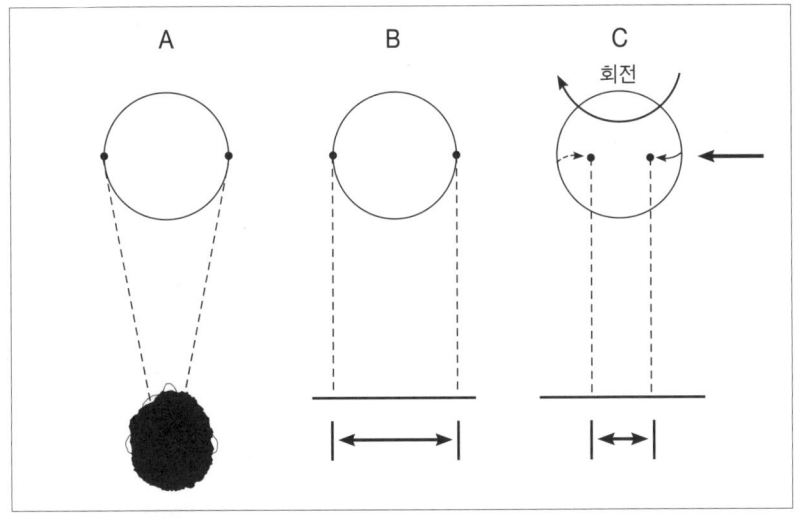

테럴의 설명 가운데 제1단계는 그 구체의 두 점의 하나하나에서 구체 아래에 있는 스크린을 향하여 밑으로(이 페이지의 책상을 뚫고) 직선을 긋는 데서 시작된다. 그림B는 구체의 두 점, 우리가 아래로 그려놓은 선과 스크린을 옆에서 본 그림이다(가령 여러분이 이 책을 바로 앞에 들고 있다고 하면, 여러분의 두 눈은 점선과 상대적으로 그림A에 그려진 눈과 같은 위치에 있게 된다).

테럴의 설명을 이해하기 위해서 그 구체가 광속도에 비해 매우 빠르게 오른쪽에서 왼쪽으로 움직이고 있다고 가정하자. 그 구체가 알맞은 속도로 빨리 움직이면 아주 흥미 있는 일이 일어난다. 예를 들어 구체의 왼쪽 가장자리의 점에서 오는 빛이 우리에게 닿기 전에 그 구체가 빛을 앞서 가므로 우리 시계에서 빛을 가로막게 된다. 그 반대 현상이 오른쪽 끝에서 일어난다. 그 구체, 즉 공은 우리와 원래 공이 '뒤' 쪽에 있던 점에서 발생한 빛 신호 사이에서 빠져나간다. 그래서 이들 신호가 우리 눈에 들어오게 된다. 한편 그 공의 앞서 가는 끝머리에 있는 점에서 나오는 신호들도 그것이 왼쪽으로 옮겨감에 따라서 그 공에 가려진다. 이러한 효과는 일종의 환상이다.

우리들이 보는 것은 누군가가 그 공을 축을 중심으로 회전시킬 때 보게 되는 현상과 같다.

스크린에 투영된 두 점 사이의 거리가 어떻게 되었는가를 보기로 하자. 그것은 처음 시작할 때보다 상당히 줄었다. 운동에 따르는 수축을 나타내는 특수상대성이론의 여러 가지 방정식(로렌츠 변환)이 이들 투사현상을 그려 주고 있다(이것 역시 플라톤의 동굴과 같은 소리를 내기 시작하는가?).

그 공이 아주 빨리 움직이면 그 자체가 내는 빛의 신호 일부를 가로막고 다른 빛의 신호에서는 벗어난다는 사실로 인해서 그 공은 회전하는 것 같은 인상을 준다. 이로 말미암아, 누가 실제로 그 공을 회전시키기라도 한 것과 꼭 같이 운동 방향과 일치하는 그 공의 어떤 두 점 사이의 투영된 거리가 줄게 된다. 그 공이 빨리 움직이면 움직일수록 그것은 더 한층 더 '회전하는' 것 같은 인상을 주며 스크린에 투영되는 두 점은 좀 더 가까워진다. 여기서 줄어드는 것은 그 투영이다. '스크린'에다 '우리들의 준거의 틀에서 본 그 공의 모습'을 대입하면 상대적 수축에 대한 테럴의 설명이 된다.

그러나 아직도 이동하는 시계에 따르는 시간 팽창 또는 운동하는 물체에 수반되는 질량 증가에 대해서는 유사한 설명을 찾아내지 못했다. 하지만 그것은 상대적으로 말해서 그러한 노력이 아직 부족하기 때문이다.

특수상대성이론에 따르면 이동하는 물체의 질량은 물체의 속도에 비례하여 증가한다. 뉴턴은 주저 없이 이것을 가리켜 헛소리(무의미)라고 했을 것이지만 당시로서는 뉴턴의 경험은 광속도에 비해서 아주 느린 속도에 한정되어 있었다.

고전물리학은 움직이는 물체의 속도를 주어진 정도만큼 증가시키려면 - 예컨대 1초에 1m - 일정한 양의 힘이 소요된다고 말한다.

가령 우리들이 그 힘의 양이 얼마인가를 알게 되면, 그 특정한 물체를 1초에 1m 가속시키고 싶을 때마다 우리들이 해야 할 일은 그 정도의 힘을 더해 주는 것뿐이다. 만일 그 물체가 초당 100m의 속도로 가고 있다면, 그 특정 양의 힘은 그 물체의 속도를 1초당 101m로 올려 주게 된다. 뉴턴물리학에 의하면 어느 물체의 속도를 초속 100m에서 101m로 올려 주는 것과 동일한 힘은 같은 물체의 속도를 초당 8000m에서 8001m로 높여준다.

문제는 뉴턴물리학이 틀렸다는 데 있다. 어느 물체를 8000m의 초속에서 8001m로 올리는 데 필요한 힘은 같은 물체를 초속 100m에서 101m로 가속시키는 데 드는 힘보다 훨씬 많이 든다.

그 이유는 상대적으로 빠른 물체가 한층 큰 운동에너지kinetic energy를 가지고 있기 때문이다. 이러한 추가에너지는 그 물체가 한층 큰 질량을 지닌 물체와 같이 행동하게 한다.

열차 한 칸에 일정한 시간 동안 주어진 일정한 양의 힘은, 열차 전체에 동일한 시간 동안 주어진 동일한 힘보다 한 칸의 열차를 더 빨리 가속시키게 된다. 물론 이것은 한 칸의 차량보다 열차 전체의 질량이 큰 까닭 때문이다.

입자들이 빛의 속도에 비해 빠른 속도로 달리면, 그것들의 높은 운동에너지는 속도가 낮을 때보다 더 큰 질량이 있는 것처럼 움직인다. 특수상대성이론을 빌리면 실제로 움직이는 물체의 유효 질량effective mass은 속도에 비례하여 증가한다.

대다수의 원자 이하의 입자들, 즉 아원자 입자들은 서로 다른 속도로 날고 있으므로, 그 하나하나가 갖가지 상이한 상대질량을 가지고 있을 수 있다. 따라서 물리학자들은 각 입자의 정지 질량rest mass을 계산해냈다. 아원자 입자의 정지 질량은 그것이 움직이지 않을 때의 질량을 가리킨다. 아원자 입자들이 실제로 정지해 있는 법이란 없으나, 이러한 계산으로 그들의 질량을 비교하는 통일된 방법을 마련해낸다.

입자의 속도가 광속도에 접근함에 따라 그 상대적 질량은 그것이 얼마나 빨리 움직이느냐에 좌우된다.

이동하는 시계들은 그 리듬이 변한다는 사실을 아인슈타인이 발견함으로써 우리들이 세계를 보는 방법 – 세계관은 크게 수정되었다. 그에 따르면 우주에 침투한 '보편적universal' 시간이란 없다.

거기에는 오로지 다양한 관찰자들과 연관된 고유 시간이 있을 뿐이다. 각 관찰자의 고유 시간은 두 관찰자가 상대적으로 서로 정지해 있지 않는 한 같을 수가 없다. 만약 우주에 심장의 고동이 있다면, 그 속도는 듣는 사람에 따라 다를 것이다.

특수상대성이론을 빌리면, 갑이라는 준거의 틀에서 동시에 일어난 두 가지 사상事象이라도 을이라는 준거의 틀에서 보면 서로 다른 시간에 일어날 수도 있다. 이 점을 설명하고자 아인슈타인은 그의 유명한 사고 실험thought experiment의 한 가지를 사용했다.

사고 실험은 정신훈련mental exercise의 일종이다. 여기에는 정신 이외의 어떤 장치도 필요 없다. 이 점에서 이 실험은 실험실 실험의 현실적인 제약을 벗어나 자유롭다. 대다수의 물리학자들은 사고 실험을 유효한 이론적 도구로 받아들이고 있다. 그 전제 조건으로 그들은 실험이 이루어졌을 때 실제의 실험 결과와 사고 실험의 결과가 같으면 만족해야 한다는 점을 강조하고 있다.

우리들이 움직이는 방 안에 있다고 하자. 그 방은 균일한 속도로 이동하고 있다. 그 방의 정확한 중심에 주기적으로 깜박이는 전등이 하나 있다. 방은 유리로 만들어졌으므로 바깥에 있는 관찰자가 안에서 일어나고 있는 일을 볼 수 있다.

우리가 바깥에 있는 관찰자를 지나치는 바로 그 순간에 불이 깜박 들어온다. 여기서 문제는 우리들이 움직이는 방 안에서 본 것과 바깥에서 있는 관찰자가 본 것 사이에 어떤 차이가 있느냐는 데 있다. 특수상대성이론에 따르면 그 대답은 비상하여 기존 개념을 산산이 깨뜨리고 만다. 사실이 그렇다는 것이다. 더구나 거기에는 큰 차이가 있다.

방 안에서 우리들은 전구가 번쩍이는 것을 보고, 빛이 같은 속도로 사방에 퍼지는 것을 본다. 방의 벽은 모두 전구에서 같은 거리에 있으니까, 빛이 앞쪽 벽과 뒤쪽 벽을 동시에 때리는 것을 보게 된다.

바깥에 있는 관찰자 역시 섬광을 보고, 또한 그 빛이 동일한 속도로 사방에 전파되는 것을 본다. 그의 시각에서 본다면 앞쪽 벽은 다가오는 빛을 피하려고 하고, 반면 뒤쪽 벽은 그 빛을 맞이하려고 급히 달려간다. 그러므로 바깥에 있는 관찰자에게 그 빛은 뒷벽에 먼저 닿고 나서 앞쪽 벽에 도달한다. 가령 그 방의 속도가 광속도에 비해서 아주 느리다면, 그 빛은 앞쪽 벽보다 약간 앞서 뒷벽에 부딪친다. 그러나 어쨌든 그 빛은 뒷벽과 앞벽을 하나, 둘의 순서로 때릴 뿐, 동시에 부딪치지는 않는다.

비록 우리들 쌍방이 동일한 두 가지 사상事象 - 앞벽에 부딪치는 빛과 뒷벽에 부딪치는 빛-을 관찰했다고 하더라도 우리들은 서로 다른 이야기를 하게 된다. 방 안에 있는 우리에게는 그 두 사상이 동시에 일어났다, 하지만 바깥에 있는 관찰자에게는 한 사상이 먼저 일어나고 다른 사상은 좀 뒤에 일어났다.

어느 관찰자에게는 동시에 일어나는 사상이 그들의 상대적 운동에 따라서 다른 관찰자에게는 서로 다른 시간에 일어날 수 있음을 밝혀낸 것은 아인슈타인의 혁명적 통찰력이었다. 달리 말하면, 어느 관찰자의 준거의 틀에서 보면 서로 다른 시간에 일어나는 두 가지 사상들이 다른 관찰자가 가지고 있는 준거의 틀에 의하면 동시에 일어날 수도 있다. 한 관찰자는 '상대적으로 빠른sooner'과 '상대적으로 느린later'이라는 낱말을 사용한다. 양쪽 모두 같은 두 가지 사건을 그리고 있는데도 다른 관찰자는 '동시적simultaneous'이라는 단어를 쓴다.

달리 말하면, '상대적으로 빠른', '상대적으로 느린'과 '동시적'이란 말은 국소적local 용어이다. 이러한 용어는 특정한 준거의 틀에 묶이지 않는 한 전체 우주에서는 아무런 의미도 없다. 어느 준거의 틀에서는 '보다 빠른' 것이 다른 준거의 틀에서는 '보다 느린' 것으로 되고, 제3의 준거의 틀에서는 '동시적'이 될 수 있다.*

어느 관찰자가 한 준거의 틀 안에서 본 것을, 다른 관찰자가 다른 준거의 틀 안에서 본 것으로 옮겨 놓는 수학이 로렌츠 변환Lorentz transformation이다. 아인슈타인은 로렌츠 변환-일련의 방정식이다-을 사실상 고스란히 받아들였다.

---

*이것은 공간적space-like으로 분리된 사건에만 적용된다. 시간적time-like으로 떨어진 사상에 대해서는 모든 관찰자에게 상대적으로 이르고-늦은earlier-later이 적용된다. 시간적으로 분리된 사상들은 광속도보다 느리게 움직이는 어떠한 준거의 틀에서도 동시적으로 나타날 수 없다.

아인슈타인 이전에는 그 누구도 이처럼 단순한 형태의 사고 실험에서 이와 같이 놀라운 결과를 낳지 못했다. 아인슈타인에 앞서 어느 한 사람도 광속도불변원리라고 하는 파격적인 것을 가설로 내놓을 만큼 대담하지 못했다. 단 한 사람도 광속도불변원리처럼 파격적인 가설을 내놓을 대담성을 가지지 못한 이유는, 그것이 상식과는 완전히, 의심할 여지없이 모순된다는 데 있었다. 이 상식은 구체적으로 말한다면 고전적 변환법칙classical transformation laws이 대표하는 그것을 가리킨다. 고전적 변환법칙들은 우리들의 일상 경험에 너무나 깊고 넓게 파고 들어가서 그 누구도 여기에 의문을 제기할 엄두를 내지 못했던 것이다.

마이클슨-모올리 실험을 통해서 고전적 변환법칙과는 양립할 수 없는 결과가 나왔음에도 불구하고, 오로지 아인슈타인의 초발심자적 마음만이 고전적 변환법칙들이 그릇될 수 있다는 생각에 이르게 했다. 오직 아인슈타인만이 매우 빠른 속도, 우리들이 우리의 감각을 통해서 느끼게 되는 속도보다 비교할 수 없을 만큼 빠른 속도에서는 고전적 변환법칙이 적용되지 않는다는 사실을 밝혀냈다. 이는 그 법칙이 틀렸다는 뜻이 아니다. 낮은 속도(초속 186,000마일에 비해서)에서는 수축contraction과 시간팽창time dilation을 감각적으로 탐지할 수 없다. 이와 같은 제한된 상황에서는 고전적 변환이 실제적인 경험에 좋은 안내자가 된다. 즉 우리들이 에스컬레이터를 타고서도 걸어 올라간다면 꼭대기에 좀 더 빨리 올라간다.

우리들이 움직이는 방의 실험을 빛 대신 소리로 한다면, 특수상대성이론은 나오지 않는다. 단지 고전적 변환법칙을 확인하는 데 그친다. 소리의 속도는 일정하지 않으므로 음속불변의 원리는 없다, 그것은 상식이 지시하는 바와 같이 관찰자(청취자)의 운동에 따라 변한다, 여기서 중요한 낱말은 '지시되다dictated'이다.

우리들은 소리의 속도(시속 약 700마일)를 '빠르다'고 느끼는 저속도의 제한된 상황에서 삶을 영위하고 있다. 따라서 우리의 상식은 이와 같이 제한된 환경에서 얻은 우리 경험에 바탕을 두고 있다. 만일 우리가 이 환경의 제약을 넘어 우리의 이해를 확대시키고자 한다면, 우리들의 개념 구조 conceptual constructs를 대대적으로 재편성해야 할 필요가 있다, 이러한 작업을 아인슈타인이 해냈다. 그들의 운동 상태와는 관계없이 광속을 측정하는 모든 사람에게 광속은 불변한다는, 전혀 불가능한 실험 결과를 이해시키려면 이와 같은 일을 해야 했는데, 그것을 처음 확인한 인물이 아인슈타인이었던 것이다.

그리하여 그는 광속도불변의 수수께끼를 광속도불변원리로 바꾸어 놓기에 이르렀다. 또한 그로 말미암아 아인슈타인은 빛의 속도가 실제로 모든 관찰자들에게 일정하다면 상이한 운동 상태에서 서로 다른 관찰자들이 사용하는 측정 도구는 아무튼 모두가 똑같은 결과를 내도록 변화하지 않으면 안 된다. 또 다행히 아인슈타인은 이러한 동일한 변화를 네덜란드 물리학자 헨드리크 로렌츠의 방정식에서 발견하고, 그것을 빌려 쓰게 되었다. 끝으로 이동하는 시계가 그 리듬을 바꾼다는 사실에 이끌려 아인슈타인은 '지금now', '보다 빨리sooner', '보다 늦게later' 그리고 '동시적simultaneous'이란 낱말들은 상대적relative 용어라는 피할 수 없는 결론에 도달했다. 이 모두가 그 관찰자의 운동 상태에 따라 좌우된다.

이 결론은 뉴턴물리학이 바탕으로 삼고 있는 가설과는 정반대이다. 우리 모두가 그랬듯이 뉴턴은, 1초, 1초 소리를 내며 움직이며 그에 따라 전 우주가 점점 나이가 들어가는 한 개의 시계가 있다는 전제를 두고 있었다, 우주의 이쪽 구석에서 지나가는 1초에 대해서 똑같은 1초가 우주의 다른 구석에서도 한결같이 흘러간다.

아인슈타인의 견해를 빌리면, 이것은 옳지 않다. 전 우주에서 통용되는 '지금now'이 언제라고 누가 어떻게 말할 수 있을까? 우리들이 두 개의 동시적 사건의 발생(병원에 내가 도착하는 것과 내 시계가 3시를 가리키는 것)으로 '지금'을 지시하려고 애를 쓰면 다른 준거의 틀에 있는 어느 관찰자는 이 사건의 어느 한쪽이 다른 쪽보다 먼저 일어나는 것을 보게 된다. 뉴턴은 절대 시간이 '균일하게 흐르고 있다'[7]고 쓰고 있으나 그것은 잘못이었다. 모든 관찰자에게 균등하게 흐르는 단일 시간이란 없다. 절대 시간이란 존재하지 않는다.

우리 모두가 말없이 인정했던, 물리적 우주 전역에 배어들어간 한 가지 궁극적인 시간의 흐름의 존재란 임금님이 입고 있지 않았던 또 다른 한 조각의 옷이었음이 판명되었다.

뉴턴은 이러한 관점에서 다시 한 번 과오를 저질렀다. 아인슈타인에 의하면 시간과 공간은 분리되지 않았다. 어떤 사물이 어느 장소에 존재한다면 반드시 어느 시간에 존재해야 하며, 어느 시간에 존재한다면 필연적으로 어느 장소가 뒤따른다.

우리들 대다수는 공간과 시간은 분리되어 있다고 생각한다. 우리들이 그것을 경험하고 있는 방식이 그러하다고 생각하고 있기 때문이다. 이를테면 우리들은 공간을 차지하고 있는 우리 위치position에 대해서는 어느 정도 지배 능력을 가지고 있는 것같이 생각하지만, 시간상의 우리 위치에 대해서는 전혀 손을 대지 못하는 것으로 생각한다. 우리들은 시간의 흐름에 대해서는 속수무책이다. 우리는 완전히 멈추어 서 있을 수 있으며, 그 경우 공간 속의 우리 위치는 변하지 않으나, 시간 안에서 정지해 있을 수는 없다.

이러한데도 '공간'에 관해서, 그리고 특히 '시간'에 관해서는 지극히 잡기 어려운 무엇인가가 있다. 그 무엇은 우리로 하여금 '섣불리 그들을 청산하지' 못하게 한다. 주관적으로 시간은 흐르는 시내를 무척 닮은 유동성을 지니고 있다. 때로는 노기에 찬 기세로 거품을 내뿜으며 치닫는가 하면, 때로는 모르는 사이에 조용히 빠져나가며, 이따금 깊은 웅덩이에서 나른하게 거의 정지하여 누워 있다. 공간 역시 오로지 사물을 분리하는 데만 이바지한다는 상식적 관념을 반증하는 편재적 성격을 지니고 있다.

블레이크William Blake(1757~1827, 영국의 시인·화가)의 시는 이처럼 손에 잡히지 않는 성질을 향해 뻗어나간다.

> 한 낱의 모래알에서 세계를
> 그리고 한 송이의 들꽃에서 천국을 보기 위하여
> 그대의 손바닥에 무한을
> 그대의 한 시간에 영원을 간직하라.

이 시의 제목이 〈천진무구의 전조Auguries of Innocence〉였던 것은 결코 우연이 아니었다.

특수상대성이론은 물리학 이론이다. 그 관심 대상은 수학적으로 계산 가능한 실재의 본질이다. 그것은 주관성subjectivity의 이론이 아니다. 물리적 실재의 외양이 준거의 틀에 따라 변할 수 있지만, 그것은 물리적 실재의 변하지 않는(물리학자들은 '불변적invariant'이라고 한다) 측면에 관한 이론이다. 그럼에도 불구하고 특수상대성원리는 그 이전에는 시적 영역에 머물러 있던 분야를 탐색하는, 수학적으로 엄정한 물리학 이론의 첫 번째 주자였다. 현실의 간결하고 예리한 재현representation이 그렇듯이 상대성이론들은 수학자와 물리학자에게는 시詩이다. 하지만 아인슈타인의 거대한 대중적 명성은 그 원인이 부분적이나마 그가 시간과 공간에 심오하게 연관된 무엇인가를 말할 수 있었던 그 공통의 직관shared intuition에 있지 않았던가 짐작된다.

아인슈타인이 시간과 공간에 대해서 하고자 했던 말은 독립된 시간과 공간은 존재하지 않는다는 것이었다. 존재하는 것은 오로지 시공간space-ime뿐이다. 시공간은 연속체continuum이다. 이 연속체는 그 부분이 대단히 밀접하게 가까이 있고 '너무 제멋대로 작아서arbitrarily small' 그 연속체는 실질적으로 분할되지 않는다. 그 연속체는 단절이 없다. 그것을 연속체라고 부르는 이유는 그것이 계속적으로 흐르는 데 있다.

예를 들어 1차원적 연속체는 벽에 그어진 하나의 선이다. 이론적으로는 그 선이 일련의 점으로 구성되었다고 말할 수도 있으나 그 점들은 하나하나가 서로 무한히 접근해 있다. 그 결과 그 선은 점의 한쪽 끝에서 다음 점으로 계속 흘러간다.

2차원적 연속체의 실례는 벽이다. 그것은 길이와 너비라는 두 개의 차원을 가지고 있다. 그와 마찬가지로 벽에 있는 모든 점은 벽에 있는 다른 점과 접속되어 있어, 벽 그 자체가 계속적인 표면을 이루고 있다.

3차원 연속체는 우리가 흔히 '공간'이라 부르는 것이다. 비행기를 몰고 있는 조종사는 3차원 연속체에서 날고 있다. 그의 위치를 알리기 위해서는 주어진 지점의 동쪽과 북쪽의 거리만이 아니라 고도를 보고해야 한다. 모든 물체들thing physical이 그런 바와 같이 비행기 그 자체도 3차원이다. 거기에는 너비, 높이와 길이가 있다.

그러므로 수학자들은 우리의 실재(현실)(그들의 실재(현실)이기도 하다)를 3차원적이라고 한다.

뉴턴물리학에서는 우리들의 3차원적 실재가 1차원적 시간과 분리되어 있으며 그 안에서 앞으로 나아가고 있다. 특수상대성이론은 그렇지 않다고 말한다. 우리의 실재는 4차원적이며, 그 제4차원이 시간이라고 한다. 우리는 4차원의 시-공 연속체에서 살고 숨 쉬고 존재한다.

뉴턴의 시공간은 역동적 형상이다. 사건은 시간의 흐름과 더불어 전개된다. 시간은 1차원이며 (앞으로)움직인다. 과거, 현재, 그리고 미래는 순서대로 일어난다. 하지만 특수상대성이론에 따르면 정적static, 정지된non-moving 시-공상像의 관점에서 생각하는 것이 바람직하고 한층 유용하다고 한다. 이러한 정적 구도, 시간-공간 연속체에서는 사상들이 전개되지 않고 그냥 있을 뿐이다. 우리들이 4차원적 방법으로 우리의 실재를 볼 수 있다면 지금 시간의 흐름에 따라 우리 앞에 펼쳐지고 있다고 생각되는 모든 것이 그 완전한 모습으로in toto 이미 존재하고 있으며, 말하자면 시-공의 화폭 위에 벌써 그려져 있음을 알게 된다. 우리는 과거·현재·미래를 모두 단번에 한눈으로 보게 될 것이다. 물론 이것은 단순히 수학적 명제에 불과하다 (그렇지 않은가?).

4차원 세계를 시각화하려고 애를 쓰지 마라. 물리학자들마저도 그것은 불가능하다. 잠시 이런 가정을 해 두기로 하자. 지금까지 나온 증거로 미루어 아인슈타인이 옳다는 시사가 있으니까 그대로 믿어 두기로 하자는 말이다. 그의 메시지는 시간과 공간이 아주 친밀한 관계를 유지하고 있다는 것이다. 그보다 훌륭한 표현 방법이 없으므로, 그는 시간을 제4차원이라고 불러 이러한 관계를 표현하고 있다.

'제4차원'이란 한 언어에서 다른 언어로의 번역이다. 그 원어는 수학이고, 제2의 언어는 영어 또는 한국어 등의 일반 언어다. 문제는 제1언어가 말하는 내용을 정확하게 표현할 수 있는 방법이 제2언어에는 없다는 사실이다. 따라서 '제4차원으로서의 시간'은 우리들이 어느 관계에 붙인 상표명에 지나지 않는다. 여기서 문제삼는 관계란 상대성이론에서 수학적으로 표현된 시간과 공간 사이의 관계이다.

아인슈타인이 발견한 시간과 공간의 관계는 그리스인 피타고라스(BC 582-500, 공자와 같은 시대에 살았다)가 기원전 550년 경에 발견한 직각의 양변 사이의 관계와 비슷하다.

직각 삼각형은 세 각 중에 90°가 하나 있는 삼각형이다. 두 개의 수직선이 교차하면 어디서나 직각이 생긴다. 다음에 있는 것이 직각 삼각형이다. 직각이 마주 보는 삼각형의 한 변을 빗변hypotenuse이라고 한다. 이 빗변은 직각 삼각형의 세 변 가운데서 언제나 제일 길다.

피타고라스는 직각 삼각형의 짧은 두 변의 길이를 알면 가장 긴 빗변을 계산해낼 수 있음을 알게 되었다. 이러한 관계를 수학적으로 표현한 것이 피타고라스 정리Pythagorean theorem이다. 제1변의 제곱 더하기 제2변의 제곱은 빗변의 제곱과 같다.

수많은 짧은 변의 상이한 조합으로도 일정한 빗변을 계산해낼 수 있다. 말을 바꾸면, 빗변이 일정하더라도 다른 두 변의 길이는 여러 가지일 수가 있다.

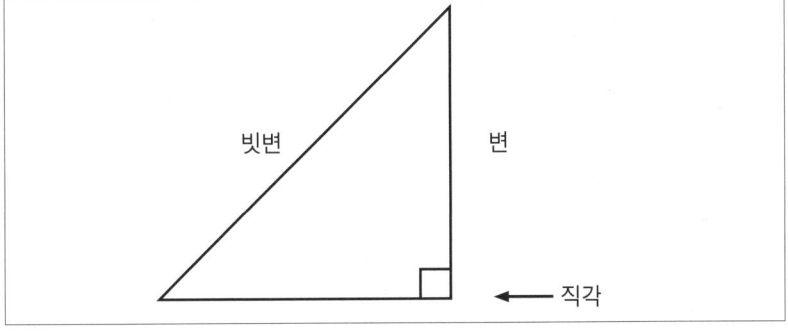

예컨대 아래 그림처럼 첫째 변이 아주 짧고 둘째 변이 대단히 긴 경우가

있다.

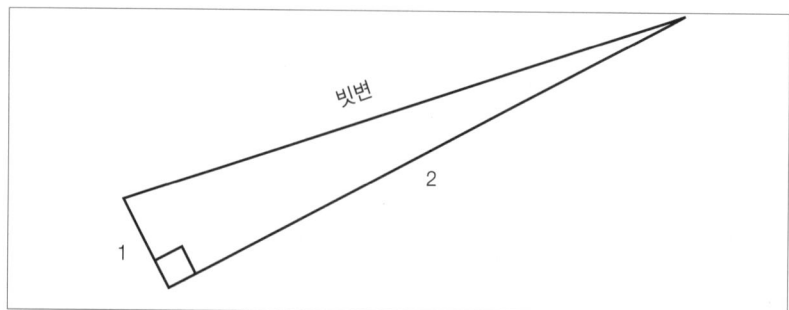

또는 그 반대의 경우도 있다.

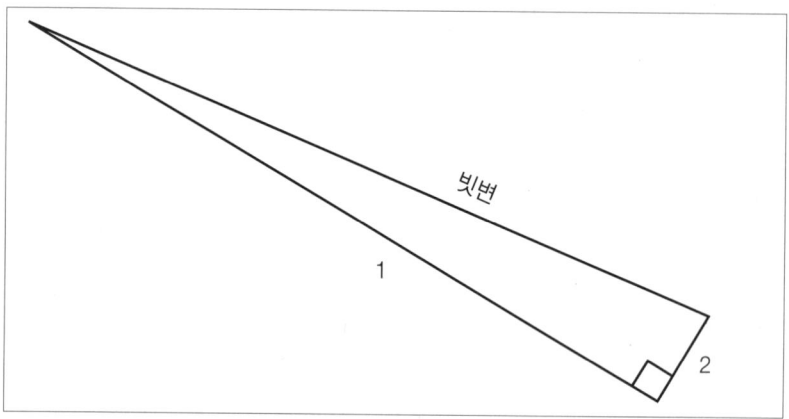

혹은 그 중간의 사례도 있다.

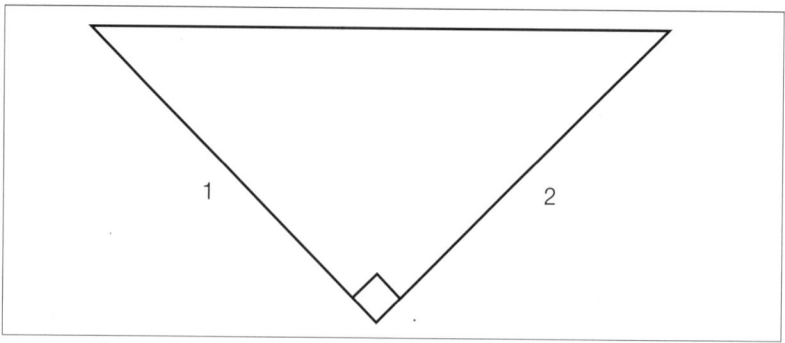

만약 우리가 직각 삼각형의 한 변에 '공간'을 대입하고 다른 변에 '시간'을 대입하여 빗변에 '시-공 간격'을 두면, 특수상대성이론에 묘사된 공간·시간·시공 간격에 개념적으로 비슷한 관계가 나온다.* 두 사건 사이의 시-공 간격은 일종의 절대치이다. 그것은 절대로 변하지 않는다. 그것은 서로 다른 운동 상태에 있는 관찰자들에게 달리 나타날 수는 있지만, 그 자체는 불변이다.

특수상대론이론을 통하여 다른 준거의 틀에 있는 관찰자들이 어떻게 하여 동일한 두 사건을 관찰하고 그 사이의 시-공 간격을 산출할 수 있느냐를 보여 주게 된다. 모든 관찰자들이 얻는 해답은 동일할 것이다.

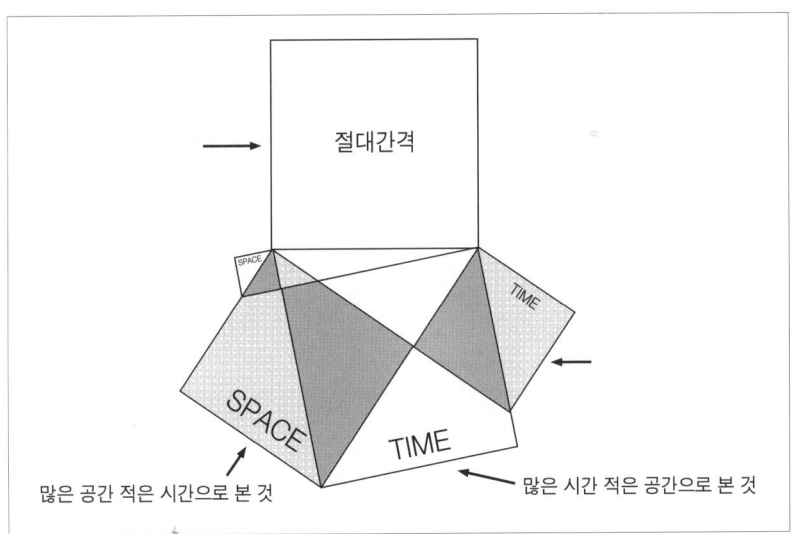

가이 머치Guy Marchie에게 감사드린다.
이 그림은 원래 그의 탁월한 저서 〈천국의 음악Music of Spheres〉 (New YORK, Dover,1961)에 실린 것이었다.

---

*피타고라스 정리는 $c^2=a^2+b^2$ 이다. 특수상대성이론에 담긴 시공간의 방정식은 $c^2=a^2+b^2$이다. 피타고라스 정리는 유클리드 공간의 성질을 기술한다. 시-공 간격 방정식은 민코프스키의 평면시-공에서의 성질을 그리고 있다. 그밖에도 여러 가지 차이가 있으나, 시간·공간·시공간격의 기본 관계는 직각 삼각형의 세 변 간에 설정된 피타고라스 정리에 표현된 기본 관계와 아주 비슷하다.

어느 관찰자는, 그에게는 그 두 사건 사이에 개입된 시간과 거리가 있는 특수한 운동 상태에 있으며, 다른 관찰자는 또 다른 운동 상태에 있기 때문에 그의 측정 장치가 그 두 사건 사이에 전자와는 다른 거리나 시간을 찾아낼 수도 있다. 그러나 두 사건 사이의 시-공 간격은 변하지 않는다. 폭발하는 두 항성 사이의 시-공 간격 절대 분리absolute separation는 행성과 같이 느리게 움직이는 준거의 틀에서 보나 똑같다.

그럼 다시 움직이는 유리방 실험으로 되돌아가 보자. 방 안에 있는 우리들이 빛이 앞뒤 벽을 동시에 때리는 것을 보았는데도, 바깥에 있는 관찰자는 빛이 뒷벽에 먼저 부딪치고 나서 앞벽에 부딪치는 것을 보았다.

그러나 바깥 관찰자는 시간과 거리 측정치를 투입한 피타고라스식 방정식을 이용하여 우리들과 같이 그 사상들 사이에 동일한 시-공 간격을 얻게 된다.

실제로 이러한 피타고라스식 관계는 아인슈타인에게 수학을 가르친 헤르만 민코프스키Hermann Minkowski(1864~1909, 소련 리트아니아 태생의 독일 수학자)가 발견했다. 그는 그의 가장 뛰어난 제자의 특수상대성이론에서 영감을 받았다. 1908년 민코프스키는 자신의 견해를 이렇게 밝혔다.

이제부터 단독적인 공간, 독립된 시간이란 단순한 그림자로 사라지게 될 운명에 처하게 되었으며, 어떤 형태로든 그 둘의 통일에 의해서만 독립된 실재가 보전된다.8)

시간과 공간에 대한 민코프스키의 수학적 탐색은 혁명적이면서도 매혹적이었다. 거기서 과거·현재·미래의 수학적 관계를 보여 주는 간단한 시-공 도식이 나왔다. 이 도식에 담긴 풍부한 정보 가운데서 제일 충격적인 것은 각 개인의 모든 과거와 모든 미래가 단 한 점, 현재now에서 만난다는 사실이다. 나아가서 각 개인의 현재는 특수하게 위치하고 있어서 여기here(그 관찰자가 있는 지점)가 아닌 다른 곳에서는 결코 찾아지지 않는다.

람 다스Ram Dass의 위대한 저서 《지금 여기 있을 지어다Be Here Now》가 각성 운동의 표어로 확립되기 63년 전에 헤르만 민코프스키는 물리적 실재에서 물질 안에 선택이 존재하지 않음을 입증했다. 불행히도 물리학자들에게는 이러한 깨달음이 반드시 체험되지는 않는다. 그럼에도 불구하고, 동방에서 2000년 동안 사용되어 온 명상의 출발점인 지금 여기 있음being here now이, 특수상대성이론의 영감을 받아 이룩된 민코프스키의 준엄한 수학적 확인을 통하여 서양과학의 뒷받침을 받게 되었다.

특수상대성이론의 마지막이요 가장 유명한 측면은, 질량은 에너지의 한 형태이며, 에너지는 질량을 지니고 있다는 계시이다. 아인슈타인의 말을 빌리면, "에너지는 질량을 가지고 있으며, 질량은 에너지를 표현한다."9)

비록 어떤 의미로는, 다시 말하면 물질, 질료는 육체와 정신이 다른(동일한 이론의 다른 형태) 것처럼 에너지와는 같지 않다고 너무 오랫동안 믿어왔다는 의미에서, 이 사실은 충격적이다. 그러나 다른 의미로는 놀라우리만큼 자연스럽게 들린다. 물질-에너지 이분론matter-energy dichotomy은 줄잡아 아득히 구약까지 거슬러 올라간다. 창세기는 인간을 일종의 도예품으로 그리고 있다.

하느님이 한 줌의 진흙(물질)을 떠 올려 그 안에 생명(에너지)을 불어넣는 구약은 서양의 산물(또는 그 逆)이다. 물리학 역시 서양의 산물이다.

그러나 동양에서는 물질과 에너지를 둘러싸고 철학적 또는 종교적(서양에서만 둘은 갈라진다) 혼란이 컸던 일은 결코 없었다. 물질의 세계는 상대적 세계이며, 환상적인 것이다. 그것이 존재하지 않는다는 뜻에서가 아니라, 우리들이 그것을 현실 그대로 보지 않는다는 의미로 환상적이다. 물질의 현실적인 존재 양식을 말로 전달할 수는 없지만, 그것을 표현하는 우회적인 방법으로 동양의 문학은 춤추는 에너지(기)와 무상, 비영구적인 형태를 거듭 논하고 있다, 이것은 고에너지와 입자 물리학에 나오는 물리적 실재상과 대단히 비슷하다. 불교 문헌에는 실재에 대해 새로운 것을 배운다는 말이 전혀 없고, 우리와 이미 우리가 되어 있는 본래 면목 사이를 가로막고 있는 무지의 장막을 벗긴다는 말이 나온다. 아마 이것이 질량은 에너지의 한 형태에 지나지 않는다고 하는 어처구니없는 주장이 갑자기 구미에 맞게 된 사실을 설명해 주는지도 모른다.

질량과 에너지 관계를 표현하는 공식은 세계에서 가장 이름난 정식으로 $E=mc^2$이다. 물질 한 조각에 들어 있는 에너지는 매우 큰 숫자인 광속의 제곱에 물질의 질량을 곱한 것과 같다. 따라서 아주 작은, 지극히 작은 물질 입자마저도 그 안에 방대한 양의 농축에너지가 들어 있다는 의미가 거기 담겨 있다.

아인슈타인은 당시에는 그것을 알지 못했으나, 천체 에너지의 비밀을 발견했던 것이다. 천체는 끊임없이 물질을 에너지로 전환시킨다. 그 이유는, 천체가 헤아릴 수 없는 세월을 통해서 계속해서 불탈 수 있는 이유를 소비된 물질에 대한 방출되는 에너지의 거대한 비율에서 찾을 수 있기 때문이다.

별의 중심에는 물리 세계의 원초 '질료stuff'인 수소 원자가 별의 밀도 높은 질량의 엄청난 중력에 의해서 어찌나 단단하게 뭉쳐 있는지, 그들은 서로 융합되어 새 원소 헬륨을 만들어 낸다. 4개의 수소 원자가 헬륨원자 하나를 이룬다. 그런데 헬륨원자 하나의 질량은 수소 원자 4개의 질량과 같지 않다. 헬륨의 질량이 약간 적다. 질량의 이와 같은 미세한 차이는 방사에너지-열과 빛-로 방출된다. 보다 가벼운 원소들을 한층 무거운 원소로 만드는 과정을 융합이라 부른다. 수소의 헬륨으로의 융합은 수소 폭발을 일으킨다. 표현을 바꾸어, (어린) 타오르는 별burning star은 문자 그대로 거대하고 지속적으로 폭발하는 하나의 수소폭탄이다.

$E=mc^2$이라는 정식 역시 원자폭탄을 낳았다. 원자폭탄과 원자로는 융합의 반대 현상인 분열 과정을 통하여 질량에서 에너지를 얻어낸다. 보다 작은 원자들을 보다 큰 원자로 융합하는 대신 분열 과정은 상당히 큰 원자에 속하는 우라늄 원자를 한층 작은 원자로 쪼갠다.

이는 우라늄원자에다 아원자 입자인 중성자neutron를 쏘아 이루어진다. 중성자가 우라늄원자를 때리면, 우라늄원자가 한층 가벼운 원자로 나누어지지만, 이 작은 원자들을 모두 합쳐도 그 질량은 어미인 우라늄원자의 그것보다 적다. 이 질량차는 폭발하여 에너지가 된다. 이 과정은 또한 추가로 중성자들을 산출하여 이들이 날아가 다른 우라늄원자들을 때리고, 보다 많은 분열 현상, 보다 많은 가벼운 원자, 더 많은 에너지, 그리고 더 많은 중성자를 내놓는다. 이 현상 전체를 가리켜 연쇄반응이라고 한다. 원자폭탄은 제어되지 않은 연쇄반응이다.

수소융합폭탄은 수소 한복판에 박아놓은 원자(분열)폭탄을 폭발시켜 만든다. 원자 폭발에서 나온 열(중력으로 일어난 마찰열 대신)이 수소 원자들을 융합하여 헬륨원자를 만들어 내고, 그 과정에 열을 방출하고 그 열이 한층 많은 수소 원자들을 융합시켜 다시 열을 내게 된다. 수소폭탄의 잠재적 규모는 한계가 없으며, 그것은 우주에서 가장 풍부한 원소로 만들어진다.

좋든 나쁘든, 특수상대성이론의 중대한 계시는 질량과 에너지는 동일한 것의 서로 다른 형태라는 것이다. 공간과 시간도 마찬가지지만 이들은 서로 분리된 실체가 아니다. 질량과 에너지 사이에는 질적 차이가 없다. 오로지 질적 에너지가 있을 따름이다. 수학적으로 볼 때, 이 발견은 각기 두 개의 질량과 에너지보존법칙을 단일 질량에너지보존법칙으로 대체할 수 있었음을 뜻했다.

보존법칙이란 어떤 물질의 양은 그것이 무엇이든 간에, 어떤 일이 일어나도 변화하지 않는다는 간단한 언명이다. 예를 들어, 어느 파티에 손님의 수효를 지배하는 보존법칙이 있다고 하자. 가령 그것이 사실이라면, 한 손님이 가면 새 손님이 도착하게 된다. 그 파티에서의 손님 출입 비율은 클 수도 있고 작을 수도 있으며, 손님들이 하나씩 또는 무더기로 들락거릴 수도 있으나, 어떠한 상황에서도 파티석상에 있는 손님의 숫자는 항상 같다.

에너지에 관한 보존법칙에 다르면 우주의 에너지 총량은 언제나 같았고 미래에도 같을 것이다. 우리들은 에너지를 한 가지 형태에서 다른 형태로(역학적 에너지를 마찰을 통해 열에너지로 바꾸는 경우처럼) 변환할 수 있으나, 우주의 에너지 총량은 변하지 않는다. 그와 마찬가지로 물질보존의 법칙은 우주 안에 있는 물질의 총량은 지금까지 변함이 없었고 이 뒤에도 변하지 않으리라고 말한다. 우리들은 물질을 한 가지 형태로부터 다른 것으로(얼음을 물로, 물을 증기로 바꾸듯) 전환시킬 수는 있지만, 우주의 물질 총량은 변함이 없다.

특수상대성이론이 질량과 에너지를 질량-에너지로 결합했을 때, 그것은 또한 질량보존법칙과 에너지보존법칙을 질량-에너지 보존법칙으로 바꾸어 놓았다.

태양, 별들, 심지어 화덕에서 타는 나무마저도 질량의 에너지 변환과 에너지의 질량 변환 개념에 너무나 익숙하여, 이제 일상 입자의 에너지 용량을 말할 때 입자의 질량 규모를 가리키게 되었다.

통틀어 12개가량의 보존법칙들이 있다. 이들 간단한 법칙은 점차 중요성이 높아지고 있으며, 특히 고에너지 입자 물리학에서 두드러진다. 이 법칙들은 물리학자들이 물리 세계를 궁극적 원리들(최신의 춤)이라고 믿는 것으로부터 추출되었기 때문이다. 이들은 대칭법칙이다.

　대칭법칙이란 말 그대로이다. 어떤 것의 일정한 측면이 다양한 조건 아래에서 변하지 않고 있으면 그것은 대칭적이다. 가령 원을 어떻게 가르든지, 그 반쪽은 다른 반쪽을 반영한다. 우리들이 원을 어떻게 돌리든 그 오른쪽 반이 언제나 왼쪽 반을 반영하고 있다. 원의 위치는 변하지만, 그 대칭은 변함이 없다.

　중국인들도 그와 흡사한 개념(똑같을 수도 있지 않을까?)을 가지고 있었다. 한 개 원의 반쪽을 '음yin'이라 부르고 다른 반쪽을 '양yang'이라 불렀다. 음이 있는 곳에는 반드시 양이 있게 마련이다. 높음이 있으면 낮음이 있다. 낮이 있으면 또한 밤이 있다. 죽음이 있는 곳에 태어남이 있다. 역사가 아주 긴 대칭법칙인 물리적 우주는 그 자체 안에서 균형을 모색하는 하나의 전체 whole라는 명제를 표현하는 다른 하나의 방법이다.

　이제 명백해진 특수상대성이론의 반어적 성격은 그것이 현실의 상대적 측면에 관한 것이 아니라, 상대적이지 않은 측면에 관한 것이라는 사실에 있다. 양자역학의 경우처럼 뉴턴물리학의 가설에 내려진 이 이론의 충격은 결정적이었다. 뉴턴물리학의 가설을 반증해서가 아니가 그것이 대단히 제한된 성질의 이론임을 증명했기 때문이다. 특수상대성이론과 양자역학은 상상하기 어려운 현실의 광막한 영역, 문자 그대로 우리들이 일찍이 전혀 생각하지도 못한 영역으로 우리를 내팽개쳤다.

　뉴턴물리학의 가설들은 임금님이 입고 있다고 우리들이 항상 생각했던 옷에 상응한다. 즉 그 보편적인 흐름이 우주의 구석구석에 한결같이 영항을 끼치는 보편적 시간, 그리고 텅 비어 있으나 독립되고 분리된 공간, 그리고 우주 어딘가에 절대 정지의 조용하고 움직이지 않는 곳이 있다는 믿음이 그것이다.

이들 가설의 하나하나는 특수상대성이론에 의해서 옳지 않다(쓸모가 없다)고 증명되었다. 임금님은 일체 옷을 입고 있지 않았다. 물리적 우주 안에서 일어나는 오직 한 가지 운동, 그것은 다른 무엇과의 상대적 운동뿐이다. 독립, 분리된 공간과 시간은 없다. 질량과 에너지는 동일한 것의 서로 다른 이름이다.

이러한 가설을 대신하여 특수상대성이론은 새롭고 통일된 물리학을 제공한다. 거리와 지속시간을 측정할 경우 준거의 틀에 따라 달라질 수 있으나, 그 사건들 간의 시-공간은 절대로 변하지 않는다.

그러나 이 모든 것에도 불구하고 특수상대성이론은 한 가지 결점이 있다. 그것은 어느 쪽인가 하면 일상적이지 않은 상황에 바탕을 두고 있다. 특수상대성이론은 서로 간의 상대적 관계에서 균일 또는 일정하게 움직이는 준거의 틀에만 적용된다. 안타깝게도 대다수의 운동은 일정하지도 않을 뿐더러, 이상적으로 매끈하지도 않다. 달리 말하면, 특수상대성이론은 이상화의 기반 위에 세워졌다. 그래서 그것은 한결같은 운동이라는 특수 상황에 한정되고, 그것을 전제로 하고 있다. 그래서 아인슈타인이 특수, 또는 제한된 이론이라고 했던 것이다.

아인슈타인의 생각은 서로 비균일운동non-uniform motion(가속과 감속)으로 움직이거나 상호 간에 균일하게 움직이는 준거의 틀 등, 모든 준거의 틀에 유효한 물리학을 구축하려던 것이었다. 준거의 틀 상호 간에 어떻게 운동하든 어떠한 준거의 틀에서도 사건을 기술할 수 있는 물리학을 창출하려던 것이 그의 이상이었다.

1915년 아인슈타인은 그의 특수이론을 완전히 일반화하는 데 성공했다. 그는 이 업적을 일반상대성이론이라 불렀다.

제3장

일반 무의미 General Nonsense

일반상대성이론에 의하면 우리들의 마음은 실재의 세계와는 다른 법칙을 좇고 있다. 합리적 정신rational mind은 그것이 가지고 있는 제약된 시각perspective에서 받아들이는 인상에 바탕을 두어, 그 뒤에 다시 자유롭게 받아들이거나 받아들이지 않을 대상을 결정하는 구조를 형성하게 된다. 그 시점에서부터 실재의 세계가 실제로 어떻게 작용하든 관계없이 이 합리적 정신은 스스로 부과한 규칙을 따라서 그 현실 세계에 그 나름의 당위적what must be 세계상을 덮어씌우려 한다.

이러한 작업이 계속되다가 드디어 초발심자의 마음이 고함을 친다.

"이건 잘못됐어. '반드시 그래야만 할' 것이 일어나지 않아. 나는 지금까지 이게 도대체 무슨 까닭에서인지 알아내려고 노력해왔고, 내 상상력을 최대한으로 늘여 이 '당위적인' 것에 대한 내 믿음을 지키려고 했어. 하지만 마침내 폭발점breaking point에 이르렀다. 이제 나는 선택의 길을 잃고 내가 믿었던 '당위'는 현실 세계에서가 아니라 내 자신의 머리에서 나왔음을 시인해야 한다."

이 독백은 시적 과장이 아니다. 이것이야말로 일반상대성이론의 주요 결과와 거기에 이르게 된 방식을 간결하게 기술한 내용이다. 이처럼 제한된 시각이 우리들의 3차원적 합리성이 지니고 있는 시야이며, 우주의 자그마한 일부(거기서 우리가 태어났다)의 견해인 것이다. '당연히 그래야 하는' 당위적 사물은 기하학의 관념(직선, 원, 삼각형 등을 지배하는 법칙들)이다. 초발심자의 마음, 또는 정신은 알베르트 아인슈타인의 것이었다. 이들 법칙이 예외 없이 우주 전체를 지배한다는 것이 오랫동안 지켜져온 신념이었다. 아인슈타인이 지니고 있던 초발심자의 마음이 깨달은 바에 따르면 이것은 오직 우리 마음속에서만 그렇다는 것이었다.*

아인슈타인은 어떤 기하학 법칙들은 제한된 공간에서만 유효함을 밝혀내게 되었다. 이로 말미암아 그 법칙들이 유용하게 된다. 왜냐하면 우리들의 경험이란 물리적으로 대단히 작은 공간, 이를테면 우리의 태양계에 한정되어 있기 때문이다. 하지만 우리들의 경험이 확대됨에 따라서 우리들은 이러한 법칙들을 우주의 전 공간에 적용하기가 점점 더 어려워짐을 알게 된다.

아인슈타인은 제한된 시각(우리의 그것과 같은)에서 보는, 우리의 자그마한 일부에 적용되는 기하학 법칙들은 보편적이 아니라는 점을 꿰뚫어 본 첫 번

---

*여기 제시한 견해는 기하학이 마음에서 우러났다는 뜻이 아니다. 기하학에는 여러 가지 가능성(아인슈타인 이전에 리이만Georg Friedrich Bernhard Rimann(1826~1866)과 로바체프스키 Lobacheviski가 보여준 바와 같이)이 있지만, 우리가 가지고 있는 실제적인 기하학은 물리학에 의해서 결정된다. 예컨대 유클리드는 기하학이 경험과 밀접한 관계에 있다고 생각했으며(그는 공간에서 삼각형을 이동시켜 합동congruence을 정의했다) 그의 평행선공리paralell axiom를 자명하다고 보지 않았고 순수한 정신의 소산이라고 생각하지 않았다.
여기 내놓은 견해는, 경험에서 추출한 관념화가 대단히 완만한 구조를 이루어, 그 뒤에 일어난 감각 경험sensory experience이 그것과 모순될 때, 우리들은 관념화된 추상의 타당성보다는 오히려 감각자료의 유효성에 의문을 제기한다는 것이다. 그러한 일련의 관념화된 추상이 마음속에 세워지면(정당화되면), 우리들은 그것이 맞든 맞지 않든 그것을 그 뒤에 오는 일체의 실제적이고 투사된 감각자료(즉 이러한 일련의 추상에 따라서 우리들이 그리고 있는 전 우주) 위에 덮어씌운다.

째 사람이다. 이 사실이 그 누구도 일찍이 보지 못했던 방법으로 우주를 보게 하는 자유를 그에게 안겨 주었다.

그가 본 내용이 곧 일반상대성이론이다.

아인슈타인이 착수했던 작업은 우리 정신의 본질을 에워싼 무엇을 증명하려던 것이 아니었다. 그는 이렇게 쓰고 있다.

"우리들의 새 구상idea은 간단하다. 모든 좌표계에 유효한 물리학을 세우려는 것이다."[1]

그가 우리들이 우리의 지각을 구성하는 방법에 관한 중대한 무엇을 뚜렷이 설명했다는 사실은 물리학과 심리학의 통합을 향한 필연적 경향을 가리키고 있다.

아인슈타인은 어떠한 방법으로 물리학 이론에서 기하학의 혁명적인 명제에 도달할 수 있었는가? 그것이 어떻게 하여 우리들의 정신 작용을 꿰뚫어보는 중대한 통찰력을 낳게 되었는가? 이러한 질문에 대한 해답은 가장 알려지지 않은 것 가운데 하나로 손꼽히고 있으나, 기록에 남아 있는 지적 모험 중에서도 제일 중요하고 흥미 있는 것이기도 하다.

아인슈타인은 특수상대성이론에서 출발했다. 그것은 성공적이긴 했으나, 상호 균일하게 움직이는 좌표계에만 적용되었던 까닭에 아인슈타인은 거의 만족하지 못했다. 그는 이렇게 생각했다. 균일 운동 중인 준거의 틀과 비균일 운동의 준거의 틀에서 동시에 본 관점에서 그 현상을 일관성 있게 설명하는 방법으로, 하나는 균일하게 움직이고 다른 하나는 비균일하게 움직이는 2개의 상이한 준거의 틀에서 보듯이 동일한 현상을 설명할 수 없을까? 이는 달리 말하면, 균일하게 움직이는 좌표계에 있는 관찰자에게 의미 있는 용어로 비균일하게 이동하는 좌표계에서 일어나는 사건을, 그리고 그 반대의 경우를 그릴 수 있느냐는 것이다. 쌍방의 기준틀에 있는 관찰자들에게 유효한 단일 물리학을 창출할 수 있을까.

그렇다. 두 개의 서로 다른 준거의 틀에 있는 관찰자들이 그들 자신의 운동 상태에서 의미 있고 상대방의 운동 상태에서도 유효한 방법으로 관계를 맺을 수 있는 길을 아인슈타인은 발견해냈다. 이것을 풀이하고자 그는 또 다른 유명한 사고思考 실험을 했다.

유난히 큰 건물에 있는 엘리베이터를 상상해 보자. 엘리베이터를 지탱하던 케이블이 끊어지고, 엘리베이터가 아래로 곤두박질치고 있다. 그 안에는 물리학자 몇 사람이 타고 있다. 그들은 케이블이 끊어진 것을 모르고 있으며, 창문이 없어서 바깥을 내다볼 수가 없다.

엘리베이터 바깥에 있는 관찰자(우리들)와 엘리베이터 안에 있는 관찰자(물리학자들)의 동일한 상황 평가가 무엇이냐가 문제다. 이것은 관념화된 실험이므로 마찰 효과와 공기 저항은 무시할 수 있다.

우리들에게는 그 상황이 명백하다. 그 엘리베이터는 아래로 떨어지고 있으며, 곧 땅바닥에 떨어져서 그 안에 있는 사람이 모두 죽을 것이다. 엘리베이터의 속도는 뉴턴의 중력법칙에 따라 가속된다. 지구의 중력장으로 말미암아 엘리베이터의 운동은 균일하게 진행되지 않고 가속된다.

우리들은 엘리베이터 안에서 일어남직한 일을 추측할 수 있다. 예컨대 엘리베이터 안에 있던 누군가가 손수건을 떨어뜨렸다면 아무 일도 벌어지지 않을 것이다. 안에 있는 관찰자들에게는 그것을 놓친 그 자리에 떠 있는 것처럼 보인다. 그것 역시 엘리베이터와 그 안에 있는 사람과 같은 가속도로 땅을 향해 떨어지고 있기 때문이다. 실제로는 어느 것 하나 떠 있지 않고 모든 것이 떨어지고 있으나, 모두가 같은 속도로 떨어지고 있으므로 그들의 상대적 위치는 전혀 변화가 없다.

그러나 엘리베이터 안에서 태어나고 자라난 한 세대의 물리학자들에게는 대단히 이상한 일들이 벌어진다. 그들에게는 놓친 물체가 아래로 떨어지는 것이 아니라 그냥 공중에 떠 있다.

누가 떠 있는 물체를 슬쩍 밀면 직선으로 가다가 엘리베이터 벽에 부딪친다. 엘리베이터 안에 있는 관찰자들의 관점에서 보면 그 안에 있는 어떤 물체에도 작용하는 힘이 없다. 요컨대 엘리베이터 안에 있는 관찰들은 그들이 관성좌표계inertial co-ordinate system에 있다는 결론을 내리게 된다. 역할법칙들은 완전하게 효력을 발생한다. 그들의 실험은 어김없이 이론적인 계측과 정확하게 일치하는 결과를 낳는다. 정지된 물체는 정지한 대로 머물러 있다. 운동하는 물체는 운동을 계속한다. 움직이는 물체가 그 진로에서 편향하는 것은, 그 편향량amount of deflection에 비례하는 힘에 의해서 가능해진다. 모든 작용에는 그 양이 동일하고 방향이 반대인 반작용이 있다. 가령 우리들이 떠 있는 의자를 밀 때, 그것이 어느 방향으로 가면 우리는 똑같은 운동량에 의해 그 반대 방향으로 가게 된다(우리들의 질량이 크므로 속도는 상대적으로 느리지만).

안에 있는 관찰자들은 엘리베이터 안에서 일어나는 현상을 일관성 있게 설명하는 방법을 제시한다. 그들은 일종의 관성좌표계 안에 있으며, 그것을 역학법칙으로 증명할 수 있다.

외부에 있는 관찰자들 역시 엘리베이터 안의 현상을 일관성 있게 설명하는 방안을 가지고 있다. 그 엘리베이터는 중력장에서 떨어지고 있다. 승객들은 이 사실을 모르고 있지만, 그 이유는 엘리베이터 밖을 내다볼 수 없어서 그들이 떨어지는 동안에는 이 사실을 탐지할 만한 길이 없다는 데 있다. 그들은 그들의 좌표계가 전혀 움직이지 않는다고 믿고 있으나 사실은 가속운동 중에 있다.

이 두 가지 설명 사이의 다리는 중력이다.

떨어지는 엘리베이터는 관성좌표계의 포켓판, 다시 말하면 축소판이다. 실제적인 관성좌표계는 공간이나 시간의 제약을 받지 않는다. 엘리베이터판은 그 두 가지에 모두 한계가 있다. 엘리베이터 안에서 움직이는 물체는 무한히 직선으로 움직이지 못하고 엘리베이터 벽의 어느 한 면까지만 가면 그치고 말기 때문에 이것은 공간적으로 제한되고 있다. 시간의 차이는 있으나 엘리베이터와 그 승객들은 땅에 부딪쳐 돌연 그 존재를 끝낼 것이므로 이것은 시간적으로 제약되고 있다.

나아가서 특수상대성이론에 따르면 그 엘리베이터가 규모에 있어서도 제한되어 있다는 사실이 중요한 의미를 가진다. 그렇지 않다면 엘리베이터 승객들에게 일종의 관성좌표계로 보이지 않을 것이다. 이를테면 엘리베이터 안에 있는 물리학자들이 야구공 두 개를 동시에 떨어뜨렸다고 하자. 그 야구공 둘은 놓아둔 바로 그 자리인 공중에 떠 있으며, 자리를 옮기지 않는다. 바깥 관찰자들은 이 사유를 다름 아니라 그들이 서로 평행하여 떨어지고 있다는 데서 찾는다. 그러나 그 엘리베이터가 텍사스주만큼 넓고 야구공을 떨어뜨렸을 때 두 개 사이가 텍사스주의 너비만큼 떨어져 있었다면, 그 야구공은 서로 평행하게 떨어지지 않을 것이다. 그 공들은 중력에 의해서 지구 중심으로 끌려오게 되므로 서로 수렴하게 된다.

엘리베이터가 크다면 엘리베이터 안의 관찰자들은 그 야구공들이, 그리고 엘리베이터 안에 떠 있는 다른 물체들이 서로 당기듯이 시간이 흐름에 따라 점차 다가서는 것을 눈치 채게 된다. 이 서로 끌어당김mutual attraction이 엘리베이터 안에 있는 물체들에게 영향을 미치는 '힘'으로 나타나며, 그러한 환경에서는 안에 있는 물리학자들이 관성좌표계 안에 자신들이 있다는 결론을 내리기는 어렵다.

간단히 말해서, 알맞게 그 규모가 작으면, 중력장에서 떨어지고 있는 좌표계가 일종의 관성좌표계와 동일한 역할을 한다. 이것이 아인슈타인의 등가원리principle of equivalence이다. 이것이야말로 정신적 재치를 웅변하는 단편이다. 중력장 가설에 의해서 '쓸어 버릴' 수 있는 '관성좌표계'(아인슈타인의 말)[2]와 같은 것은 절대적('절대 운동'과 '절대 정지'와 같이)이라고 부를 가치가 있다고 보기 어렵다. 엘리베이터 안에 있는 관찰자들이 운동과 중력의 부재를 경험하고 있을 동안, 밖에 있는 관찰자들은 중력장 속에서 가속하고 있는 좌표계(엘리베이터)를 보고 있다.

우리들 바깥 관찰자들이 관성좌표계 안에 있다고 가정해 보자. 우리들은 관성좌표계 안에서 무엇이 일어나느냐를 벌써 알고 있다. 떨어지는 엘리베이터 안에서 일어나는 것과 꼭 같다. 우리들에게 영향을 줄 힘은 중력을 포함해서 아무것도 없다. 그러므로 우리들은 편안히 떠 있다고 생각하자. 정지해 있는 물체는 그대로 정지해 있으며, 움직이는 물체는 무한히 직선으로 계속 운동하며, 모든 작용은 등가이며 방향이 반대인 반작용을 낳는다.

우리들의 관성좌표계 안에 엘리베이터가 하나 있다. 누가 그 엘리베이터에 밧줄을 매어 표시된 방향(다음 페이지 그림을 보라)으로 끌어당기고 있다.

이것은 사고 실험이므로 어떤 방법으로 하든 문제가 되지 않는다. 엘리베이터는 균일한 힘으로 끌리고 있으니까, 화살표 방향으로 일정한 가속 상태에 있다는 뜻이 된다. 이러한 상황을 엘리베이터 밖에 있는 관찰자들과 그 안에 있는 관찰자들이 어떻게 평가할 것인가?

우리들은 엘리베이터 밖에 떠 있으면서, 우리들의 기준들이 절대 정지해 있고 거기 영향을 주는 중력이 없음을 경험하고 있다.

우리들은 줄을 통해서 균일한 가속으로 끌리고 있는 엘리베이터를 보고

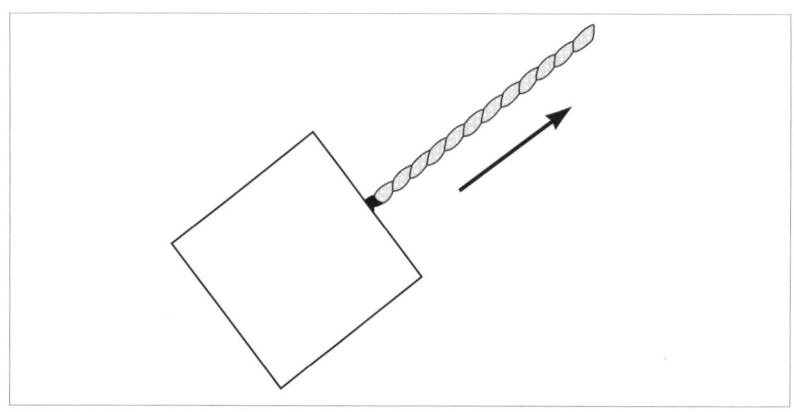

있고, 따라서 우리들은 그에 관한 어떤 것을 예측할 수 있다.

엘리베이터 안에서 묶여 있지 않은 모든 것은 엘리베이터 바닥과 빨리 충돌한다. 엘리베이터 안에 있는 사람이 손수건을 떨어뜨리면 엘리베이터 바닥이 급히 솟아올라 그것과 부딪친다.

엘리베이터 안에 있는 누가 바닥에서 뛰어오르려고 하면, 그 바닥이 잽싸게 솟아올라 그의 발바닥에 금방 접근한다. 엘리베이터 바닥은 가속적으로 위로 솟아올라서 그 진로에 있는 물체와 계속해서 충돌한다.

그러나 엘리베이터 안에서는 그 상황의 평가가 아주 다르다, 엘리베이터 안에서 태어나고 자란 한 세대의 물리학자들에게는 위로의 가속이라는 이야기는 환상에 지나지 않는다(엘리베이터에는 창문이 없다는 사실을 기억하라). 그들에게는 그들의 좌표계가 정지 상태에 있다, 물체가 바닥으로 떨어지는 것은 중력장으로 인한 것이고, 지구상의 물체가 중력장에 의해서 밑으로 떨어지는 것과 마찬가지다.

엘리베이터 안에 있는 관찰자나 밖에 있는 관찰자들이 다 같이 엘리베이터 안에서 일어나는 현상에 대해서 일관된 설명 방법을 가지고 있다. 엘리베이터 바깥에 있는 관찰자는 엘리베이터의 가속운동으로 그것을 설명한다. 반면 엘리베이터 안에 있는 관찰자들은 중력장의 존재로 그것을 풀이한다. 우리들 어느 쪽이 옳으냐를 가름할 방법은 절대로 없다.

"잠깐만."

우리들이 불쑥 나선다,

"엘리베이터 벽에다 작은 구멍을 내고 구멍으로 광선을 비춘다고 합시다. 만약 엘리베이터가 실제로 움직이지 않는다면, 그 빛은 그 구멍의 정반대되는 지점의 엘리베이터 벽에 비칠 거예요. 그런데 우리는 엘리베이터가 위로 가속되고 있으므로, 광선이 엘리베이터를 가로지르는 데 필요한 시간 동안 엘리베이터 벽이 약간 위로 올라갔음을 알고 있어요. 즉 그 빛은 들어간 구멍의 정반대 지점보다 약간 낮은 반대편 벽에 부딪칠 거란 말이지요. 실제로는 그것이 엘리베이터 안에 있는 사람들의 관점에서 본다면 직선이 아니라 약간 휘어져 아래로 쳐진 곡선으로 보이겠지요. 이것이 그 사람에게도 엘리베이터가 움직이고 있음을 증명할 거예요."

"그것으로 그와 같은 증명을 할 수 있다고 섣불리 넘겨짚지 말아요."

짐 드 위트가 가로막고 나선다. 그는 물론 엘리베이터 안에 있다.

"엘리베이터 안에 있는 광선은 직선으로 이동하지 않아요. 어떻게 직선으로 움직이겠어요? 우리들은 중력장에 있죠. 빛은 에너지이고 에너지는 질량을 가지고 있어요. 중력은 질량을 끌어당기니까, 엘리베이터를 횡단하는 광선은 광속도로 던진 야구공과 꼭 같이 중력장에 의해 아래로 끌려 내려오는 거예요."

우리들은 드 위트에게 그의 좌표계가 가속운동 상태에 있다는 사실을 확신시킬 방도가 없다. 그에게 이 점을 입증하려고 우리가 내놓을 수 있는 것을, 그는 모조리 '중력장'의 결과로 깔아뭉개 버린다. 한결같은 가속운동 uniform-accelerated motion과 불변중력장constant gravitational field을 구분할 방법은 결코 없다.

이것이 아인슈타인의 등가원리를 달리 표현한 말이다. 한정 영역에서는 중력이 가속도와 등가이다. 우리는 이미 '중력장'을 통하는 가속(낙하)이 일종의 관성좌표계와 같음을 보았다. 이제 '중력장'이 가속운동과 같다는 것을 알게 된다. 드디어 우리는 일반상대성이론, 그들의 운동 상태에 구애되지 않고 모든 기준틀에 유효한 이론에 접근하고 있다.

엘리베이터 안과 엘리베이터 밖에 있는 관찰자들 사이를 이어 줄 다리는 중력이다. 중력이 그의 일반이론에 열쇠가 된다는 점을 아인슈타인에게 제시한 실마리는 물리학의 역사만큼이나 긴 내력을 가지고 있다.

질량에는 두 가지 종류가 있다., 다시 말하면 질량을 말하는 두 가지 길이 있다는 뜻이다. 첫째는 중력 질량이다. 어느 물체의 중력 질량이란 간단히 말해서 저울에다 달아 본 그 물체의 무게이다. 다른 물체보다 3배의 무게를 가진 물체는 질량도 3배가 된다. 중력 질량은 어느 물체에 지구의 중력이 어느 정도로 작용하느냐를 가늠하는 수치이다. 뉴턴의 법칙들이 이러한 힘의 효과를 표현하고 있으며, 그것은 지구로부터의 그 질량의 거리에 따라 변한다. 비록 뉴턴의 여러 법칙들이 이 힘의 효과를 기술하기는 하지만, 그것을 정의하지는 않는다. 이것이 일정 거리에서의 작용의 신비다. 어떻게 하여 지구는 변함없이 위로 손을 뻗쳐 물체를 아래로 끌어내리느냐.

질량의 제2형은 관성 질량이다. 관성 질량은 어느 물체의 가속도(또는 감속도, 즉 부좀의 가속도)에 대한 저항치이다. 예를 들어 크기가 똑같은 한 칸의 열차를 시속 20km로 움직이는 것보다 열차 3량을 시속 20km로 움직이는 데(가속도)는 3배의 힘이 든다. 반대로 일단 움직이고 있는 열차의 경우, 단 한 칸의 열차를 정차시키는 것보다는 3량의 열차를 멈추는 데에 힘이 3배나 든다.

　관성 질량과 중력 질량은 같다. 이것이 진공상태에서는 깃털과 포탄이 같은 속도로 떨어지는 이유를 설명해 준다. 포탄은 깃털보다 수백 배의 중력 질량을 가지고 있으나, 그것은 또한 깃털보다 운동에 대한 저항이 수백 배나 더 많다. 그것의 지구에 대한 끌림은 깃털의 끌림보다 수백 배나 강하지만 포탄의 움직이지 않으려는 성향도 마찬가지다. 그 결과 포탄은 훨씬 빨리 떨어져야 할 것 같지만, 깃털과 마찬가지 비율에 따라 아래로 가속된다.

　관성 질량과 중력 질량이 같다는 사실이 300년 전에 알려졌지만, 물리학자들은 그것을 우연의 일치로 생각했다. 아인슈타인의 일반상대성이론이 발표될 때까지 거기에 큰 의미를 부여하지 않았다.

　아인슈타인의 말을 빌리면 중력 질량과 관성 질량이 등가라는 '우연의 일치'는 그것을 등가원리로 이끌어 준 '실마리clew'[3)]였으며, 이것이 중력 질량과 관성 질량의 등가성을 통하여 중력과 가속도의 등가성으로 이르게 된다. 이들은 아인슈타인이 그의 유명한 엘리베이터 사례로 설명한 바에 있는 대상이다.

　특수상대성이론은 비가속(균일)운동을 다루고 있다.* 가속도를 무시하면 특수상대성이론이 적용된다. 하지만 중력과 가속도가 등가이므로 이는 중력을 무시하면 언제나 특수상대성이론을 적용할 수 있다는 말과 같다. 중력의 효과를 고려해 넣는다면, 일반상대성원리를 사용해야 한다. 물리적 세계에 있어서는 (1)중력(물질) 중심에서 멀리 떨어진 공간 (2)아주 작은 공간에서만 중력 효과를 무시할 수 있다

　아주 작은 공간에서는 중력을 무시할 수 있는 이유가 무엇이냐 하는 점이

---

*특수이론은 좌표계의 비가속(균일)운동을 다룬다. 특수이론을 이용하면 그 물체를 관찰하고 있는 좌표계 자체가 균일운동을 하는 경우에 한해서 물체의 가속(비균일)운동을 묘사할 수 있다.

아인슈타인의 모든 이론의 가장 현란한 측면이다. 아주 작은 공간에서 중력을 무시할 수 있는 까닭은 간단하다. 그 공간이 아주 작은 경우에는 시-공의 산더미 같은 지형을 알아볼 수 없다.*

시-공 연속체의 본질은 언덕이 많은 시골 풍경의 그것과 같다. 그 언덕이나 산은 물질 조각(물체)으로 이루어졌다. 그 물질은 조각이 크면 클수록 시-공 연속체를 휘게 하는 정도가 커진다. 의미 있는 크기의 물질에서 멀리 떨어진 공간에서는 시-공 연속체가 평원과 유사하다. 지구 크기의 물질 조각은 시-공 연속체에 제법 큰 혹을 내게 되고, 항성의 크기에 이르는 물질 조각은 그에 비해 산을 만들어 낸다.

어떤 물체가 시-공 연속체를 관통하는 경우, 두 점 사이의 가장 쉬운 길을 택한다. 시-공 연속체 안의 두 점 사이에서 제일 쉬운 길을 측지선이라 부른다. 측지선은 그 물체가 있는 지형의 성질에 따라 직선이 아닌 경우도 있다. 우리가 기구를 타고 그 꼭대기에 빛나는 표지등이 있는 산을 내려다보고 있다고 가정하자. 그 산은 평원에서 점점 높이 솟아 있으며 그 기울기가 높아짐에 따라서 점차 가팔라지고, 그 꼭대기에 가까이 가면 거의 직선으로 치솟아 있다. 그 산을 둘러싸고 수많은 마을이 있으며, 모든 마을을 서로 이어주는 오솔길이 있다. 이 길은 산으로 가까워질수록 그 모두가 어느 쪽으로든 구부러지기 시작하며, 불필요하게 산으로 높이 오르지 않고 피해 간다.

시간이 밤이라고 치고, 우리들이 내려다보아도 산이나 길을 볼 수 없다고

---

*일부 물리학자들은 일반상대성이 고에너지 물리학의 미시적 영역(일반적으로 중력 효과가 무시되는)에서 유용할 것이라고 생각한다. 예를 들어 중력장이 강력한 동요fluctuation를 대단히 짧은 거리(10^{-14}cm)에서 탐지한 적이 있다.

하자. 우리들이 보는 것을 모두 합쳐야 표지등과 아래를 돌아다니는 사람들의 횃불뿐이다. 지켜보고 있으면 우리들은 사람들이 표지등 가까이에 오면 횃불들이 직선에서 편향하게 됨을 깨닫게 된다. 어느 것은 그 표지등에서 어느 정도의 거리를 두고 아름다운 호를 그리면서 표지등을 돌아간다. 다른 것은 보다 직선적으로 표지등에 접근하지만, 거기 가까이 가면 갈수록, 한층 더 예각적으로 돌아선다.

이로 미루어 우리는 그 표지등에서 나오는 어떤 힘이 그것에 접근하려는 일체의 시도를 배척한다는 결론을 내릴 수 있을 것 같다. 가령 그 표지등은 접근하기에는 지극히 뜨겁고 고통스럽다고 추리해 볼 수도 있다.

그러나 해가 떠오름에 따라서 그 표지등은 거대한 산꼭대기에 있고 횃불을 든 사람의 운동과는 아무런 상관이 없음을 알 수 있다. 그들은 단순히 출발 지점에서 목적 지점 사이의 지형을 거쳐 그들이 제일 쉽게 갈 수 있는 길을 따라갔을 뿐이었다.

이 비유의 걸작을 만들어 낸 사람이 버트란트 러셀이었다. 이 사례에서 그 산은 태양이고 여행자들은 행성, 소행성, 그리고 혜성과 우주 계획에서 나온 폐기물이며, 오솔길은 그들의 궤도이며, 해가 떠오르는 것은 아인슈타인의 일반상대성이론의 등장을 가리킨다.

여기서 요점은 태양계에 있는 물체들은 멀리 떨어진 태양이 그들에게 미치는 어느 신비로운 힘(중력)에 의해서가 아니라 그들이 꿰뚫고 이동하는 이곳의 성질로 말미암아 현재와 같이 움직이고 있다는 것이다.

아더 애딩튼Sir Arthur Stanley Eddington(1882-1944, 영국의 천문학자이며, 물리학자) 같은 상황을 다른 방식으로 설명했다. 우리들이 보트를 타고 맑은 물을 내려가고 있다고 하자. 우리는 바닥에 있는 모래와 우리 아래를 헤엄쳐 다니는 물고기를 볼 수 있다. 우리들이 지켜보고 있노라면, 물고기가 어느 지점에서 다시 튕겨 나오는 듯한 인상을 받는다. 그 지점에 접근함에 따라서 물고기들은 그것의 오른쪽 또는 왼쪽으로 헤엄치며, 절대로 그 위를 지나가지 않는다. 이로 미루어 거기에는 물고기를 멀리하는 반발력repellent force이 있다는 추리가 가능하지 않을까 생각된다.

그러나 보다 가까이에서 보려고 우리들이 물속에 들어가면, 커다란 개복치가 모래 속을 파고 들어가 제법 불룩한 둔덕을 이루고 있다. 밑바닥을 헤엄쳐 다니던 물고기는 그곳에 접근할 때에 그들이 갈 수 있는 가장 쉬운 길을 택하는데, 그것은 넘어가는 길보다는 좌우로 돌아가는 길이다. 물고기가 그 특정한 지점을 피하도록 하는 '힘'은 없다. 처음부터 모든 것을 알고 있었다면, 그 지점은 그 물고기가 넘어가기보다는 헤엄쳐 돌아가는 것이 훨씬 쉬운 큼직한 둔덕 꼭대기에 지나지 않았을 것이다.

물고기의 운동은 그 신비로운 지점에서 나오는 힘에 의해서가 아니고 그들이 통과하는 이웃의 성질에 따라 결정된다(애딩튼의 개복치를 알베르트라고 부른다). 실제로 우리들이 시─공 연속체의 지리(기하)를 볼 수 있다면, 마찬가지로 '물체 사이의 힘'이 아니라 그 지리가 행성들을 현재와 같이 움직이게 하는 이유가 된다.

우리들이 시─공 연속체의 기하를 실제로 보기란 불가능하다. 왜냐하면 그것은 4차원이요 우리 감각 경험은 3차원에 한정되어 있기 때문이다. 따라서 그것을 그려낼 수조차 없다.

예를 들어 2차원적 인간의 세계가 있었다고 생각해 보자. 그러한 세계는 텔레비전이나 영화 스크린에 나타나는 화면과 같아 보일 것이다. 2차원 세계의 인간과 물체들은 높이와 너비는 있으나 깊이가 없다, 만약 이들 2차원적 형상들이 생명과 그들 나름의 지능을 가졌다면, 그들의 세계는 우리 세계가 우리에게 비춰지는 것과는 매우 다른 모양을 하고 있을 터이다. 그들은 3차원을 체험할 수 없는 제약을 가지고 있으니까 말이다.

이 두 무리의 인간들 사이에 직선을 그으면 그들에게는 이것이 벽으로 보일 것이다. 그들은 그 양쪽 끝 어느 것이든 간에 돌아갈 수 있으나, 그 '위를 넘어갈stver' 수는 없다. 그들의 물리적 존재가 2차원에 한정되어 있기 때문이다. 그들은 그 화면을 걸어 나와 3차원으로 들어가지 못한다. 그들은 원圓이 무엇인지는 알지만 구체球體가 무엇인지는 알 수 없다. 사실상 구체가 그들에게는 원으로 보일 것이다.

그들이 탐험을 좋아한다면, 그들은 자기네들 세계가 평평하고 끝이 없음을 알게 될 것이고, 가령 두 사람이 정반대 방향으로 떠난다면, 영원히 만나지 못할 것으로 생각할 것이다.

그들은 또한 단순 기하학을 창안해낼 수 있을 것이다. 조만간 그들은 자기 경험들을 추상으로 일반화하여 그들이 물리적 세계에서 하고 싶고 세우고 싶은 사물을 실현하고 세우는 데 도움을 받게 될 것이다. 이를테면 3개의 곧은 쇠막대기가 삼각형을 이룰 때 반드시 삼각형의 내각의 합계는 180°라는 사실을 발견하게 된다. 시간의 차이는 있겠으나, 그들의 시각 또는 관점이 깊어짐에 따라서 쇠막대기에 정신적 관념화(직선)를 대체하게 된다. 그리하여 그들은 정의에 따르면 3개의 직선으로 이루어진 3각형은 반드시 180°를 내포하고 있다는 추상적 결론에 도달한다. 삼각형에 대한 지식을 더 알기 위해서 실제로 삼각형을 만들어 보아야 할 필요는 이제 없어지게 된다.

그와 같은 2차원적 인간들이 만들어 내는 기하학은 우리가 학교에서 배웠던 기하학과 동일하다. 그것은 그리스 인 유클리드를 기려 유클리드 기하학이라 부른다. 유클리드의 기하학 사상은 대단히 철저하여 거의 2000년 동안 그것을 더 발전시킨 사람은 하나도 없었다(대다수의 중고등학교 기하학 교과서의 내용은 2000년이나 묵은 것이다).

그럼 이제, 그들에게 알려지지 않은 어떤 사람이 이들 2차원 인간들을 평면적 세계에서 거대한 구체의 표면에 옮겨놓는다고 상상해 보자. 이것은 그들의 물리적 세계가 완전 평면에서 약간 곡면을 이룬 것으로 바뀌었다는 뜻이 된다. 처음에는 한 사람도 그 차이를 깨닫지 못할 것이다. 그러나 그들의 기술이 알맞게 개발되어 먼 거리를 돌아다니고 의사소통하게 되면, 이 사람들은 결국 주목할 만한 발견을 하게 된다. 그들의 기하학을 그들의 물리적 세계에서 증명할 수 없음을 알게 될 것이다.

예컨대 그들이 어느 수준 이상의 크기를 가진 삼각형을 조사하고 그것을 이룬 각을 측정한다면, 180° 이상이 될 것이다. 이것은 우리들이 상상하기엔 매우 단순한 현상이다. 지구의 위에 삼각형을 그린다고 해 보자. 그 삼각형의 정점은 북극에 있다. 거기서 교차하는 두 개의 선이 직각을 이룬다. 적도가 그 삼각형의 밑변이 된다. 어떤 일이 일어나는가를 보기로 하자. 적도를 자르면 삼각형의 두 변이 역시 직각을 이룬다. 유클리드 기하학에 따르면 삼각형은 직각 2개(180°)만을 내포하는데, 이 삼각형은 '무려 3개의 직각(270°)'을 포함하고 있지 않은가.

우리들은 이 실례에서 2차원적 인간들이 평면 세계라고 생각했던 표면 위에서 삼각형을 조사하고 각도를 계산하여 270°라는 해답을 얻었다는 사실을 기억하기 바란다. 이 무슨 혼돈인가. 일단 소동으로 인한 〈흥분이〉가라앉으면, 거기에 있음직한 설명은 두 가지밖에 없음을 깨닫게 된다.

첫째 설명은 그 삼각형을 이루는 데 사용한 직선(광선과 같이)이 직선인 것처럼 보였지만 사실은 직선이 아니었다는 것이다. 이것은 삼각형이 안고 있는 나머지 각도를 설명해 줄 수 있다. 그러나 이러한 논리를 설명으로 받아들인다면, 그 직선들을 어떻게든 일그러뜨리는 '힘force'을 필연적으로 만들어 내야 한다('중력'과 같은). 두 번째 가능성 있는 설명으로는 그들의 추상적 기하학이 현실 세계에 적용되지 않는다는 것이다. 이것은 불가능하게 들리기는 하지만 그들의 우주는 유클리드적이 아니라는 말을 달리 표현한 데 지나지 않는다.

그들의 물리적 현상이 유클리드적이 아니라 함은 그들에게는 너무나 황당무계하여(특히 지난 2000년 동안 유클리드 기하학의 현실성에 의문을 제기할 아무런 이유도 없었다면) 그들은 직선을 휘어지게 하는 힘을 찾으려고 할지도 모른다.*

문제는 이 일을 택할 경우 그들의 물리적 세계가 유클리드 기하학과 어긋날 때마다 그 원인이 되는 힘을 만들어 내야 한다는 점이다. 궁극적으로 이들 필요한 힘의 구조는 지극히 복잡하여 그들을 깡그리 잊어버리고 그들의 물리적 세계가 유클리드 기하학의 논리적으로 결함이 없는 법칙을 따르지 않음을 인정하는 쪽이 훨씬 간단하다.

이러한 상황은 스스로 인지하지 못하면서도 3차원 세계에 살고 있는 사실을 연역할 수 있는 2차원적 인간의 그것과 같다. 우리들은 인지할 수 없으면서 우리들이 4차원의 우주에 살고 있음을 연역할 수 있는 3차원적 인간이다.

지난 2000년 동안 우리들은 고대 그리스 인들이 우주의 일부를 경험하고

---

*에딩튼이 이와 같은 개념을 제일 간결하게 표현했다. "역장field of force이 어느 좌표계의 자연적 기하학과 인위적으로 거기에 귀속시킨 추상적 기하학 간의 간격을 나타낸다."

창출했던 기하학과 마찬가지로 물리적 우주 전체가 유클리드적이라고 가정해 왔었다. 유클리드 기하학이 보편적으로 유효하다는 것은 물리적 세계 어느 곳에서든 증명될 수 있다는 의미가 된다. 그 가설은 잘못이었다.

우리들의 마음은 끈덕지게 유클리드 기하학 법칙들이 우주를 묶고 있다고 생각하지만, 사실은 그렇지 않다는 점을 처음으로 꿰뚫어 본 사람이 아인슈타인이었다.

비록 우리들은 4차원의 시-공 연속체를 직접 지각할 수 없다 하더라도, 특수상대성이론에서 이미 알고 있는 것을 바탕으로 우리들의 우주는 유클리드적이지 않다는 사실을 도출할 수 있다. 여기 또 다른 아인슈타인의 사고 실험이 있다.

하나는 반지름이 아주 작고 다른 하나는 반지름이 매우 큰 두 개의 원을 상상해 보자. 그림에서 보듯이 이 두 원은 같은 중심을 가지고 회전한다.

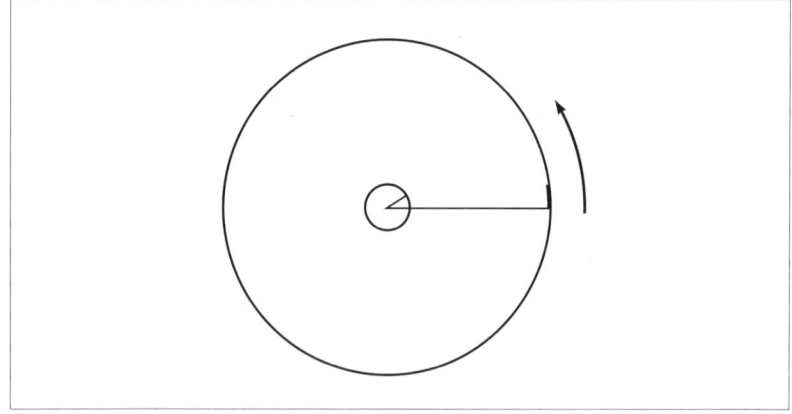

또한 우리들 관찰자들이 관성좌표계에서 이들 원의 회전을 주시하고 있다고 생각해 보자. 관성좌표계 안에 있다 함은 우리들의 준거의 틀이 그 회

전하는 원들을 포함하여 모든 것과의 상대적 관계에서 정지 상태에 있다는 사실을 의미하는 데 지나지 않는다. 회전하고 있는 두 원 위에다 우리들의 좌표계 안에 있는 똑같은 동심원 2개를 그린다. 그들은 돌지 않는다. 이 원들은 회전하는 원들과 크기가 꼭 같고 그 중심이 같으나, 움직이지 않는다는 점이 다르다. 우리들과 회전하지 않는 원들이 움직이지 않는 동안, 우리는 회전 중인 원 위에 있는 한 관찰자와 교신한다. 그는 실제로 원과 함께 돌아가고 있다.

유클리드 기하학에 의하면, 모든 원의 둘레에 대한 반지름의 비율은 한결같다. 만일 우리들이 작은 원의 둘레와 반지름을 측정한다면, 이 두 수치의 비율은 큰 원의 반지름과 둘레의 비율과 같다. 이러한 사고 실험의 목적은 유클리드 기하학이 정지된 원 위에 있는 관찰자들(우리들)과 회전하는 원 위에 있는 관찰자에게 다 같이 옳은가 그른가를 판가름하는 것이다.

유클리드의 기하학이, 당연히 그래야 하듯 물리적 세계 전역에서 유효하다면, 모든 원의 반지름과 둘레 사이의 비율은 동일하다는 사실을 찾아내게 될 것이다.

우리들과 회전하는 원 위에 있는 관찰자가 똑같은 자로 측정을 하기로 한다. '똑같은 자the same ruler'란 우리들이 실제로 사용했던 자를 그에게 넘겨준다는 말이거나, 동일한 좌표계에서 정지해 있을 때 같은 길이의 자를 사용한다는 말이 된다.

우리가 먼저 시작한다. 우리들의 자를 이용하여, 우리들은 작은 원의 반지름을 재고, 그 다음에 작은 원의 둘레를 측정한다. 그 다음에 그 둘 사이의 비율을 기록한다. 다음 단계는 큰 원의 반지름을 재고 이어서 큰 원의 둘레를 재는 것이다. 역시 그 둘 사이의 비율을 기록한다. 그렇다. 그것은 작은 원의 반지름과 둘레의 비율과 꼭 같다. 우리들은 유클리드 기하학이 우리 좌표계, 즉 관성좌표계에 유효하다는 것을 입증했다.

　이제 우리는 그 자를 우리를 지나 돌아가고 있는 회전원 위의 관찰자에게 넘겨 준다. 이 자를 사용하여 그는 먼저 그의 작은 원의 반지름을 재서 그것이 우리 원의 그것과 같다는 점을 확인한다. 우리 원은 그의 원 바로 위에 그렸으니까 그럴 수밖에 없다. 그 다음 그는 작은 원의 둘레를 잰다. 여기서 운동이 자를 운동 방향으로 줄어들게 한다는 점을 기억해 주기 바란다. 그러나 작은 원의 반지름은 너무 짧아서 작은 원 둘레에 자를 올려놓을 때 자의 속도는 상대적 수축 효과가 눈에 띌 만큼 빠르지 못하다. 그러므로 회전하는 원 위에 있는 관찰자는 그의 작은 원 둘레를 재고 나서 그것이 우리의 작은 원 둘레와 같다는 것을 확인한다. 그 둘 사이의 비율이 같은 것 역시 당연하다. 여기까지는 일이 아주 잘 된다. 세 개의 원(우리의 작은 원, 우리의 큰 원, 그리고 작은 원)의 반지름과 둘레의 비율이 결정되었는데, 모두 같다. 이는 세계 전역에 있는 중고등학교 기하학 교과서를 따라서, 당연히 일어나야 할 현상과 일치한다. 이제 원 하나만이 남았다.

　회전하는 원 위에 있는 관찰자가 그의 큰 원의 반지름을 재어 보니, 우리들의 큰 원 반지름과 같다. 이제 그는 마지막 측정 작업인 큰 원의 둘레 재기에 착수한다. 그런데 회전하는 큰 원의 반지름은 작은 원의 그것보다 매우 크기 때문에 큰 회전원 둘레의 속도는 작은 원 둘레의 속도에 비해서 상당히 빠르다.

　자는 원 둘레가 돌아가는 방향과 맞추어야 하므로 그것은 한층 짧아진다.

　회전하는 관찰자가 이 자를 회전원의 둘레를 재는 데 사용하면, 우리의 큰 원 둘레보다 그 쪽이 더 크다는 사실을 알게 된다. 이것은 그의 자가 더 짧기 때문이다(그가 큰 원의 반지름을 측정했을 때에도 수축 현상이 그의 자에 영향을 주지만, 그때에는 자를 운동 방향과는 수직으로 놓았으므로, 그것은 짧아지는 것이 아니라 가늘어진다).

이것은 작은 회전원의 둘레에 대한 반지름의 비율은 큰 회전원의 둘레에 대한 반지름의 비율과는 같지 않다는 뜻이다. 유클리드 기하학에 따르면 이런 현상은 불가능하지만, 여기 현실로 나타나지 않는가.

우리가 그 문제에 관해 구식이 되기를 바란다면(아인슈타인 이전의), 우리는 이러한 상황이 전혀 이상할 것이 없다고 말할 수도 있다. 원칙적으로 역학법칙들과 유클리드 기하학은 관성계inertial systems에서만 유효하다(그래서 그들을 관성계라 부른다). 우리는 관성적이지 않은, 즉 비관성적인 좌표계는 일체 생각하지 않는다. 이것이 사실은 알베르트 아인슈타인 이전의 물리학자들이 지킨 좌표였다. 이것이 또한 바로 아인슈타인에게는 그릇되게 보였던 대상이었다. 그의 구상은 모든 좌표계에 유효한 물리학을 창출하려던 것이었다. 우주에는 관성적 좌표계만이 아니라 비관성적 좌표계도 얼마든지 있기 때문이다.

우리들이 그처럼 보편적으로 타당한 물리학, 일반 물리학을 창출해내려면 우리는 치우침 없이 진지하게 정지(관성)계에 있는 관찰자들과 회전원(비관성계) 위에 있는 관찰자들을 같이 다루어야 한다. 우리들에게 우리들의 물리 세계와 관계를 맺을 권리가 상대적으로 크듯이, 회전원 위에 있는 사람은 그의 준거의 틀에 물리적 세계를 관계로 엮을 한층 큰 권리를 가지고 있다. 역학법칙과 유클리드 기하학은 그의 준거의 틀에 타당하지 않은 것이 사실이지만, 거기에서 벗어나는 모든 것은 그의 준거의 틀에 영향을 주는 중력장의 측면에서 설명될 수 있다.

이것이 아인슈타인 이론이 우리들에게 허용하는 것이기도 하다. 그것은 우리들로 하여금 특정한 시-공간표와는 독립된 방향으로 물리학 법칙들을 표현할 수 있게 한다. 시-공간표(측정)는 준거의 틀에 따라 변하며, 그 준거의 틀의 운동 상태에 좌우된다.

일반상대성이론은 우리에게 물리학의 법칙들을 보편화하고 그들을 모든 준거의 틀에 적용하는 길을 터준다.

"잠깐, 잠깐."

우리들이 입을 연다.

"회전하는 원 위에 있는 것과 같은 좌표계에서 누가 거리를 측정하거나 돌아다닐 수 있겠어요? 일정한 자의 길이는 그러한 체계에서는 장소에 따라 변하는 거예요. 우리들이 중심에서 멀어지면 멀어질수록 그 자의 속도는 더 빨라지고 길이는 한층 더 줄어드는 겁니다. 이런 현상은 사실상 정지 상태에 있는 관성좌표계에서는 일어나지 않거든요, 관성좌표계 전역에서는 속도의 변화가 없으니까 자의 길이는 변하지 않는 거라고요.

그래서 우리들은 관성체계를 도시를 세우듯, 한 구획 한 구획 짜나가는 겁니다, 관성좌표계에서는 자의 길이가 줄어들지 않으므로, 같은 자로 설계한 모든 구획은 같은 길이가 되는 거예요. 우리가 어디를 가든 10구획은 5구획의 2배가 된다는 것을 우리는 알고 있죠.

비관성좌표계에서는 그 좌표계가 속도와 장소에 따라 변하는 거예요. 이는 자의 길이가 곳에 따라서 달라진다는 뜻이에요. 가령 우리가 모든 도시 구획을 비관성좌표계 안에 같은 자를 사용하여 배치한다면, 그 위치가 어디이냐에 따라서 그 중 일부는 다른 것보다 커지는 거예요."

"그게 뭐 잘못했다는 건가요?"

짐 드 위트가 나선다.

"그래도 우리가 좌표계 안의 우리 좌표를 결정할 수만 있으면 되는 거 아닌가요? 탄성고무판에다 그래프용지조각같이 보이는 바둑판 무늬를 그렸다고 합시다(첫째 그림). 이것이 좌표계예요. 우리는 아래편 왼쪽 구석에 있다(우리는 어디서 시작해도 좋다)고 가정하고, 토요일 밤의 파티가 '파티Party'라고 표시된 교점에서 열리고 있다고 합시다. 거기에 가려면 우리는 오른쪽으로 2개의 4각형을, 위로 2개의 4각형을 가야 합니다.

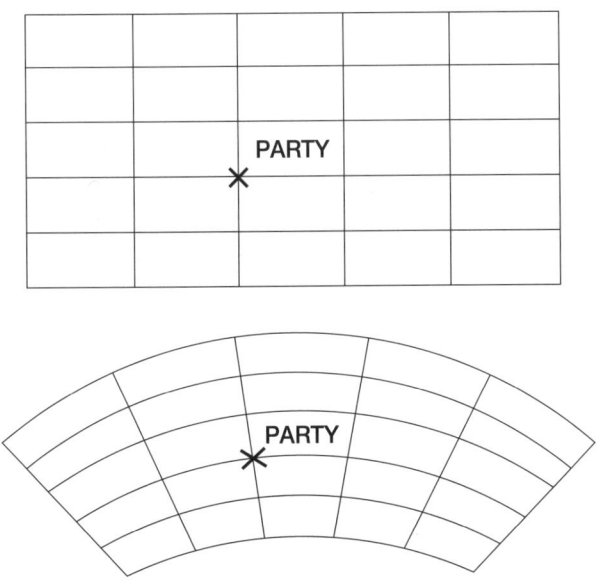

그럼 고무판을 둘째 그림처럼 보이게 당겼다고 생각해 보죠. 같은 방향들(오른쪽으로 2개의 4각형과 위로 2개의 4각형)은 여전히 우리들을 파티로 데려다 주는 거예요. 오직 한 가지 차이는 우리들이 좌표계의 이 부분에 익숙하지 않으면 4각형이 모두 같은 크기일 때와는 달리 쉽사리 우리들이 가야 할 거리를 계산하지 못한다는 것뿐입니다."

일반상대성이론에 따르면 가속도와 값이 같은 중력이 우리들이 고무판을 잡아 늘이는 것과 같은 방법으로 시-공 연속체를 일그러지게 한다. 중력효과를 무시할 수 있는 곳에서는 시-공 연속체가 우리들이 당겨늘이기 이전의 고무판과 같다. 모든 선은 직선이고, 모든 시계의 시간은 일치한다. 달리 말하면, 일그러지지 않은 고무판은 관성좌표계의 시-공 연속체와 같으며, 특수상대성이론이 적용된다.

그러나 대체로 우주 안에서는 중력을 무시할 수 없다. 물질 한 조각이 있는 곳이면 어디서나, 그것은 시-공 연속체를 휘게 한다. 그 물질 조각의 크기에 비례하여 그 휘어짐이 두드러진다.

회전원의 경우에는 좌표계의 다른 부분의 속도 변화가 자의 크기를 변화시켰다. 그 점을 명심하고 가속도(속도의 변화)는 중력과 등가라는 점을 기억하기 바란다.

그러므로 중력장의 힘의 변화는 속도의 변화와 마찬가지로 자를 축소시킨다. '가속도'와 '중력'은 '동일물'의 두 가지 표현 방식이다. 그러니까 자가 서로 다른 힘의 중력장에 노출되면 그 길이가 변한다는 뜻이다.

물론 우리들은 은하계는 말할 나위도 없고 태양계를 꿰뚫고 여행하더라도 다양한 밀도의 중력장에 부딪히게 되고 그로 말미암아 우리가 기를 쓰며 꺼내어 보려는 천계도가 늘여 당긴 고무판처럼 일그러지게 될 것이다. 우리 지구가 운행하는 시-공 연속체의 형상은 한 개의 산(태양)이 전체의 자리를 지배하고 있는 산골 농촌과 비슷하다. 뉴턴에 따르면, 지구는 영원히 직선으로 움직이기를 바라지만, 태양의 중력에 이끌려 영원히 편향한다. 그들이 균형을 잡아서 지구를 태양 주위의 궤도에 붙들어둔다. 아인슈타인에 의하면 지구궤도는 지구가 시-공 연속체를 통하여 움직일 때 지구가 택할 수 있는 가장 쉬운 진로에 지나지 않으며, 나아가서 태양으로 인해 휘어져 있다.

시-공 연속체의 진리가 얼마나 복잡한가를 상상해 보라. 그것은 태양계,

항성계, 은하계와 은하군을 거느린 우리 우주이며, 그 하나하나가 4차원 시-공 연속체에 크고 작은 혹, 만곡, 언덕, 골짜기와 산들을 만들어 낸다.

그러한 환경 아래에서 운행하는 것이 가능할까?

그렇다. 비록 단순한 실례이기는 하나, 선원들이 어느 정도 비슷한 상황에서 항해하고 있다. 우리들은 씨줄과 날줄로 짜인 4각형으로 지구를 덮고 있다. 이 4각형의 크기는 그 위치에 따라 달라진다. 적도에 가까울수록 그것은 커진다(이 점이 분명히 이해되지 않으면 지구의를 보면 알 것이다). 그런데도 우리는 여전히 씨줄과 날줄의 교점을 지적하여 지구 표면의 물리적 지점을 알아낼 수 있다, 우리가 항해하고자 하는 두 지점 사이에 있는 4각형의 숫자를 안다고 하더라도 우리는 목적지까지의 거리를 정확하게 알 수 없다. 4각형의 크기가 다르기 때문이다, 하지만 가령 우리가 그 지형(구체)의 성질을 알면, 그 위에 있는 거리를 계산해 낼 수 있다(구면3각법spherical trigonometry을 사용하여).

그와 마찬가지로 일단 우리가 시-공 연속체의 일정한 영역의 성질을 알면(그것을 탐사하여), 그 부분만이 아니라 그 시-공 연속체에서 일어난 두 가지 사건들 사이의 거리(간격)까지도 결정할 수 있다.*

아인슈타인이 10여년의 기간에 걸쳐 창작한 일반상대성이론의 수학 구조가 우리들에게 그러한 작업을 할 수 있는 가능성을 열어놓는다.

일반상대성이론의 방정식들은 구조 공식이다. 그들은 주어진 시간의 두 물체 사이에 벌어지는 상황을 기술한다(뉴턴의 공식은 주어진 시간에 두 물체 사이의 관계를 규정한다. 아인슈타인의 공식은 지금 여기 있는 상황과 조금 뒤 바로 이웃에서 일어나는 상황을 연결한다). 실제 관찰 결과를 이 방정식에 대입하면 우리

---

*물론 이 거리는 '불변invariant' 이다. 즉 모든 좌표계에서 동일하다. 이 불변성이 좌표계의 주관적 인위적 선택을 보완하는 아인슈타인 이론의 절대 객관적 측면이다.

가 관찰하는 주변의 시-공 연속체상을 내놓는다. 달리 말하면, 그 공식은 그 영역의 시-공기하를 보여 준다. 우리가 그것을 알면, 우리 상황은 지구가 둥글다는 사실을 알고 구면3각법도 알고 있는 선원의 그것과 대략 같아진다.*

우리는 지금까지 물질이 그 부근의 시-공 연속체를 일그러뜨리고 곡률(만곡curvature)을 일으킨다고 말했다. 자신이 결코 '증명'(수학적으로)하지 못했던 아인슈타인의 궁극적 비전을 빌리면, 물질 한 조각은 시-공 연속체의 한 곡률이다. 달리 표현하면 아인슈타인의 궁극적 비전은 '중력장'과 '질량'이란 것은 없다는 것이다. 그것은 정신적 피조물에 불과하다. 그런 것은 현실 세계에는 존재하지 않는다. '중력'-중력은 운동의 일종인 가속도와 같다-이라는 것도 없다. '물질'-물질은 시-공 연속체의 곡률이다-이라는 것도 존재하지 않는다. 심지어 '에너지'-에너지는 질량과 같고 질량은 시-공의 곡률이다-라는 것도 없다.

우리들이 독자적인 중력장을 가진 행성이라고 생각했던 것(중력에서 나오는 인력에 의해서 만들어진 태양 주위 궤도를 돌고 있는)은 사실상, 어느 시-공 연속체의 대단히 두드러진 만곡 부근에서 그 시-공 연속체를 통과하는 가장 쉬운 길을 찾고 있는 한 시-공 연속체의 뚜렷한 만곡에 지나지 않는다.

거기에는 오로지 시간-공간과 운동이 있을 뿐이고 실제로 그 셋은 하나다. 완전히 서양화된 용어로 도교와 불교 철학의 가장 기본적 측면을 정교하고 치밀하게 제시한 이론을 여기서 보게 된다.

물리학은 물리적 실재에 대한 연구이다. 어느 이론이 물리적 세계와 관계

---

*시-공 연속체는 휘어져 있을 뿐만 아니라 위상수학적 성질을 가지고 있다. 다시 말하면 도너츠와 같이 비틀린 방법으로 연결될 수도 있다. 그것도 또한 일그러지기도 한다.

가 없다면, 그것은 순수 수학, 시 또는 문학일 수 있으나, 물리학은 아니다. 문제는 아인슈타인의 환상적인 이론이 실제로 가능하냐 하는 것이다.

그 대답은 약간 잠정적이지만, 일반적으로 받아들여지는 '그렇다'는 긍정적인 것이다. 대다수의 물리학자들은 일반상대성이론이 거시적 현상을 보는 유효타당한 방법이라는 데 의견을 모으고 있으며, 동시에 대다수의 물리학자들은 이 의견을 확인(또는 도전)할 보다 많은 증거를 찾기 위하여 계속 진땀을 흘리고 있다.

일반상대성이론은 우주의 광대한 영역을 다루고 있으므로, 그 증거('진리'-그 시계는 아직도 열 수 없다-가 아니라 유용성의 증거)는 지구에 한정된 현상의 관찰로는 얻어내지 못한다. 이러한 까닭으로 그 검증을 천문학에서 구하게 된다.

현재까지는 일반상대성이론이 4가지 방법으로 검증되어 왔다. 처음 나온 3가지는 직선적이고 설득력이 있다. 초기의 관찰이 정확하다면, 그 마지막 방법은 이론 그 자체보다 한층 더 공상적 색채가 짙다고 할 수 있다.

일반상대성이론의 제1검증법은 천문학자들에게 뜻하지 않은 혜택을 주었다. 뉴턴의 중력법칙은 태양 주변의 행성궤도를 그리려는 목적으로 제시되었고, 수성을 제외하고는 모두 그 구실을 다했다. 어느 시점에서 수성의 궤도는 태양 주위를 공전하는 다른 행성보다 태양에 가깝다. 태양에 제일 가까운 수성의 궤도를 근일점perihelion이라고 한다. 아인슈타인의 일반상대성원리 검증법 제1호는 오랫동안 찾아온 수성의 근일점 문제에 대한 해답으로 나타났다.

수성의 근일점 문제-사실은 수성의 궤도 전부와 관계된다-란 그것이 이동한다는 것이다. 수성은 태양에 귀속되는 좌표계와 상대적인 관계에서 태양 주변의 동일한 진로를 계속해서 회전하지 않고 수성의 궤도 자체가 태양을 공전한다. 공전 주기는 아주 느리다(태양 둘레를 한 번 공전하는 데 300만년이 걸린다). 이것만으로도 천문학자들을 어리둥절하게 만들기에 충분했다. 아인슈타인 이전에는 수성궤도 세차precession를 우리 태양계 안에서 아직 발견되지 않은 행성에 돌렸었다. 아인슈타인이 그의 일반상대성이론을 발표했을 즈음에는 이 신비의 행성을 찾으려는 작업이 상당히 진척되고 있었다.

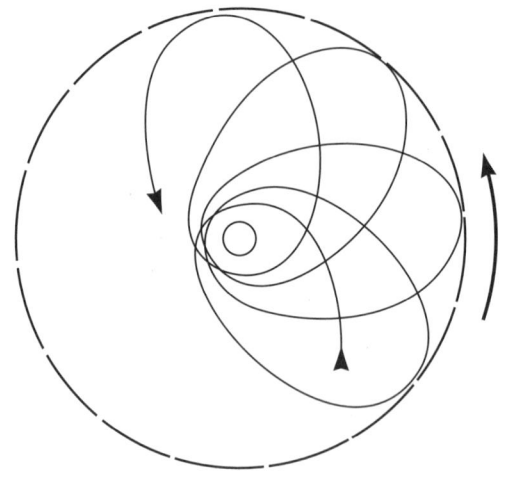

아인슈타인은 수성의 근일점에 특별한 관심을 기울이지 않은 채 일반상대성이론을 만들어 냈다. 그런데 일반상대성이론을 이 문제에 적용하게 되자, 수성이 태양의 부근에 있는 시-공간 연속체를 꿰뚫고 수성이 반드시 가야 할 길을 정확하게 가고 있음이 드러났다. 그밖의 다른 행성들은 태양의 중력에서 더 멀리 벗어나 있기 때문에 눈에 띄게 이런 방식으로 움직이지는 않는다. 일반이론이 한 점을 얻어낸 것이다.

일반상대성이론의 제2검증법은 아인슈타인이 구체적으로 제시한 예측을 충족시켰다는 것이었다. 아인슈타인은 광선이 중력장에 의해서 휘어진다고 주장했다. 그는 또한 그 휘어짐의 정도를 정확하게 예측했고, 이러한 예측을 시험할 수 있는 실험 방법을 내놓았다. 아인슈타인의 의견에 따르면, 천문학자들은 태양의 중력장으로 별빛의 편향deflection을 추정할 수 있다.

아인슈타인은 이렇게 말했다. 눈에 보이는 별무리와 지구 사이에 태양이 존재하기 때문에 별의 위치에 뚜렷한 변화를 일으킨다. 그 별에서 오는 빛이 태양의 중력장에 의해 휘어지기 때문이다. 이 실험을 하기 위해서는 밤에 한 무리의 별들을 촬영하여 서로 간의 상대적 위치와 그들 주변에 있는 다른 별의 상대적 위치를 기록해 둔다. 그런 다음 그 별 무리와 우리 사이에 태양이 들어오는 낮에 같은 별 무리를 찍는다, 말할 필요도 없지만 별을 낮에 사진 찍는 것은 달이 해를 가리는 개기일식에만 가능하다.

천문학자들은 성도를 검토하여 5월 29일이 이 작업을 위한 이상적인 날임을 밝혀냈다. 갖가지 별을 배경으로 운행하던 태양은 이 날이 오면 이례적으로 밝은 별의 무리가 많이 몰려 있는 그 앞을 지나게 된다. 도무지 믿어지지 않는 우연의 일치로 일반상대성이론이 발표된 지 불과 4년 뒤인 1919년 5월 29일 개기일식이 일어났다. 이 현상을 이용하여 아인슈타인의 새 이론을 시험할 준비가 진행되었다.

별에서 오는 빛의 신호light signals가 태양 부근에서 휘어진다. 우리들은 별빛이 직선으로 이동한다고 생각하므로, 그 별이 실제 위치가 아닌 자리에 있다고 추정하게 된다.

진공에서는 빛이 직선으로 이동한다고 추정하기는 했으나, 아인슈타인의 일반상대성이론 이전에도 이미 이 굴절은 어느 정도 이론화되어 있었다. 뉴턴은 중력법칙을 이 굴절 현상을 산출하는 데 이용했다. 다만 그 이유를 설

명하지 못했던 것이다. 아인슈타인의 이론은 뉴턴법칙이 예측한 편향의 약 2배를 예측하고, 그 현상의 발생 이유까지 설명하였다. 물리학자들과 천문학자들은 함께 새 이론과 옛 이론의 대결 결과를 초조하게 기다렸다.

1919년의 일식을 촬영하고자 두 개의 원정대가 지구의 상이한 두 지점에 파견되었다. 이들 원정대들은 한편으로 태양이 그 지역에 없을 때 동일한 별무리를 촬영하기로 했다. 두 원정대의 조사 결과는 아인슈타인의 계산을 입증했고 뉴턴의 이론은 부정되고 말았다. 1919년 이후 다른 일식이 있을 때마다 거듭 똑같은 판결이 내려졌다. 모두가 한결같이 아인슈타인의 예측을 뒷받침했다. 일반이론의 제2차 득점이다.

일반상대성이론의 제3검증법은 중력적방편이gravitational red-shift라고 부른다. 중력은 가속도와 등가이므로 자를 줄어들게 할 뿐만 아니라 시계를 느리게 가도록 한다는 사실을 잊지 말기 바란다.

시계는 주기적으로 반복되는 도구다. 원자는 시계의 한 형태이다. 그것은 일정한 주파수로 진동한다. 가령 나트륨과 같은 원소를 빛을 내게 하면, 그것이 방출하는 빛의 파장을 정확하게 측정할 수 있다, 이 파장은 그 원소를 구성하는 원자의 진동주파를 정확하게 알려 준다. 만약 그 주파수가 변하면, 그 파장 역시 변한다.

지구상에 있는 시계의 율동과 고도의 중력장 - 예컨대 태양의 - 에 영향을 받고 있는 시계의 율동을 비교하려고 그 시계를 태양 표면에 보내야 할 필요는 없다. 그 시계가 이미 그 자리에 있으니까.

중력 밀도가 대단히 높은 태양 표면에 있는 원자 내부에 일어나는 주기적 작용은 그 속도가 약간 느리기는 하지만 이곳 지구상에서도 일어나고 있다. 이와 같은 예측을 검사하려면, 햇빛 속에 주어진 원소와 지구상의 실험실 안에 있는 동일한 원소의 방사파장을 비교하기만 하면 된다. 이 실험은 지금까지 수없이 실시되었다. 어느 경우에서나 태양광선 속에서 측정한 파장이 실험실 안의 동일한 원소의 파장보다 길다는 사실이 드러났다. 파장이 길다는 것은 주파수가 낮다(느리다)는 뜻이다. 예컨대 나트륨원자는 지구상에서보다는 태양의 강력한 중력장의 영향을 받으면 더 느리게 진동한다. 그 밖의 다른 원자들도 마찬가지다.

이러한 현상을 중력적방편이라고 부른다. 여기 포함된 파장은 가시적인 광선 스펙트럼의 빨간색 끝마디 - 즉 파장이 제일 긴 부분 - 로 약간 기울어지는 것으로 나타나는 데서 이와 같은 명칭이 나왔다. 일반이론의 세 번째 득점이다.

수성의 이동성 근일점, 별빛 편향, 그리고 중력적방편이重力赤方偏移 모두 관찰할 수 있는 현상이다. 이제 우리는 이론이 여전히 지배적이고 관찰은 극히 적은 영역으로 들어간다. 그럼에도 불구하고 이 영역은 전 과학사에 있어서 그 무엇보다 월등히 앞서 가장 흥미롭고 아마도 가장 자극적인 과제가 아닌가 생각된다. 일반상대성이론의 제4검증법은 블랙홀현상으로 나타난다.

1958년 휜켈스타인은 한 편의 논문을 발표했다. 거기서 그는 아인슈타인의 일반상대성이론을 바탕으로 하여 그가 '일방투과막one-way membrance'이라 부르는 현상을 이론화했다.[4]

휜켈스타인은 밀도가 극도로 높은 중력장을 포함하는 일정한 조건 아래에서는 눈에 보이지 않는 입구가 생기며, 그 안으로 빛과 물체가 들어갈 수는 있으나, 거기서 영원히 탈출할 수 없다고 하였다.*

이듬해 런던대학교의 젊은 대학원생 한 사람이, 당시 초청강사로 그곳에 온 휜켈스타인이 자신의 일방투과막을 설명하는 것을 들었다. 그 발상이 그의 관심을 사로잡았고, 뒤이어 그의 상상력을 자극했다. 그 젊은 학생이 펜로즈였다. 그는 휜켈스타인의 발견을 확대하여, 그것은 블랙홀의 현대이론으로 발전시켰다.**

블랙홀이란 공간의 한 영역이다, 그곳은 중력이 너무 강력하여 심지어 빛까지도 그 주변 영역으로 도피할 수 없어서 완전히 검게 보인다.*** 중력은 실험실 수준에서라면 무시할 수 있으나, 큰 질량체가 개입될 경우에는 대단히 중요하다. 따라서 블랙홀 탐색 작업은 자연히 물리학자와 천문학자의 공통 연구 과제가 되었다.

천문학자들은 블랙홀이 천체 진화stellar evolution의 몇 가지 가능한 산물의 하나일 수 있다고 추정했다. 별들은 무한히 타지 않는다. 그들은 생존주기를 거치면서 진화하는데 그 주기는 수소가스로 시작하여, 때로는 아주 밀도가 높아지고, 마침내 타버리는 회전질량으로 끝이 난다. 이 과정의 정확한 최종 산물은 그 과정을 거치는 천체의 크기에 따라 결정된다. 어느 이론

---

*1795년 라 플라스Pierre-Simon La Place(1749-1827 프랑스의 수학자·천문학자)가 뉴턴물리학을 이용하여 이 현상의 이론적 체계를 세웠다. 휜켈스타인은 그것을 현대적 관점, 즉 상대성이론으로 공식화한 첫 번째 물리학자였다. 이 현대적 공식화 작업이 블랙홀에 대한 현재의 각종 이론의 기폭제가 되었다.

**블랙홀을 주제로 한 최초의 현대적 논문을 작성한 학자는 R.오펜하이머Robert John Oppenheimer(1904-1967 미국의 이론물리학자)와 S.스나이더Snyder였고, 때는 1939년이었다. 블랙홀의 현행 이론들, 다시 말하면 초시공적beyond space-time 블랙홀의 특성은 펜로즈와 호우킹이 각각 독립해서 발전시켰다.

***일종의 일차적 추정에 대해서 물리학자들은 요즘, 블랙홀이 사실은 빛을 내고 있다는 이론을 세우고 있다. 광자와 그밖의 입자들이 일방투과막을 출입하는 양자-터널 효과를 그 원인으로 들고 있다.

을 빌리면, 우리의 태양보다 3배, 또는 그 이상 큰 별은 결국 블랙홀이 된다. 그러한 별의 잔핵은 상상을 넘어서리만큼 밀도가 높다. 그들의 지름은 몇 킬로미터에 불과하지만, 태양의 3배 또는 그 이상의 질량을 담고 있다. 그처럼 밀도 높은 질량은 그 부근에 있는 모든 것을 그 안으로 끌어들이기에 충분한 중력장을 만들어 낸다. 동시에 어떤 것도, 빛마저도 거기서 달아나지 못한다.

이 별의 잔핵을 둘러싸고 '사건 지평선event horizon'이 형성된다. 사건 지평선, 즉 이벤트 호라이즌은 연소가 끝난 항성의 거대한 중력장에 의해서 만들어진다. 그 기능은 휜켈스타인의 일방투막과 똑같다. 이 질량의 중력장 안에 있는 것은 무엇이든 거기로 끌려 들어가고, 일단 사건의 지평선을 넘어서면, 영원이 되돌아가지 못한다. 이것이 블랙홀의 본질적 특성을 이루는 사건 지평선이다. 사건의 지평선을 통과한 물체에 어떤 일이 일어나는지는 가장 환상적인 공상과학 소설보다도 훨씬 기괴하다.

만일 블랙홀이 자전하지 않는다면 그 물체는 블랙홀의 중심부, 특이성 singularity이라고 부르는 곳에 바로 끌려 들어간다. 거기서 문자 그대로 그 물체는 존재를 착취당하며, 또는 물리학자들의 말대로 무용적無容積zero volume으로 떨어지고 만다. 블랙홀의 특이성에서는 모든 물리학 법칙들이 완전히 무너지고, 나아가서 시간과 공간마저 사라진다. 블랙홀에 빨려 들어간 모든 것은 다시 '다른 쪽'―그 '다른 쪽'은 또 다른 우주이다―으로 넘쳐 나간다.

만약 블랙홀이 자전한다면, 사건 지평선으로 빨려 들어간 물체는 블랙홀의 특이성(회전하는 블랙홀에 있는 '고리'모양을 한)을 빗나갈 수 있으며, 이 우주의 다른 시간 다른 장소에 나타나거나('웜홀wormholes'을 통하여), 또는 다른 우주에 출현한다('아인슈타인-로젠 다리'를 거쳐서). 이렇게 볼 때 회전하는 블랙홀은 궁극적인 타임머신이다.

블랙홀은 거의 보이지 않으나, 그들의 특징일 가능성이 있는 관찰 가능한 현상을 찾아낼 수 있다. 이들 가운데 첫째가 대량의 전자기방사이다. 블랙홀은 쉬지 않고 수소 원자, 우주 입자, 그리고 그밖의 모든 것을 닥치는 대로 끌어들인다. 이들 미립자들과 물체들이 그 블랙홀에 끌려가게 되면, 그들은 그 중력장을 통과하면서 점차 가속되어 마침내 광속도에 접근한다. 이로 인해서 방대한 양의 전자기방사가 일어난다(어떤 하전입자든지 가속되면 전자기 방사를 일으킨다).

보이지 않는 블랙홀의 제2의 관찰 가능한 특성은 이웃에 있는 가시성可視星에 대한 효과이다. 가령 가시성이 마치 비가시성 주위를 공전하는 것처럼 운행한다면(즉 그것이 짝별처럼 운행하면), 그것이 실제로 보이지 않는 별 주변을 공전하고 있고, 그 보이지 않는 동반자가 블랙홀이라는 추정을 할 수도 있다.

블랙홀 탐사 작업은 결과적으로 이들 두 가지 현상의 탐색으로 바뀌었다. 1970년에 인공위성 우후루Uhuru 호가 한 자리에서 그 두 가지 현상을 함께 찾아냈다. 그것은 태양보다 100만 배나 강한 에너지를 방출하는 고니별자리Cygnus 안의 고에너지 X선원을 정확하게 지적했다. 이 전자기방사의 고에너지원은 고니별자리 X-1Cygnus X-1로 알려지게 되었는데, 가시적인 푸르고 뜨거운 초거성supergiant star에 아주 가깝다. 현재 과학자들은 이 푸른 초거성이 블랙홀인 고니별자리 X-1Cygnus X-1과 연성계를 이루고 있다고 믿는다.

가시성과 비가시적 블랙홀이 서로 상대방을 중심으로 궤도 선회함에 따라서 그 푸른 초거성이 블랙홀로 문자 그대로 빨려 들어가고 있다. 물질이 그 표면에서 떨어져 나가면서 X선을 내뿜으면 무서운 속도로 블랙홀로 뛰어든다. 고니별자리 X-1을 믿기 어렵지만, 그와 비슷한 대상 100여 개가 그 이후에 우리의 은하계 안에서 탐지되어 왔다. 블랙홀은 우리들의 상상력을 극도로 혹사시키지만, 그들이 실제로 존재한다는 증거는 늘어가고 있다.

예를 들어 블랙홀이 우리들의 추정대로라면, 그 안으로 사라지는 것은 무엇이든 다시 어딘가에 나타날 것이다. 그렇다면 그쪽 우주에서 물질을 빨아들여 우리 우주로 내놓을 또 다른 우주의 블랙홀이 있을 수 있단 말인가? 이것은 참으로 진지하게 생각해 볼 만하다. 우리 우주에는 블랙홀의 이면이라고 할 만한 대상이 있다. 그들을 화이트홀white hole이라 부른다. 이들 대상에 준성방사원quasi-stellar radio source, 또는 줄여서 준성quasar이라고 이름을 붙였다.

준성은 이례적으로 강력한 에너지원이다. 그 대부분이 우리 태양계의 지름의 몇 배에 불과하지만, 15조 개 이상의 항성으로 이루어진 전체 은하계보다 큰 에너지를 내뿜는다. 어떤 천문학자들은 준성이 지금까지 탐지된 것 중에서도 가장 먼 천체라고 믿고 있으나, 그 믿을 수 없을 만큼 휘황한 밝기 때문에 우리들은 똑똑히 볼 수 있다.

블랙홀과 준성의 관계는 순전히 추리에 지나지 않지만, 그 추리가 우리들의 마음을 끓게 하고 있다. 예컨대 일부 물리학자들은 블랙홀이 한 우주에서 물질을 삼켜 그것을 다른 우주 또는 같은 우주의 다른 부분과 시간에 쏟아놓고 있다고 추정하고 있다. 이 가설에 따르면 블랙홀의 '산출' 면이 별 같은 천체이다. 이 추리가 옳다고 한다면, 우리의 우주는 그 숱한 구멍에 빨려 들어가고 있으며, 결국 다른 우주에서 다시 나타나고 있다. 한편 다른 우주는 우리 우주로 쏟아져 나오고 있으며 그것이 또 다시 블랙홀에 빨려 들어가서는 또 다른 우주로 흘러 나간다. 이 과정은 끊임없이 진행되면서 연쇄반응을 일으켜 시작도 없고, 끝도 없고, 끝도 없고 시작도 없는, 즉 무시無

始, 무종無終, 무시, 무종의 또 다른 춤이 이어진다.

일반상대성이론이 낳은 가장 심오한 부산물은, 우리는 중력적 힘 gravitational force을 그처럼 오랫동안 실재하고 독립적으로 존재하는 것으로 간주해 왔으나 사실은 우리들의 정신적 피조물에 지나지 않는다는 발견이다. 실재의 세계에는 그런 것이 없다. 행성들은 태양이 그들에게 보이지 않는 중력을 행사하기 때문에 태양궤도를 돌고 있는 것이 아니라, 그들이 그 안에 자리 잡고 있는 시–공 연속체의 지형을 횡단하는 데 그들이 갈 수 있는 제일 쉬운 길이므로 그러한 진로를 따르고 있는 것일 뿐이다.

똑같은 논리가 '무의미'에도 적용된다. 그것은 정신적인 피조물이다. 이 현실 세계에는 그러한 것이 없다. 어느 준거의 틀에서 보면 블랙홀과 사건 지평선은 의미를 가진다. 다른 준거의 틀에서 보면 절대 비운동 absolute non-motion이 의미가 있다. 다른 관점에서 보지 않는 한 그 어느 것도 '무의미'가 아니다.

우리들은 우리가 조심스레 구축해 놓은 합리적 구조물에 맞지 않는 것을 가리켜 무의미, 또는 헛소리 nonsense라고 한다. 그러나 이들 구조물에 내재적으로 가치 있는 것이라고는 하나도 없다. 사실 그들 자체가 보다 유용한 것으로 대체되는 경우가 적지 않다. 그러한 현상이 일어날 때 낡은 준거의 틀에서 보면 무의미했던 것이 새로운 준거의 틀에서 보면 의미를 가질 수 있게 되며, 그 반대의 경우도 있다. 시간과 공간의 측정과 마찬가지로 무의미의 개념(그 자체가 측정의 한 형태이다)은 상대적이며, 우리가 그것을 사용한 때면 언제나 어느 준거의 틀에서 그것은 우리에게도 적용된다는 것을 다짐해도 좋다.

chapter 5

나의 생각을 움켜쥔다

제1장

입자 동물원

물리의 넷째 해석은 '나의 생각을 움켜쥔다'는 뜻으로서, 물리학 책의 제목으로 적합하다. 왜냐하면 일반적으로 과학의 역사는 새로운 이론의 출현에 대한 기존 과학자들의 저항의 연속이기 때문이다. 그들은 특정한 세계관에 너무 익숙해져서 그 세계관을 버리기가 어려운 것이다. 한 물리 이론의 가치는 그 이론의 실용성에 있다. 물리 이론의 역사는 개인 성격의 발달사와 비슷한데, 즉 인간은 어릴 때에는 환경에 대해 자동반사로 잘 대처했으나, 불행히도 이런 메커니즘을 만들어 낸 환경 자체가 변하고, 반응 능력이 거기에 적응하지 못하면 도리어 비생산적이 된다. 화를 내는 것, 우는 것, 우울해지는 것, 아부하는 것 등의 행동은 모두 어린 시절에 적합한 반응 형태로, 이것들이 더 이상 쓸모가 없음을 알게 되면 이런 반응 형태를 버리게 된다. 이때의 변화는 고통스럽고 느리다. 과학의 이론들도 똑같은 형태를 띤다. 코페르니쿠스만이 지구가 태양을 돈다는 태양중심설을 믿었다. 괴테는 코페르니쿠스 혁명에 관해 다음과 같이 말했다.

인류에 대해 이보다 큰 요구를 했던 적은 일찍이 없었다. 지구가 우주의 중심이 아니라는 말에 의해서 많은 숭배의 대상들이 무너져 갔다. 지상의 낙원, 종교적 믿음의 확신, 시와 경건의 세계들이 무너지기 시작했다. 당시에 사람들은 이를 받아들일 수 없었고, 수단을 가리지 않고 반대했다.[1]

플랑크의 발견이 내포하는 의미는 플랑크 자신마저 거부했었다. 왜냐하면, 그 사실을 받아들인다는 것은 곧 300년 이상 자리를 굳혀 온 뉴턴물리학을 거부하는 셈이 되기 때문이었다. 양자역학의 혁명에 대해 하이젠베르크는 다음과 같이 말했다.

새로운 현상들의 집합이 사고의 형식에 변화를 강요할 때면 가장 뛰어난 물리학자들도 엄청난 고통을 겪는다. 왜냐하면 사고방식의 변화에 대한 요구는 우리의 믿음을 뿌리째 흔들기 때문이다. 이때의 어려움은 재삼 강조해도 지나치지 않는다. 사고방식을 개혁하라는 요구에 대한 총명하고 타협적인 과학자들의 배타적인 반응을 보면 그러한 과학의 혁명이 가능했다는 사실이 놀랍다.[2]

과학의 혁명은 기존의 이론으로는 설명할 수 없는 현상이 발견됨으로써 이루어진다. 현존의 이론은 쉽사리 물러나지 않는다. 이론 자체보다 더 중요한 것의 사활이 걸려 있기 때문이다. 우주의 중심으로서 우리의 지위를 버린다는 것은 커다란 심리적 시련이었다. 양자역학의 핵심적 명제인 자연의 무질서(확률성)를 받아들인다는 것은 이성에 대한 커다란 충격이었다. 그러나 새로운 이론의 우수한 실용성이 입증되면, 반대자들도 그것을 받아들이게 되고, 그와 함께 함축된 새로운 세계관도 어느 정도 인정하지 않을 수 없다. 오늘날 입자 가속장치와 '전산기', '기포상자' 등은 새로운 세계관의 탄생을 예고한다.

  코페르니쿠스적인 세계관이 그 이전의 세계관과 달랐듯이, 현재 윤곽이 드러나는 세계관은 20세기 초의 세계관과 엄청나게 다르다. 새로운 세계관은 우리의 가장 핵심적인 믿음을 버리기를 요구한다. 이 세계관에 의하면 '물질'이란 존재하지 않는다. 사물에 대해 물을 수 있는 가장 상식적인 질문은, "무엇으로 만들어졌나?"인데, 이 물음은 거울로 이루어진 복도와 같은 인위적인 정신 구조 위에 기초한다.

  만약 두 개의 거울 사이에 서서 거울 하나를 들여다보면, 우리의 영상이 보이며, 바로 우리 뒤로는 각각 그 앞의 머리를 쳐다보고 있는, 볼 수 있는 데까지 끝없이 보이는 '우리'들의 무리들이 보인다. 이 모든 영상들은 환상이다. 여기서 오직 실체인 것은 우리이다. 바로 이런 경우가 어떤 사물이 "무엇으로 이루어져 있는가?"를 물을 때와 같은 경우이다. 이런 질문에 대한 대답은 또 다시 같은 질문을 반복하게 한다. 만약에 이쑤시개가 "무엇으로 만들어졌나?"라고 묻는다면, 대답은 물론 '나무'인데, 또 "나무는 무엇으로 만들어졌나?" 등으로 질문이 계속 꼬리를 물고 한없이 진행되는 것이다. 서로 평행하는 거울처럼 영상이 끝없이 반사하여 진행하므로, 사물과 그것을 이룬 물질이 다를 수 있다는 생각은 무한히 진행하는 해답의 진열장과 같고, 끝없는 과제로서 우리에게 주어진다. 어떤 물체든 우리는 그것이 '무엇'으로 만들어진 것인지 묻지 않을 수 없는 환상에 사로잡혀 있다. 물리학자란, 위와 같은 끝없는 의문의 연속을 끈기 있게 밟아가는 사람이다. 이들이 발견한 것은 실로 놀랍다.

  나무의 섬유질은 실제로는 세포들로 이루어져 있고, 세포란 분자들의 결합체이며, 분자들이란, 원자들의 집합이고, 원자는 또 소립자들의 집합으로 이루어져 있다. 다시 말해서, '물질'이란 서로 초점이 맞지 않는 무늬들의 집합체인 것이다. 우주를 구성하는 궁극의 질료를 찾기 위한 노력은 찾을 수 없다는 깨달음으로 끝나고 만다. 만약 우주의 궁극적인 구성 '물질'이 있다면 그것은 순수한 '에너지'이며, 소립자들은 에너지로 구성된 것이 아니라, 그들 자체가 에너지이다. 이것이 아인슈타인이 1905년에 이론으로 체계화한 것이다. 소립자(아원자 입자)의 반응은 곧 에너지와 에너지의 반응이다. 아원자 세계에서는 존재하는 것과 일어나는 사건, 작용과 작용자 사이에 명확한 구분이 없어진다.

이 세계에서 '춤'과 '춤추는 자'는 곧 하나이다. 입자 물리학에 의하면 현상계란 본질적으로 변화하는 에너지의 무대이며, 그 에너지는 모든 곳에서 다양한 형태를 취하고 있다. 소위 물질(기본 입자)이란 것은 생성, 소멸, 재생의 과정을 계속 되풀이하고 있다. 이는 입자들이 상호 반응할 때 일어나며, 또한 어떤 경우에는 무에서 일어난다. 아무것도 없었던 곳에서 갑자기 '무엇'이 생기고, 그 '무엇'은 다시 다른 것으로 변하여 없어진다. 입자 물리학에서는 '빈 공간'과 '비지 않는 공간', 혹은 '무엇'과 '아무것도 아닌 것'에서처럼 '비었다'는 의미에 구분이 없다.

입자 물리의 세계란 반짝이는 에너지가 입자란 말을 쓰고 반짝 있다가 없어지며 무리 지으며, 바뀌며, 없어지며, 스스로 춤을 추는 세계이다. 입자 물리학의 세계관에서 '질서 속의 혼돈'이란 선線이다. 원초적 상태는 '생성, 소멸, 변환'으로 이루어지는 혼돈의 연속이고, 이 혼돈 위에 그 형태를 제한하는 보존법칙들이 있다. 물리학의 일반적 법칙처럼 일어날 사건을 예측하지는 못하나, 도리어 일어날 수 없는 것을 지적한다. 즉 제한을 가하는 법칙들이다.

아원자의 세계에서는 보존법칙의 제약을 받지 않는 사건들은 모두 다 가능하다(양자이론은 보존법칙들이 허용하는 가능성들의 확률들을 기술한다). 사파티는 다음과 같이 말한다.

기본 입자들은 이미 정해진 경로를 형식적으로 진행하지 않는다. 오히려 '찰리 채플린'의 '코미디' 같이 보이는가 하면 안 보이게 움직인다. 사실 실제 경로를 가진 것이 무엇인지조차 모른다. 그것은 '오묘한 질서'를 보기 전에는 황홀한 혼돈이다.3)

근대의 세계관은 '무질서 속의 질서'였다. 옛 세계관은, 일상생활의 경험을 구성하는 다양한 사실 경험 밑에는 그들을 모두 연결할 수 있는 체계적이고 합리적인 법칙들이 존재한다고 보는 것이다. 이것이 뉴턴의 위대한 통찰이었다. 떨어지는 사과를 지배하는 똑같은 법칙이 곧 행성의 궤도를 지배한다. 이 말은 맞다고 볼 수 있으나, 입자 물리학의 세계관은 본질적으로 이에 상반된다. 입자 물리학의 세계관은 '물질' 없는 세계이며, '존재하는 것=일어나는 사건'의 세계이고, 생성, 소멸, 변환의 끝없는 과정이 여러 보존법칙과 확률이 제어하는 테두리 속에서 행해지는 세계이다.

고에너지 입자 물리학은 아원자 입자들을 연구하는 학문이다. 줄여서 '입자 물리'라 일컫는다. 양자이론과 상대성이론이 입자 물리의 이론적 도구이다. 입자 물리의 연구(실험) 장치는 입자 가속장치와 전산기로 이루어진 값비싼 시설들이다. 입자 물리의 원래의 목표는 우주를 구성하는 근본 물질을 발견하는 것이었다. 즉 물질을 계속 분해하여 가장 근본적인 구성 물질에 도달하려 했던 것이다. 그러나 입자 물리의 실험 결과는 이와 같이 단순하지 않다. 오늘날 입자 물리학자들은 그들의 풍부한 자료들을* 분석하느

---

*지금의 고에너지이론은 코페르니쿠스체계에 의해 넘어지기 직전의 프톨레마이오스 천문학의 경우와 같다. 새로운 입자와 참charm과 같은 새로운 양자 수의 발견은 이미 균형이 깨진 이론체계에 쌓인 주전원epicycle과 같다.

라고 정신이 없다. 원칙적으로는 입자 물리는 극히 간단하다. 물리학자들은 아원자 입자들을 서로 세차게 충돌시킨다. 이들은 한 입자로 다른 입자를 깨트려 그것이 무엇으로 이루어졌는지 살핀다. 깨는 입자를 '포탄 projectile'이라 부르고, 깨어지는 입자를 '과녁'이라 부른다. 가장 우수한 장치들은 두 입자들을 공동의 충돌 지점으로 가속시킨다. 충돌 지점은 주로 기포상자라 불리는 장치 속이다. 하전된 입자들은 기포상자 속을 진행하면서 제트기가 공기에 남기는 가스 흔적과 같은 흔적을 남긴다. 기포상자는 자기장 속에 있고, 하전된 입자는 양전하, 음전하에 따라서 각각 해당 방향으로 휘어서 움직인다. 입자의 질량은 그 입자의 궤도의 곡률에 의해 결정할 수 있다(가벼운 입자는 같은 속도의 무거운 입자보다 더 휜다). 전산기에 연결된 사진기가, 입자가 기포상자를 진입할 때마다 사진을 찍는다. 이와 같은 정교한 시설이 필요한 것은 입자들의 수명이 대부분 100만분의 1초도 안 되며, 직접 관찰될 수 없기 때문이다.** 일반적으로 입자 물리학자들이 소립자에 대해서 알 수 있는 모든 것들은 기포상자에 남은 흔적을 찍은 사진과 자신의 이론에서 유도해낸 것들이다.***

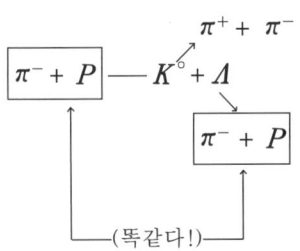

** 어둠에 익숙한 눈은 한 개의 광자를 관측할 수 있다. 다른 아원자적 입자들은 간접적으로 관측한다.
*** 기포상자 물리학 외에 사진판 물리학, 계수기 물리학 등이 있다. 그러나 입자 물리학에서 가장 많이 쓰이는 장치는 기포상자이다.

안개 상자에서 얻은 수많은 사진들은 초기 입자 물리학자들이 '기본' 입자들을 찾으려 했던 헛된 노력을 보여 준다. 포탄 입자가 과녁 입자를 치면 충돌 지점에서 두 입자는 모두 부서진다. 이 자리에 '새로운' 입자들, 원래의 입자들과 똑같거나 비슷한 입자들이 생겨난다!

앞의 그림은 대표적인 입자 상호 반응을 보여 준다. 음전하의 '파이(π)' 중간자meson라 불리는 입자가 양성자(P)와 충돌하여, 파이 중간자와 양성자는 파괴되고 새로운 두 입자, 중성의 전하를 띤 K중간자(K°)와 '람다(V)' 입자가 생긴다. 이 두 개의 입자는 동시에 각각 두 개의 입자들로 붕괴하여, 네 개의 입자가 되는데, 이 중에 두 개의 입자는 원래의 입자들과 똑같다! 이는 휜켈스타인이 말했듯이 우리가 시계 두 개를 충돌시켰을 때 그 잔해로 용수철과 부속품들이 나오는 것이 아니라 크기가 같은 새로운 시계들이 나오는 것과 같다.

어떻게 이런 사건이 일어날 수 있을까? 여기에 대한 해답의 일부는 아인슈타인의 특수상대성이론에 의해 주어진다. 즉, 새 입자들은 포탄 입자의 운동에너지와 과녁 입자 및 포탄 입자의 질량으로부터 생성된다. 포탄 입자의 운동 속도가 빠를수록 충돌 지점에서 새 입자를 생성할 수 있는 운동에너지가 많아진다. 이런 이유로, 보다 큰 입자 가속장치를 만들고자 한다. 보다 많은 운동에너지(고속도)는 곧 보다 많은 입자들을 생성할 수 있기 때문이다. 어떤 입자 충돌 반응이라도 원래 입자들의 소멸과 새로운 입자들의 생성을 수반한다. 아원자의 세계는 생성, 소멸의 끝없는 춤이 이루어지며 질량과 에너지가 끝없이 서로 바뀌는 곳이다.*

---

*질량-에너지 이원론은 양자론이나 상대성이론의 형식체계에서는 존재하지 않는다. $E=mc^2$에 의하면 질량이나 에너지가 에너지, 혹은 질량으로 변하는 것이 아니라, 에너지 E가 있으면, $E=mc^2$ 만큼의 질량m도 있다. 전체에너지 그 자체가 질량이다. 에너지 E와 질량 m도 보존된다. 질량은 곧 중력장의 원천으로 정의된다.

스쳐 가는 입자 모습이 끊임없이 생겼다가 없어지는, 늘 새로운 현실을 이루는 것이다. 하느님의 얼굴을 보았다는 동서양의 신비주의자들의 말은 위의 표현과 너무 닮았고, 의식의 다양한 형태에 관심을 가지는 심리학자라면 심리학과 물리학 사이의 이와 같은 관련을 무시할 수 없다.

입자 물리학의 첫째 질문은, "무엇이 충돌하는가?"이다. 양자역학에 의하면 아원자 입자는 먼지 알맹이 같은 입자가 아니라, 오히려 '존재하려는 경향'이며, '거시적 관측 대상들 사이의 상호 관계'이다. 이것들은 따로 객관적 존재를 가지지 않는다. 이 말은 양자역학의 이론에 의하면 관측 장치와의 상호 작용 이외의 존재로서는 기본 입자들의 독립적인 존재란 없다는 뜻이다. 하이젠베르크는 다음과 같이 말했다.

> 양자역학의 이론으로 비추어 봐서 ……기본 입자들이란 일상생활의 물체들 - 돌, 나무 등 - 과 같은 의미에서 존재하는 것이 아니다.4)

전자가 감광판을 지날 때 눈에 보이는 흔적을 남긴다. 이 '흔적'을 자세히 관찰해 보면, 일련의 '점'들의 연속임을 알게 된다. 각 점은 사실 전자가 감광판의 원자들과 작용해서 생긴 은결정銀結晶이다. 현미경에선 다음과 같이 보인다.

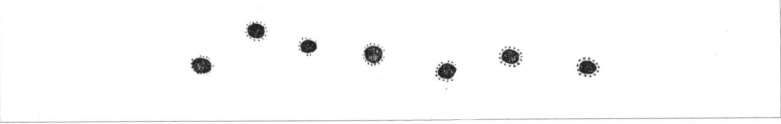

보통 우리는 한 개의 전자가 야구공과 같이 감광판을 지나가서 흔적으로 은결정을 남겼다고 생각할 것이다. 이는 잘못이다. 양자역학은 천여 년 동안 '탄트라Tantra' 불교도들이 말해온 것과 같은 주장을 한다. 즉 점들(움직이는 물체) 사이의 관계는 실존하는 것이 아니라 우리 정신의 소산이라는 것이다. 양자역학의 기술에 의하면, 움직이는 물체-독립적 존재를 가진 입자-는 입증할 수 없는 가정이다. '일반적인 논리에 의하면', 런던대학 버크백 단과대학의 물리학 교수인 데이비드 보옴은 말한다.'

실제로 전자가 지나감으로써 생긴 은결정의 흔적으로, 전자가 공간을 연속적으로 움직였을 것이라고 생각할 것이다. 그러나 양자역학적 해석에 의하면, 이와 같은 일은 존재하지 않았으며, 오직 말할 수 있는 것은 일상적으로 생각할 수 있듯이 물체가 공간을 지나간 것이 아니라 단지 은결정이 생겼다는 것이다. 사실과 비슷한 이론에는 연속적으로 움직인다는 개념이 합당할지 모르지만, 완벽한 이론에서는 한계가 드러난다.5)

관측자가 거기에 있든 없든, 입자들이 인과율에 따라서 시공 속을 운동하는 실체라는 보편적인 가정은 양자역학에 의해 반증되었다. 양자역학이 물리학에서 최고의 이론이기 때문에 더욱 결정적이다. 양자이론은 소립자부터 천체 현상까지 설명한 것으로, 이보다 더 성공을 거둔 이론은 일찍이 없었다. 즉 이것에 경쟁 상대가 되는 이론은 없다. 우리는 안개 상자 속의 흔적을 보면서, "무엇이 흔적을 만들었나?"라는 질문을 하게 된다. 물리학자들이 가진 최선의 해답은 현재로서는, '입자'들이란 실제로 장field들 사이의 상호 반응이라고 보는 것이다. 장은 파동과 같이, 한곳에 제약된 입자가 차지하는 넓이보다 훨씬 넓게 퍼져 있다. 장은 또, 지구의 중력장이 지구 주위의 공간을 완전히 메우듯이 공간을 완전히 채운다. 두 개의 장이 상호 작용하면, 점차적으로 또 접촉하는 모든 것에서 상호 작용하는 것이 아니라, 한 점에서 순간적으로 작용하다.

이러한 순간적이고 국부적인 상호 작용이 이른바 입자라는 것을 형성한다. 이 이론에 의하면, 이런 순간적이고 국부적인 상호 작용 자체가 '입자' 들이다. 기본 입자 영역의 생성, 소멸의 연속적인 작용은 곧 여러 개의 장들이 상호 작용한 결과이다. 이것이 양자장이론이다. 이 이론의 기초는 1928년에 영국의 물리학자 디랙에 의해서 세워졌다.

이 이론은 새로운 입자들을 예견하고 입자들을 장의 상호 작용으로 설명하는 데 큰 성공을 거두었다. 양자장이론에 의하면 각 입자에 대응되는 독특한 고유의 장들이 있다. 1928년에는 세 종류의 입자들만이 알려져 있었기 때문에, 이들을 설명하는 데 세 종류의 장만이 필요했다.

오늘날 문제되는 것은, 100개 이상의 입자들이 알려져 있고, 장의 이론을 따른다면 100개 이상의 장들이 필요하게 된다는 것이다. 물리학에 많은 장들이 존재한다면, 자연을 간소화하는 것을 목표로 하는 장들은 난처해진다. 따라서 대부분의 물리학자들은 한 개의 입자에 하나의 장이 존재한다는 생각을 버렸다. 양자장이론은 그래도, 제약된 형태로나마 상대성이론과 양자역학을 통합시킨 최초의 이론이며, 그 실용성 때문에 중요한 이론이다.

양자이론을 포함한 모든 물리 이론은 물리법칙이 관측자의 운동 상태(좌표계)에 관계없이 일정해야 한다는 상대성이론의 조건을 만족시켜야 한다. 상대성이론과 양자이론을 통합하고자 하는 시도는 대체로 실패로 끝났다. 그러나 소립자물리학을 이해하는 데는 양자이론과 상대성이론이 모두 다 필요하다. 이 두 이론의 통합은 부자연스럽지만 필요한 일이다. 이러한 점에서 양자장이론은, 비록 작은 영역의 현상을 취급하지만 위의 두 이론의 통합으로서는 가장 크게 성공한 이론의 하나다.*

양자장이론은 임기응변의 이론이다. 이것은 보어의 원자의 특성 궤도 모

---

*S-행렬이론은 양자론과 상대성이론을 통합하지만 아원자적 현상에 대해 제한된 정보만을 제공하며, 현재로는 강입자 반응에만 국한된다.

델과 같이 실용적이지만, 개념적으로 모순이 있는 체계이다. 어떤 부분들은 수학적 일관성이 없다. 그것은 실용적인 모델로서 현재의 자료에 기반을 두고, 물리학자들에게 입자 현상을 설명할 수 있는 모델을 제공하는 것이다.

아직껏 양자장이론이 존재하는 것은 그것이 너무 잘 들어맞기 때문이다(어떤 학자들은 양자장이론이 '너무나' 잘 맞는 것이 아닌가 하는 우려, 즉 이 이론의 실제적 성공이 보다 일관된 이론의 발달을 더디게 하는 것이 아닌가 하는 우려를 한다). 이러한 단점에도 불구하고 양자장이론이 성공적인 물리 이론임은 사실이다. 물리적 실재는 본질적으로 비물질적이라는 가정 위에 서 있다. 양자장이론에 의하면 장만이 존재한다. '물질'이 아니라 '장'이 바로 우주의 근본 실체이다. 물질(입자)이란 파악하기는 어렵지만 우주에서 유일한 실체인 장들의 순간적인 반응 결과인 것이다.

이들의 상호 작용은, 장들 자체가 극히 국한된 공간에서 극히 짧은 시간 동안 작용하기 때문에, 입자처럼 보이는 것이다.

양자장이론이란 용어는 그 자체가 모순이다. 양자라는 것은 분해될 수 없는 단위인데, 장이란 '무엇something'의 넓은 하나의 면적이다. '양자장'이란 두 개의 반대되는 개념의 결합이다. 즉, '패러독스'인 것이다.

이것은 우리의 지상명령과 같은, 어떤 것이 이것 아니면 저것이어야 하고, 동시에 둘이 될 수 없다는 생각에 정면으로 도전한다. 서양 사상에 대한 양자역학의 중요한 공헌은, 우리가 우리의 개념을 구축하는 인위적인 범주에 치명적인 타격을 준 것이다. 이러한 고질화된 개념의 테두리 속에 우리는 구속되어 있는 것이다.

양자장이론은 어떤 '무엇'이 동시에 이것과 저것이(파동과 입자) 될 수 있다고 과감히 선언한다.* 이 중에 어떤 것이 진정한 기술인지 알고자 하는 것이 무의미하다. 완전한 이해를 위해서는 둘 다 필요하다. 1922년 하이젠베르크는 그의 스승이던 보어에게 질문했다.

"만약 원자의 내부 구조가 기술될 수 없다면, 또 기술할 수 있는 언어가 없다면 우리가 어떻게 원자를 이해할 수 있습니까?"

보어는 다음과 같이 답했다.

"나는 아직 우리가 원자를 이해할 날이 온다고 믿네. 그러나 그 과정에서 우리는 '이해'라는 말의 진정한 의미를 배워야 할 걸세."[6]

사람으로 말하자면 같은 사람이 동시에 선인이자 악인일 수 있고, 또 대담하면서 소심할 수 있고, 사자인 동시에 양일 수도 있다는 이야기가 된다.

위와 같이 생각하기는 하지만, 입자 물리학자들은 으레 기본 입자들을 공간을 진행하며 충돌하는 작은 야구공과 같이 분석하고 있다. 입자 물리학자는 어떤 입자 충돌 반응의 기포상자 현상판의 흔적을 연구할 때, 흔적이란 조그마한 물체가 움직여서 만든 것이라 가정하고, 사진의 다른 자국들도 마찬가지로 물체들의 운동 흔적으로 본다. 실제 입자 충돌은 당구공의 충돌과 같은 충돌로 분석될 수 있다. 입자들은 충돌하고(이 과정에서 소멸됨) 충돌 지역에서 새로 생성된 입자들이 튀어나온다. 입자 반응은 본질적으로 질량, 속도, 운동량으로서 분석될 수 있다. 이것들은 뉴턴역학의 개념들이고 자동차 등과 같은 물체에 적용되는 것이다. 물리학자들이 이러한 개념들을 사용하지 않을 수 없는 것은, 서로 소통하기 위해서는 어쩔 도리가 없기 때문이다.

물리학자들이 얻을 수 있는 주요 자료는 검은 배경 위에 흰 선들이 그어져 있는 현상판들이다. 그들은 다음과 같은 사실들을 알고 있다. (1)양자이론에

＊양자이론의 기술記述(언어)은 정확한 반면에 교묘하다. 양자역학은 − 빛의 경우에서와 같이 − 무엇인가가 '동시'에 입자이며 파동이라고 말하지는 않는다. 보어의 상보원리에 의하면, 빛은 어떤 실험을 실시하느냐에 따라 입자 성질이나 파동 성질을 보인다. 똑같은 경우에 입자성과 파동성을 둘 다 관찰할 수 없다. 그러나 상호 배타적인(상보적) 두 양상이 빛을 이해하는 데 필요하므로, 이런 의미에서 빛은 입자와 파동, 두 가지 성질을 가진다.

의하면, 아원자 입자들은 독립적 존재 의미가 없으며 (2)이들은 파동력과 입자성을 다 가지고 있고 (3)입자들은 실제로 상호 작용하는 장들의 결과일지도 모른다. 그럼에도 불구하고 위에서 말한 현상판의 궤도 흔적들은 고전 역학적으로 분석될 수 있으며, 학자들은 그렇게 분석한다. 고전적 개념으로 기술될 수 없는 현상에 관해 고전적인 형식으로 논의해야 되는 이 '딜레마'가 양자역학의 기본적인 역설이다. 이것은 양자역학의 모든 부분에서 나타난다. 이것은 환각(마약) 경험을 설명하는 것과 같다. 처음에는 익숙한 개념을 사용하려 하나, 그 이후에 그 익숙한 개념들은 현상과 맞지 않는다. 여기에 대한 대안은 아무것도 말하지 않는 것이다. 하이젠베르크는 말한다.

양자역학자들은 평상시의 일상 언어와 같은 언어를 쓰도록 요구받는다. 실제 전류(입자)와 같은 것이 존재하는 것처럼 얘기하는 것은, 만약에 물리학자들에게 이 같은 표현 방식을 금지시키면 그들은 그들의 생각을 나타낼 수 없게 되기 때문이다.[7]

따라서 물리학자들은 입자들이 기포상자에 흔적을 남기는 물체이며 독립적(객관적) 존재인 것처럼 얘기한다. 이와 같은 관습은 상당히 생산적이었다. 지난 40년 동안 거의 100가지 종류의 입자들이 발견되었다. 이것들은 포드 Kenneth Ford가 부르는 '입자동물원'을 구성한다.*

입자 '동물원'에 관해 알아야 할 첫째 사실은 같은 종류의 입자들은 모두 똑같이 생겼다는 점이다. 하나를 보면 나머지의 모습도 알 수 있다. 마찬가지로 양성자들도 모두 같고, 중성자들도 모두 똑같다. 즉 같은 종류의 입자들은 서로 절대 구별할 수 없다. 그러나 종류가 다르면 입자들은 그 성질,

---

*입자 물리에 관한 유명한 책 중의 하나로 포트의 《The World of Elementary Physics》가 있다.

특징에 의해 구별될 수 있다. 첫째 특징은 입자의 질량이다. 예를 들어 양성자는 전자질량의 약 1800배이다(양성자가 전자에 비해 1800배가 크다는 것이 아니다 - 질량과 크기는 다른 성질이다. 납덩어리 1파운드와 털 1파운드는 똑같은 질량이다).

다른 말을 하지 않는 이상 물리학자들이 입자의 질량에 대해 말할 경우, 그것은 소립자가 정지해 있을 때의 질량을 의미한다. 정지했을 때의 입자의 질량을 정지 질량이라 부르고, 정지 질량 이외의 질량은 모두 상대론적 질량이라 부른다. 입자의 질량은 속도의 증가에 따라 증가하므로, 한 입자는 무수히 많은 상대론적 질량을 가질 수 있다. 입자의 상대론적 질량의 크기는 속도에 따라 변하는데, 예를 들어 광속의 99%의 속도에서는 입자의 질량이 그 정지 질량의 일곱 배가 된다.

광속의 99% 이상의 속도에서는 입자들의 질량은 엄청나게 증가한다. 캠브리지 매사추세츠에 있는 전자 가속장치를 가동하면, 조그마한 주입가속기가 전자들을 제공한다. 여기서 나온 전자들은 광속의 0.9986%의 속도로 주가속기에 진입한다. 주가속기는 다시 이들의 속도를 0.99999999%로 증가시킨다. 이만한 속도의 증가가 상당한 변화 같지만, 사실은 무시해도 될 정도이다. 기술된 전자들의 처음 속도와 나중 속도의 차이는, 특정 거리를 2시간에 주파하는 자동차의 속도와 같은 거리를 1시간 59분 59초에 주파하는 자동차의 속도의 차이와 같다.[8] 그러나 각 전자의 질량은 정지 질량에 비해 60~11,800배로 증가된다!

다시 말해서, 입자 가속장치란 잘못된 명명이다. 이 장치는 입자의 속도를 증가시키기보다는(가속의 정의) 질량을 더 많이 증가시키므로, 사실 입자 확대기라고 해야 할 것이다. 정지해 있든 운동하고 있든, 입자들의 질량은 전자볼트electron volt 단위로 측정한다. 전자볼트는 전자와 아무 상관이 없다. 이것은 에너지의 단위이다(1단위의 전하를 가진 입자가 1볼트의 전위차를 통과했을 때 얻는 에너지).

전자볼트는 에너지의 측정을 의미하지만, 입자 물리학자들은 이것으로 입자의 질량을 측정한다. 예를 들어서, 전자의 정지 질량은 51만(0.51MeV) 전자볼트이며, 양성자의 정지 질량은 938.2MeV이다. 질량의 에너지에로의 변환이나 에너지의 질량에로의 변환은 입자 영역에서는 상식적인 과정으로, 입자의 질량을 표시하는 데 에너지 단위를 사용한다. 질량이란 에너지의 특수한 형태의 하나로서 '존재의 에너지'이다. 운동하는 입자는 존재의 에너지(질량)뿐만 아니라 운동의 에너지(운동에너지)도 가지고 있다. 두 종류의 에너지 모두가 입자 충돌 반응에서 새로운 입자들을 생성하는 데 쓰일 수 있다.*

많은 경우에 입자의 질량은 전자볼트 단위로 나타내는 것보다 가장 가벼운 입자인 전자의 질량과 비교해서 나타내는 것이 간단하다. 이 방식으로 나타내면 전자질량은 1이 되며 양성자는 1836.12가 된다. 이 형식을 사용하면 전자질량에 비해 임의의 입자의 질량이 얼마나 더 큰가를 알 수 있다.

물리학자들은 현재 알려진 입자들을 질량 순으로 나열할 때, 다음과 같이 세 가지로 분류한다. 즉, 가벼운 입자들, 중간 무게의 입자들, 무거운 무게의 입자들이다. 이렇게 분류하는 데 그들은 또다시 그리스어를 사용한다. 가벼운 입자들을 경입자lepton라 했고, 중간 그룹을 중간자meson라 했고, 무거운 그룹을 중입자baryons라 했다. 왜 이렇게 명명했는가는 물리학사의 큰 의문 중에 하나다.**

---

*아인슈타인의 공식 $E=mc^2$은 질량이 에너지요, 에너지가 질량임을 나타낸다. 따라서 엄밀히 말하자면 질량은 에너지의 특수 형태가 아니다. 에너지의 모든 형태가 질량이다. 예: 운동에너지는 질량임. 입자를 가속시켜서 ΔE를 주면, 그것은 Δm의 질량을 얻는다. $\Delta E = (\Delta m)c^2$. 에너지가 있는 곳에 질량이 있다.

전자는 가장 가벼운 입자이므로 '경입자'이다. 양성자는 무거운 입자 중에서는 제일 가벼우나 '중입자'이다. 대부분의 아원자적 입자들은 이렇게 분류되나 모두가 그러하지는 않으며, 결과적으로 양자역학과 같이 일반 개념의 테두리를 벗어나는 소립자 물리의 한 현상을 생각하게 한다. 몇몇 입자들은 경입자-중간자-중입자의 체계에 포함시킬 수 없다. 이들 중에는 잘 알려진 것이 있고(광자), 어떤 것들은 예측됐지만 아직 발견되지 않은 것들도 있다. 모두 다 질량이 없는 입자들이란 점에서는 똑같다.

"잠깐."

우리는 질문한다.

"질량 없는 입자란 무엇인가?"

이에 대해 짐 드 위트는 이렇게 말한다.

"질량이 없는 입자란, 정지 질량이 0인 입자로서, 가지고 있는 모든 에너지는 운동에너지이다. 광자가 발생하면, 순식간에 광속도로 진행한다. 속도를 줄일 수도(늦출 질량이 없음) 없고 더 늘일 수도(광속을 넘을 수 없음) 없다."

'질량 없는 입자'란 말은 수학을 언어로 어설프게 번역한 것이다.

물리학자들은 이 말의 뜻을 정확히 안다. 이 말은 수학적 구조 안의 한 요소를 명명하는 것이다. 그러나 이 요소가 실제 세계에서 무엇을 의미하는지를 말하기는 어렵다. 사실 그것은 불가능하다. 왜냐하면 물체의 정의는 질량을 가진 무엇이기 때문이다.

선종불교에서는 좌선(명상)과 함께 우리의 견식과 분별력에 변화를 일으

**현재에는 경입자, 중간자 등의 용어를 입자의 질량에만 국한해서 사용하지 않는다. 이런 명명은 지금은 질량 외에도 여러 성질에 의해 정의된 입자의 그룹을 가리킨다. 예를 들어서, 스탠퍼드 선형 가속기 센터SLAC와 로렌스 버클리 실험실LBL의 공동 노력에 의해 1975년에 발견된 타우(τ) 입자는 가장 무거운 중입자보다 질량이 큰데도 불구하고, 경입자같이 보인다. 마찬가지로. SLAC/LBL팀에 의해 1976년에 발견된 D입자들은 τ입자보다 질량이 크나 중간자들이다.

키는 '공안, 선문답'이라는 것이 있다. 공은 역설이므로 일상적인 방식으로 대답할 길 없는 수수께끼이다. "한 손바닥이 손뼉 치는 소리는 무엇인가?"와 같은 것이 공안이다. 선을 하는 사람들은 어떤 공안에 대한 해답을 얻을 때까지 끊임없이 생각한다. 한 공안에 대한 정답은 여러 가지가 있을 수 있다. 그 정답은 선을 닦는 사람의 심리적 상태에 따라 다르다.

불교 서적에는 역설이 다반사이다. 이성이 제 덫에 걸려 한계를 드러내는 것이 바로 '패러독스'이기 때문이다. 동양철학에 의하면 일반적으로, 선과 악, 미와 추, 생과 사 등의 상반되는 개념은 헛된 구분이라는 것이다. 하나는 나머지가 없이는 존재하지 못한다. 그것들은 우리가 조작해낸, 개념적 구조이다. 이렇듯, 우리가 만들어 내었고, 우리가 고수하는 환상들이 곧 역설의 '유일한 원인'이 된다. 개념적 한계를 벗어나기를 원한다면, 한 손의 손뼉 치는 소리를 들어야 한다. 물리학은 "질량을 갖지 않는 입자를 생각하라" 등과 같은 공안으로 가득 차 있다. 2천5백년 전에 이미 내적 실재를 탐구하던 불교도들과 2천5백여년 후에 외적 실재를 탐구하는 물리학자들이 모두 정식에 도달하려면 역설의 장벽을 뚫고 넘어야 함을 발견했다는 것이 과연 우연일까?

아원자 입자의 둘째 특징은 그것의 전하이다. 모든 입자는 양의 전하, 음의 전하, 중심의 전하 중에 하나의 전하를 가진다. 입자의 하전 상태가 다른 입자들과 어떻게 행동할 것인가를 결정한다.

만약 중성의 전하를 띠었으면 다른 입자들의 하전 상태를 불문하고 전혀 영향을 주고받지 않는다. 양이나 음의 전하를 띤 입자들은 서로 다르게 작용한다. 이들은 같은 전하를 띤 입자에는 반발하고 반대 전하를 띤 입자에는 인력이 작용한다. 예를 들어서, 두 양전하를 띤 입자들은 만나자마자 서로 반발하여 밀어낸다. 음전하의 경우도 마찬가지이다. 반대 전하를 띤 입자들은 서로 끌어당겨 하나로 뭉치려 한다.

　이렇게 전하를 띤 입자들 사이에서 끌어당기고 밀치고 하는 춤이 이른바 전자기력으로서 원자들을 결합시켜 분자를 형성하며, 양전하의 원자핵 둘레에 음전하의 전자로 하여금 궤도운동을 하게 하는 힘이다. 원자, 분자단위의 세계에서 물질을 결합시키는 근본적인 풀glue인 것이다. 전하량은 오직 특정한 양으로만 존재한다. 아원자적 입자들은, 어떠한 전하도 되지 않거나 한 단위(음이나 양)의 전하량, 또는 두 단위의 전하량을 가진 경우를 제외하면 그 중간치는 있을 수 없다. 즉 $1\frac{1}{4}$, 1.7 따위의 전하량을 가진 입자는 없다. 다시 말해서 플랑크의 발견에 의한 것처럼, 에너지와 마찬가지로 전하량도 '양자화' 되어 있다. 즉, 덩어리로만 존재한다. 전하량의 경우에 이 덩어리는 모두 같은 크기이다. 그 이유는 물리학의 불가사의한 문제 중 하나이다.*

　질량의 특징과 전하의 특징이 '입자 성격'을 형성한다. 예를 들어서, 전자는 음전하를 띤 유일한 아원자적 입자로서, 정지 질량이 0.51MeV인 입자이다. 이 정보에 의해 전자의 질량과 그 반응 성질을 알 수 있다.

　입자의 셋째 특징은 '스핀'이다. 입자들은 팽이처럼 그의 상상의 축을 중심으로 하여 회전한다. 팽이와 회전하는 입자의 차이점은 팽이는 더 빨리, 혹은 더 느리게 회전할 수 있지만, 입자는 항상 똑같은 비율로 회전한다. 예를 들어서, 모든 전자들은 모두 같은 회전률을 가진다. 회전률은 입자의 본질적인 특징으로서, 그것이 변경되면 입자 자체가 소멸한다.

　다시 말해서, 입자의 스핀이 바뀌면 너무나 큰 본질적인 변화를 가져와 전자인지, 양성자인지, 뭔지 알 수 없게 변해 버리고 만다. 이러한 사실은

---

*전하량의 이러한 특징은 쿼크quark와 자기 홀극magnetic monopole 등과 관련이 있는 것으로 보이고 있다.

우리로 하여금 상이한 입자들이란 단지 스핀 상태가 다르고 똑같은 기본 구조를 가진 물질의 형태가 아닌가 하는 생각을 하게 한다.

이것은 입자 물리학의 기본적인 의문이다. 양자역학의 모든 현상에는 그것을 '불연속적'으로 만드는 양자적 특징이 있다. 스핀 역시 마찬가지이다. 에너지나 전하량과 같이 스핀도 양자화되어 있는 것이다. 그것은 덩어리로 존재하며, 모든 덩어리의 크기는 같다. 즉, 팽이가 회전하는 속도가 느려질 때, 그 회전 속도는 연속적으로 부드럽게 감소하는 것이 아니라, 여러 개의 작은 단위로 감소된다.

이런 단계는 극히 미세하기 때문에, 연속적으로 감속되는 것 같이 보이나, 실제로는 그 과정이 불규칙한 것이다. 그것은 마치 우리가 알지 못하는 법칙에 의해, 팽이는 오로지 1분에 100회, 90회, 80회 등으로만 돈다는 것과 같으며, 그 중간 속도는 없다는 것과 같다. 만일 그 팽이가 100회/분보다 느리게 회전하려면, 90회/분으로 떨어져야 함을 의미한다. 이것은 입자의 경우와 똑같은데, 단 입자의 경우에는 (1)특정 종류의 입자들은 영원히 똑같은 속도로 회전하며 (2)입자들의 스핀은 각운동량angular momentum 단위로 측정된다.

각운동량은 회전 물체의 질량, 크기, 회전률(속도)에 좌우된다. 이것들이 증가할수록 각운동량도 증가한다. 일반적으로 각운동량이란 회전의 세기이며, 다른 말로 하면 회전을 멈추는 데 필요한 노력이다. 보다 큰 각운동량을 가지면 회전을 멈추는 데 보다 많은 힘이 필요하다. 회전하는 팽이는 질량도 적고 크기도 작기 때문에 작은 각운동량을 가진다. 이에 비하여 회전목마는 엄청난 각운동량을 지니고 있는데, 이는 회전목마가 빨리 돌기 때문이 아니라, 그 덩치가 큰 만큼 더 많은 질량을 가지고 있기 때문이다.

이제 스핀의 의미를 알게 되었으니까, 여태까지의 사실을 모두 잊어버리고 각운동량만 기억하라. 모든 아원자 입자들은 고정된, 특정한, 알려진 각운동량을 가지고 있으나, 아무것도 회전하고 있지 않다! 이 말을 이해하지 못 해도 무리가 아니다. 왜냐하면 물리학자들도 이해하지 못 하기 때문이다. 그저 사용하는 것일 따름이다(이해하려면 그것이 공안이 됨).*

입자의 각운동량은 알려져 있고 고유하다. '그러나' 막스 보른은 말한다. 물량의 본성 중에 실제로 "회전하고 있는 어떤 것이 있다고 상상해서는 안 된다."9) 다시 말해서, "입자의 스핀이란, 회전하고 있는 것은 아무것도 없으나, 회전의 개념을 가지고 있는 것이다."10) 보른 자신도 이 말이 '모호하다'11)고 생각했을 것이다.

아무튼 입자들이 각운동량과 특정한 고유의 각운동량이 존재하는 것처럼 행동하기 때문에 물리학자들은 위의 개념을 쓰고 있다.

입자의 각운동량은 우리에게 익숙한 플랑크상수에 기초를 두고 있다. 독자는 '작용의 양자'라 불리는 플랑크상수의 발견이 양자역학의 혁명을 불러일으켰다는 사실을 기억할 것이다. 플랑크는 에너지가 연속적으로 방출, 흡수되는 것이 아니라 양자라 불리는 작은 다발로 변한다는 것을 발견했다.

에너지 방출, 흡수의 양자적 성질을 나타내는 플랑크상수는 아원자 현상을 이해하는 데 본질적 요소임을 거듭 보여 왔다. 플랑크의 발견이 이루어진 지 5년 만에, 아인슈타인은 플랑크의 상수를 광전 효과와 고체의 비열 등과 같이 플랑크의 연구 영역인 흑체복사문제와는 동떨어진 것들을 설명하

---

*입자 스핀의 정량적(수학적) 기술은 비정량적인 기술에 비해 마찬가지로 이해하기가 어렵다. 스탠포드 연구소의 분자물리학 소장인 펠릭스 스미스F. Smith 박사는 2차대전 후에 로스알라모스에 연구원으로 있던 그의 물리학자 친구 이야기를 내게 해 주었다. 이 친구는 어려운 문제에 봉착하여 고문으로 있던 헝가리 출신 수학자 폰 노이만J. von Neumann에게 상담을 했다. "간단하군." 노이만이 대답했다. "이 문제는 '고유치固有値 방법'으로 해결될 수 있소." 설명을 들은 물리학자는, '고유치 방법을 이해하지 못하겠군요.' 라고 대답했는데, 노이만은 "젊은이, 수학에서는 이해하고자 하면 안 되네, 그저 익숙해져야 하네.'라고 말했다.

는 데 사용했다.

보어는 원자핵을 도는 전자들의 각운동량은 플랑크상수의 함수임을 발견했고 드브로이는 하이젠베르크의 불확정성의 원리의 주요 요소인 물질파의 파장을 계산하는 데 플랑크상수를 이용했다. 플랑크상수는 입자 세계에서는 극히 중요하지만, 거시계에서는 관찰할 수 없다. 그 이유는 에너지가 방출, 흡수되는 단위는 극히 작아서 거시계에서는 연속적인 것처럼 보이기 때문이다. 마찬가지로 각운동량의 양자 단위 또한 극히 작기 때문에 거시계에서 관찰할 수 없다. 의자에서 뒤치락거리며 테니스 경기를 보는 구경꾼이 가지는 각운동량은 전자의 각운동량에 비해 10^{33}배 더 큰 각운동량을 가진다. 다시 말해서 미국의 국민총생산에서 1센트의 차이는 구경꾼의 각운동량 1단위 변화보다 10^{18}배 더 크다.12)

물리학자들은 일반적으로 아원자 입자의 실제 각운동량을 1이라 정의하는 광자에 대한 스핀 비율로 나타낸다. 이런 체계는 설명되지 않는 입자 현상의 또 다른 패턴들을 드러냈다.

한 종류의 입자들은 모두 비슷한 스핀 특성을 갖는다. 예를 들어서, 경입자들의 경우에는 모두 광자 각운동량의 1/2의 각운동량을 가지고 있으므로, 스핀 1/2을 지니고 있다. 중입자의 경우도 마찬가지이다. 중간자의 경우에는 특유하게, 각운동량이 0이 아니면 1,2,3,⋯⋯의 스핀을 가진다. 중간치는 존재하지 않는다(0=제로 스핀, 1=광자와 같은 스핀, 2=광자 각운동량의 2배).

모든 종류의 입자들의 스핀 특징은 책 뒤의 표에 수록되어 있다. 입자들의 전하, 스핀 등과 같은 고유한 수로써 표시된다. 이를 양자 수라 한다. 모든 입자들은 그것을 특징짓는 한 집단의 양자 수를 가지고 있다.*

같은 종류의 입자들은 모두 같은 집단의 양자 수들을 가진다. 예를 들어서, 한 집단의 모든 전자는 모두 같은 양자 수를 가진다. 그러나 전자와 양성자는 다른 양자 수를 가진다. 개개의 입자들은 구별될 수 없는 것이다.

디랙은 양자이론에다 상대성이론의 조건을 부여하여 양전하를 띤 특유한 입자의 존재를 예측했다. 그 당시에 양전하를 띤 유일한 입자들은 양성자뿐이었으므로, 디랙과 다른 물리학자들은 그의 이론이 양성자를 수학적으로 가리키는 것이라고 생각했다(그의 이론은 양성자 질량을 잘못 계산했다고 비난받았다). 자세한 관찰 끝에 디랙의 이론은 양성자가 아니라 전혀 다른 입자를 기술하고 있음이 밝혀졌다. 디랙의 새로운 입자는 전자와 같았는데, 그 전하와 다른 주요 성질이 전자와 정반대였다.

1932년에 디랙의 이론을 모르고 있던 캘리포니아 공과대학의 칼 앤더슨이 이 새로운 입자를 발견했으며 그것을 양전하positron라 불렀다. 그 후에 모든 입자들에는 주요 성질이 완전히 반대되는 똑같은 반입자가 있음이 발견됐다. 이 새로운 종류의 입자들을 반입자anti-particle라 부른다. 반입자는 그 이름에도 불구하고 실제로 입자이다(반입자의 반입자는 또 다른 입자임). 어떤 입자들은 반입자로서 다른 입자들을 가지고 있다(예를 들어, 양(+)의 파이중간자는 음(-)의 파이중간자의 반입자이며, 거꾸로도 똑같다). 어떤 입자들은 그들 자신이 반입자이다(광자). 여기에 관한 자료는 뒤에 수록했다.

입자와 반입자의 만남은 상호 소멸로 끝난다! 전자가 양전자를 만나면 소멸되며, 그 자리에 두 개의 광자가 생겨 광속도로 날아간다. 즉 입자와 반입자가 만나면 한 줄기 빛으로 사라져 버린다.

반대로 입자와 반입자는 에너지로부터 생성될 수 있으며 한 쌍으로만 생성된다. 우주는 입자와 반입자로 구성되어 있다. 우리의 세계는 정상의 입

---

*기본 양자 번호는 스핀, 전하, 동위스핀isotopic spin 중입자 수

자들로 구성된 정상의 원자로, 정상의 원자로 구성된 정상의 분자들로, 정상의 분자로 구성된 정상의 물질, 정상의 물질로 구성된 정상의 우리로 되어 있다. 학자들은 우주의 다른 곳에는 반입자로 구성된 반물질의 세계가 있을 것이라고 예견한다. 우리의 세계에는 반입자로 구성된 사람이나 사물은 없다. 있었던들 이미 빛으로 사라졌을 것이기 때문이다.

경입자, 중간자, 중입자, 질량, 전하, 스핀, 반입자 등은 입자가 시공을 운동하는 실제라고 잠시 가정할 때 물리학자들이 입자 현상을 분석하기 위해 사용하는 개념들 중의 몇 가지에 불과하다. 이들 개념은 실용적이나 제한된 문맥에서만 통한다. 그 문맥은 곧 물리학자들이, 우리 모두가 그러는 것과 같이 무도자가 춤추는 것과 별도로 존재할 수 있다고 생각한 경우를 말한다.

제2장

춤

입자들의 춤은 끝이 없고 항상 변화한다. 그러나 물리학자들은 그들이 관심을 가지는 현상의 일부를 도식화하는 방법을 고안해냈다.

어떤 운동일지라도 그것을 나타내는 가장 간단한 그림은 공간 지도이다. 이것은 공간에 물체의 위치를 나타낸다. 다음 페이지의 지도는 캘리포니아 주의 샌프란시스코와 버클리의 위치를 나타낸다. 수직축은 보통의 지도에서와 같이 남-북축이며, 수평축은 동-서축이다. 또한 이 지도는 샌프란시스코와 버클리 사이를 비행하는 헬리콥터의 경로를 나타내며, 확대된 비율로 로렌스 버클리 연구소의 입자가속기 cyclotron 주위를 돌고 있는 양성자의 경로를 나타낸다. 모든 도로 지도처럼 이 공간 지도도 2차원(평면)이다. 이것은 버클리가 샌프란시스코로부터 북쪽으로 얼마, 동쪽으로 얼마나 떨어져 있는지 보여 준다(2차원). 그러나 헬리콥터의 고도를 나타내지 못하며(3차원), 샌프란시스코에서 버클리까지 가는 데 걸리는 시간을 나타내지 못한다(4차원). 시간이 나타나는 지도를 만들려면, 시-공 도표를 그려야 한다.

시-공 도표는 시간과 공간의 좌표에서의 물체의 위치를 나타낸다. 시-

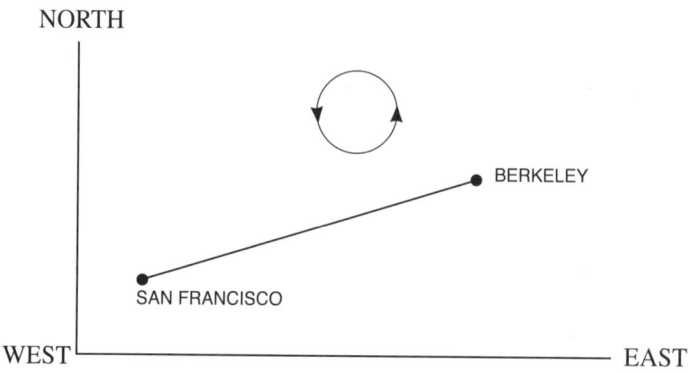

공 도표에서 수직축은 시간축이다. 시-공 도표는 밑에서부터 위로 본다. 왜냐하면 시간의 경과는 시간축을 따라서 올라가는 방향이기 때문이다. 시-공 도표의 공간축은 공간에서의 물체의 운동을 표시한다. 시-공 도표에서 물체의 경로를 나타내는 선을 '세계선'이라 부른다.

예를 들어서, 다음 페이지 지도는 샌프란시스코에서 버클리로 가는 똑같은 비행기 경로를 나타낸다. 처음에 헬리콥터는 샌프란시스코에 정지해 있었다. 이때 세계선은 수직인데, 그 이유는 공간에서 움직이지 않고, 시간이 경과하기 때문이다. A→B는 샌프란시스코에 정지중인 헬기의 세계선이다. 헬기가 버클리를 향해 출발하기 시작하면 시공을 움직이게 되고 그의 세계선은 시-공 도표의 B점과 C점을 잇는 선이다.

버클리에 도착하여 공간에서의 움직임은 멎고, 모든 물체가 그러하듯이 시간은 계속해서 움직이게 되므로 세계선은 다시 C→D로 수직이 된다. 화살표 방향은 헬기가 움직이는 방향을 가리킨다. 공간에서는 앞으로나 뒤로 움직일 수 있지만, 시간에서는 당연히 앞으로만 진행한다. 점선들은 캘리포니아의 지진 때만 제외하고는 공간에서 전혀 움직이지 않는 샌프란시스코와 버클리의 세계선을 보여 준다.

춤추는물리 • 291

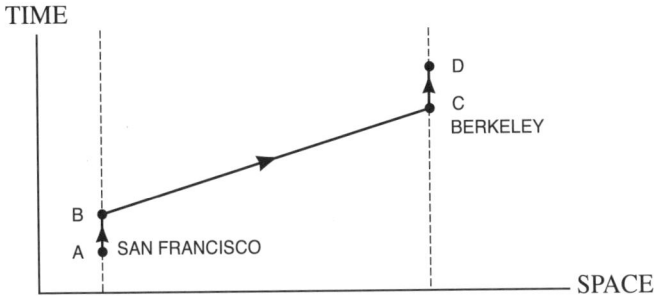

물리학자들은 이와 유사한 시-공 도표를 입자 충돌을 표시하는 데 사용한다. 다음 페이지의 그림은 광자를 방출하는 전자의 시공 도식이다.

아래에서 시작하여 전자는 일정한 속도로 공간을 진행한다. 점으로 표시된 곳에서 광자가 방출된다. 광자는 오른쪽으로 광속도로 날아가며, 광자의 방출로 인하여 운동량이 변화된 전자는 방향이 바뀌어 보다 느리게 왼쪽으로 진행한다.

1949년 리처드 파인만은 이와 같은 시-공 도표가, 이들이 표시하는 충돌

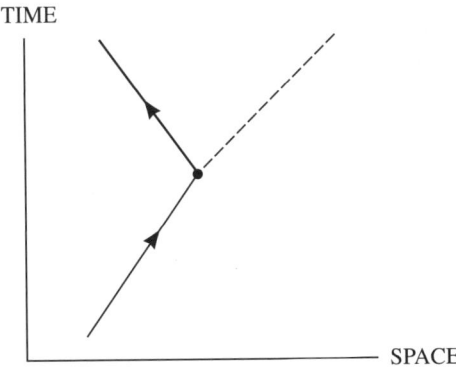

반응을 확률로 나타내는 수학적 기술과 정확한 대응 관계를 가지고 있음을 발견했다. 파인만의 발견은 1928년 발표된 이론의 확장이며, 디랙의 이론을 오늘날의 양자장론으로 발전시키는 데 공헌했다.

따라서 이와 같은 도표를 파인만 도식이라 부를 때도 있다.* 다음의 그림은 입자-반입자 소멸 반응을 나타내는 파인만도식이다.

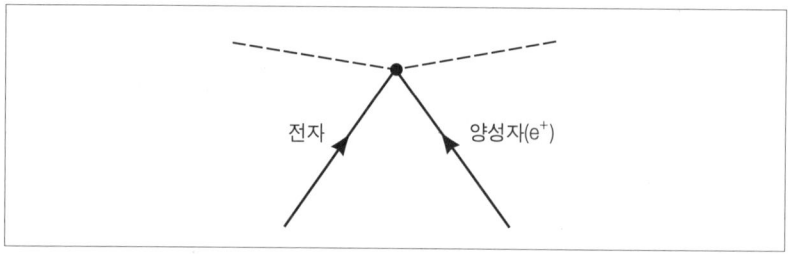

왼쪽에 있는 전자가 오른쪽에서 들어오는 반전자(양전자)와 접근한다.

점으로 표시된 충돌 지점에서 그들은 소멸되고 두 개의 광자가 생성되어 서로 반대의 방향으로 광속으로 날아간다. 입자 세계에서 일어난 일을 사건이라 부른다. 사건은 파인만 도식에서 점으로 표시된다. 모든 아원자적 사건은 원래 입자들의 소멸과 새로운 입자들의 생성을 수반한다. 이것은 입자-반입자뿐만 아니라 모든 사건에서 동일하다. 이런 사실들을 염두에 두면 입자 도식을 다른 각도에서 볼 수 있다.

공간을 진행하는 전자가 광자를 방출하고, 그로 인하여 전자의 운동량이

---

*원래 이런 종류의 도식은 시-공 도식이었으나, 파인만은 또한 시공기법과 상보 관계에 있는 운동량-에너지 공간기술이 충돌실험의 실제 조건을 보다 정확히 표시함을 발견했다. 시-공 기법과 운동량-에너지 공간기법의 기본개념은 후자가 물체의(입자) 시-공 좌표 대신에 운동량과 에너지를 다룬다는 점만 차이가 난다.
이들 두 가지 경우의 도식은 비슷하나, 단지 운동량-에너지 공간을 기술하는 도식은 앞으로 알게 되지만, 회전할 수 있다. 정확히 말해서, 이후에 나오는 파인만 도식은 특별한 경우를 제외하고, 운동량-에너지 공간도식이다.

바뀌었다고 말하는 대신에, 공간을 진행하는 전자가 광자를 방출하고 그 지점에서 소멸됐다고 말할 수 있다. 이 과정에서 새로운 전자가 생성되었고 이 새로운 전자가 변화된(새로운) 운동량으로 그 지점으로부터 떨어져 나갔다고 볼 수 있다. 모든 전자가 똑같고 구별될 수 없기 때문에 위와 같은 경우가 일어났는지는 알 길이 없다.

그러나 원래의 입자가 소멸되고, 새 입자가 발생되었다고 생각하는 것이 보다 간단하며 일관성이 있다. 식별할 수 없다는 소립자의 성질이 이와 같은 생각을 가능하게 한다. 아래에 논의한 과정을 그린 파인만 도식이 있다.

음(전하)의 파이중간자가 양성자와 충돌하여 두 입자는 소멸한다. 그들의 존재에너지(질량)와 운동에너지로부터 람다(Λ)입자와 중성 K-중간자의 두 개의 새로운 입자들이 발생한다. 이 두 입자들은 불안정하여 다른 입자로 붕괴하기까지 10억분의 1초보다 짧은 시간 동안 존재한다(뒤에 붕괴 시간이 수록되어 있다). 중성 K-중간자는 양전하의 파이중간자와 음전하의 파이중간자로 붕괴한다. 다음에 흥미로운 것은, 람다 입자가 원래의 두 입자(음의 파이중간자와 양성자)로 붕괴한다는 사실이다! 이것은 마치 장난감 자동차를 충돌시키면 조각들이 나오는 것이 아니라, 원래의 자동차들과 같은 크기의 자동차들이 나오는 것과 같다.

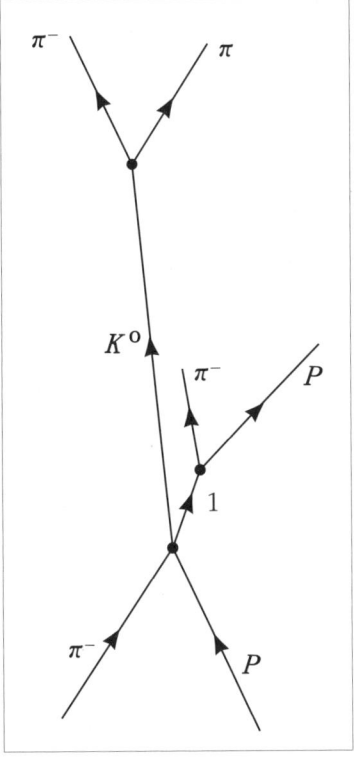

입자들은 끝없이 이와 같은 생성, 소멸의 춤을 춘다. 사실 입자들은 그 자체가 바로 이 춤이다. 이렇듯 알기 어려운 20세기의 발견은 새로운 개념이 아니다.

이것은 힌두교과 불교도들이 현실을 보는 방식과 비슷하다. 힌두 신화는 실제로 미시적 과학 발견의 심리적 영역에다 거시적인 투사를 한 것이다. 시바Shiva와 비시누Vishnu와 같은 힌두의 신들은 우주의 생성과 파괴의 춤을 추며, 불교도의 윤회 이미지는 색즉시공, 공즉시색의 일부분인 탄생, 죽음, 재생의 끝없는 과정을 상징한다.

젊은 미술가들이 새롭고 혁명적인 화풍(유파)을 창설했다고 생각하자. 이들의 작품들은 대단히 독특하여, 오래된 박물관의 관장에게 보여 주게 되었다. 관장은 그 작품들을 보고 머리를 끄덕이며 박물관 저장실로 들어가서 오래된 작품들을 내오는데, 오래된 작품들의 화풍과 젊은 미술가들의 새로운 기풍이 놀라울 정도로 닮아서 깜짝 놀라게 된다. 이들 새로운 유파는 그들의 시대에 그들의 방법으로 오래된 옛 화풍을 재발견한 것이다.

전자-양전자 소멸의 파인만 도식을 다시 보자.

어떤 것이 입자(전자)이며 반입자(양전자)인지 식별하기 위하여, 화살표가 위로 가리키는 것이 입자, 아래로 가리키는 것이 반입자라고 하자. 그러면 292쪽의 그림은 아래의 그림과 같이 된다.

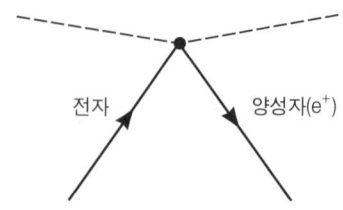

당연히 우리가 경험하는 것처럼, 시간은 시-공 도식에서 위쪽(정방향)으로만 행하는 것이다.

그러나 위에서 말한 방법을 쓰면 입자와 반입자를 구별할 수 있게 된다. 시간축을 정방향으로 진행하는 세계선은 입자를 나타내고 역방향을 가리키는 세계선은 반입자들을 표시한다(광자는 화살표가 없다. 자신이 자신의 반입자).

1949년에 파인만은 이러한 관계는 기술 형식 이상의 의미가 있음을 보여주었다. 그는 시간의 정방향으로 진행하는 양전자의 장場은 시간이 역방향으로 진행하는 전자의 장과 수학적으로 동일함을 보였다! 다시 말해서 양자장의 이론에 의하면 반입자란 시간을 거꾸로 진행하는 입자라는 것이다. 반입자가 꼭 시간의 역방향으로 진행하는 입자라고만 볼 이유는 없으나, 이런 각도에서 보는 것이 반입자들을 보는 가장 간단하고 대칭적인 방법이다. 예를 들어서 화살표가 입자와 반입자를 구분하기 때문에, 도식을 어떤 위치로 돌리든지, 입자와 반입자를 식별할 수 있다. 아래에 파인만 도식을 몇 가지로 돌려놓은 그림이 있다.

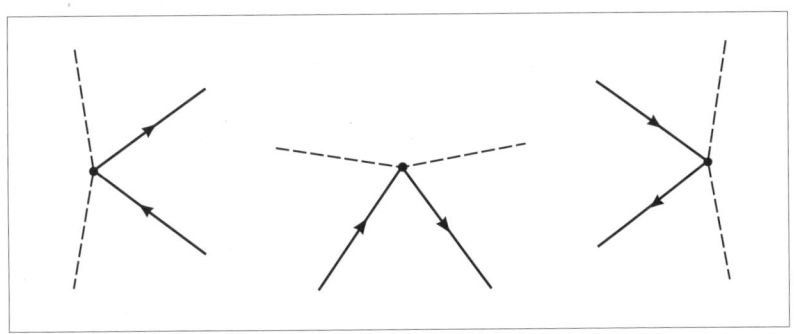

위의 각 변형은 모두 다른 도식이며, 입자-반입자 반응과정을 나타낸다.*

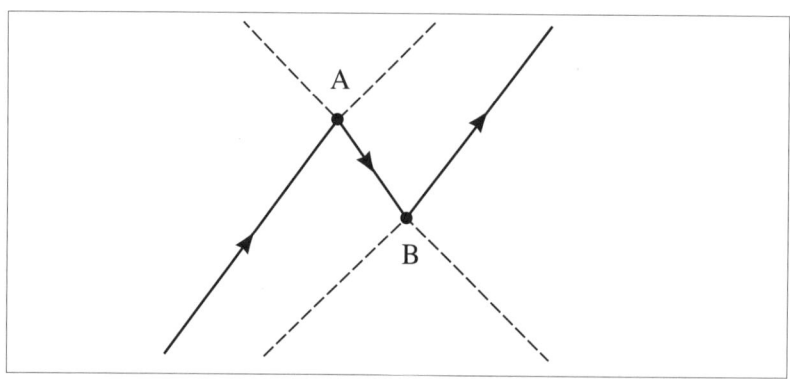

　원래 도식을 완전히 한 바퀴 돌려서 전자, 양전자와 두 광자 간의 모든 가능한 상호 작용을 표시할 수 있다. 이런 정확성과 단순함과 대칭이 파인만 도식을 특수한 형태의 시詩로 만들고 있다.
　아래에는 두 사건의 시-공 도식이 있다.
　B에서의 두 광자의 충돌은 전자-양전자쌍을 발생시키고, 전자와 양전자는 서로 소멸시켜 A에 두 개의 광자를 생성한다(도식A 부분의 왼쪽 반은 294쪽의 전자-양전자 소멸반응과 같다). 보통 우리는 이들 사건을 다음과 같이 해석할 것이다.
　도표의 오른쪽 아랫부분에서 두 개의 광자가 충돌하여, 전자-양전자쌍을 생성한다. 전자는 오른쪽으로 날아가며, 양전자는 왼쪽으로 날아가서 왼쪽 아랫부분에서 진입한 또 하나의 전자를 만난다. 거기서 이들은 상호 소멸하여 반대 방향으로 날아가는 두 개의 광자를 생성한다.
　그러나 양자장이론의 해석은 보다 간단하다. 즉, 입자가 하나밖에 없다고

＊이들 세 반응에서, 왼쪽은 광자와 전자가 소멸되어 광자와 전자를 생성함(전자-광자산란), 중간은 두 개의 광자가 소멸해서 양전하와 전자를 생성함(양전자-전자쌍의 생성), 오른쪽은 양전자와 광자가 소멸되어 양전자와 광자를 생성함(양전자-광자산란)을 보여 준다.

보는 것이다. 전자가 왼쪽 아랫부분에서 진입하여 시-공을 정방향으로 가로질러 A점에서 두 개의 광자를 방출한다. 이것으로 인해 시간 속에서의 방향이 바뀐다. 시간을 거꾸로 진행하는 양전자로서 B에서 두 개의 광자를 흡수하고, 다시 시간의 방향이 바뀌어 전자가 된다. 세 개의 입자 대신에, 왼쪽에서 오른쪽으로 움직이는 입자 하나가 시간을 정방향으로 진행하고, 역방향으로 진행하다가, 다시 정방향으로 진행한다. 이것은 아인슈타인의 상대성이론에서 묘사된 시-공 기술 형식의 정지 형태이다. 만약 우리가 공간의 전체 영역을 보듯이 시간의 전 영역을 볼 수 있다면, 시간의 흐름에 따라 사건들이 일어나는 것이 아니라, 캔버스의 완성된 그림과 같이 시-공이라는 완전한 전체로서 그 모습을 드러냄을 알게 될 것이다.

이와 같은 그림에서는 시간에서 전후로 진행하는 것은 공간에서 앞뒤로 움직이는 것과 똑같이 별로 중요한 것이 아니다. 사건들이 시간에 따라 발전(전개)하는 것처럼 보이는 환상은, 한 번 볼 때 전체 시공의 그림 중 조그마하게 잘린 부분밖에 볼 수 없게 제약하는 우리의 특유한 의식 구조 때문이다.

예를 들어서 옆 페이지의 그림 위에, 잘려나간 가는 틈을 통해서만 상호작용을 볼 수 있도록 옆으로 좁게 찢어진 종이 한 장을 얹는다고 상상하자. 만약 종이를 아래부터 위로 천천히 움직이면, 우리의 제한된 시야에서는 일련의 사건들이 차례로 펼쳐지는 것처럼 보인다.

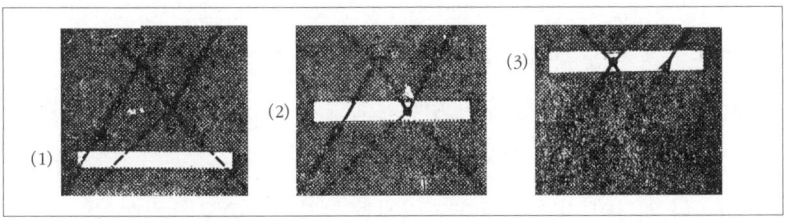

처음에는 세 개의 입자들을 볼 수 있다. (1)두 개의 광자가 오른쪽에서

진입하며, 한 개의 전자가 왼쪽으로 다시 들어온다. (2)다음에 광자들이 충돌하여 전자-양전자가 왼쪽으로 날아가는 것이 보인다. (3)마지막으로 새로이 생성된 양전자가 원래의 전자를 만나서 두 개의 광자를 생성하는 것을 볼 수 있다.

오직 인위적 조작인 종이를 떼어 내고 보아야만 전체 그림을 볼 수 있다. 드브로이는 다음과 같이 말했다.

시-공에서는 우리에게 과거, 현재, 미래를 구성하는 모든 것이 조각으로 보인다. 각 관찰자는 그의 시간이 지남에 따라, 실제로는 그가 그것을 인지하기 이전에 이미 존재하고 있는 시-공을 구성하는 사건의 앙상블(총체)인데도 불구하고, 시-공의 새로운 조각들을 마치, 물질 세계의 지속적인 모습처럼 보는 것이다.[1]

"잠깐."

짐 드 위트가 소립자 물리학자에게 묻는다.

"시간이 앞뒤로 진행한다고 말하는 것은 쉬우나, 나는 한 번도 시간을 거꾸로 거슬러 올라가 본 경험이 없어요. 만약 입자들이 시간의 역방향으로 갈 수 있다면 왜 나는 못 가지요?"

물리학자들은 이와 같은 질문에 아주 간단하게 대답한다. 우주의 폐쇄된 어떤 부분에서는 질서negentropy 대신에 무질서entropy를 향하는 경향이 있다. 맑은 물을 담은 컵에다가 검은 잉크 방울을 떨어뜨린다고 가정하자. 처음에 잉크 방울은 질서 있게 한 덩어리로 뭉쳐져 있다. 즉, 잉크 방울을 구성하는 모든 분자들은 물분자들과 섞이지 않은 상태로 작은 공간을 차지한다. 그러나 시간이 지남에 따라 자연적인 분자 운동으로 인하여 컵 전체에 걸쳐 흐릿하고 균일한, 형태와 질서가 없고 부드러운 균질의(최대 엔트로피)

액체가 될 때까지 물분자와 혼합된다. 우리는 경험을 통해서 엔트로피의 증가를 시간의 흐름과 (정방향으로) 연관시키도록 배웠다. 만일 우리가 물 컵 속에 담긴 혼탁한 액체가 점점 맑아지는 것을 보면, 즉시 필름이 거꾸로 돌고 있음을 알게 된다. 물론 이런 현상이 이론적으로는 일어날 수 있으나, 확률적으로는 절대로 일어나지 않는다고 말할 수 있다. 요약하자면 시간은 엔트로피를 증가시키는 방향인, 확률이 높은 방향으로 흐른다.

무질서도의 증가, 또는 엔트로피 증가의 이론을 열역학의 제2법칙이라 한다. 열역학 제2법칙은 통계적인 법칙이다. 이는 어떤 한 상태에서 그 법칙을 적용할 수 있는 많은 대상이 존재해야만 성립한다는 뜻이다. 일반적으로 말해서, 기본 입자들은 개념적으로 극히 고립되어 있고 짧은 시간 동안만 존재하기 때문에, 열역학 제2법칙은 이들에게 적용되지 않는다.*

열역학 제2법칙은 그러나, 입자들에 비해 복잡한 구조를 지닌 분자들, 분자들보다 복잡하게 활동하는 세포들, 수억의 세포들로 구성된 사람들 등에는 적용된다. 아원자적, 양자적 세계에서만 시간의 정방향의 흐름이 의미를 잃는다. 그러나 의식의 본질적인 차원은 양자적 과정이라는 것을 뒷받침해 주는 약간의 데이터와 추측이 있다. 예를 들어서, 어둠에 익숙한 눈은 한 개의 광자를 탐지할 수 있다. 이것이 사실이라면 우리는 일반적으로 능력 밖에 있는 기능(요가수행자가 맥박과 체온을 조절하는 것 등)을 포함하도록 우리의 의식을 확장함으로써 이러한 과정 자체를 의식할 수 있는 가능성이 있다. 만약 양자적 차원에서 시간이 무의미하고, 의식이 본질적으로 이와 비슷한 과정이며, 우리 속의 이러한 작용을 의식할 수 있다면, 우리가 영원을 경험

---

*하게도른Hagedorn의 초고에너지 충돌에 관한 이론은 열역학 제2법칙을 이용한다. 그리고 시간의 역행성은 다음 경우에 잠재한다. 즉, 입자들이 전파하는 파동함수로 대표되는 동안이다. 시간이 비역전성은 측정 과정의 가공품이다.

할 수 있음을 상상할 수 있다. 정신의 가장 기본적인 기능을 경험할 수 있고 그들이 본질적으로 양자적이면, 시-공의 일상적 개념들이 이들에게 적용되지 않을 가능성이 있다(꿈에서 적용되지 않는 것처럼 보이듯).

　이러한 경험을 합리적으로 묘사하기는 힘들 것이나(한 낱의 모래 속에 담긴 무한함/그리고 한 시간 속의 영원성), 그것은 실재할 것이다. 이런 이유로 보면, 서구의 LSD 환각 경험자들과 동양의 힌두교의 사제들이 말하는 시간의 뒤틀림과 초시간적인 경험을 함부로 거짓이라고 볼 수는 없는 것이다. 소립자들은 그냥 그대로 있지 않는다. 그들은 활동의 온상이다. 예를 들어서, 전자는 계속 광자들은 흡수, 방출한다. 이런 광자들은 엄밀히 말하자면 광자들이라고 볼 수 없는 것이다. 이들은 순간적으로 존재하는 광자들이다. 이들이 자발적으로 날아가 버리지 않는다는 점이 진짜 광자들과 다르다. 이들은 방출되자마자 다시 전자에 의해 흡수된다. 그래서 이들을 가상 광자라 부른다(가상이란 실제 존재하지 않는). 그들은 거의 광자들과 같다. 실제 광자와 다른 점은 오직 방출되자마자 전자에 의해 다시 흡수된다는 점이다.*

　다시 말해서 전자 하나가 존재하다가 전자와 광자가 존재하고, 다시 전자만 남게 된다. 이것은 질량-에너지 보존법칙에 위배되는 일이다. 질량-에너지 보존법칙이란 아무것도 없이 무엇을 얻을 수 없다고 말한다. 양자장이론에 의하면 무에서 유를 얻을 수 있으되, 10^{-15}초 정도의 짧은 시간 동안 만이다.** 이것이 일어날 수 있는 이유는 하이젠베르크의 불확정성의 원리 때문이다. 하이젠베르크의 불확정성의 원리는 원래의 입자의 위치를 보다 정확히 할수록 운동량에 대해서는 그만큼 모르게 되고 마찬가지로 운동량을 보다 확실히 알면 위치는 그만큼 불확실해진다고 말한다. 즉, 위치를 정확하게 알 수 있지만, 그러면 운동량을 완전히 모르게 된다. 운동량이 정확히 관측되면 위치를 모르게 된다.

위치와 운동량의 불확정성뿐 아니라 시간과 에너지의 불확정성이 있다. 소립자 사건의 시간에 대한 불확정성이 적어질수록 그 에너지에 대한 불확정성은 커진다(거꾸로도 마찬가지임). 가상 광자의 방출, 흡수에서 10억분의 1초 정도로 정확한 측정은 시간에 대한 불확정성을 완전히 제거한다. 그러나 그것은 에너지에 관한 불확정성을 크게 하는 것이다. 이러한 불확정성 때문에 질량-에너지 보존법칙의 균형이 이루어질 수 있다. 다시 말해서, 사건이 극히 짧은 시간 동안 일어나기 때문에 가능한 것이다. 그것은 마치 질량-에너지 보존법칙을 지키는 순경이 위배되는 사건이 극히 빠르게 일어나면 묵인하는 것과 같다. 그러나 그 위반이 클수록 그 사건은 보다 짧은 시간에 일어나야 한다. 만약 가상 광자가 질량-에너지를 공급하면 그렇게 된다. 이 때문에 들뜬 전자는 실제 광자를 방출한다. 들뜬 전자란 바다 상태보다 더 높은 에너지 순위에 있는 전자를 칭한다. 전자의 바다 상태란 원자핵에 가장 가까운 최저의 에너지 상태이다. 바다 상태의 전자가 방출할 수 있는 광자들은, 질량-에너지 보존법칙을 위배하지 않기 위해 방출되지만 흡수되는 가상 광자들이다.

전자는 바다 상태를 그의 집이라고 생각하며, 이 상태에 머무르고자 한다. 전자가 바다 상태를 벗어나는 경우는 그것이 여분의 에너지로 들뜨게 되는 경우이다. 이렇게 되면 전자는 바다 상태로 되돌아가고자 한다(자유 전자가 될 정도로 멀리 떨어져 있지 않은 경우에 한함).

---

*한 관점에서 보면 가상 광자는 그들의 정지 질량이 0이 아니라는 점에서 실제 광자와 다르다. 정지 질량이 0인 광자만 탈출할 수 있다. 가상 광자를 수학적으로 보는 방법은 두 가지가 있다. 첫째는, 가상 입자의 질량은 실제 입자와 같으나 에너지는 보존되지 않는다고 보는 방법과 둘째(파인만 섭동이론), 에너지-운동량은 정확히 보존되나 가상 입자는 물리적 질량이 없다는 것이다.
**대표적인 원자 반응에서, 고에너지 가상 광자는 더 짧은 수명을 가진다고 한다. 빈 공간은 실제로 '무無'가 아니다. 빈 공간은 무한의 에너지를 가진다. 사파티에 의하면, 무한의 진공 에너지를 조직하여 가상 입자들을 만드는 초광속도적 정보들뜸에 의해 가상 과정이 점화된다.

바닥 상태는 저底에너지 상태이므로, 전자는 그 여분의 에너지를 잃어야 돌아갈 수 있다. 따라서 바닥 상태보다 높은 수준에 있으면, 전자는 그 여분의 에너지를 광자의 형태로 방출한다. 그 방출된 광자는, 가진 에너지로써 질량-에너지 보존법칙을 위반하지 않고 계속 진행할 수 있는, 전자의 가상 광자 중의 하나이다. 다시 말해서 전자의 가상 광자들 중 하나가 실제 광자가 되어 버린 것이다. 이 가상 광자가 가진 에너지(진동수)는 전자가 방출한 여분의 에너지량에 좌우된다(전자들이 오직 특정한 진동수의 광자만을 방출한다는 발견이 양자이론을 '양자' 이론으로 만들었다). 전자는 항상 가상 광자들로 둘러싸여 있다.*

만약 두 개의 전자들이 충분히 접근하게 되면, 가상 광자의 구름이 겹치게 되고, 한 개의 전자가 방출한 가상 광자를 다른 전자가 흡수할 가능성이 있다.

다음 그림은 한 전자가 방출한 가상 광자를 다른 전자가 흡수하는 파인만 도식이다.

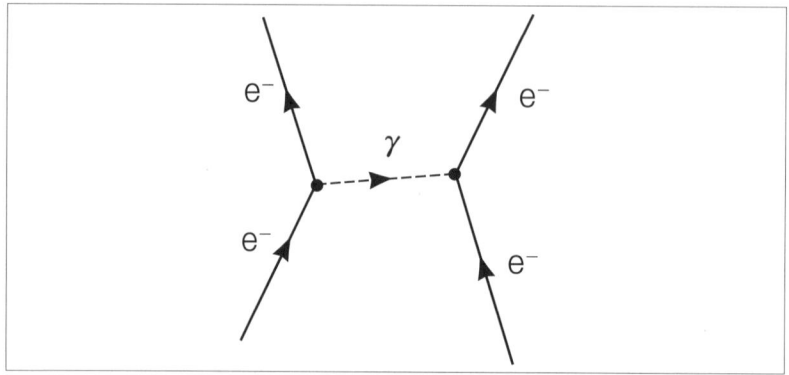

---

*전자를 둘러싼 가입자운 중에는 다른 가상 입자들도 있으나 광자들이 가장 일반적이다.

두 전자가 가까워질수록 이런 현상은 더 많이 일어난다. 물론 이런 반응은 일방적이지 않고, 두 전자가 모두 방출, 흡수하는 것이다. 이것이 전자들의 반발 형식이다. 전자들이 서로 가까워질수록 보다 많은 가상 광자를 교환한다. 보다 많은 가상 광자를 교환할수록 이들의 경로는 예각으로 편향된다. 전자들 사이의 반발력은 근접거리에서 증가하고 멀어지면 감소하는 가상 광자 교환의 누적된 효과이다. 이 이론에 의하면, 거리의 함수로서의 작용(힘)은 없다. 오직 보다 많거나 적은 횟수의 광자 교환만 존재한다. 이러한 반응(방출, 흡수)들은 현장local 즉, 입자들이 위치하는 장소에서 일어난다.*

같은 전하를 가진 두 입자의 반발은 두 전자의 경우와 같이 전자기력에 기인한다. 실제로 양자장이론에 의하면 전자기력은 곧 가상 광자의 상호교환이다(물리학자들은 광자에 의해서 전자기력이 매개된다고 말하기를 좋아한다). 모든 하전입자는 계속해서 가상 광자를 방출, 재흡수하거나, 또 다른 하전입자와 교환된다. 두 개의 전자가(음전하) 가상 광자를 교환하면 서로 반발한다. 양성자들의(양전하) 경우도 마찬가지이다. 양성자와 전자가(양전하, 음전하) 가상 광자를 교환하면 인력이 작용한다. 따라서 양자장이론의 발전에 따라 물리학자들은 이것을 '힘'이란 말 대신에 '상호 작용'이라고 부른다(상호작용은 어떤 물체가 다른 것에 영향을 끼치는 것). 이런 의미로 가상 광자 교환은, 전자들 사이의 작용을 명명하지만 묘사하지는 못하는 '힘'이란 말보다 더 정확한 표현이다.

(디랙의 원래의 이론으로서) 전자, 광자, 양전자들을 다루는 양자장이론의 부분을 양자기전역학이라 부른다.

---

*그러나 양자역학의 본질은 빛보다 빨리 작용하는 비동적非動的인 거리에 따른 작용을 요구한다. 좋은 예로서 가상 신호 광자들의 교환 이외에 전자들 사이의 상호 관계를 요구하는 파울리의 배타원리가 있다.

가상 광자들은 하전되었을지라도 그들의 극히 짧은 수명 때문에, 기포상자에서 보이지 않는다. 이들의 존재는 수학적으로 추론된다. 따라서 다른 입자들을 교환함으로써 입자들이 서로 힘을 미친다는 이론은 확실히 인간 두뇌의 자유로운 창조이다. 자연의 실제 상태를 나타내기보다는 자연현상을 올바르게 예측할 수 있는 정신적인 조작인 것이다. 이 이론보다 나은 이론들이 존재하는지는 모른다. 이 이론이나, 모든 이론에 대해 논할 수 있는 것은 그 진위의 여부가 아니라 그것이 우리가 원하는 것에 적용될 수 있느냐 하는 문제이다. 양자이론은 특정한 조건에서 주어진 소립자 현상이 일어날 확률을 예측하게 되어 있다. 양자장이론은 전체로서는 일관성이 없지만, 실용적이라는 것은 엄연한 사실이다. 모든 입자 반응은 거기에 해당하는 파인만 도식이 있으며, 모든 파인만 도식은 그것이 묘사하는 반응이 일어날 확률을 정확히 예측하는 수학적 공식에 대응한다.*

1935년에 물리학 대학원생인 유가와 히데끼가 이 새로운 가상 입자 교환 이론을 센 핵력에 적용하기로 했다. 강력은 원자핵을 결합시키는 힘이다. 핵을 구성하는 양성자, 중성자들은 서로 반발하기 때문에 강력은 힘이 세야 한다.

그들 사이의 전자기력 때문에 같은 전하를 띤 양성자들은 서로 반발한다. 그럼에도 불구하고 원자핵을 구성하고 서로 반발하는 양성자들은 강하게 하나로 뭉쳐져 있다. 전자기력에 대항해서 양성자를 핵으로 단단히 뭉치게 하는 힘은 필시 강한 힘일 것이라고 학자들은 예측했다. 그래서 이 힘을 자연스럽게 강력強力strong force이라 부르게 되었다. 이 힘은 전자기력의 100배이므로, 강력은 적합한 이름이다. 이것은 자연에서 알려진 가장 센 힘이

---

*실제로 모든 상호 작용에 대해서 무한히 대응하는 파인만 도식이 있다.

다. 전자기력과 같이 핵력은 자연이 본질적인 교착제이다.

전자기력은 외부적으로는 원자들을 결합시켜 분자를 형성하게 하고, 내부적으로는 전자들이 핵 주위를 돌게 한다. 강력은 원자핵 자체를 결합하여 유지시킨다. 강력은 자연에서 가장 힘이 세지만 그 작용 범위는 가장 적다. 예를 들어서, 양성자가 원자핵에 접근하면 핵 내의 양성자와 반발하게 된다. 접근하는 양성자와 핵의 양성자가 가까워질수록 둘 사이의 전자기력 반발은 세어진다(원래 거리의 1/3에서 반발력은 9배 강해짐). 이 힘으로 인하여 자유양성자의 경로가 편향된다.

이 편향도는 먼 거리에서는 작고, 근접 거리에서는 커진다. 그러나 이 양성자를 핵쪽으로 10^{-13}cm 정도의 거리로 밀어 넣으면, 반발시키는 전자기력보다 100배 강한 힘으로 핵으로 끌려 들어간다. 10^{-13}cm의 크기는 양성자의 지름과 비슷한 크기이다. 다시 말해서 양성자는 그 크기보다 약간만 더 먼 거리에서는 강력의 영향을 받지 않는다. 이보다 가까워지면 강력에 의해 완전히 빨려 들어간다.

유가와는, 이렇듯 짧은 작용 범위를 가졌지만 '강력한' 〈핵〉력을 가상 입자이론으로 설명하고자 했다. 유가와는, 전자기력이 가상 광자를 통해 매개되듯이 강력도 가상 입자에 의해 매개될 것이라고 생각했다. 유가와의 이론에 의하면, 전자기력이 가상 광자의 교환이듯이 핵력도 역시 다른 가상 입자의 교환이다. 유가와는 전자가 계속해서 가상 광자를 방출, 재흡수하는 것처럼, 핵자nucleons도 특유의 가상 입자를 방출, 흡수하고 있을 거라고 추리했다.

핵자란 양성자나 중성자인데. 이 두 입자들이 핵을 구성하기 때문에 핵자라 부른다. 양성자와 중성자는 굉장히 비슷해서 양성자는 양전하를 띤 중성자라고 생각해도 무방하다. 유가와는 실시된 실험 결과들에 의해 핵력의 작용 범위를 알았다. 원자핵에서 방출된 가상 입자의 한정된 범위가 핵력의 작용 범위라고 가정하고, 유가와는 그러한 가상 입자가 핵으로부터 거의 광속도로 그만한 거리를 갔다 오는 데 걸리는 시간을 계산했다. 이 시간의 계산에서 그 가상 입자의 에너지를 계산하는 데 시간과 에너지 사이의 불확정성 관계를 사용할 수 있었다. 12년 후에 물리학자들은 유가와의 가상 입자를 발견했다.*

그것을 중간자meson라고 불렀다. 그 후에 발견됐지만, 핵입자들이 핵력을 구성할 때 교환하는 입자들의 종족이 중간자들이다. 처음 발견된 중간자를 파이중간자라고 불렀다. 파이중간자는 전하에 따라, 음성, 양성, 중성의 세 가지가 있다. 양성자는 전자와 같이 활동의 온상이다. 양성자는 전자기력을 형성하는 가상 광자를 방출, 흡수할 뿐만 아니라 또한 핵력의 본질인 파이중간자를 방출, 재흡수한다(가상 중간자를 방출하지 않는 전자와 같은 입자들은, 핵력의 영향을 받지 않음).

한 전자가 다른 입자에 의해 흡수되는 가상 광자를 방출하면 전자는 그 입자와 '상호 작용' 하고 있다고 말한다. 가상 광자를 방출하여 다시 흡수하면, 그 전자는 스스로 상호 작용하고 있다고 말한다. 자체 작용은 소립자 세계를, 구성하는 요소들 자체가 끝없는 변화를 하고 있는 만화경과 같은 현실로 만든다. 양자들은 전자들과 같이 다양하게 자체 작용을 할 수 있다. 가장 간단한 자체 상호 작용은 불확정성의 원리가 허용하는 시간 내의 가상 파이입자의 방출과 재흡수이다. 이 반응은 전자가 가상 광자를 방출, 재흡수하는 것과 같다. 양성자가 홀로 있다가, 그리고는 양성자와 중성 파이입자, 그리고 다시 양성자만 남게 되는 반응이다.

---

*1935년에 발견된 뮤입자muon가 유가와가 예견한 입자 같이 보였다. 그러나 그 성질이 유가와의 예측과는 달랐다. 유가와의 예측은 11년이 더 지나서야 입증됐다.

다음은 양성자가 가상 중성 파이입자를 방출, 재흡수하는 파인만 도식이다.

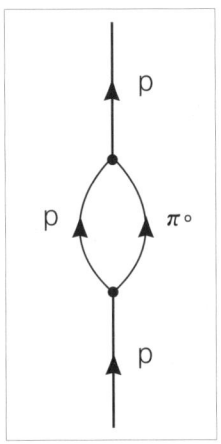

모든 양성자는 동일하기 때문에, 원래의 양성자가 없어지고, 같은 시공점에서 다른 양성자와 중성 파이입자가 발생한다고 가정해도 된다. 세 양성자와 중성 파이입자는 그들의 합친 질량이 원래의 양성자와 질량보다 크기 때문에 질량-에너지 보존법칙을 위반한다.

즉, 중성 파이입자는 무에서 생겨나서 순식간에 없어진다(가상 과정임). 새로운 입자들의 수명은 하이젠베르크의 불확정성의 원리가 규정하는 시간으로 제한된다. 그들은 다시 결합하여 서로 소멸하고, 다른 양성자를 생성한다. 즉, 눈 깜짝할 사이에 반응이 끝난다.

양성자가 자신과 상호 작용할 수 있는 또 다른 방법이 있다. 즉, 중성 파이입자의 방출, 흡수 외에도 양성 파이입자를 방출할 수 있다. 양성자가 양성 파이입자를 방출함으로써 그 자체는 순간적으로 중성자가 된다! 즉, 양성자, 중성자(양성자보다 큰 질량을 가짐)와 양성 파이입자, 그리고 다시 양성자가 남는 과정을 거친다. 다시 말해서, 양성자는 계속해서 중성자로 변했다가 다시 양성자가 된다. 308쪽의 그림이 이것을 보여 준다.

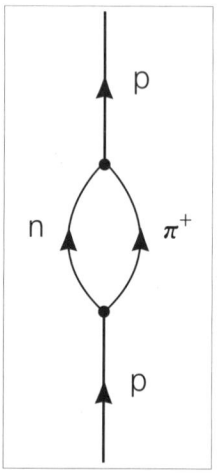

모든 핵자들은 그것들이 계속해서 방출, 재흡수하는 가상 파이입자 구름으로 둘러싸여 있다. 중성자와 양성자가 이들의 가상 파이입자 구름이 겹칠 정도로 근접하면, 양성자에서 방출되는 몇 개의 가상 파이입자가 중성자에 의해 흡수된다.

아래에 양성자와 중성자 사이의 가상 파이입자 교환의 파인만 도식이 있다.

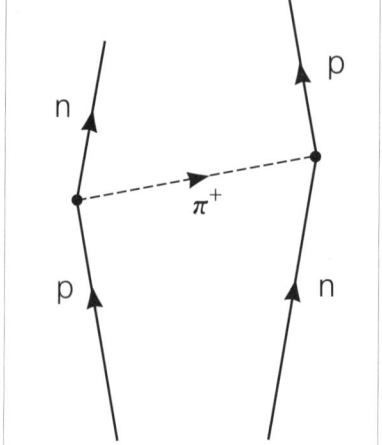

도식의 왼쪽 부분에서 양성자가 양성 파이입자를 방출하여 자신은 중성자로 된다. 파이입자가 재흡수되기 전에, 옆의 중성자가 흡수해 버린다. 파이입자의 흡수로 중성자는 양성자가 된다.

양성 파이입자의 교환으로 인해 양성자는 중성자, 중성자는 양성자가 된다. 이 교환으로 결합된 원래의 핵자들의 역할이 뒤바뀌었다.

이것이 유가와의 기본적인 상호 작용이다. 1935년에 유가와가 기술했듯이, 핵력이란 강자들 사이의 복합적인 가상 파이입자의 교환이다. 교환의 횟수(힘의 강도)는 가까운 거리에서 증가하고, 먼 거리에서 감소한다. 마찬가지로 중성자들도 비활성으로 있지 않는다.

양성자나 전자들과 마찬가지로 이들도 거듭되는 가상 입자의 방출과 흡수를 통하여 자체 상호 작용을 한다. 양성자처럼, 중성자도 중성 파이입자를 방출, 재흡수한다. 다음 그림은 중성자가 중성 파이입자를 방출, 재흡수하는 그림이다.

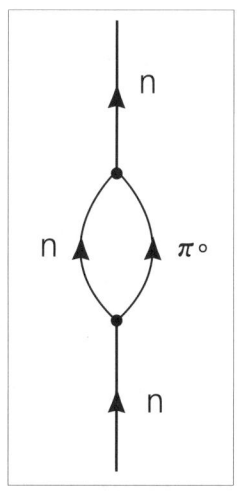

중성자는 또한 음성 파이입자를 방출한다. 중성자가 음성 파이입자를 방

출하면, 자체는 순간적으로 양성자가 된다! 처음에는 중성자만 있다가, 양성자와 음성 파이입자, 그리고 다시 중성자만 남게 되는 것이다.

다음에 중성자가 양성자로 됐다가 다시 중성자가 되는 반응 과정이 있다.

양성자와 중성자가 그들의 가상 파이입자 구름이 겹칠 정도로 근접하면, 중성자가 방출하는 파이입자들의 일부가 양성자에 의해 흡수된다.

아래에 있는 것이 중성자와 양성자 사이의 가상 파이입자 교환도식이다.

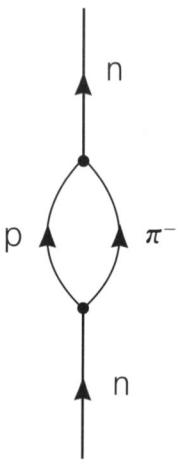

이것은 또 하나의 강력한 상호작용(핵반응)이다. 그림의 왼쪽 부분에서 중성자가 음성 파이입자를 방출하고 양성자로 된다. 음성 파이입자가 재흡수되기 전에, 옆의 양성자가 흡수하여 중성자로 변한다. 음성 파이입자의 교환은 중성자를 양성자로, 양성자를 중성자로 만들었다. 이로 인해 핵자들의 구실이 뒤꿔었다. 이외에도 강력 상호작용들이 많다. 강력은 가상 파이입자의 교환이 제일 빈번하나 중간자(K입자, 에타입자 등) 등도 교환된다. '강력'이라는 것은 따로 존재하는 것이 아니라, 여러 종류의 핵자들 사이의 가상 입자 교환이다. 물리학자들에 의하면 우주는 4종류의 기본적인 힘으로 지탱된다. 즉, 센 핵력과 전자기력 외에 여린 핵력과 중력이 있다.*

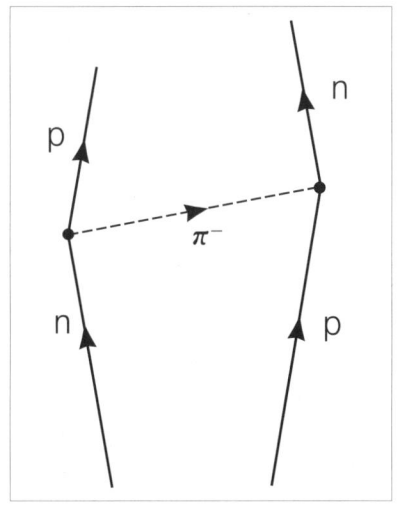

중력이란 태양계, 은하계 우주를 지탱하는 원거리 힘이다. 그러나 입자 세계에서는 무시될 정도이다. 중력은 앞으로 설명해야 할 과제이다.**

4종류의 힘들 중에 가장 알려지지 않은 힘이 여린 핵력이다. 이 힘의 존재는 특정 입자가 반응하는 데 걸리는 시간으로부터 추론되었다. 강력은 세고 작용 범위가 작기 때문에 핵반응은 10^{-22}초 정도의 극히 짧은 시간 동안에 일어난다.

그러나 물리학자들은 전자기력도, 중력도 개입되지 않은 어떤 소립자 반응들이 10^{-10}초보다 긴 시간 동안에 일어남을 발견했다. 이들은 이 이상한 현

---

*최근의 자료는, 전자기력과 여린 핵력은 사실 똑같은 힘의 다른 형태로 각각의 작용 범위에서 나타난 것이라는 와인버그-살램이론을 뒷받침하고 있다.
**예: 스핀 2, 스핀 3/2의 가상 교환 입자를 사용하는 초중력이론 supergravity

상으로부터 네 번째 종류의 힘이 존재하리라 추측했다. 이 네 번째 종류의 힘이 전자기력보다 약한 것으로 알려져 있으므로, 여린 힘이라고 명명했다. 이들의 세기의 순서는 다음과 같다.

센 핵력 〉 전자기력 〉 여린 핵력 〉 중력

센 핵력과 전자기력은 모두 가상 입자 교환이론으로서 설명될 수 있으므로, 여린 핵력과 중력도 그와 같이 설명될 수 있다고 학자들은 추측한다. 중력에 해당하는 가상 입자로서 중력자를 예견했으나, 발견된 적이 없다. 강력에 해당하는 것으로서 입자가 예견됐으나, 역시 발견된 것이 없다. 광자에 비해 중간자의 질량이 훨씬 크기 때문에 전자기력의 작용 범위에 비해 핵력의 작용 범위는 제한되어 있다. 여기서 질량-에너지 보존법칙은 그것을 위반하는 사건이 일어나는 시간이 극히 짧으면 묵인될 수 있음을 상기해야 한다. 무로부터의 중간자의 생성은 무로부터의 광자의 생성보다 더 중대한 보존법칙 위반의 경우이다. 따라서 중간자의 생성과 재흡수는, 시간과 에너지 불확정성의 원리를 지키려면 더 빨리 일어나야 한다. 가상 중간자의 수명이 제한되어 있기 때문에 그 작용 범위도 한정되어 있다. 이 현상을 다음과 같이 규정할 수 있다. 강력일수록 그것을 매개하는 입자의 질량이 더 크며, 작용 범위는 보다 작다. 핵력의 범위는 10^{-13}cm 정도이고, 전자기력의 작용 범위는 핵력의 범위를 훨씬 능가하여 사실 무한대이다. 이 이유는 광자가 정지 질량이 없기 때문이다.

"잠깐."

짐 드 위트가 묻는다.

"이것은 터무니없는 이야기예요. 가상 광자란 보존법칙을 지키기 위해서 짧은 시간 동안에 방출, 흡수되는 광자가 아닙니까? 그렇다면, 입자든 무엇이든 불확정성의 원리가 규정하는 시간 동안에 어떻게 방출, 흡수되고, 그러면서 무한대의 작용 범위를 가질 수 있다는 말입니까?"

드 위트의 질문에는 충분한 이유가 있고, 얼핏 보면 그의 말이 옳은 것 같다. 그러나 위의 말을 자세히 관찰하면 그것이 합리적이며 묘한 논리를 가지고 있음을 알게 된다. 보존법칙이 규정하는 한계를 불확정성의 원리가 허용하는 시간과 에너지(질량)의 균형으로 피하고, 가상 광자가 정지 질량이 없다면, 가고자 하는 데는 어디든지 갈 시간이 있다. 다시 말해서 실제 광자와 가상 광자는 실상 차이가 없다는 것이다. 유일한 차이점은, 참 광자의 생성은 보존법칙을 위반하지 않으며, 가상 광자는 하이젠베르크의 불확정성의 원리를 통해 그 법칙을 순간적으로만 어긴다는 점이다.

이것은 성공적인 물리 이론의 비수학적 설명이 얼마나 현실과 동떨어진 상아탑 속에 있는지를 보여 주는 좋은 예이다. 그 이유는 현상을 보다 정확히 기술하기 위해서, 물리 이론들이 일상 경험에서 점점 고도로 추상화되기 때문이다. 물리 이론은 무서울 정도로 정확하기는 하나, 이들은 사실 인간정신의 자유로운 창조물인 것이다. 이들과 일상 경험의 일차적인 관계는 그 형식론의 추상적 내용보다는 이들 이론들이 어떻든 간에 현상 규명에 유용하다는 점에 있다.*

순간적이고 가상적인(無→有→無) 상태와 실재의 상태(有→有→有)의 차이는 불교도들이 있는 그대로의 실재와 인간이 그것을 보는 방법을 구별하는 것과 같다.

예를 들어서 파인만은 가상 상태와 실재 상태의 차이를 관점의 차이로 묘

---

*Paul Schilpp(ed), 《Albert Einstein, Philosopher Scientist》, vol. 1, New York Harper & Row. 1949. 이 주제에 관한 좋은 논문들이 있다.

사했다.

  하나의 관점에서 실재 과정처럼 보이는 것이 보다 장구한 세월에 걸쳐 일어나면 가상의 과정으로 나타날지도 모른다.

  예를 들어서 우리가 빛의 산란과 같은 실재 과정을 연구하려면, 원한다면 우리의 분석에 빛의 광원, 산란기와 최종 흡수체를 포함시킬 수 있다. 초기 상태에는 광자가 존재하지 않았고, 다음 광원으로부터 방출된 빛이 산란되어 흡수된다고 생각할 수도 있다. 이 관점에서 보면, 반응 과정은 가상적이다. 즉, 처음에도 최종 단계에도 광자는 존재하지 않는다. 따라서 실험 분석을 방사, 산란, 흡수에 해당하는 부분으로 나누려고 노력함으로써, 실재 과정을 분석하는 공식으로 반응 과정을 분석할 수 있다.2)

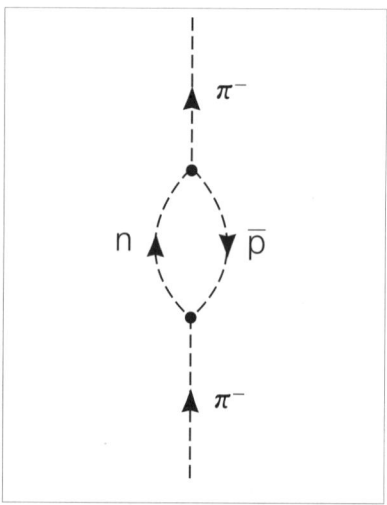

  불교 철학에 의하면 현실은 본질적으로는 '가상적'이다. 나무나 사람 등과 같이 '실재'로 보이는 형체는 사실은 우리의 제한된 의식 형태에서 오는 순간적인 환상들이라는 것이다. 그 환상이란 전체적으로 가상적인 과정의 일부가 실재하는(영원한) '물체thing'로 보이는 것일 따름이다. 깨달음이란, '나'를 포함한 '물체(형태)'들이 일시적이고 가상적이고 고유의 독립적인 존재가 없는 것들로서, 시간이라는 환상 속에서 과거와 미래의 환상들을 일시적으로 연결한 상태들이라는 사실을 아는 것이다. 입자의 자체 작용은 가상 입자들이 방출한 또 다른 가상 입자들이 계속해서 가상 입자들을 방출하는 경우에 미묘해진다.

앞 페이지의 그림은 가상 입자(음성 파이입자)가 또 다른 두 개의 가상 입자들인 중성자와 반反양성자로 변환하는 파인만 도식이다(1928년 디랙의 이론도 버클리에서 1955년에 발견된 반양자성을 예견했음).

이것이 가장 간단한 자체 상호 작용이다. 다음 페이지에 불확정성의 원리

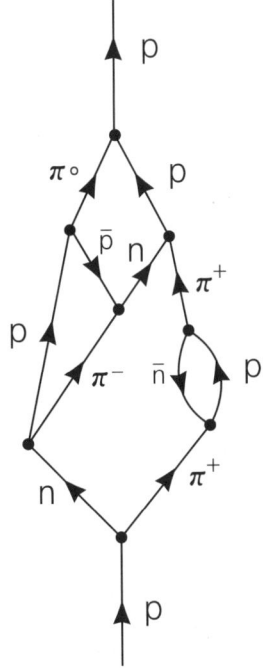

가 허용하는 짧은 시간에 일어나는 한 개의 양성자 반응이 표시되어 있다.

앞의 그림은 포드가 그의 저서 《기본 입자들의 세계The World of Elementary Particles》[3)]에서 그린 것이다. 11개의 입자들은 원래의 양성자가 중성자와 파이입자로 변환하는 시간과 다시 하나의 양성자가 되는 시간 동안에 잠깐 모습을 보인다.

양성자는 단순히 양성자로 남아 있지 않는다. 양성자는 양성자와 중성 파이입자의 상태와, 중성자와 양성 파이입자의 상태를 왔다 갔다 한다. 중성자도 그냥 중성자로만 존재하는 것이 아니라 중성자와 중성 파이입자의 상태와 양성자와 음성 파이입자 상태를 왔다 갔다 한다. 마찬가지로 음성 파이입자도 그대로 있는 것이 아니고, 중성자와 반양성자와 다른 상태를 오간다. 다시 말해서 모든 입자들은 잠재적으로(특정 확률로) 다른 입자들의 다양한 결합combination으로 존재한다.

각 반응은 특정한 발생 확률을 가지고 있다. 양자이론은 확률을 다루며, 이들 각 반응의 확률은 정확하게 계산될 수 있다. 그러나 양자이론에 따르면, 어떤 반응이 생겨날 것이냐를 결정하는 것은 궁극적으로 우연chance이다. 모든 입자들이 잠재적으로 다른 입자들의 결합이라는 관점은 불교적인 관점에 비견된다. 화엄경에 의하면 물리적 실재의 각 부분은 나머지 모든 부분에 의해 구성되어 있다. 이 관점은 화엄경에서 인드라Indra의 그물을 통해 은유적으로 표현되고 있다. 인드라의 그물이란 인드라 신의 궁전을 덮는 보석들로 짜인 거대한 그물이다. 그 표현을 빌리자면 ;

인드라의 천공에는 하나만 봐도 나머지 보석들의 영상(반영)이 모두 보이게 돼 있는 진주의 망상이 있나니, 이것은 세계 속의 어떤 물체라도 그 자체로서 이루어진 것이 아니라 나머지 모든 물체들과 연관되어 있으며, 그 물체가 곧 다른 모든 것임을 말한다.[4)]

대승불교에 의하면 물리적 실재의 표상은 모든 형체들의 상호의존성을 토대로 한다.*

본 저서는 물리와 불교의 관계에 관한 책은 아니지만, 이들 사이의 유사점, 특히 입자 물리학과의 유사점이 대단히 많고 놀랍도록 비슷하기 때문에 두 분야의 학도들은 상대 분야를 한번쯤 고려하지 않을 수 없다.

이제 입자 물리학의 가장 난해하면서도 황홀한 국면에 이르고 있다. 다음 페이지의 그림은 세 개의 입자의 상호 작용을 그린 파인만 도식이다.

이 그림에서 보면, 이 상호 작용으로 들어가는 세계선world line도 나가는 세계선도 없다. 이 상호 작용은 그냥 일어난다. 이 사건은 문자 그대로, 무에서 아무 까닭 없이 원인도 없이 일어난다. 아무것도 없는 곳에서, 갑자기 자발적으로 세 개의 입자가 생성되어 존재하고, 흔적도 없이 사라진다.

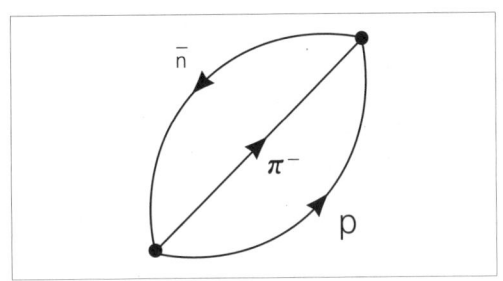

---

*불교, 도교학자인 존 블로펠드John Blofeld 교수와의 대화에 의하면, 인드라의 그물보다 이 개념을 더 잘 표현하는 예가 화엄경에 얼마든지 있다(화엄경은 Avatamsaa Sutra라 불리며, 무척 길다. 주석까지 곁들이면 150권 정도가 될 것이다). 이 책의 출판 당시에는 화엄경의 완전한 영역이 없었으나, Buddhist Text Translation Society, City of Ten Thousand Buddhas, Tamage, California 95481.에서 현재 진행중임. G. F. 츄우의 구두끈(재복합) 이론은 불교의 상호의존적 기원론에 대한 물리학적 유추일 것이다.

이런 종류의 파인만 도식을 '진공도식'이라고 한다.* 그 이유는 상호 작용들이 진공vacuum에서 일어나기 때문이다. 우리가 일반적으로 진공이라고 말하는 것은 완전히 빈 공간이다. 진공도식은 도표를 통하여 그런 것이 없음을 보인다. 빈 공간에서 무엇이 생기고 그 무엇이 다시 '빈 공간'으로 없어진다.

아원자의 영역에서는 진공은 빈 공간이 아니다. 그렇다면 완전히 빈, 황량한, 불모의 공간이라는 개념은 어디서 생겨났나? 우리가 만들어 낸 개념이다. 실제 '빈 공간'이라는 것은 이 세상에 없다. 그것은 정신의 산물로서, 관념적인 것이며 우리는 그 개념을 진리로 여겨왔다.

비었다, 가득 찼다는 것은 유, 무의 개념처럼 우리가 조작해낸 거짓된 구분이다. 이것들은 우리가 경험이라고 착각한 것들로부터 얻어진 추상 개념들이다. 우리는 이런 추상 개념들에 너무 익숙해 있어서 이들이 곧 진실이라는 착각을 하고 있다.

진공도식이란 올바른 의도를 가진 물리 과학의 진지한 산물이다. 그러나 추상 개념들은 우리가 우리의 '실재'를 지적으로 창조할 수 있다는 점을 상기시킨다. 상식적으로 생각할 때, '빈 공간'에서 '무엇'이 나올 수 있다는 것은 불가능하다. 그러나 아원자의 수준에서는 실제 이런 일이 일어나며 진공도식들이 이를 보여 준다. 다시 말해서 분별력 있는 우리 마음속의 개념으로밖에 '빈 공간(또는 무)'은 존재하지 않는다.

대승불교의 주요 경전은 반야바라밀다경Prajnaparamita Sutras이라 불린다(티벳, 중국, 일본 등). 반야경(12권) 중에 가장 핵심적인 불경은 심경心經

---

*브라이언 죠셉슨Brian Josephson, 잭 사파티, 닉 허버트Nick Herbert는 각각, 인간의 감각기관이, 불확정성의 원리에 의해 예측된 진공 속 가상 입자들의 춤의 영점 진공 요동the zero-point vacuum fluctuations을 포착할 수 있다고 추측했다. 이것이 사실이라면, 이러한 탐지는 신비로운 인지의 얼개mechanism의 일부일 가능성이 있다.

Heart Sutra이다. 심경은 대승불교의 핵심적인 요지를 담고 있다.**

······색즉시공 공즉시색色即是空 空即是色······

다음 페이지에 상호반응하는 6개의 입자들의 도표가 있다. 이것은 공이 색이 되고 색이 공이 되는 정교한 춤을 그리고 있다. 동양의 현자들이 말했듯이 색이 공이고 공이 색인지도 모를 일이다.

아무튼 진공도식은 유에서 무로, 무에서 유로 변환되는 과정을 나타내는 특이한 표식이다. 이러한 변환은 입자 영역에서 끊임없이 일어나며, 오로지 불확정성의 원리, 보존법칙과 확률이 규정하는 제약만을 받는다.***

보존법칙은 약 12개가 있다. 이들은 모든 아원자 상호 작용에만 관여한다. 여기 한 가지 규칙이 있다. 강력일수록 보다 많은 보존법칙의 제약을 받

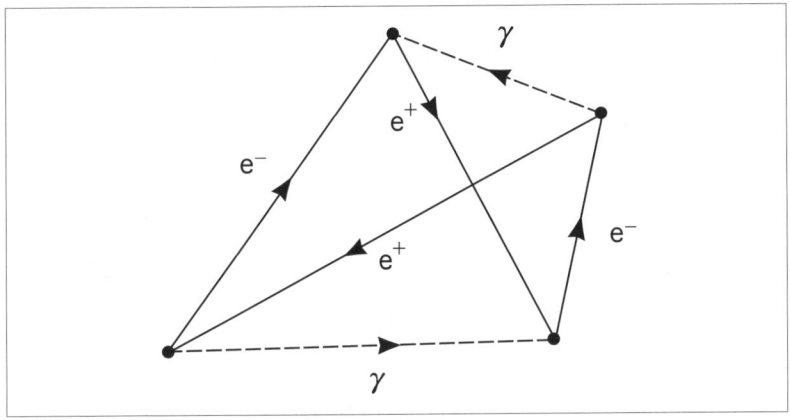

는다. 예를 들어서, 핵력 반응은 보존법칙 12개 모두의 규제를 받고, 전자기적 반응은 11개 법칙의 제약을, 약한 반응은 8개 법칙의 제약을 받는다.****

**Prajna는 산스크리트어로 지혜를 뜻하지만 책을 통해서는 배울 수 없는 오묘한 지혜이다. Paramita(건너다)는 '완성시키다'의 뜻이다.
***보존법칙은 제한을 가하나, 확률의 법칙들은 보존법칙이 허용하는 많은 부분을 허용치 않는다. 이들은 많은 규제를 가한다.

아원자 세계에서 가장 약한 중력 반응은 아직 연구되지는 않았지만(아직 중력자를 발견한 사람은 없다) 보다 많은 보존법칙을 위반할 것으로 예상된다.

그러나 보존법칙이 성립하는 영역에서는 그것은 모든 입자 반응의 형태를 결정하는, 위배될 수 없는 법칙들이다. 예를 들어서, 보존법칙은 모든 자발적인 입자 붕괴를 '하향식'이 되도록 명령한다. 한 입자가 자발적으로 붕괴하면, 항상 보다 가벼운 입자들로 붕괴된다. 새로운 입자들의 총질량은 항상 원래 입자의 질량보다 적다. 원래 입자의 질량과 새 입자들의 총질량의 차이는 날아가 버리는 새 입자들의 운동에너지로 변한다.

'위로 올라가는' 상호 작용은 새로운 입자들의 생성을 위해 원래 입자들의 존재 에너지(질량)와 함께 운동에너지가 공급될 때 가능하다. 예를 들어서, 충돌하는 두 양성자는 양성자, 중성자와 양성 파이입자를 생성할 수 있다. 이 새 입자들의 합친 질량은 원래 두 개의 양성자의 질량들보다 크다. 그 이유는 원래 운동하는 양성자들의 운동에너지의 일부가 새 입자들의 생성에 사용됐기 때문이다.

질량-에너지 외의 운동량도 모든 입자 상호 작용에서 보존된다. 상호 작용하는 입자들의 총운동량은 반응(충돌) 후에 나가는 입자들의 총운동량과 같아야 한다. 이 때문에 한 입자의 자발적 붕괴는 항상 두 개의 새로운 입자들을 생산한다. 정지한 입자는 운동량이 0이다. 만일 이 입자가 날아가 버리는 한 개의 새로운 입자로 붕괴된다면, 새 입자의 운동량은 원래 입자의 운동량(0)을 초과하게 될 것이다. 그러나 두 개 이상의 입자가 서로 반대 방향

★★★★핵력 반응들은 전체 12개의 보존법칙, 에너지, 운동량, 각운동량, 전하, 전자족 수 electron-family number, 뮤입자 수, 중입자족 수, 시간 역전성(T), 결합된 공간전도와 전하(PC), 공간전도(P), 전하 배합(C), 기묘성strageness, 동위스핀들의 제약을 받는다. 다음의 강도인 전자기적 반응은 위에서 동위스핀 보존법칙을 빼면 되고, 그 보다 아래인 약한 핵력 반응은 기묘량 보존, 동가parity보존과 전하 배합 불변성을 잃는다(그러나 PC는 무효). 중력 반응은 아직 미지수임.

으로 날아가면 이들의 운동량의 합은 상쇄되어 전체 운동량은 0으로 보존되는 것이다.

또한 모든 입자에는 전하량이 보존된다. 만약에 상호 작용하는 입자들의 총전하량이 +2(두 개의 양성자)이면, 반응 후의 모든 입자들의 총전하량은 +2이어야 한다(+, −가 상쇄된 후에). 스핀도 계산 과정은 복잡하나 보존된다.

질량−에너지, 운동량, 전하, 스핀 외에도 입자의 족(종류) 수에 대한 보존법칙이 있다. 예를 들어서, 두 개의 중입자bayon들(무거운 입자들. 예를 들어 양성자)이 반응하면, 반응 후에도 두 중입자가 새로 생긴 입자들 가운데 있어야 한다(중성자와 람다입자 등과 같이).

질량−에너지 보존법칙과 함께 이 중입자 수 보존법칙들은 양성자의 안정성을 설명한다(왜 양성자가 자발적으로 붕괴하지 않는지). 자발적 붕괴는 질량−에너지 보존법칙을 만족시키기 위해 위에서 아래로 진행해야 한다. 양성자들은 중입자 수 보존법칙을 위배하지 않고는 위에서 아래로 붕괴하지 못한다. 왜냐하면 양성자는 가장 가벼운 중입자들이므로, 만약 자발적으로 붕괴하게 되면 그보다 가벼운 입자로 붕괴해야 하는데, 양성자보다 가벼운 중입자는 없기 때문이다. 다시 말해서, 양성자가 붕괴하면 세상에는 중입자의 수가 그 만큼 줄어들게 된다. 이런 일은 일어나지 않는다. 현재로서는 중입자 수 보존법칙이 양성자의 안정성을 설명할 수 있는 유일한 방법이다. 전자의 안정성을 설명하는 데도 비슷한 경입자 수 보존법칙이 있다(전자보다 가벼운 경입자는 없다).

12개의 보존법칙들 중에 몇 가지는 실제 '불변원칙' 들이다. 불변원칙은, '조건을 변화시켜도(실험 장소 이동) 모든 물리법칙은 성립한다.' 라고 말한다. 소위 '물리학의 모든 법칙'들이란, 불변원리에서 '보존되는 양' 이다.

예를 들어서 시간역전성의 불변원리time-reversal invariance principle가

있다. 이 원리에 의하면 어떤 반응이 가능하려면 거꾸로도 진행될 수 있어야 한다. 만약 양전자-전자의 소멸이 두 개의 광자를 생성할 수 있으면(가능) 두 개의 광자의 소멸은 양전자와 전자를 생성할 수 있어야 한다(가능).

보존법칙과 불편원리들은 학자들이 대칭이라고 부르는 것을 토대로 한다. 대칭의 예로서, 공간은 모든 방향으로 고르고(등방성isotropic), 모든 곳에서 고르며(균질성homegeneous), 시간이 고르다는 것도 대칭의 예이다. 대칭의 이런 의미는, 봄에 보스턴에서 실시한 실험의 결과나, 다음 가을에 모스크바에서 실시한 실험의 결과나 같다는 뜻이다.

다시 말해, 물리학자들은 보존법칙과 불변원리와 같은 가장 기본적인 법칙들이 이렇듯 우리 현실의 가장 기본적인 것이기 때문에 주목을 끌지 않는다고 말한다. 이는 전화기와 같은 물체의 경우, 장소를 옮긴다거나(균질성) 거꾸로 놓는다거나(등방성), 일주일 더 지난다고 해서(시간의 균질성) 그 모양이나 크기가 변치 않는다는 엄연한 사실을 인식하는 데 300년이 걸렸다는 뜻이 아니다. 모두들, 우리의 세계가 이렇게 구성되어 있음을 알고 있다. 입자 실험이 언제 어디서 실시되든 그것이 중요한 사실은 아니다. 물리법칙은 장소와 시간에 따라 변하지 않는다. 그러나 가장 간단하고 아름다운 수학적 구조는 이렇게 가장 평범한 조건들을 바탕으로 한다는 사실을 알아내기까지 300여년이 걸렸다는 것이다.

이론물리학은 크게 말해서 두 개의 학파로 갈라졌다. 하나는 전통적인 사고방식을 답습했고, 다른 학파는 새로운 사고방식을 가지고 있다. 전통파는 '복도의 거울'의 딜레마에도 불구하고, 계속해서 우주의 기본적인 구성체를 추구한다.

이들에게 지금 가장 유력한 우주의 궁극적 구성체ultimaebuilding block of the universe는 쿼크quark라는 것인데, 쿼크는 1964년에 머레이 겔만Murray

Gellmann에 의해 예상되었으며, 제임스 조이스Jame Joyce의 소설 《휘니건 즈 웨이크 Finnegan's Wake》에서 나오는 말을 따서 명명한 것이다.

이 이론에 의하면 모든 입자들은 여러 개(12개)의 독특한 쿼크들의 조합에 의해 구성되어 있다는 것이다. 그러나 아직 쿼크는 발견되지 않고 있다. 쿼크는 특이한 성질을 가진, 붙잡기 힘든(지금 알려진 입자들이 과거에 그랬듯이) 입자이다. 예를 들어, 쿼크는 1/3단위의 전하량을 가진 것으로 추측되고 있다. 아직까지 정수 단위 이외의 전하량을 가진 입자는 발견된 것이 없다. 쿼크를 찾고자 하는 노력은 머지않은 장래에 흥미로워질 것이나, 무엇이 발견되든 한 가지 사실은 변하지 않는다. 즉, 쿼크의 발견은 완전히 새로운 연구 분야를 개척하리라는 것이다. 즉, '쿼크는 무엇으로 만들어졌는가?'와 같은 의문이 제기될 것이다.

새로운 학파의 학자들이 아원자적 현상을 보는 방법들은 너무 많아서 여기 모두 다 소개할 수는 없다. 어떤 학자들은 시간과 공간만이 존재한다고 주장한다. 이들은 '무대와 배우와 행동'은 모두 그 저변에 있는 4차원 기하학의 다양한 표현이라고 말한다. 다른 물리학자들(데이비드 휜켈스타인과 같은 이)은 시간 아래에 존재하는, 시간과 공간이라는 경험적 현실이 생산되는 기본 과정들을 탐구하고 있다. 이 이론들은 현재로서는 추측에 불과하며, 수학적으로 증명될 수 없다.

궁극적인 입자증후군을 찾는 끝없는 시도로부터 탈피한 가장 성공적인 이론은 S-행렬이론이다. S-행렬이론에서는 작용자보다는 작용(춤) 그 자체가 일차적인 중요성을 가진다. 즉, S-행렬이론은 입자보다는 상호 작용 자체를 중요시한다는 점이 특이하다.

S-행렬이란 산란 행렬Scattering Matrix의 줄임말이다. 산란이란 입자들이 충돌할 때 일어난다. 행렬이란 수학적 표의 일종이다. S-행렬이란 확률

을 나열한 숫자표이다.

입자들이 충돌하면 다음과 같은 일들이 일어날 수 있다. 예를 들어서, 양성자 두 개가 충돌하면 다음 것들을 생성할 수 있다.

(1) 양성자, 중성자와 양성 파이입자
(2) 양성자, 람다입자와 양성 케이입자
(3) 두 개의 양성자, 6개의 파이입자
(4) 무수히 많은 수의 입자들의 조합

이들 각각의 가능한 결합(보존법칙을 위배하지 않는 결합)은 고유의 확률에 따라 일어난다. 다시 말해서, 어떤 결합은 다른 것보다 일어날 확률이 높다. 각 결합이 일어날 확률은 충돌 지역에 어느 정도의 운동량이 주어졌느냐 등에 달려 있다.

S-행렬에서는 이 모든 확률들은 어떤 입자들이 초기에 충돌하며 얼마만한 운동량을 가졌는지를 알면, 어떤 충돌일지라도 그의 가능한 결과, 일어날 확률을 계산할 수 있거나 찾아볼 수 있도록 표기되어 있다. 물론 가능한 입자들의 결합(각 결합으로부터 또 여러 가지 결과를 얻을 수 있다)이 너무 많기 때문에, 가능한 입자들의 결합을 모두 확률을 표시하는 것은 힘들다. 그와 같은 완전한 행렬은 완성된 적이 없다. 이것은 걱정할 문제가 아니다. 왜냐하면 학자들은 S-행렬의 적은 부분에만 관심이 있기 때문이다(예를 들어서, 두 양성자의 충돌을 나타내는 부분). S-행렬의 부분들을 S-행렬의 원소라고 부른다. S-행렬이론의 가장 큰 단점은 이 이론이 현재로서는, 오로지 강력하게 반응하는 중간자, 중입자 등과 같은 강입자hadrons들에만 적용된다는 점이다.

다음에 입자반응의 S-행렬 도식이 그려져 있다. 이것은 아주 간단하다. 충돌 지역은 원이다. 1, 2입자들이 충돌 지역으로 들어가서 3, 4입자가 나오게 된다.

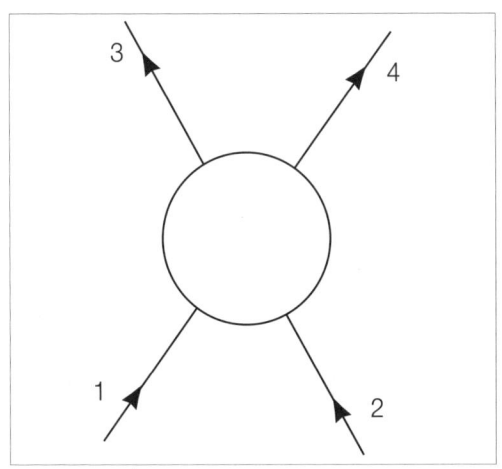

위의 도식은 충돌 지점에서 어떤 일이 일어났는지는 말해 주지 못한다. 단지, 어떤 입자들이 충돌 지역으로 들어갔으며 어떤 것들이 나오는지만 알려준다.

S-행렬 도식은 시-공 도식이 아니며, 시간이나 공간 속의 입자들의 위치를 나타내지 못한다. 이것은 일부러 그렇게 만든 것이다. 왜냐하면 상호 작용하는 입자들의 정확한 위치를 알 수 없기 때문이다.

우리는 운동량을 측정하는 쪽을 택했기 때문에 위치를 알 수 없다(하이젠베르크의 불확정성의 원리). 이런 이유 때문에, S-행렬 도식은 단지 특정 지역(원 내)에서 상호 작용이 일어났다는 사실만 지적할 뿐이다. 즉, 이 도식은 순전히 일반 상호 작용의 상징적인 표상이다.

326

두 개의 처음 입자와 두 개의 나중 입자들의 과정 외에, 다른 상호 작용들이 있다. 아래에 S-행렬 도식이 가질 수 있는 여러 형태가 있다.

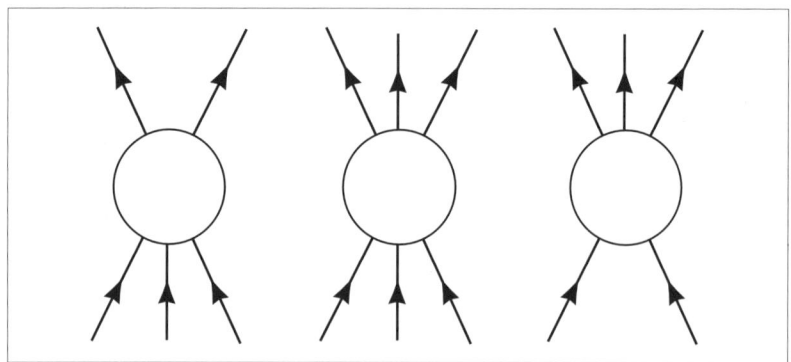

파인만 도식과 같이 S-행렬 도식도 회전시킬 수 있다. 화살표 방향은 입자와 반입자를 구분한다. 아래의 양성자와 음성 파이입자를 만들어 내는 S-행렬 도식이 있다.

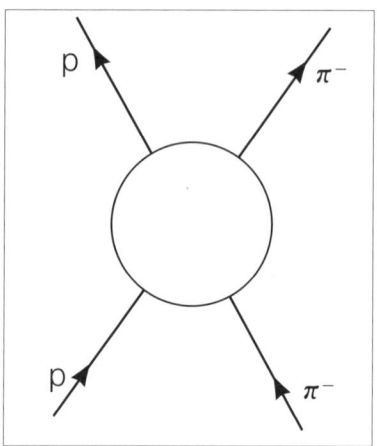

위의 도식을 돌려보면 양성자, 반양성자의 소멸로 음성 파이입자와 양성 파이입자를 생성하는 도식이 된다(원래 반응에서 양성 파이입자는 음성 파이입자

의 반입자).

　도식을 돌려놓을 때마다, 또 다른 가능한 상호 작용이 표시된다. 위의 S-행렬 도식은 네 번 돌릴 수 있다. S-행렬 도식을 돌려서 얻어지는 모든 입자들은 서로 밀접한 관계에 놓여 있다. 실제로, S-행렬 도식으로 나타나는 모든 입자들은 서로 나머지 입자들에 의해 정의된다(도식을 돌려서 얻는 입자들도 포함). 이들 가운데 어떤 것이 기본적인 입자인가를 따지는 것은 무의미하다.

　한 상호 작용에서 얻어지는 입자들이, 많은 경우에 다른 상호 작용에 관여하기 때문에, S-행렬의 각기 다른 원소들은 서로 연관된 상호 작용의 망 위에 도식적으로 정리될 수 있다. 각 상호 작용과 마찬가지로 각각의 망은 고유한 확률과 연결된다. 이 확률들은 계산할 수 있다.

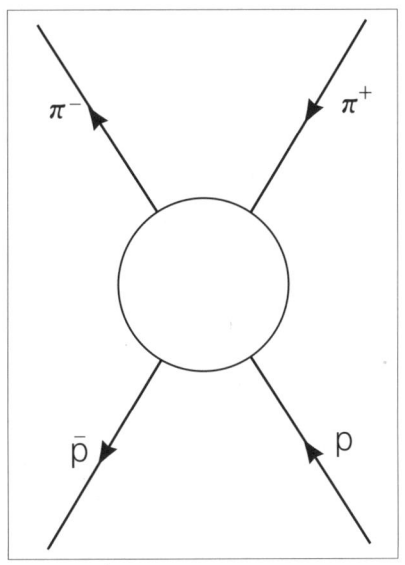

　S-행렬이론에 의하면, '입자'들이란 연결된 상호 작용의 망 사이의 중간 상태라는 것이다. S-행렬 도식의 선들은 서로 다른 입자들의 세계선이 아니다. 이 선들은 에너지가 통해 흐르는 반응 갈래이다.

예를 들어서 중성자는 반응 갈래이다. 이것은 양성자와 음성 파이입자로 구성될 수 있다.

보다 많은 에너지가 주어지면 동일한 갈래가 람다입자와 중성K입자 등 이외에 몇 개의 입자의 결합으로 나타날 수 있다. 요약하면 S-행렬이론은 물체가 아니라 사건들에 달려 있다.*

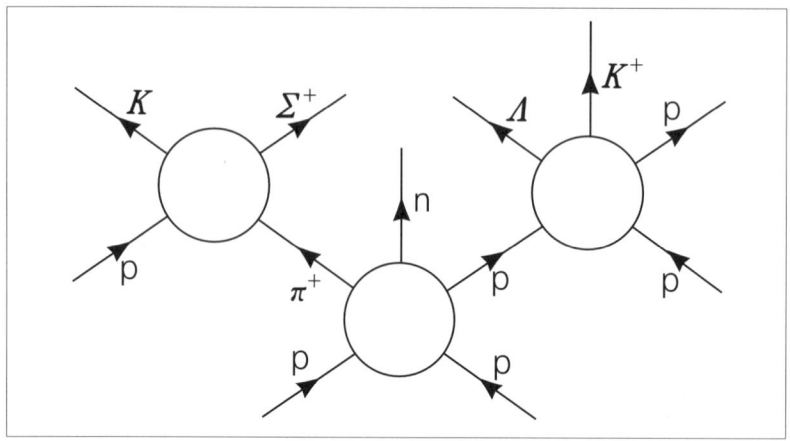

작용자actor는 독립 존재로서 인정되지 않고, 상대적 작용자로서만 정의된다. S-행렬 이론에는 오로지 춤만이 존재한다.

우리는 뉴턴과 그의 사과에서 많은 진보를 했다. 그러나 사과는 실제 현실의 일부이다. 우리가 사과를 먹을 때 우리는, 누가 먹고 있으며, 무엇을 먹고 있느냐를 먹는다는 행동과 구별하여 의식하고 있다.

객체가 사건들과 구별되어 독립적으로 존재한다는 생각은 우리가 우리의

---

*S-행렬이론은 충돌 과정에서 일어나는 개개의 사건보다도, 전체적인 과정의 결과를 더 중요시한다. 입력, 출력 갈래에는 정확히 정의된 요소들이 존재하지만(그렇지 않으면 S-행렬이 정의되지 못함) 충돌 지역 내부에는(원 내) 모든 것이 희미하며 정의되지 않는다. 캠브리지대학의 브라이언 죠셉슨은 S-행렬이론의 철학은 곧 분석이 불가능하다는 상세한 선언을 의미한다고 말한다. S-행렬이론에 관한 좋은 논의는 카푸라의 <The Tao of Physics> 현대물리학과 동양 사상에 있다. Berkeley Shabaia, 1975.

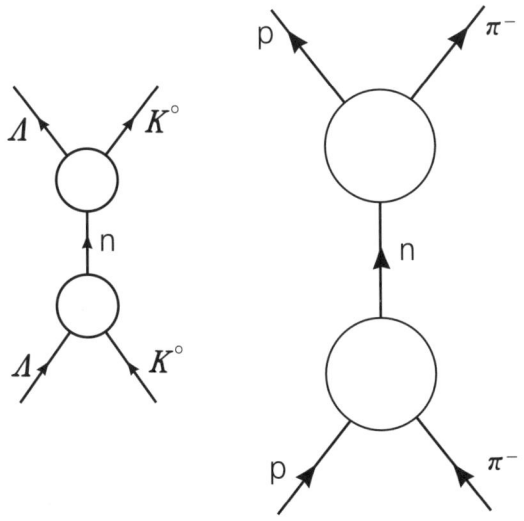

특수한 형태의 경험을 구속시키는 인식론적 그물의 일부이다. 이런 생각은 우리가 무조건 그것을 현실의 밑바탕으로 받아들였기 때문에 우리에게 소중하다.

이 사상은 우리의 세계관을 엄청나게 좌우한다. 이것이 바로 우리로 하여금 타인과 환경에서 동떨어진 느낌을 가지게 하는 근본 원인이다.

과학적 사고의 역사가 우리에게 주는 교훈이 있다면, 그것은 어떤 생각도 너무 고집해서는 안 된다는 것이다. 이런 의미에서, 이것은 집착의 어리석음을 가르치는 동양 사상의 메아리이다.

chapter 6

깨달음 Enlightenment

제1장

둘보다 더한

　물리학은 깨달음과 어떤 공통점을 가지고 있는 것일까? 물리학과 깨달음은 얼핏 보아서는 영원히 갈라설 수밖에 없는 두 개의 영역에 속한다. 그들 중의 하나(물리학)는 물질 현상의 외면 세계에 속하고, 다른 하나(깨달음)는 지각의 내면세계에 속한다. 하지만 좀 더 세밀히 연구하면 물리학과 깨달음悟은 우리가 생각하는 만큼 부조화하지 않다는 사실이 드러나게 된다. 첫째, 우리의 지각을 통해서만 우리는 물질현상을 관찰할 수 있다는 사실이 있다. 또 이런 명백한 관계(사실)에 덧붙여 더욱 더 본질적인 유사성이 있다.

　말로 표현되지 않는 온전한 실재를 직접 지각하기 위해서는 개념이란 굴레(무지의 장막)를 버려야 한다. '완전한 실재undifferentiated reality'란 우리가 현재 속해 있는 부분, 과거에 속했던 부분, 미래에 속하는 것과 같은 현실이라는 것이다. 차이점은 우리가 깨달은 이로서 그 실재를 보고 있지 않다는 점이다. 모든 사람이 아는 바와 같이(?) 말은 다만 어떤 다른 것을 나타낸다. 그들은 참된 것이 아니고 단지 상징일 뿐이다. 깨달음의 철학에 따르면, 모든 것은 단지 상징일 뿐이다. 그것들은 현실(실재)의 것은 아니다. 상징의 실재는 환상적인 실재이다. 그럼에도 불구하고 우리는 그런 곳에서 사는 것이다.

　온전한 현실은 표현될 수 없지만(더욱 더 많은 상징을 써서) 그것을 돌려서 말할 수 있다. 깨달음 없는 사람에게 물질계는 많은 갈라진 부분으로 이루어진 것처럼 보인다. 하지만 신비주의자에 따르면, 깨달음(은총, 통찰, 삼미三味, 무각無覺)의 순간에는 모든 것이, 우주의 갈라진 모든 부분들이, 다 같은 전체의 모습으로 나타난다고 한다. 거기에는 단지 단 하나의 실재가 있고. 그것은 전체이고 하나로 통일된 것이다. 그것은 하나이다.

　우리가 양자물리학을 이해하기 위해서는 통상적 개념들, 즉 어떤 것이든 동시에 파동과 입자가 될 수는 없다는 것과 같은 생각의 수정이 필요함을 배웠다. 물리학은, 우리가 의식했든지 아니면 실제로 우리가 의식할 수 있는 것보다 더욱 더 복잡한 사고 과정을 우리에게 요구하고 있다는 것을 알게 될 것이다. 마찬가지로 우리는 양자 현상이 다른 곳에서 일어나는 일을 알고, 결정짓는 것을 이미 보아왔다. 지금 우리는 양자 현상이 어떻게 밀접하게 짜여 있고 마술로 여겨졌던 것이 물리학자들 사이에 진지한 고려 대상의 논제가 될 수 있게 되었는가를 보게 될 것이다.

　간단히 말해서, 통상적인 사고 과정을 내던져 버리려고 하는 점에서(궁극적으로는 완전히 사고를 초월하는 것), 또 실제를 하나의 통일체로 보는 데서 깨달음의 현상과 물리 과학은 많은 공통점을 가지고 있다.

　깨달음은 하나의 존재 상태이다. 존재의 모든 상태와 마찬가지로 그것은 서술하기가 힘들다. 존재 상태의 서술이 존재 자체로 오인되는 수가 흔하다. 행복을 서술해 보기로 하자. 그런데 그것은 불가능하다. 그것을 돌려 말할 수 있고, 행복의 상태가 가진 특징과 행위를 서술할 수 있으나 행복 그 자체에 대하여는 서술할 수 없을 것이다. 행복과 행복의 서술은 다른 것이다.

　행복은 존재의 상태이다. 이것은 직접적 경험의 세계에 존재한다는 것을 의미한다. 그것은 행복의 상태를 구성하고 있는, 묘사할 수 없는 정서와 감각의 직접적 인지인 것이다. 행복이라는 낱말은 이름 또는 상징으로, 이 이름 또는 상징은 묘사할 수 없는 상태를 규정할 때 쓴다. '행복'은 추상, 또는 개념의 영역에 속한다. 존재의 상태를 서술하는 것은 하나의 상징이다. 상징과 존재는 같은 법칙을 따르지 않는다.

　상징과 경험은 같은 법칙을 따르지 않는다는 발견에 물리학자들은 양자 논리라는 어마어마한 이름을 붙였다. 우리의 보통 경험과 물리학 법칙이 다같이 그 잘못을 드러내는 방법으로 실재의 갈라진 부분(당신과 나, 그리고 나룻배 같은 것)이 다시 결합될 수 있는 가능성이 벨의 정리라는 이름으로 다시 물리학에 들어왔다. 벨의 정리와 양자 논리라는 최신의 이론은 물리학의 가장 깊숙한 곳으로 우리를 이끌어 주는 것이다. 많은 물리학자들은 그것을 들어보지도 못했다.

　벨의 정리와 현행 양자 논리는 아무런 관계가 없다. 그들 중 어느 하나를 지지하는 사람은 다른 이론에 대하여는 거의 흥미를 가지지 못한다. 그럼에도 불구하고 그들은 많은 공통점을 가지고 있다. 그들은 물리학에 있어서 정말로 새로운 것이다. 물론 레이저 핵융합(고에너지 광선으로 핵을 융합하기)과 쿼크입자의 탐지가 일반적으로 이론물리학의 미개척 분야로 여겨지고 있다.* 어떤 의미에 있어서는 사실이다. 그러나 이런 연구들과 벨의 정리와 양자 논리 사이에는 커다란 차이점이 있다.

　레이저 핵융합과 쿼크 찾기라는 큰일은 현존 물리학의 본보기 연구이

＊레이저 융합과 쿼크에 대한 탐색은 이미 실험물리학의 한 부분이 되었다. 이론물리학의 새로운 개척지는 고체자soliton와 통합된 측정이론인 것 같다.

다. 여기서 본이 되는 것은 이미 정립된 사고 과정, 틀을 뜻한다. 양자 논리와 벨의 정리는 현존하는 틀의 관점에서 보면 잠재적으로 폭발적인 의미를 가지고 있다. 양자 논리는 우리를 상징의 영역에서 경험의 영역으로 되돌려 보낸다. 벨의 정리는 갈라진 부분들과 같은 것은 없다고 우리에게 말한다. 또한 우주의 모든 부분들이 전에는 단지 신비주의자, 또는 과학과 거리가 먼 사람들이 주장하던 직접적이고, 긴밀한 방법으로 연결되어 있다고 말한다.

우리 이야기의 주인공인, 양자이론의 중심적 수학적 요소는 파동함수이다. 파동함수가 중요한 위치를 차지하고 있는 것은 그것을 발견한 슈뢰딩거 덕분뿐 아니라 헝가리 수학자 노이만Johann von Neuman 덕분이기도 하다.

1932년, 노이만은 《양자역학의 수학적 기초The Mathematical Foundation of Quantum Mechanics》[1]라고 하는, 양자이론을 수학적으로 분석한 유명한 책을 출판했다.

요컨대 노이만은 이 책에서 다음과 같이 질문했다. 순전히 추상수학으로 지어낸 파동함수가 현실 세계에 있는 어떤 것을 서술할 수 있다면, 그 어떤 것이란 무엇일까? 그가 알아낸 대답은 우리가 이미 서술한 파동함수와 같다.

이 이상한 동물, 즉 파동함수는 끊임없이 시간이 지남에 따라 변한다. 각 순간에 그것은 직전의 상태와 다르게 될 것이다. 그것은 서술하고 관찰되는 체계의 모든 가능성의 결합일 수도 있다. 그것은 단순한 가능성들의 결합이 아니라 늘 달라지면서도 물物 자체인 일종의 유기적 전체이기도 하다.

이 물 자체는 그것이 드러내는 피관찰체계에 대한 관찰(측정)이 이루어질 때까지 계속 전진해 나갈 것이다. 만약에 관찰되는 체계가 '격리된 채 퍼져 가는' 광자라면, 이 광자를 나타내는 파동함수는 감광판과 같은 측정 장치와 광자 간의 상호 작용의 모든 가능한 결과들을 포함할 것이다(예를 들면, 파동함수에 있는 가능성들은 감광판 A, 또는 B, 또는 C에서 탐지될 수 있다).*

  일단 광자가 움직이면, 그것에 관한 파동함수는 광자가 관찰체계와 상호 작용을 할 때까지 인과율(슈뢰딩거 파동방정식)의 법칙에 따라 발전(변화)을 계속할 것이다. 파동함수가 간직하고 있는 가능성들의 하나가 실현되는 순간, 파동함수가 간직하고 있는 다른 가능성들은 존재하지 않게 될 것이다. 그것들은 단순히 사라지게 될 것이다. 노이만이 서술하려고 했던 이상한 동물, 즉 파동함수는 붕괴될 것이다. 이런 특별한 파동함수의 붕괴는 광파를 측정하는 장치와 상호 작용들의 가능한 결과들의 하나가 1(그것이 발생했다)이 되는 것과, 다른 가능성들이 0(그것이 더 이상 가능하지 않는)이 되는 것을 의미한다. 결국 광자는 한 번에 어느 장소에서만 탐지될 수 있다.

  이와 같은 견해에 따르면 파동함수는 이미 하나의 문제가 아니고, 그것은 이미 하나의 관념 이상의 것이다. 이와 같은 사실은 관념과 실재 사이에서 이상한 중간 부분, 즉 모든 것들은 가능하나 어느 하나도 실제로 존재하지 않는다는 생각에 이르게 한다. 하이젠베르크는 그것을 아리스토텔레스의 잠세潛勢potential에 비유했다.

  이러한 접근 방법은, 대부분의 물리학자들, 심지어는 파동함수를 수학적인 가상이며 추상적인 것으로 생각하는 사람들의 말과 사고방식을 무의식 간에 이루고 있던 파동함수를 조작하여 참 시공(수학적인 시-공에 대비)의 참 현상의 확률을 얻게 한다.

  말할 필요도 없이, 이 접근 방법은 노이만의 시대와 마찬가지로 오늘날에도 불명확한 많은 혼동을 불러일으켰다. 예를 들면, 정확히 언제 파동함수

---

*양자역학의 형식 논리에 대하여는 몇 가지 해석이 있다. 노이만은 광자군 같은 집합체만이 파동함수를 가지지, 단일 입자는 가지지 않는다고 생각했다. 그를 비롯한 소수의 물리학자를 제외하고 대부분의 물리학자들은 이러한 견해에 동의하지 않고 있다.

는 붕괴할까(측정의 문제)? 언제 광자가 감광판에 부딪칠까? 언제 감광판이 현상될까? 우리가 언제 현상판을 보게 될까? 정확히 말해서 붕괴하는 것은 무엇일까? 파동함수가 붕괴하기 전에 파동함수는 어느 곳에서 살고 있는가? 그리고 이밖에 여러 가지 물음이 생긴다. 파동함수를 하나의 실재하는 것으로 묘사될 수 있다고 보는 견해는 일반적으로 노이만의 견해이다. 하지만 실재하는 파동함수의 묘사는 노이만이 《양자역학의 수학적 기초》라는 그의 저서에서 언급한 양자 현상을 이해하는 두 가지 접근 방법 중의 하나이다.

노이만이 많은 시간을 들인 두 번째 접근 방법은 양자 현상을 표현하기 위하여 필요한 언어의 재조사가 있어야 한다는 것이다. 〈명제로서의 제안〉이란 대목에서 그는 다음과 같이 썼다.

물리적 체계의 속성과 예측(파동함수) 사이의 관계는 이와 같은 것들을 가지고 일종의 논리적 계산을 가능하게 했다. 하지만 통상적인 논리 개념과는 대조적으로 이 체계는 양자역학의 특징인 동시적 결정 가능성simultaneous decidability(불확정성의 원리)의 개념에 의해 확장되었다.[2]

새로운 양자이론의 속성(특징)들을 써서 통상적인 논리의 개념들에 반하는 논리적 계산을 구성할 수 있다는 것이 노이만의 둘째 접근이며, 실재하는 것으로서 파동함수를 서술하는 것의 대안인 것이다. 하지만 대부분의 물리학자들은 파동함수란 실재 세계의 아무것도 대신하지 못하는 순수 수학적 구성, 추상적 허구라는 파동함수의 세 번째 설명을 채택했다. 불행히도 이 설명은 영원히 대답할 수 없는 의문을 남겼다. 파동함수들은 실제 경험을 통해서 확인되는 확률을 어떻게 그처럼 정확히 예언할 수 있는가? 실상,

물질계와 완전히 동떨어진 파동함수라면 어떻게 이런 것에 대해 예언할 수 있는가? 이 질문은 "마음이 어떻게 물체에 영향을 미칠 수 있는가?" 하는 철학적 질문의 과학적 표현이다.

양자역학의 역설적인 수수께끼들을 이해하기 위한 노이만의 두 번째 접근은 그를 물리학의 한계를 넘게 하고 말았다. 이 짧은 글은 지금 막 나타나고 있는 존재론, 인식론 그리고 심리학의 융합을 가리켜 준다. 요컨대 노이만이 말하듯 문제는 언어에 있는 것이다. 여기에서 양자 논리의 움이 싹튼 것이다.

노이만은 "양자역학은 무엇이냐?"는 질문에 대답하는 것이 왜 힘든가를 보이면서 언어의 문제를 지적한 것이다. 역학은 운동에 대한 연구이다. 그러므로 양자역학은 양자의 운동에 관한 연구이다. 그러나 양자란 무엇인가? 사전의 정의에 따르면, 양자는 어떤 것들의 분량이다. 그 다음의 의문은 "분량은 무엇인가?" 하는 것이다.

양자는 움직임(작용)의 한 부분이다(움직임의 부분이라니?). 문제는 양자는 파동과 같이 될 수 있고, 또한 그러면서 그것은 파동이 아니라 입자가 될 수 있다는 점이다. 더욱이 양자가 입자와 같은 것이 될 때, 그것은 언어의 정상적 의미로는 입자와 같지 않다. 아원자 입자는 물체(우리는 그것의 위치와 운동량을 동시에 결정할 수 없다)가 아니다. 아원자 입자는 관계의 집합, 또는 중간 상태의 집합이다. 그것이 분열될 때는 분열로부터 처음과 꼭 같은 입자가 나타난다. 보어는 "양자이론을 처음에 접했을 때 충격을 받지 않은 이는 그것을 이해하고 있었을 리가 없다."[3]라고 말했다.

양자이론은 복잡하기 때문에 설명하기 힘든 것이 아니다. 우리가 의사소통을 위해서 쓰는 언어가 양자 현상을 설명하는 데 부적절하기 때문에 설명하기가 힘든 것이다. 이와 같은 사실을 양자이론을 지어낸 이들은 잘 알고 있었고, 또한 그들은 그 문제를 놓고 많은 논의를 하였다. 예를 들면 보른은 다음과 같이 썼다.

어려움의 궁극 원인은 우리가 현상을 서술하고자 할 때 논리적 방법이나 수학적 방법이 아니라 보통 사용하는 언어를 써야만 한다는 사실이고, 상상에 호소하는 그림으로 표현하려는 데 있다. 보통의 언어는 일상 경험으로 자라났고 또한 이와 같은 한계를 넘지 못한다. 고전물리학은 이런 따위 개념만을 썼다. 눈에 보이는 움직임을 분석하여 초보적 과정, 곧 움직이는 입자와 파동이라는 그것을 나타내는 두 가지 방법을 펴냈다. 움직임을 그리는 방법은 그것밖에 없고, 우리는 고전물리학이 적용되는 원자 과정에서도 그것을 적용할 수밖에 없는 것이다.[4]

현재 많은 물리학자들은 이와 같은 견해를 지지한다. 우리는 아원자 현상을 그려보려 할 때 이런 문제에 부딪치게 된다. 그러므로 일상 언어를 사용하여 설명을 하려들지 말 것이며, 수학적 분석에만 국한해야 하는 것이다. 아원자 현상의 물리학을 배우기에 앞서 먼저 수학을 배워야만 한다. "그렇지 않다."고 조지아 공과대학 물리학과 학과장인 휜켈스타인은 주장한다. 국어와 마찬가지로 수학도 하나의 언어다. 그것은 상징으로 구성되었다. "당신이 상징을 가지고 할 수 있는 최선의 것은 최선이지만 불완전한 서술이다."[5] 아원자 현상의 수학적 분석은 다른 어떤 상징적 분석보다도 질적으로 낫지 않다. 왜냐하면 상징은 경험이 따르는 규칙을 따르지 않기 때문이다. 그들은 그들 나름의 규칙을 따른다. 간단히 말해서, 문제는 언어 안에 있는 것이 아니고 언어 자체에 있는 것이다.

경험과 상징의 다른 점은 '미토스mythos'와 '로고스logos'의 차이와 같다. 로고스는 경험을 모방할 수는 있으나 결코 경험을 대체 할 수 없다. 그것은 경험에 대한 내용이다. 로고스는 1대 1 관계에 기초한 경험을 모방하는 죽은 상징의 인공적인 구성이다. 고전물리학 이론은 이론과 현실 사이의 1대 1 대응 관계를 지닌 한 본보기이다.

아인슈타인은 말하길 만약에 현실 세계에 있는 모든 요소들이 이론에 대응되지 않는다면, 어떤 물리 이론도 완전하지 못한다고 주장했다. 아인슈타인의 상대성이론은 현상을 가지고 1대 1 방법으로 구조되었기 때문에 최후의 위대한 고전 이론이다(그것이 현대물리학의 일부분일지라도). 아인슈타인은 만약에 물리 이론이 현상에 대하여 1대 1의 대응 관계를 가지지 못한다면 그것은 불완전하다고 주장했다.

완전하다는 말에 무슨 의미가 주어지든, 완전한 이론이라면 다음 요건을 갖추어야 한다. 즉 물리적 실재의 모든 요소는 물리 이론 안에 그 대응 요소가 있어야 한다.[6]

양자이론은 이론과 현실 사이에서 이와 같은 1대 1의 대응 관계를 가지지 않는다(그것은 개개의 사건들-단지 가능성들-을 예견할 수도 없다). 양자이론에 따르면, 개개의 사건들은 우연히 발생하는 것들이다. 실제로 발생하는 개개의 사건에 대응하는 이론적인 요소는 없다. 그러므로 아인슈타인에 따르면 양자이론은 불완전하다. 이것이 유명한 보어-아인슈타인 논쟁의 기본 문제였다.

미토스는 경험 쪽을 가리키나 경험을 대체하지는 않는다. 미토스는 주지주의와 반대되는 것이다. 원시적 예식(축구 경기와 같은 경우)의 의식적 노래들은 미토스의 좋은 예이다. 그들은 경험에 가치, 독창성, 활기를 부여하지만 경험을 대체하려고 하지 않는다.

신학적으로 말하면, 로고스는 원죄이고 지식의 열매를 따 먹는 것이며 에

덴의 동쪽으로부터의 추방이다. 역사적으로 로고스는 구어 전통口語傳統에서 문자 전통으로 바뀌게 되는 문어文語 혁명의 성장을 뜻한다. 어느 관점에서 보든지, 로고스는(글자 그대로) 죽은 문자이다.

커밍스E. E. Cummings는 '지식이란 죽었으나 매장되지 않은 상상력에 대한 정중한 말'이라고 썼다.

휜켈스타인에 따르면 상징만을 써서는 아원자 현상, 또는 어떤 다른 경험도 이해되지 못한다는 데 문제가 있다는 것이다.

하이젠베르크는 말했다.

특정한 상황, 또는 경험적 복합 사실에서 추상적으로 얻은 개념은 그 자신의 생명을 획득하게 된다.7)

상징의 상호 작용 속에서 헤매는 것은 마치 동굴의 벽에 있는 그림자를 동굴 밖에 있는 현실 세계(그것은 직접적 경험이다)로 잘못 아는 것과 비슷하다. 이런 곤경에서 빠져나가는 길은 로고스의 언어 대신 미토스의 언어로 일반 경험과 더불어 아원자 현상을 다루는 것이다.

휜켈스타인은 이것을 다음과 같이 묘사했다.

만약에 양자를 하나의 점 같은 것으로 상상한다면 당신은 함정에 빠진 것이다. 당신은 고전 논리를 가지고 양자의 모델을 만들고 있는 것이다. 핵심은 양자를 고전적으로는 표현할 길이 없다는 것이다. 우리는 체험과 더불어 사는 것을 배워야 한다.

질문 : 당신은 어떻게 그 체험을 전합니까?

대답 : 전할 수가 없습니다. 그저 당신이 어떻게 양자를 만드는가, 그리고 어떻게 측정하는가를 말함으로써 다른 사람들이 그 체험을 공유하게 할 수 있을 뿐입니다.8)

횐켈스타인에 따르면 경험에 관해 언급하지만 그것을 대체하려고 하지도 않고, 그 체험에 대한 우리의 인식을 지어내지도 않는 미토스의 언어야말로 물리학의 진정한 언어이다. 이와 같은 사실은 우리가 일상생활의 체험을 언어를 통해서 소통한다는 점뿐만 아니라, 또한 일련의 규칙(고전적 논리)을 따르는 수학적 사실 때문에 생긴다. 경험 그 자체는 이런 규칙에 얽매이지 않는다. 경험은 더 느긋한 규칙(양자 논리)들을 따른다. 양자 논리는 고전 논리보다 더 흥미진진하며 더 참스럽다. 그것은 우리가 사물을 생각하는 방법에 의존하기보다는 우리가 그들을 체험하는 방법에 의존한다.

우리가 고전 논리로 체험을 서술하고자 하면(우리가 글을 배운 이래로 해오던 논리인데), 마치 눈을 가리고 시야를 좁히거나 일그러뜨리는 것과 같다. 이런 눈가리개가 바로 고전 논리의 규칙들이다. 고전 논리의 규칙들은 잘 정리되고 간단명료한 것이다.

단 하나의 문제는 그들이 경험에 상응하지 않는다는 점이다.

고전 논리의 규칙과 양자 논리 사이의 크고 중요한 차이점은 배분법칙이다. 배분법칙이란 'A+B 또는 C'는 'A+B' 또는 'A+C'라는 것과 같음을 뜻한다. 다른 말로는 '내가 동전을 던졌을 때 앞면, 아니면 뒷면이 나온다.' 라는 의미는 '내가 동전을 던졌을 때 앞이 나오고, 혹은 또 동전을 던졌을 때 뒷면이 나온다.'는 것과 같은 의미이다. 고전 논리의 기초인 배분법칙은 양자 논리에 적용되지 않는다. 이에 관해 노이만과 그의 동료 교수, 버코프 Garrett Birkhoff는 양자 논리의 기초를 이루는 하나의 논문을 발표했다.[9]

여기에서 그들은 배분법칙을 반증하기 위하여 물리학자에게 낯익은 현상의 예를 사용했다. 그렇게 함으로써 그들은 고전 논리가 경험(아원자 현상을 포함하여)을 서술할 수 없다는 사실을 수학적으로 증명했다. 그 까닭은 현실 세계는 다른 규칙을 가지고 있기 때문이다. 그들은 경험이 따르는 규칙들을 양자 논리, 상징이 따르는 규칙들을 고전 논리라고 불렀다.

휜켈스타인은 버코프와 노이만의 보기와 비슷한 예를 들어 배분법칙을 반증한다. 휜켈스타인의 증명은 단지 플라스틱 세 쪽만을 필요로 했다.

여기서 쓰이는 플라스틱은 투명하지만 별 가리는 빛깔을 넣어 색안경 등에 이용되는 것이다. 그것들은 특별한 성질 때문에 빛을 줄이는 데 가장 효과적이다.

이런 플라스틱 조각을 편광판이라고 부른다. 그리고 그것을 이용한 색안경을 편광색안경이라고 부른다.

편광판이란 특별한 빛 거르개이다. 대부분 그것들은 모든 분자들이 길게 늘어서 있고 같은 방향으로 배열된 플라스틱 물질을 편, 얇은 판으로 만들어져 있다. 확대해 보면 분자들은 다음과 같은 모양을 하고 있다.

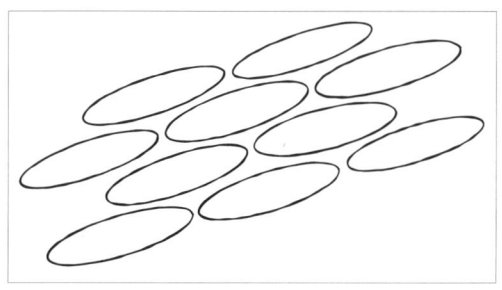

이런 길고 가느다란 분자들은 빛이 통과할 때 빛이 편광하는 원인이 된다. 빛이 편광하는 것은 파동 현상으로서 매우 쉽게 이해될 수 있다. 태양과 같은 보통 광원에서 나온 빛의 파동은 모든 방향 즉, 수직, 수평과 대각선 방향으로 방사한다. 이것은 빛이 광원으로부터 모든 방향으로 방사하는 것을 의미하는 것만은 아니다. 이것은 어느 빛의 빛살이건 빛 파동이 수직으로, 수평으로, 대각선 방향, 그리고 그밖의 다른 방향으로 진동하는 것을 의미한다. 빛 파동에게 편광판은 장애물처럼 보인다. 빛 파동이 장애물을 뚫고 나갈 수 있느냐 없느냐 하는 것은 빛 파동이 장애물에 나란히 배열되느냐 나란히 배열되지 않느냐에 따라 좌우된다.

만약에 편광판이 수직적으로 배열 되어있다면 단지 수직 빛만이 편광판을 통과할 수 있다. 다른 모든 빛들은 가려진다. 이것은 다음과 같은 그림에서 볼 수 있다.

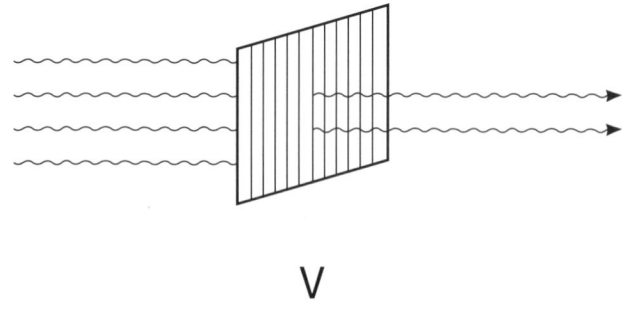

V

수 직 적(vertically)

수직 편광판을 뚫고 지나가는 모든 빛 파동은 수직으로 배열되었다. 이 빛을 수직 편광이라고 부른다. 만약에 편광판이 수직으로 배열되었다면 다만 수평 편광만이 편광판을 통과할 수 있다.

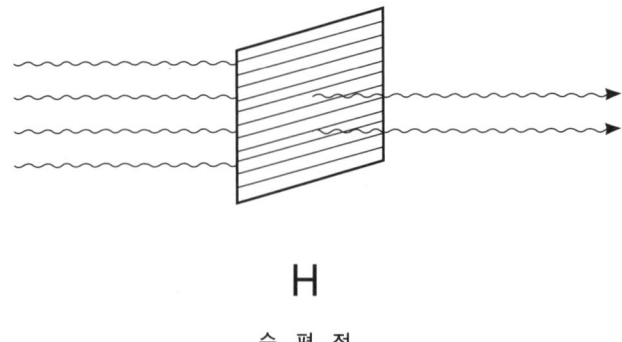

H

수 평 적

수평 편광판을 통과하는 모든 빛들은 수평으로 배열되었다. 이 빛을 수평 편광이라고 부른다.

편광판이 배열됐음에도 불구하고, 그것을 통과하는 모든 빛 파동은 같은 평면 위에 배열된다. 편광판 위에 있는 화살들은, 빛이 편광판을 통과할 때 어떤 방향으로 편광하는지를 보여 준다(플라스틱에 있는 분자들이 어떤 방법으로 늘어서 있나).

편광 하나를 잡아 편광판의 화살표가 위로(또는 아래로) 향하게 한다.

지금 이 편광판을 뚫고 들어오는 빛은 수직으로 편광되어 있다. 지금 다른 하나의 편광판을 잡아서 편광판의 화살표가 역시 위로(또는 아래로) 향하게 한 다음에 첫 번째 편광판 뒤에 이 편광판을 놓자. 빛이 엷은 빛깔로 좀 약해지는 것을 제외하고는, 첫 번째 편광판을 통과하는 모든 빛들은 두 번째 편광판을 통과한다.

지금 한 편광판을 수직에서 수평으로 돌려 보자. 이번에는 보다 적은 양이 편광판을 통과한다. 편광판 중의 하나가 수직이고, 다른 편광판이 수평일 때는, 어떤 빛도 편광판을 통과하지 못한다. 첫째 편광판은 수평 편광을 제외하고는 모든 다른 빛 파동을 없애 버린다. 단지 수직 편광을 통과시키는 둘째 편광판에 의해 수평적 편광은 제거된다. 어떤 빛도 수직과 수평 편광판을 동시에 통과하지 못한다. 첫 편광판이 수직이고 다음 편광판이 수평일 때, 또는 이와 반대일 경우에도 상관없다. 즉 거르개의 순서는 중요하지 않다. 어느 경우든지 빛은 편광판을 통과하지 못한다.

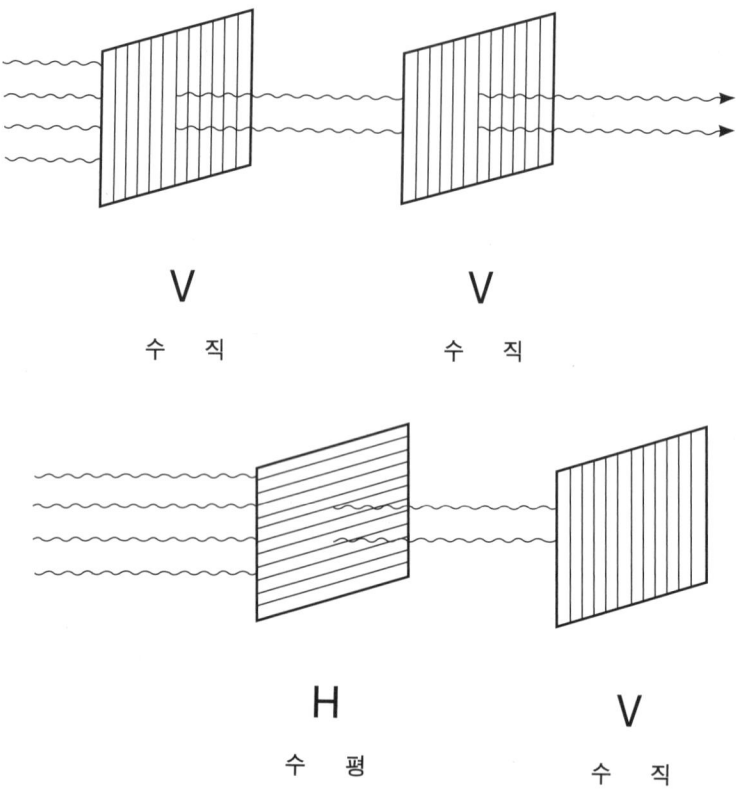

두 개의 편광판이 서로 직각이 되면 편광판들은 빛을 차단한다. 그 쌍이 떨어져 있거나 하나로 합쳐져 있거나 그들이 서로 90°가 되면 어떤 빛도 편광판을 통과하지 못하는 것이다.

이와 같은 사실을 마음에 새기고, 세 번째 거르개가 있는 경우를 생각해 보자.

세 번째의 거르개는 빛을 대각선 방향으로 편광할 수 있도록 배열하자.

그리고 그것을 수평 편광판과 수직 편광판 앞에 놓자. 그러면 어떤 일도 일어나지 않는다.

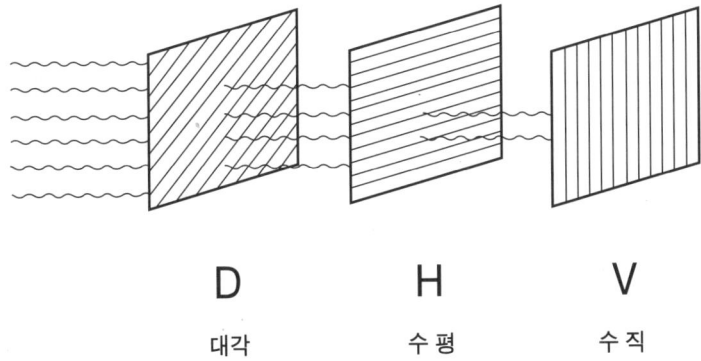

만약에 첫 번째와 두 번째의 거르개(수평과 수직 편광판)가 모든 빛을 차단한다면, 물론 셋째 거르개는 상황에 아무런 영향을 끼치지 못한다.

이와 비슷한 방법으로 만약에 우리가 수평-수직 결합의 다른 면에 대각 편광판을 세워 놓으면, 아무 일도 일어나지 않는다. 즉 어떤 빛도 거르개를 통과하지 못한다.

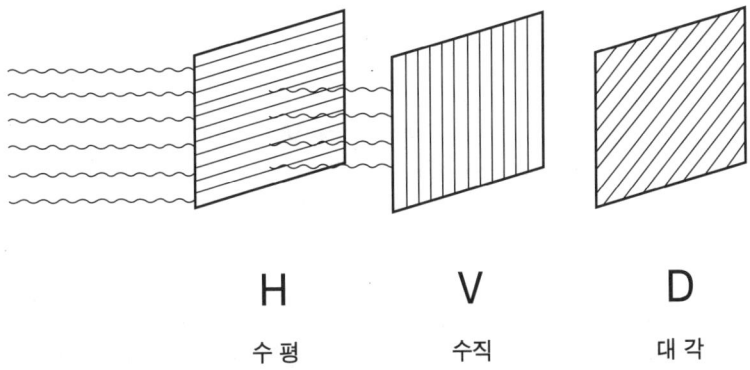

지금 우리는 흥미로운 부분에 도달했다. 수평 편광판과 수직 편광판 사이에 대각 편광판을 집어 넣자. 편광판들이 이와 같은 순서로 놓여 있다면 빛

은 3개의 거르개를 통과한다.

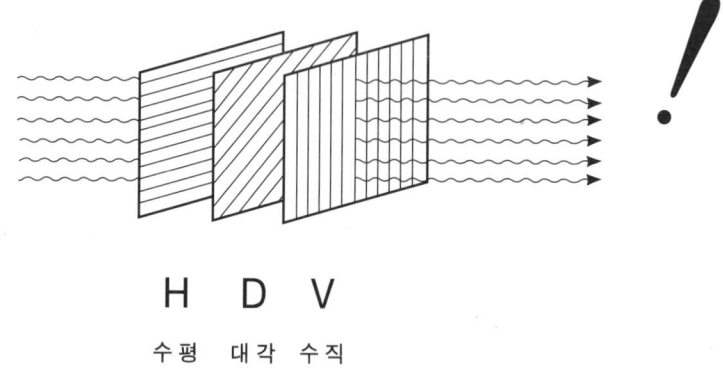

다시 말해서, 수평, 수직 편광판의 결합은 빛 파동에 있어서는 나무와 같은 종류의 장애물이 된다. 대각 방향의 편광판이 이 결합 앞에 있거나 뒤에 있다는 사실은 이런 현상에 아무런 영향을 미치지 못한다.

하지만 만약에 수평 편광판과 수직 편광판 사이에 대각선 방향의 편광판이 끼어 있다면 빛은 이 모든 것을 통과한다. 그 대각 편광판을 없애면 빛은 또다시 사라지게 된다. 그것은 수직, 수평 편광판에 의해 차단되어진다.

그림으로 그리면 상황은 다음과 같이 될 것이다.

어떻게 이런 현상이 발생하는가? 양자역학에 따르면, 대각선 방향으로 편광된 빛은 수평으로 편광된 빛과 수직으로 편광된 빛의 혼합물이 아니라고 한다. 우리는 단순히 대각선 방향으로 편광된 빛의 수평 편광 성분들이 수평 편광판을 통과한다고 말할 수는 없다. 양자역학에 따르면 대각선 방향으로 편광된 빛은 물자체物自體로서 분리된 것이다.

어떻게 분리된 물자체가 세 개의 거르개는 통과하면서 그들 중의 두 개는 통과하지 못했을까?

우리가 만약에 빛을 입자 현상으로 간주한다면, 이 역설은 뚜렷해질 것이다. 즉 어떻게 광파는 수평 편광 성분과 수직 편광 성분으로 나누어질 수 있는가(정의에 의하면, 그것은 그렇게 할 수 없다)?

이 역설은 양자 논리와 고전 논리 사이의 핵심적인 차이점으로 고전 논리의 규칙을 따르는 우리의 사유 과정 때문에 일어나게 된다. 우리의 지성은 우리가 보고 있는 것이 불가능하다고 말한다(결국 하나의 광파는 한 방향, 또는 다른 방향으로 편광되어야 한다). 그럼에도 불구하고 수평 편광판과 수직 편광판 사이에 대각 편광판을 집어넣을 때마다, 우리는 전에 없던 빛을 보게 된다. 우리의 눈은, 그 빛을 보는 것이 불가능하다는 사실에 대하여 무지하다. 위와 같은 사실은 경험이 고전적 논리의 규칙에 따르지 않기 때문이다. 그것은 양자 논리의 규칙을 따른다.

대각선으로 편광된 빛의 본체는 경험의 진정한 측면을 반영한다. 우리의 상징적 사유 과정은 우리에게 '둘 중 하나'라는 양자택일적인 범주를 부여한다. 그것은 우리를 이것 아니면 저것, 또는 이것과 저것의 혼합이라는 사실에 직면하게 해 준다. 편광된 빛이 수직으로 편광되었거나 수평으로 편광되었고, 또는 수직과 수평 편광의 혼합이라고 말한다. 이와 같은 것들은 상징과 규칙들인 고전 논리의 규칙들이다. 경험의 영역에서는 이것인가 저것인가 하는 것은 없다. 거기에는 늘 적어도 하나 이상의 대안이 따른다. 물론 종종 그들의 수는 무한대이지만.

휜켈스타인은 양자이론을 연관시켜 다음과 같이 말하고 있다.

그 게임에는 어떤 파동도 없다. 그 게임이 따르는 방정식은 파동방정식이다. 그러나 이리저리 돌아다니는 파동은 없다(이 경우는 양자역학의 많은 경우의 하나이다). 또 거기에는 이리저리 다니는 입자도 없다. 이리저리 다니는 것은 양자인데 그것은 세 번째 대안이다.10)

추상적으로 흐르지 않게 하기 위하여, 우리가 장기에서 포와 졸의 다른 두 가지 말을 가지고 있다고 생각하자.

만약에 양자 현상과 같은 규칙을 따르면 우리는 육안으로 보이는 포와 졸 사이에는 어떤 것(존재)도 없다고 말할 수 없다. 포와 졸 두 극단 사이의 것을 이를테면 포졸bishown이라 부르자. 여기서 포졸은 포도 아니고 졸도 아니며, 함께 붙어서 반은 포이고 반은 졸인 것도 아니다. 포졸은 분리된 본체이다. 반은 콜리이고 반은 독일종인 개가 콜리 쪽과 독일 쪽 두 쪽으로 나뉠 수 없듯이 포졸도 졸과 포로 나뉠 수 없다

포와 졸의 극단 사이에는 포졸의 한 형태 이상의 것이 있다. 포졸의 다른 형태는 1/3은 포이고 2/3는 졸이다. 또한 다른 포졸 형태는 3/4이 포이고 1/4은 졸이다. 사실상 포와 졸 사이에는 수많은 결합이 있을 수 있기 때문에 거기에는 다른 어떤 것들과 명확히 구별될 수 있는 포졸이 있다.

포졸을 물리학자들은 걸맞는 중첩coherent superposition이라 부른다. 여기서 '중첩'이란 다른 것에 덧붙은 한 물체(또는 그 이상)이다. 조심성 없는 사진사의 실수로 인한 두 번의 노출 때문에 한 사진 위에 다른 사진이 겹쳐진다. 하지만 걸맞은 중첩은 다만 다른 것에 또 하나의 것이 겹쳐진 것은 아니다. 걸맞은 중첩은 그 구성 요소들이 서로 구별될 수 있는 것처럼, 그 구성 요소들과 명확히 구별되는 물자체이다.

대각 편광은 수평 편광과 수직 편광의 걸맞은 중첩이다. 양자물리학에는

걸맞은 중첩이 많다. 사실상 걸맞은 중첩은 양자역학적 수학의 핵심이다. 파동함수는 걸맞은 중첩이다.

모든 양자역학 실험은 관찰되는 체계를 가지고 있다. 모든 관찰되는 체계는 연관된 파동함수를 가지고 있다. 특별히 관찰되는 체계의 파동함수는 관찰되는 체계와 측정하고 있는 체계(사진 감광판 같은 것) 사이의 상호 교류의 모든 가능한 결과가 걸맞게 중첩된 것이다. 가능성들의 걸맞은 중첩 상태는 시간 변화가 슈뢰딩거 파동등식으로 주어진다. 이 방정식을 이용할 때 우리는 이 물자체의 형태를 계산할 수 있고, 주어진 시간에서 파동함수라고 부르는 가능성들의 걸맞은 중첩 상태도 계산할 수 있다. 이 계산 다음에는 특정한 시간에 파동함수에 포함된 각각의 가능성의 확률을 계산할 수도 있다. 이것은 파동함수와 다른 확률함수를 주는데 이것은 파동함수로부터 계산된다. 간추리자면 이것이 양자물리학의 수학인 것이다.

다시 말하면, 양자이론의 수학적 형식에는 이것 아니면 저것이고 그 사이에는 아무것도 없다는 것은 있을 수 없다. 물리학을 전공하는 대학원생들은, 결과가 원래 이것도 아니고 원래 저것도 아닌 것을, 그러나 두 개를 걸맞게 중첩시켜서 이것도 저것도 아니게 새로 만드는 수학 방법을 예사로 쓰는 것을 배운다.

휜켈스타인에 따르면, 양자역학의 중요한 개념적 어려움 가운데 하나는 이런 파동함수들 (걸맞은 중첩)이 전개, 붕괴 등을 하는, 실재하는 것이라고 그릇되게 생각하는 점이다. 한편, 걸맞은 중첩이란 순전한 추상이어서 우리가 나날이 살며 겪는 것을 전혀 표시하지 못하리라 생각하는 것도 옳지 않다. 그것들은 경험의 성질을 반영한다.

걸맞은 중첩이 경험을 어떻게 반영하는 것일까? 순수 경험은 결코 두 가능성에만 국한되는 것은 아니다. 주어진 상황을 개념화해서 두 외골수로만 생각하는 것은, 경험이 상징과 같은 규칙을 따른다고 여기는 환상에서 생긴다. 상징의 세계에서는 모든 것은 이것 아니면 저것이다. 그런데 경험의 세계에서는 이것보다 더 많은 대안의 가능성이 있다.

가령 법정에서 자신의 아들을 재판하는 판사가 있다고 치자. 법은 단지 두 개의 판결을 허용한다. 그는 유죄이거나 그러하지 않으면 무죄다. 하지만 판사에게는 다른 판결이 있을 수 있는데, 그것은 나의 아들이라는 판결이다. 판사들이 개인적 이해관계를 갖는 경우에 우리가 그 판사의 재판을 금하는 것은, 경험은 유죄, 무죄의 범주(좋다, 또는 나쁘다) 안에 한정되지 않는다는 사실을 묵시적으로 받아들이기 때문이다. 상징의 세계에서만 선택이 명확하다.

이런 이야기가 있다. 내전 중인 레바논을 여행하던 한 미국인이 마스크를 쓰고 총을 든 사람에게 제지됐다. 말 한마디 잘못이 그의 생명을 앗아갈 수도 있었다. 그들은 물었다.

"당신은 기독교인이요. 아니면 회교도요?"

"나는 여행가요." 하고 미국인은 대답했다.

우리가 종종 잘못 제기하는 질문 방법은 우리의 대답에 제한을 준다. 이 경우에는, 죽음에 대한 여행자의 두려움이 이 같은 착각을 넘어서게 했다. 마찬가지로, 착각에 빠진 사고방식은 우리를 이것 아니면 저것을 선택하는 식으로 한정시키고 만다. 경험 그 자체는 결코 그런 제한이 없다. 모든 '이것'과 '저것' 사이에는 대안이 있다. 이와 같은 경험의 특성을 아는 것은 양자 논리의 필수 요건이다.

물리학자들은 우리에게 낯선 특별한 춤을 춘다. 그들과 잠시라도 사귀면 마치 이질적인 문화 속에 들어가 있는 느낌이다. 이 문화에서는 모든 명제가 '그것을 증명하라'는 도전을 받는다.

우리가 친구에게 "오늘 아침 참 기분 좋다."라고 말할 때, 그 친구가 그것을 증명하라고 말할 것이라고 생각지는 않는다. 하지만 물리학자가 "경험은 상징이 따르는 규칙에 얽매이지 않는다."라고 하면, 모두들 그것을 증명하라고 외칠 것이다. 증명하기 전에는 그는 "이것은 나의 의견인데……." 하는 식으로 말문을 열어야 한다. 물리학자들의 의견은 별로 신통하게 여기지 않는데 이 같은 태도는 때때로 이상할 정도로 그들을 마음이 좁은 사람으로 만든다. 만약에 당신이 그들의 춤을 따를 것 같지 않으면 그들은 춤을 추지 않을 것이다.

그들의 춤은 모든 주장에 대해 증명을 요구한다. 증명은 주장이 참임(즉 실재 세계가 실제로 그런 것임)을 보여 주지 못한다. 과학적 증명이란 논의되고 있는 주장이 논리적으로 모순이 없다는 수학적 증명을 뜻한다. 순수 수학의 울안에서는 주장은 경험과 아무런 관계를 가지지 않을 수 있다. 어쨌든 논리가 일관된 증명을 한다면 그 주장은 옳은 것으로 받아들여지고 그렇지 않으면 버려진다. 이와 같은 사정은 물리학에도 적용되는데 다만 그 주장이 물리적 실재와 연관되기를 더 요구하는 것이다.

과학적 주장의 진리와 실재의 본질 사이의 관계는 차치하자. 그런 관계는 없다. 과학적 '진리'는 '실재가 실제 존재하는 방식'과는 아무런 관련이 없다. 과학적 이론은 그 자체로 일치성이 있고 경험(사건을 예측한다)과 정확히 연결되면 진리이다. 간단히 말하면, 과학자가 어떤 이론이 진리라고 주장하는 것은 그 이론이 경험과 상관관계를 정확히 지어준다는 것이며, 그래서 '유용'하다는 말로 바꿔줄 수 있다고 말한다면, 물리학을 바로 보고 있는 것이다

버코프와 노이만은 경험이 고전 논리의 법칙을 어긴다는 '증명'을 했다. 물론 이 증명이란 경험 속에 뿌리박고 있다. 그것은 편광의 다양한 조합이 어떻게 생기고 생기지 않느냐 하는 것에 그 기초를 둔다. 휜켈스타인은 양

자 논리를 증명하기 위한 버코프와 노이만의 증명을 조금 변형하여 사용했다.

이 증명의 첫 번째 단계는 수평, 대각, 수직으로 편광하는 가능한 모든 조합을 가지고 실험하는 것이다. 다른 말로 하면 첫 번째 단계는 우리가 이미 했던 것을 하는 것이다. 어떤 빛이 어느 편광판을 통과하는가를 알아내는 것이다. 빛이 두 수직 편광판, 두 수평 편광판, 두 대각 편광판, 대각과 수평 편광판, 대각과 수직 편광판을 통과하는지 당신 스스로 살펴야 한다. 이런 모든 조합들은 실제로 일어나기 때문에 '허용된 전이(allowed transitions)'라고 부른다. 비슷한 방법으로 빛이 수직과 수평 편광판, 또는 서로 다른 방향으로 되어 있는 편광판을 통과하지 못한다는 사실도 살펴야 한다. 이런 조합들은 결코 생기지 않기 때문에 '금지된 전이'라고 부른다.

이 증명의 두 번째 단계는 전이표라고 부르는 정보의 표를 만드는 것이다. 전이표는 아래와 같은 모양을 띠고 있다.

		)∅	)H	)V	)D	)D̄	)I
방출	∅)						
	H)		A		A	A	A
	V)			A	A	A	A
	D)		A	A			A
	D̄)		A	A			A
	I)		A	A	A	A	

왼쪽에 있는 글자의 열은 빛의 방출이다. 이 경우에 방출은 전구에서 나오는 광파이다. 글자의 오른쪽에 있는 ')' 기호는 하나의 방출을 의미한다.

예를 들면 H)는 수평 편광판에서 방출되는 수평 편광을 의미한다.

위에 있는 글자들의 행은 빛의 통과를 뜻한다. 통과는 방출된 것을 받은 것, 즉 빛을 받아들이는 것을 의미한다. 문자 왼쪽에 있는 ')' 기호는 빛의 통과다. 예를 들면 ')' H는 수평으로 편광된 빛이 눈에 도달한 것을 의미한다. 'ø'는 공空 과정, 즉 아무런 반응도 없는 상태를 나타내는 기호이다. 말하자면, 공 과정은 오늘은 영화 보러가기로 결정했고 실험은 하지 않는 것을 의미한다. 공 과정은 어떤 방출도 없음을 나타낸다. 문자 I는 항등 과정 identity process을 표시한다.

항등 과정은 모든 것을 다 통과시키는 거르개이다. 달리 말하면, I는 모든 편광을 통과시키는 것을 의미한다. 즉 I는 열린 창문이라고 할 수 있다.

두 대각으로 편광된 빛은 완전을 기해 표 속에 포함되어 있다. D문자는 왼쪽으로 대각 편광된 빛을 표시하고, D̄는 오른쪽으로 대각 편광된 빛을 의미한다.

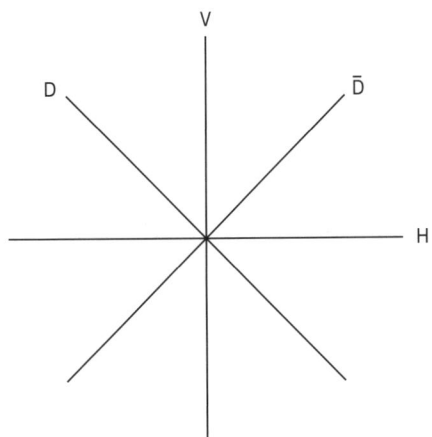

전이표를 써서, 흥미를 느끼는 빛의 방출 형태를 고를 수 있고 그것을 표에서 찾을 수 있다. 예를 들면, 수평 편광 H)는 다른 수평 편광판을 통과할

수 있고 그래서 허용된 것을 나타내는 A편광 통과열에 있는 정사각형판에 있다. 수평 편광은 역시 왼쪽으로 치우쳐 있는 대각 편광판을 통과할 수 있는데, 이것은)D로 표시하고 또한 오른쪽으로 치우쳐 있는 대각 편광판을 통과할 수 있는데)D로 나타내고 또 이것은 열린 창문 I도 통과한다. A는 각각 위와 같은 곳에 위치한다.

수평 편광된 방출선과 수직 편광이 통과하는 열이 엇갈리는 곳은 비어있음을 주목하라. 수평 편광은 수직 편광판을 통과하지 못하기 때문이다. 빈 칸은 금지된 전이들을 표시한다. 공 과정의 모든 칸은 비어 있는데 우리가 실험을 한다면 아무 일도 생기지 않기 때문이다. I행 모두는 A라고 표시되었는데 편광과 그밖의 어떤 빛이라도 열린 창문을 통과하기 때문이다.

증명의 세 번째 단계는 전이표에 있는 정보로 단순한 도표를 만드는 일이다. 이 특정한 변이표에서 만든 도표는 앞 페이지와 같다.

이런 도표를 격자lattice라 한다. 수학자들은 격자를 사진이나 원소의 순서를 보이기 위해 사용한다. 격자들은 우리가 가족의 족보를 찾을 때 사용하는 족보도(계보)와 흡사하다. 보다 높은 원소는 보다 낮은 원소를 포함한다. 선들은 누구와 관계되어 있고 누구를 통하고 있는지를 보여 주고 있다.

격자는 족보와 정확히 같은 것은 아니지만, 포괄적 순서 같은 따위를 보여 주고 있다. 맨 밑은 공 과정이다. 공 과정에서는 어떤 방출도 일어나지 않기 때문에 공 과정 밑에는 아무것도 없다. 바로 윗줄에는 다양한 상태의 편광이 있다. 이 줄의 원소들을 단일자singlet라고 부른다. 단일자는 우리가 광파의 편광에 관해 알 수 있는 가장 단순한 명제이다. '이 빛은 수평 편광되었다.'는 것은, 편광의 상태가 우리에게 그 외에는 아무것도 알려 주는 것이 없지만, 편광의 상태에 관해서만큼은 할 수 있는 최적의 말이다. 언어 사용이 안고 있는 제한 때문에 그것은 최선이지만 불완전한 서술이다.

다음 수준에는 이중자doublet가 들어 있다. 이 격자에서는 단 하나의 이중자가 있다. 이중자는 우리가 단순한 실험에서 파악하는 빛의 편광에 대하여 알 수 있는, 최선의 그러나 불완전한 다음 수준이다. 더 복잡한 현상을 나타내는 격자는 상당히 더 많은 수준(삼중자, 사중자…… 등)을 가지고 있다. 이 격자는 그런 모든 것 가운데에서 가장 단순한 것이지만, 그것은 그림으로 양자 논리의 본성을 밝혀 준다.

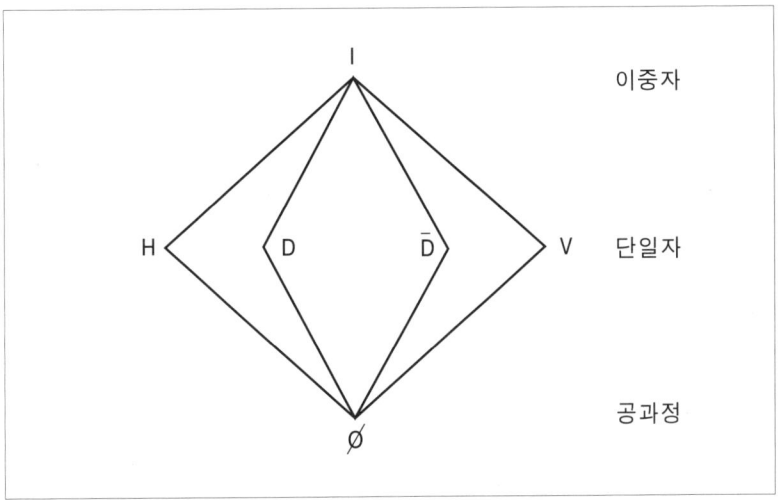

첫째 이중자는 I는 4개의 단일자를 내포하고 있다는 사실에 주목하라. 이것은 전형적 양자 논리인데, 정의에 의해 모든 이중자는 오직 두 개의 단일자(그 이상도 그 이하도 아니다)를 포함한다는 고전 논리의 시각에서는 이해할 수 없는 모순이다. 격자들은 모든 '이것'과 '저것' 사이에는 적어도 하나의 대안이 존재한다는 양자 원리를 그림으로 표시해 준다. 이 경우에는 두 대안($\overline{D}$와 D)이 나타난다. 이 격자에 제시되지 않은 더 유용한 대안이 있다. 예를 들면 $\overline{D}$를 45°에서 대각으로 편광하는 것이다. 그러나 우리는 역시 46°, 49°, 48$\frac{1}{2}$°에서 빛을 편광시킬 수 있다. 그리고 편광의 이런 모든 상태들은 이중자 I에 포함될 수 있다.

고전 논리와 양자 논리에서 단일자는 점으로 나타낼 수 있다. 고전 논리에서는 이중자를 두 점으로 나타낸다. 하지만 양자 논리에서는 이중자를 두 점 사이를 이은 선으로 나타낸다. 선 안에 있는 모든 점들이 – 그것을 정의하는 두 점뿐 아니라 – 이중자에 포함된다.

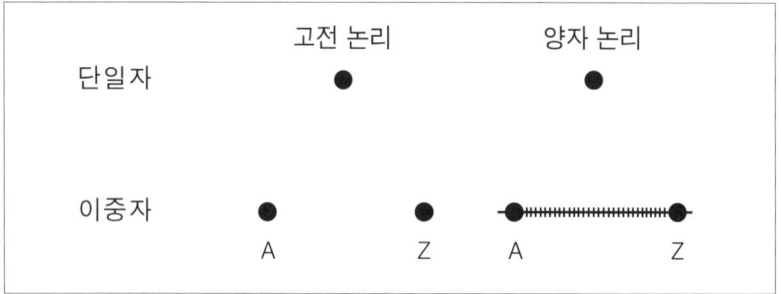

이제 배분법칙으로 돌아가 보자. A와 B 또는 C는 A와 B 또는 A와 C와 같다(모든 변환표를 만드는 목표는 배분법칙을 반증할 때 사용하기 위하여 격자를 만드는 것이다).

수학자들은 격자에 있는 어떤 요소들이 연결되어 있는지, 또한 어떤 방법으로 결합되었는지를 결정하기 위하여 격자 도표를 사용한다.

예를 들면, 격자에 있는 원소들이 '와and'라는 말에 의해 어떻게 연결되어 있는지 보기 위해서는, 논의 중에 있는 원소로부터 밑으로 선을 따라가서 그들이 서로 만나는 점(그것을 수학자들은 '최대 하한'이라 부름)에 이르러야 한다. 만약에 수평 H와 수직 D에 관심이 있다면, 수평 H와 수직 D로부터 선을 밑으로 내려서 ø에서 만나는 것을 보라. 그러므로 수직 D와 수평 H는 ø와 같다고 격자는 말한다. 만약에 항등 과정과 수평에 흥미가 있다면, 격자에서 가장 높은 점I로부터 밑으로 선을 따라 내려가서 항등 과정과 수평

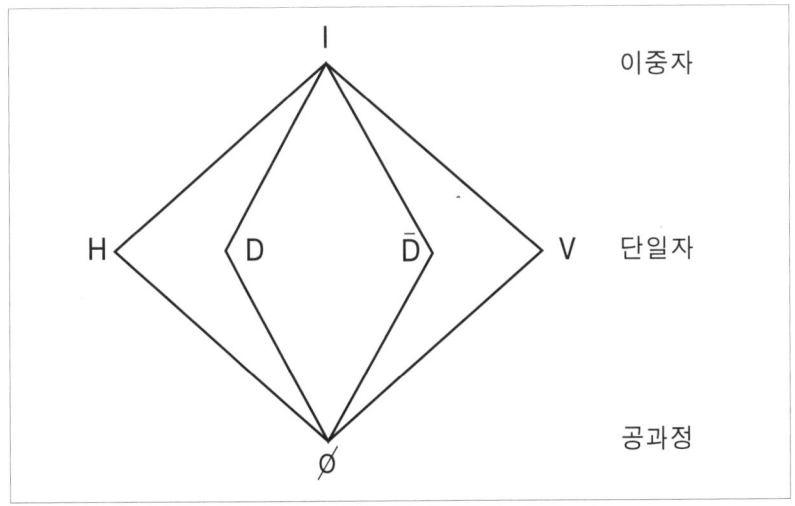

이중자

단일자

공과정

의 가장 낮은 공통점은 수평임을 발견한다. 그러므로 격자는 '항등 과정과 수평'은 '수평'과 같다고 말한다.

격자에 있는 N가지 원소들이 '또는or'이라는 말에 의해 어떻게 연결되어 있는지 보기 위하여, 논의 중에 있는 원소들로부터 선을 그어서 그들이 만나는 곳(수학자들은 '최소 상한'이라고 부름)까지 선을 따라 위로 올라간다. 예를 들면, 수평 또는 수직이라는 말에 흥미가 있다면, 수평과 수직으로부터 위쪽으로 선을 따라 올라가면 그들이 I에서 만난다는 것을 알게 된다. 그러므로 격자는 수평 또는 수직이 항등 과정과 같다고 말한다. 비슷한 방법으로 대각 또는 항등 과정을 발견하기 위해서는 가장 높은 공통점(항등 과정)으로 선을 따라 올라가야 한다. 그러므로 '대각 또는 항등 과정'은 항등 과정과 같다고 격자는 말한다.

규칙은 다음과 같이 간단하다. 즉 '와'는 내려가라이고, '또는'은 올라가라이다.

격자를 따라 내려가는 것은 '와'를 찾는 것이고, 격자를 따라 올라가는 것은 '또는'을 찾는 것이다.

 이제 증명 자체를 보자. 증명은 앞 설명보다 상당히 간단하다. 배분법칙은 A와 B 또는 C는 A와 B 또는 A와 C와 같다고 말한다. 이것이 경험에 적용되느냐 안 되느냐를 보기 위해서는 단순히 편광의 실제와 상태를 공식에 대입하고 격자 방법을 사용해서 그것을 푼다. 예를 들면, 배분법칙은 수평으로 편광된 빛과 수직으로 편광된 빛, 또는 대각으로 편광된 빛은 '수평으로도 편광된 빛과 수직으로 편광된 빛, 또는 수평으로 편광된 빛과 대각으로 편광된 빛'과 같다. 우리가 전에 사용했던 약호를 이용하여, 이것을 다음과 같이 표현할 수 있다. H와 D 또는 V는 H와 D 또는 H와 V와 같다.

 격자로 돌아가서 우선 이 명제의 왼쪽을 보자. D 또는 V를 풀기 위해 격자에 있는 D와 V로부터 선을 따라 올라가 가장 높은 공통점('또는' 올라간다)에 이른다. 그들은 항등 과정(I)에서 만난다. 그러므로 D 또는 V는 I와 같다고 격자는 말한다. D 또는 V 대신 I를 넣으면 V와 I라는 표현이 이쪽에 남아 있다. H와 I로부터 선을 따라서 격자 밑쪽으로 내려가면('그리고'는 내려간다는 것), 그들의 가장 낮은 공통점은 H라는 것을 알게 된다. 그러므로 H와 I는 H와 같다고 말한다.

  H와 D 또는 V = H와 D 또는 H와 V
   H와 I = H와 D 또는 H와 V
    H = H와 D 또는 H와 V

이와 같은 방법으로 이 명제의 오른쪽을 푼다. H와 D를 풀려면, H와 D로부터 격자에 있는 선에서 그들의 가장 낮은 공통점으로 따라 내려가야 한다. 그들은 ø에서 만난다. 그러므로 격자는 H와 V는 ø와 같다고 말한다.

H와 D 대신에 ø를 씀으로서 우리는 명제의 오른쪽에 ø, 또는 H와 V를 남겨둘 수 있다. H와 V를 풀려면 H와 V로부터 밑으로 선을 따라서 가장 낮은 공통점으로 따라간다. 그들 역시 ø에서 엇갈린다. 그러므로 격자는 우리에게 H와 V는 ø와 같다고 말한다. H와 V 대신에 ø를 넣음으로써, 이제는 원래의 명제 오른쪽에 ø 또는 ø가 남는다. 격자와 상식은 우리에게 ø 또는 ø는 ø와 같다고 말한다.

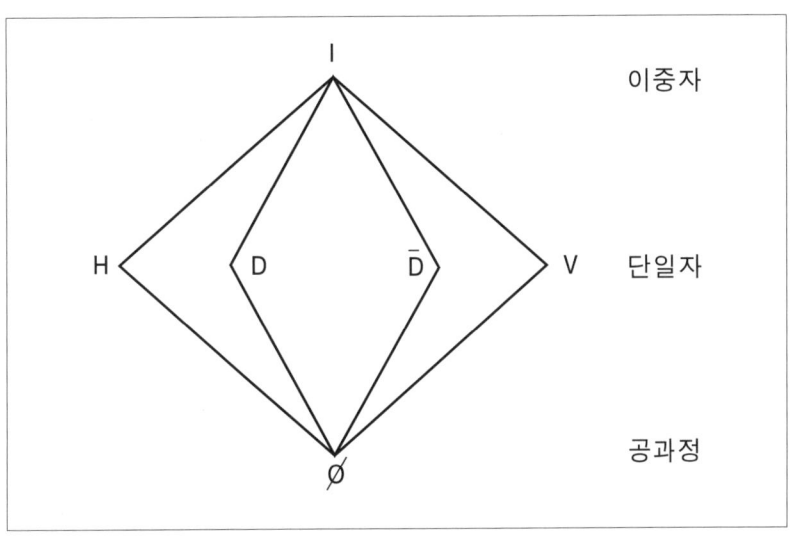

H = H와 D 또는 H와 V

H = ø 또는 H와 V

H = ø 또는 ø

H = ø

그러나 H와 ø와는 같지 않다. H는 수평 편광이고 ø는 실험 불가능이다 (어떤 빛의 방출도 없기 때문에). 배분법칙은 맞지 않는다!

버코프와 노이만의 증명을 다시 보자. 단순하지만 그것은 수천 년 동안 내려온 잘못된 착각(상징과 경험은 같은 규칙의 집합을 따른다는 착각)을 끝낼 수 있기 때문이다. 접속사 '와'와 '또는'을 나타내는 수학적 상징을 제외하고는 아래의 것은 물리학자가 읽는 방법과 꼭 같다.

$$H와 D 또는 V \stackrel{?}{=} H와 D 또는 H와 V$$

$$H와 I \stackrel{?}{=} \emptyset \text{ 또는 } H와 V$$

$$H \stackrel{?}{=} \emptyset \text{ 또는 } \emptyset$$

$$H \neq \emptyset$$

휜켈스타인의 이론은 과정의 이론이다. 양자 논리는 단지 그것의 일부분이다. 이 이론에 따르면 우주의 기본 단위는 한 사건, 또는 한 과정이다. 이런 사건들이 나름의 방법으로(허용된 변환) 거미줄을 형성하기 위하여 결합한다. 이번에는 더 큰 거미줄을 만들기 위해 결합한다. 이 거미줄도 아니고 저 거미줄도 아니며, 그 자체로서 독특한 서로 다른 거미줄들의 걸맞은 중첩 그 자체의 사다리에서 더 위쪽에 존재하는 것이다.

휜켈스타인 이론의 기본적 사건들은 공간과 시간에서 존재하지 않는다. 그것들은 공간과 시간보다 앞서는 것이다. 휜켈스타인에 따르면 공간, 시간, 질량, 그리고 에너지는 우주의 기본적 사건으로부터 도출되는 2차적 특성들이다. 사실상, 휜켈스타인의 최근 논문은 '시간 아래서Beneath Time'라고 불린다.

이 대담한 이론은 전통 물리학과 전통적인 사고에서 전적으로 갈라선다. 양자위상수학이라고 불리는 휜켈스타인의 수학이론은 양자이론과 상대성원리의 복합적 수학과 비교할 때, 극히 단순하다. 양자위상수학은 아직 불완전하다(증명이 부족하기 때문에). 많은 이론과 같이 그것은 완전하지 못하게 될 것이다. 하지만 다른 대부분의 이론과는 달리 그것은 우리의 개념적 구조를 급격하게 변화시킬 만한 잠재력이 있다.

우리의 사고 과정(상징의 영역)이 현실 세계에 착각의 제약을 준다는 노이만의 발견은 아인슈타인의 일반상대성이론과 근본적으로 같다. 아인슈타인은 유클리드 기하학의 보편성을 반증했다. 일반상대성이론이 나타날 때까지, 유클리드 기하학은 우주의 구조 밑바닥에 깔려 있는 것으로 의심 없이 받아들여졌을 것이다. 버콜프와 노이만은 고전 논리의 보편성을 반증했다. 여태까지 고전 논리는 현실 세계의 성질을 자연스럽게 반영한다고 의심할 바 없이 받아들여졌다.

강력한 자각이 이와 같은 발견에서 자라고 있다. 즉 현실이 마음(사고)을 주조하는 것이 아니라 마음이 현실을 주조한다는, 이제까지 생각조차 할 수 없던 능력의 자각을 말한다. 이와 같은 의미에서, 물리 철학은 깨달음의 철학인 불교의 철학과 구별하기가 힘든 것이 되어가고 있다.

제2장

과학의 끝장

깨달은 상태의 핵심적인 특징은 모든 것이 하나로 통합된다는 경험이다. '이것'과 '저것'은 더 이상 분리된 실체가 아니다. 이들은 모두 똑같은 것의 다른 '형태'이다. 모든 것은 표상이다. "무엇의 표상인가?"와 같은 질문에는 대답할 수가 없다. 왜냐하면 이 '무엇'이란 것은 언어, 개념, 형태, 심지어 시공을 초월하기 때문이다. 모든 것은 '존재하는-그-무엇'의 표상이다. 존재자는 존재한다. 그 같은 존재성에 대한 체험은 이러한 언어를 초월한 곳에 자리 잡고 있다. 이 무엇이 나타나는 형태는 모두 그 자체로서 완전한 것이다. 우리도 그 어엿한 존재의 표상이다. 모든 것, 모든 사람은 완전히, 정확히 그대로이다. 14세기의 티벳 승려 롱첸파Longchenpa는 다음과 같이 썼다.

> 모든 것은 환상일 따름일지니
> 있는 그대로 완전하고
> 선과 악에 관계없고

받아들임과 버림도 없고
오직 웃음만 나오는구나1)

　우리는 '주님은 천당에 계시고, 세상은 태평성세'라고 말할 수 있지만, 깨달음의 견해로 보면 세상은 이 상태로밖에 존재할 수가 없었다. 세상은 태평성세도 난세도 아니다. 세상은 단순히 그 자신이다. 딴 것이 될 수 없는 완전한 그 자체이다. 나는 완전하다. 나는 바로 완전히 '나'이다. 당신도 완전하다. 당신 그대로 완전하다.
　당신이 행복한 사람이면 당신은 완전하게 당신, 즉 행복한 사람이다. 행복하지 못한 사람이면 당신은 완전하게, 행복하지 못한 당신이다. 당신이 변하는 사람이면 당신은 완전하게 변하는 당신이다. 존재하는 그것은 바로 존재하는 그것이다. 비존재도 존재하는 것이다. 존재가 존재 아닌 것은 없다. 존재하는 이상의 다른 것도 없다. 모든 것은 존재하는 그것이며 우리도 그 일부이다. 우리가 존재하는 바로 그것이다.
　만약 위의 문장들에서 사람이란 말 대신에 '아원자적 입자'를 집어넣으면 근사한 입자 물리학의 개념 구조를 얻는다. 그러나 통일성의 이런 면이 물리학에 들어온 데는 또 다른 뜻이 있다. 양자물리학의 개척자들은 양자 현상들 사이에 특이한 '연관성'을 주목하게 됐다. 최근만 해도 이 특이한 성질은 이론적 가치가 없었다. 이것은 이론이 발전하면 설명될 수 있을 우연이라고 생각되었다.
　1964년 핵연구를 위한 유럽기구CERN에 있는 J. S. 벨이란 물리학자가 이와 같은 특이한 연관성을 집중적으로 연구했다. 벨 박사는 후에 '벨의 정리'라고 부르게 된 수학적 증명을 발표했다. 벨의 정리는 그 후에 10여 년에 걸쳐 수정되어서 현재와 같은 형태에 이르렀는데, 현재의 벨의 정리는 적어도 극적이라고 표현할 수 있다.

벨의 정리는 수학적인 기술로서 비수학자에게는 이해되기 어렵다. 이 정리가 함축하는 의미는 우리의 기본적인 세계관을 크게 바꿀지도 모른다. 어떤 학자들은 벨의 정리가 일개의 업적으로서는 물리 역사상 가장 중요하다고 말하는 사람도 있다.

벨 정리가 함축하는 의미 중의 하나는 본질적이고 심원한 차원에서는 우주의 '개개의 부분'은 서로 밀접하고 직접적으로 연결되어 있다는 것이다. 요컨대 벨의 정리와 통일성을 체험하는 깨달음은 서로 조화된다.

양자 현상의 불가사의한 연관성은 여러 가지로 나타난다. 첫째 형태는 앞에서 논의했다. 그것은 쌍-슬릿 실험이다. 쌍-슬릿 실험에서 두 개가 다 열려 있으면, 통과하는 빛의 파동들은 서로 간섭하여, 스크린에 밝은 부분과 어두운 부분의 연속적인 무늬를 형성한다. 한 개의 슬릿만 열려 있으면, 슬릿을 통과하는 빛은 통상적(정상적)으로 스크린을 밝힌다. 쌍-슬릿 실험에서 두 개의 슬릿이 다 열려 있다면 한 개의 광자가 스크린의 어두운 부분으로 갈 수 있는지 없는지를 어떻게 알까? 궁극적으로 한 개의 광자가 합류해서 이루는 광자들의 그룹은, 슬릿 하나가 열려 있을 때는 특정한 방법으로 분포하고, 두 개가 열려 있으면 또 다른 방법으로 분포한다. 문제는 광자 한 개가 두 슬릿 중에 하나로 통과한다고 가정할 때, 나머지 슬릿이 열렸는지 닫혔는지 어떻게 알고 있는가 하는 것이다. 어떤 방법인지는 몰라도 광자는 그 사실을 알고 있다. 두 개의 슬릿이 열려 있을 때는 항상 간섭무늬가 생기고, 한 개만 열려 있을 때는 생기지 않는다.

그러나 양자 현상의 이런 명백한 연관성이 한층 더 난해하게 느껴지는 실험이 있다. 소위 영Zero의 스핀을 가진 입자 체계가 있다고 생각하자. 즉 이 체계의 입자들은 서로의 스핀을 상쇄한다. 한 입자가 위로 스핀을 가지면 나머지 입자는 아래로 스핀을 가지고 왼쪽을 향한 스핀을 가지면, 나머지는 오른쪽을 향한 스핀을 가지게 된다. 어떤 방향의 스핀을 가지든, 이들의 스핀은 항상 같은 크기의 반대 방향을 가진다. 다음으로, 이 두 입자들의 스핀에 영향을 끼치지 않고 어떤 방법(전기적)으로 떼어놓을 수 있다고 상상하자. 한 입자는 한 방향으로 가고 나머지 입자는 반대 방향으로 진행한다. 스핀의 방향은 자기장으로 결정할 수 있다. 예를 들어서 임의의 스핀을 가진 전자들의 살beam의 특수한 종류의 자기장(스테른-겔라크 기기 Stern-Gerlach device)을 통과하면 살은 두 가지 작은 부분으로 나뉜다. 하나는 전자들이 위쪽 방향의 스핀을 가지고 나머지 아래쪽 방향의 스핀을 가진다. 한 개의 전자만 통과하면, 위나 아래 방향의 스핀을 가지고 나올 것이다(50-50의 확률을 가지도록 조작할 수 있다. 다음 페이지의 첫째 그림). 만약 단 하나의 전자만이 자기장을 통과한다면 그것은 좌우 어느 한쪽의 스핀을 가지고 나올 것이다 (반반의 가능성. 다음 페이지 두 번째 그림).

다음에 두 입자 체계를 분리하여, 한 입자를, 위나 아래로 스핀을 줄 자기장을 통과시킨다고 가정하자. 이 경우에 입자가 윗방향의 스핀을 가지고 나온다고 생각하자. 따라서 나머지 전자는 아랫방향의 스핀을 가지게 됨을 금방 알 수 있다. 즉, 나머지 전자를 따로 관찰할 필요가 없다. 왜냐하면 그 스핀이 자기장을 통과하는 쌍둥이 입자의 반대임을 알기 때문이다. 그 실험은 다음과 같이 보인다.

영의 스핀을 가진 원래의 두 입자는 중앙에 위치한다. 한 입자는 A지역으로 가서 스테른-겔라크 장치를 통과하게 된다. 이 경우에 윗방향 스핀을 얻게 되므로 B지점으로 간 입자의 스핀이 곧 아랫방향임을 관측하지 않고도 알 수 있다. 아인슈타인, 포돌스키, 로젠은 40년 전에 이 실험을 생각해냈다. 사실 아인슈타인-포돌스키-로젠의 위와 같은 형태의 실험은 런던대학

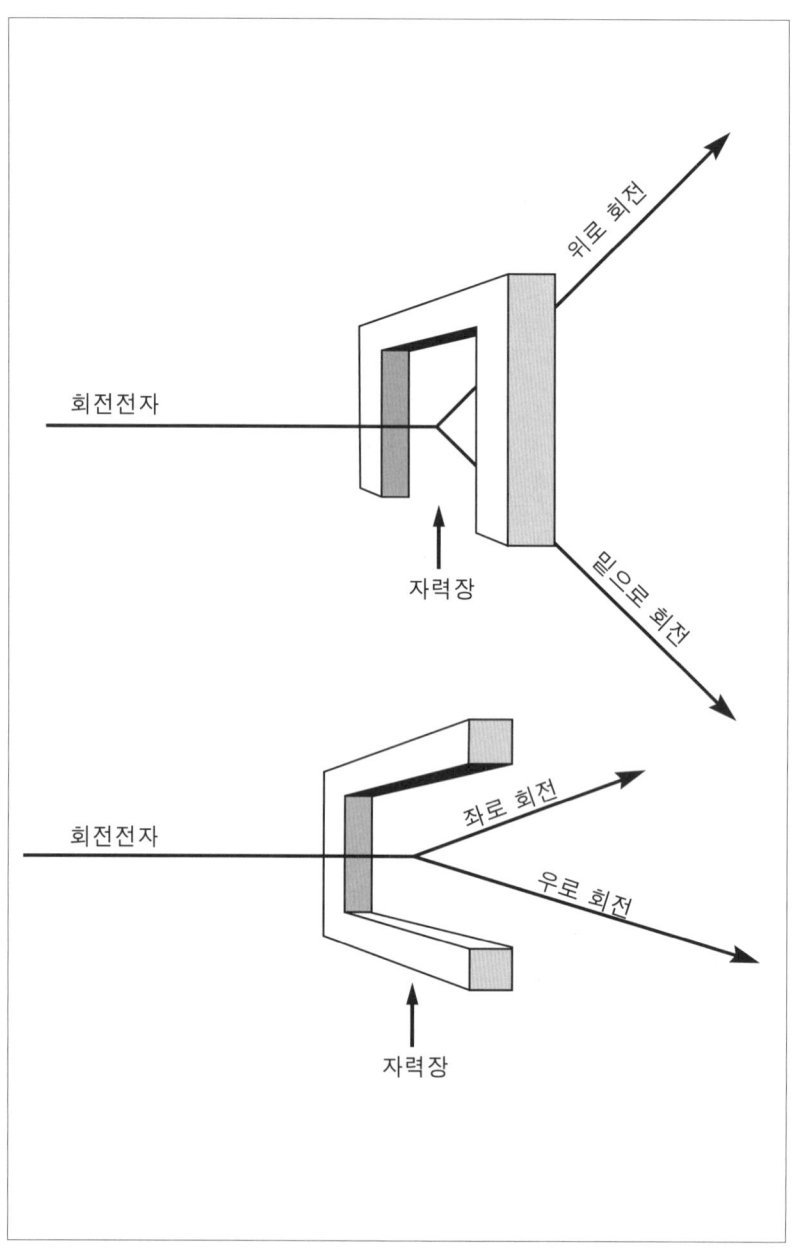

의 물리학자 보옴D. Bohm이 생각한 것이다. 아인슈타인-포돌스키-로젠의 효과를 설명하는 데는, 주로 이 형태가 사용된다(원래 논문은 위치와 운동량에 관한 것임).

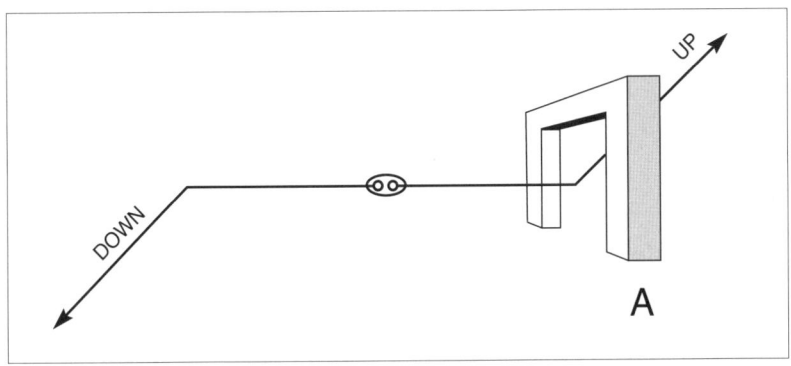

1935년에 아인슈타인, 포돌스키와 로젠은 〈물리적 실재의 양자역학적 기술이 완전한 것으로 간주될 수 있는가〉[2] 라는 제목의 사고 실험을 발표했다. 바로 그때에 '양자역학의 코펜하겐해석'의 기수들인 보어, 하이젠베르크 등은 양자역학이 비록 우리의 관찰 이외에는 다른 세계관을 제시하지 못하나, 완전한 이론이라고 말하고 있었다(아직도 그렇게 말함).

아인슈타인, 포돌스키, 로젠이 그들의 동료들에게 전달하고자 한 메시지는, 관찰 없이 물리적으로 존재하는 실재의 중요한 부분을 기술하지 못하기 때문에, 양자역학은 완전한 이론이 아니라는 것이다. 이들의 동료들은 이 메시지를 E-P-R 사고 실험의 입자들이 우리가 생각하는 인과율의 개념을 초월하는 어떤 방법으로 서로 연결돼 있다는 식으로 해석했다.

예를 들어서, 우리의 가상 실험 속의 스테른-겔라크 장치의 축을 돌려서 입자들이 위아래 대신에 좌우의 스핀을 가지도록 하는 실험은 다음과 같이 보일 것이다.

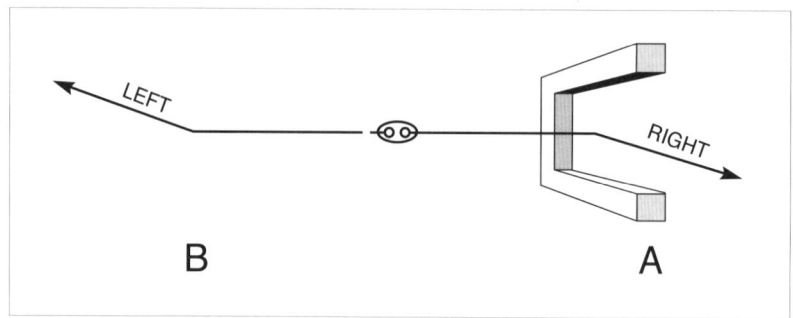

A지역의 입자는 윗방향의 스핀 대신 오른쪽 방향의 스핀을 가질 것이다. B지역의 입자는 A에 있는 입자와 스핀이 항상 반대이므로 왼쪽 방향의 스핀을 가질 것이다. 다음, 입자들의 진행 도중에 스테른-겔라크 장치의 축을 돌린다고 가정하자. 어떤 방법인지 몰라도 B지역으로 가는 입자는 A지역의 입자가 윗방향의 스핀 대신에 오른쪽 방향의 스핀을, 혹은 아랫방향 대신에 왼쪽 방향의 스핀을 가졌다는 것을 알게 된다.

다시 말해서, 지역 A에서 우리가 한 행동(자기장의 축을 바꿈)은 지역 B에서 일어난 사건에 영향을 미쳤다. 이 특이한 현상이 이른바 E-P-R 효과이다.

아인슈타인-포돌스키-로젠의 사고 실험은 현대물리학에서 '판도라의 상자'와 같은 존재이다. 이것은 서로 떨어진 장소에 있는 입자들의 설명될 수 없는 연관성을 잘 보여 주고 있다. B의 지역에 있는 입자는 순식간에 A 지역에 있는 입자의 스핀 상태를 알았다.* 이러한 연관성 때문에 A지역의

---

*특정한 좌표계에서 보았을 때이다. 우리는 '순식간'과 같은 말을 조심스레 사용해야 한다. 아인슈타인의 특수상대성원리는 한 사건이 다른 사건과 동시에 혹은 그 전에, 또는 후에 일어나는 것처럼 보이는 것은 관측자의 좌표계에 따라 다르다고 말한다. 정확히 말해서 이런 종류의 전달을 '공간적'이라고 한다. 공간적 전이는 항상 순간적인 것처럼 보이는 것이 아니라, 특정 좌표계에서만 순간적인 것처럼 보인다.

실험자는 B지역의 상태에 영향을 줄 수 있다. 이 현상에 관해 슈뢰딩거는 다음과 같이 말한다.

> 양자이론이…… 실험자가 떨어져 있는 체계에 그가 원하는 상태로 유도할 수 있도록 해준다는 것을 생각하면 이상함을 느낀다.3)

학자들은 즉각 이러한 특이한 상황이 다음과 같은 의문을 유발함을 알았다. "어떻게 두 개의 떨어진 것들이 이렇게 빨리 소통할 수 있을까?" 물리의 상식에 의하면 정보는 신호에 의해 전달된다. 전달은 전달자 없이 이루어지지 않는다.

예를 들어, 가장 평범한 전달 방식은 말이다. 말의 정보는(대화할 때) 소리파(음파)에 의해 전해진다. 음속은 약 700mile/hr 이상을 초과하지 않는다. 따라서 정보가 전달되는 데 걸리는 시간은 얼마나 떨어져 있느냐에 따라 좌우된다. 가장 **빠른** 전달 신호는 빛이나 라디오와 같은 전자기파이다. 이것들은 약 300,000km/sec으로 전파한다.

물리학은 광속도 이상을 초과할 수 없다는 가정을 토대로 한다. 빛의 엄청난 속도 때문에 빛을 사용하는 소통이 순간적인 것처럼 보인다. 즉 눈 깜짝할 사이에 빛을 보게 되는 것 같으나 빛에 의한 전달도 순간적인 것이 아니라, 거리에 따라 다르다. 대부분의 경우에는 극히 짧은 시간이 걸리기 때문에 시간 측정이 어렵다. 그러나 라디오 신호가 달까지 갔다가 돌아오는 데는 몇 초가 걸린다.

A지역과 B지역이 서로 아주 멀리 떨어져 있다고 하자. 빛 신호가 A에서 B까지 가는 데는 일정한 시간이 소요될 것이다. A에서 일어나는 사건과 B에서 일어나는 사건을 빛 신호로 연결할 시간이 없을 정도로 A와 B가 멀리

떨어져 있으면, 물리의 일반 개념으로서는 B의 사건이 A의 사건을 알 수 있는 방법은 없다. 학자들은 이러한 분리를 '공간적space-like'이라 부른다(빛 신호로 둘을 연결할 시간이 불충분하면, 두 사건은 '공간적'으로 분리되어 있다). 이러한 사건들 사이의 전달은 물리학의 주요한 기본 가정에 위배된다. E-P-R 사고 실험은 이것을 보여 준다. 입자들이 공간적으로 분리되어 있어도, B지역의 입자의 상태는 A지역의 관찰자가 무엇을 관찰하느냐에 좌우된다(자기장의 방향을 정하는 방법에 따라).

다시 말해서, E-P-R 효과는 기존의 사고방식과는 달리 정보가 빛보다 빠른 속도super-luminal로 전달될 수 있음을 지적한다. E-P-R 실험에서 두 입자가 서로 신호로 연결되어 있다면 그 신호는 광속도보다 빠르다. 아인슈타인, 포돌스키와 로젠은 아마도 최초의 초광속도적 연관성에 관한 과학적 예를 제시했는지도 모른다. 아인슈타인 자신은 이런 결론은 거부했다. 그가 말하기로는, 우리의 관측기가 놓여 있는 곳이 다른 곳에서 일어난 사건에 영향을 미칠 수 없다. E-P-R 논문 발표 11년 후에 그는 자서전에서 다음과 같이 썼다.

"우리는…… 다음의 가정을 반드시 고수해야 한다. 즉 체계 S_2(B지역의 입자)의 실제 상태는 이것과 공간적으로 떨어진 곳에 있는 체계 S_1(A의 입자)의 상태와 관계없이 독립적이다."4)

이것이 바로 국소발생원인원리The principle of local causes이다.

이 원리는, 한 장소에서 일어나는 사건은 공간적으로 멀리 떨어져 있는 장소의 실험자가 조정하는 변수들의 영향을 받지 않는다고 말한다. 이 원리는 곧 상식이다. 상식에 의하면 우리에게서 멀리 떨어진 곳에서 실시되는 실험의 결과는 우리가 하는 행동과 무관하게 일어난다(딸이 교통사고를 일으켰을 때 벌떡 일어나는 엄마 등의 경우를 제외하면 거시계는 국지local 현상으로 구성된 것 같다).

현상의 기본 성질이 제한적이므로 양자이론은 모순된다고 아인슈타인은 주장했다. 양자이론에 의하면 지역 A의 측정기의 변화는 B지역의 입자를 묘사하는 파동함수에 변화를 가져오나, 아인슈타인에 의하면, 'S_1계에 무관한 S_2계의 실재 상태를' 변화시킬 수 없다는 것이다.

따라서 지역 B의 한 상태가 지역 A의 측정기기의 각 위치에 따른 두 개의 파동함수를 가진다. '똑같은 S_2 상태를 기술하는 두 개의 다른 파동함수가 존재하는 것은 불가능'하므로 이것은 모순이라고 하지 않을 수 없다.[5]

이와 똑같은 상황을 또 다른 방법으로 볼 수 있다. B지역의 실제 상태가 A지역의 사건에 영향을 받지 않으므로 B지역에는, 지역 A의 스테른-겔라크 장치를 수평·수직으로 놓음에 따라 얻을 수 있는 결과들에 해당하는, 특정한 위나 아래의 특정한 스핀 혹은 좌나 우의 스핀(상태)이 동시에 존재해야 한다. 양자이론은 이러한 B지역의 상태를 기술하지 못하므로 불완전한 이론이다.* 그러나 아인슈타인은 이러한 말들과 함께 다음과 같이 놀라운 말을 덧붙였다.

---

*양자론의 불완전성에 대한 E-P-R의 주장은, 한 장소의 실제 상태는 떨어져 있는 곳의 실험자의 행동에 의한 영향을 받지 않는다는(국소발생원인원리) 가정을 근본 이유로 삼는다. 아인슈타인, 포돌스키, 로젠은 지역 A에 있는 자석의 축방향을 수직 방향이나 수평 방향으로 선택할 수 있음을 지적하며, 이 각각의 경우 다른 결과를 얻을 수 있다는 것이다. 또한 이들은 A지역의 우리의 행동(관측)은 B지역의 실제의 상태에 영향을 끼칠 수 없다고 말한다. 따라서 이들은 A지역의 자석 방향에 따라 얻을 수 있는 가능한 결과들에 대응하는 위아래, 좌우의 스핀이 B지역에 동시에 존재할 것이라고 결론짓는다. 양자론은 이것을 기술할 수 없으며, E-P-R실험은 양자론적 기술이 불완전하다고 결론짓는다. 즉, 여기서 상태를 완전히 기술하기 위해 필요한 특정한 정보를 만족시키지 못한다.

이러한(위) 결론(양자이론의 불완전함)을 피하는 방법은 다음 두 가지 방법밖에 없다. S_1의 측정이 S_2의 실제 상태를 변화시키거나(감응telepathically), 서로 공간적으로 분리된 것들의 독립적 존재를 인정하지 않는 것이다. 이 두 가지 대안은 모두 받아들일 수 없다.[6]

아인슈타인 자신은 위의 대안들을 받아들이지 않았으나 지금의 학자들은 고려하고 있다. 정신 감응을 믿는 학자들은 별로 없지만 공간적으로 떨어져 있으나 과거에 서로 반응한 물체들의 독립적 상태라는 것은 심원하고 본질적인 수준에서는 존재하지 않고, 또한 A지역의 장치를 변화시켜서 B지역의 실제 상태를 변화시킬 수 있다고 믿고 있는 학자들이 있다. 결국 벨의 정리에 귀착하게 된다. 벨 정리는 수학적 증명인데, 이 정리가 '증명'하는 것은, 양자이론의 통계적 예상이 맞는다면 우리들의 상식적인 물질관이 엄청나게 틀렸다는 것이다. 벨의 정리는 우리의 세계관이 어떤 면에서 틀렸는지 정확하게 알려 주지 않으나, 몇 가지 가능성이 있다. 각각의 가능성은 벨의 정리에 친숙해 있는 소수의 물리학자들이 주장하고 있다. 우리가 벨의 정리를 믿든 안 믿든 벨의 정리 자체는, 만약 양자이론의 통계적 예측이 정확하다면, 우리의 세계관이 매우 잘못됐음을 지적한다.

양자역학의 통계적 예측이 늘 정확하기 때문에 이것은 완전한 이론이다. 양자역학은 이론중의 이론이다. 소립자에서부터 트랜지스터, 항성에너지까지 설명한다. 양자론은 실패한 적이 없고 경쟁 상대가 없다. 양자물리학자들은 1920년경에, 입자 현상을 상식적으로는 도저히 설명할 수 없음을 알았다. 벨의 정리는 심지어 거시계마저도 상식적으로는 설명될 수 없음을 보여 준다. 스탭은 말하기를,

벨 정리의 중요한 특징은 그것이 양자 현상의 딜레마를 거시 현상의 영역으로 정확히 확

장하는 데 있다. ……즉 세계에 대한 우리의 보편적인 생각은 거시적 수준에서조차 엄청나게 부족함을 지적한다.7)

벨의 정리는 1964년의 발표 이후에 많은 수정을 거쳤다. 어떻게 수정되었든 간에 이 정리는 소립자 현상의 비합리성을 거시적 영역으로 확장하여 보여 준다. 이 정리에 의하면 사건들은 입자 영역에서 우리의 상식과는 완전히 다른 방법으로 일어나며 심지어 거시계의 현상도 우리의 상식적인 관점에서는 도저히 설명될 수 없다고 주장한다. 벨 정리가 무섭도록 정확한 양자론에 기반을 두고 있기 때문에 그 주장을 환상이라고 말할 수는 없다.

벨의 정리는 E-P-R 실험의 입자들과 유사한 입자들 사이의 연관 관계를 토대로 한다.* 예를 들어서 네온기체처럼 전기적으로 자극을 받을 때 빛을 방출하는 가스를 상상하자. 들뜬 기체 원자들은 광자쌍들을 방출한다. 각 광자쌍의 두 광자는 서로 반대 방향으로 진행한다. 진행 방향 외에는 완전히 동일하다. 한 광자가 수직으로 편광되면 나머지 입자는 수평으로 편광된다. 편광각이 무엇이든 간에 모든 광자쌍의 편광면은 같다.

따라서 한 입자의 편광 상태를 알면, 나머지의 편광 상태를 알게 된다. 이 경우에는 스핀 대신에 편광 상태를 이용했다는 것을 제외하고는 E-P-R 실험의 상황과 똑같다. 이들 광자들을 편광판에 통과시키면 이들이 같은 평면에 편광되어 있음을 알 수 있다. 다음 페이지에 간단한 그림이 있다.

중앙에 있는 광원이 한 광자쌍을 방출한다. 광원의 양 옆에 방출된 광자의 경로 위에 편광판이 설치되었다. 편광판 뒤에는 광자가 들어올 때마다 소리를 내게 되어 있는 광자계수기photo-multiplier들이 설치됐다. A부분의

---

*원래 벨의 정리는 1/2스핀을 가진 입자를 사용한다. 클라우져-프리드만 실험은 광자를 이용한다.

376

계수기가 소리를 내면 B부분의 계수기가 역시 소리를 낸다.

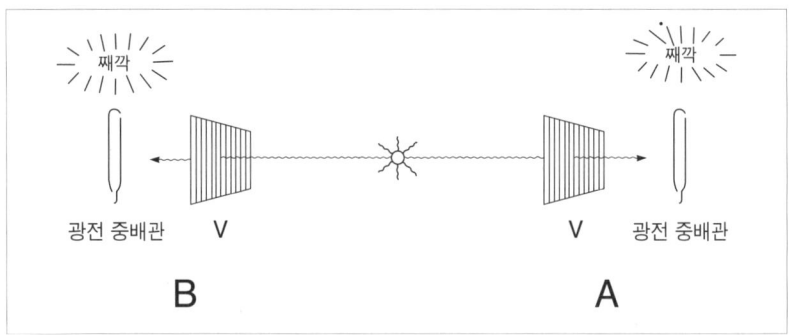

왜냐하면 두 광자가 모두 같은 평면에 편광되어 있고, 두 편광판의 방향이 같기 때문이다. 이 실험에는 이론적인 것은 별로 없다. 소리 나는 횟수를 세면 된다. 우리는 편광판이 같은 방향으로 있을 때, 계수기에서 나는 소리의 횟수는 똑같을 것이라는 점을 알고, 또 확인할 수 있다.

A에서 나는 소리의 횟수와 B에서 나는 소리의 횟수는 상호 연관성을 가지며 이 경우에 상호 연관도는 1이다. 즉, 한 계수기가 한 번 소리를 내면, 다른 것도 한 번 소리를 낸다.

이제 편광판의 하나는 아직도 수직으로 정렬되어 있으나, 다른 편광판은 수평으로 정렬되어 있다고 하자. 빛의 파장(수직 편광판을 통과하고 있는)은 수

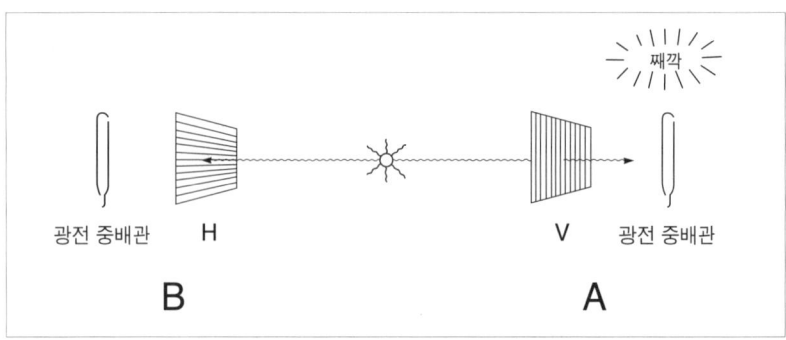

직 편광판에 막혀서 반대 방향으로 되돌아간다.

그러므로 편광판들이 서로 수직으로 돌려 있을 때, A지역의 똑딱거림은 결코 B지역의 똑딱거림을 유발하지 않는다. 다시 말해 A지역의 하나의 광자계수기가 똑딱여도 다른 광자계수기는 결코 똑딱이지 않는다. 이 두 양극 사이에 그밖에 가능한 모든 편광판의 설치 조합에 대해서 A지역의 똑딱임과 B지역의 똑딱임 사이에는 역시 상호 관계가 있게 된다. 이러한 통계적인 상호 관계는 양자역학에 의하여 예견될 수 있다.

주어진 편광판들의 설치에서는 한쪽의 어떤 똑딱임의 숫자는 다른 쪽의 똑딱임의 숫자를 이끌게 될 것이다. 벨의 편광판을 아무리 여러 방향으로 설치하더라도 A지역의 똑딱임과 B지역의 똑딱임 사이에는 우연이라고 설명하기에는 너무나 강력한 상호 관계가 있다는 것을 발견했다. 어쨌든 그 둘 사이에 관계가 있음은 틀림없는 사실이다. 그러나 그 둘이 연관되어 있다면 국소발생원인원리(어떠한 한 지역에서 발생하는 것은, 멀리 떨어진 곳의 실험자의 조정으로 종속되는 변수들에 대해서는 영향을 받지 않는다는 원리)는 하나의 환상이 되고야 만다! 간단히 말해서, 벨의 정리는 그것을 아무리 이치에 합당한 것으로 돌리더라도, 국소발생원인원리는 양자이론의 통계적 예견이 논리적으로 근거가 있다는 가정과 수학적으로는 양립하지 않는다는 것을 보여 주고 있다(적어도 이 실험에서는 그렇고, 아인슈타인-포돌스키-로젠의 실험에서도 논리적으로 근거가 보인다).*

벨이 사용한 상호 관계는 실험으로 확증되지는 않았지만, 양자론의 계산된 예견들이 있었다. 1964년에 이 실험은 여전히 가설 구조로만 존재했다. 1972년에 클라우져J. Clauser와 프리드만S. Freedmann은 로렌스버클리 실험소에서 이 예견을 확신하고 실증하기 위한 실험을 실제로 수행하였다.[8] 그들은 벨의 이론이 근거하고 있는 이 통계적인 예견이 옳았다는 것을 밝혀냈다. 벨의 이론은 이 세계가 보이는 것과는 아주 다른 세계라는 것을 제시하였을 뿐 아니라, 벨의 이론은 그러한 것을 요구하고 있었다. 그런데 의문의 여지가 없는 매우 흥미진진한 일이 발생하고 있는 것이다. 물리학자들은 우리가 살고 있는 세계에 대하여 품고 있는 우리의 이성적인 사고 관념이 아주 심층적인 데서는 결함이 있다는 것을 '증명'하게 된 셈이다.

비록 클라우져-프리드만 실험이, 벨이 그의 이론에 근거하고 있는 것에 대한 양자역학의 통계적 예견이 옳다는 것을 확신시켜 주고는 있지만, 이러한 강한 상호 관계가 초광속적 전달의 결과라는 것을 보여 주지는 못하고 있다.

클라우져-프리드만 실험에는 광자계수기 앞의 전광판의 설치가 광자쌍이 날아가는 시간에 비하여 훨씬 긴 시간 동안 고정되어 있었다. 광자쌍의

---

*아인슈타인-포돌스키-로젠의 광자이론 불완비성에 대한 논쟁은 국소발생원인원리의 가설에 근거하고 있다. 실재적으로, 먼 곳에 떨어진 관찰자의 행동에 의하여 영향을 받고 있었던 E-P-R 실험상의, 한 지역에서 실제로 일어나는 상황에 대해 의심하고 있었기 때문에, 대부분의 물리학자에게는 이러한 가설이 그럴듯하게 보였던 것이다. 그들의 의문은 위아래로 같은 부분으로 된 양자 상태와 좌우로 같은 부분으로 된 양자 상태는 완전히 동등하다는 사실로부터 생겼던 것이다. 이러한 두 조합은 영원히 분간할 수 없는 것이다. 따라서 여기에서 실제로 사실로서 일어나는 상황이 변화하고 있는지는 분명히 알 수 없다. 아인슈타인-포돌스키-로젠의 논쟁에 은연 중에 내포되어 있는 몇 가지 가설이, B지역에서 실험상 나타나는 것은 A지역에서 실험자가 하는 것에 의존되어야 한다는(역으로도 성립한다) 결론을 이끌고 있다는 점을 벨은 지적하였다. 가정으로 충분한 것은, (1)두 가지 선택적 방향의 어느 쪽으로도 각 지역의 관찰자는 그의 지역에서 자기장의 방향을 돌려 갖출 수 있다. (2)어떤 특정의(비록 일반적으로 알려지지는 않았어도) 실험 결과는 각각의 4가지 선택적인 실험상의 상황에서 일어난다는 가정을 내세울 수 있다. (3)양자이론의 통계적인 예견이 각각 4가지로 선택적인 경우에는 논리적으로 타당하다(3% 이내라고 할 수 있다). 각 예측마다 간단한 산술에 의해 벨의 논쟁은, 이러한 세 가지 가정이 두 지역 중 한 지역의 실험 결과는 다른 지역에서 관찰하기 위해서 선택하는 것들에 종속되어야 한다는 결론을 이끈다는 것을 벨의 논쟁은 증명하고 있다(다시 말해서, 그 자신의 스테른-겔라크 고안품의 자기장 방향 설정을 어떻게 잡느냐에 달려 있다). 이런 결론은 아인슈타인-포돌스키-로젠 논쟁의 국소성 가정에 모순된다.

광자들은 일단 날아가고 있는 동안에는 공간적으로는 분리되어 있으나, A 지역과 B지역에서 그들이 검지하는 측량 과정은 공간적으로 분리되어 있지 않았다. 앞으로 우리가 보게 되는 것처럼, 초광속적 전달이 클라우져-프리드만 실험의 유일하게 가능한 설명은 아니다. 사실상 1972년에 초광속적 전달의 설명은 하나의 주요한 결함을 지닌 것이 된다. 그것은 불가능한 것이다.

상대론에 의하면, '전달'은 하나의 신호가 한곳에서 다른 곳으로 가고 있으며, 신호는 한곳에서 다른 곳으로 광속도 이상으로 빨리 갈 수 없기 때문에 '광속 이상의 빛의 전달'은 생각할 수 없는 일이다.* 간단히 말해서, E-

---

* 빛보다 빠른 타키온tachyons이라고 불리는 입자의 가상 존재를 상대론은 허용하고 있다. 특수상대성원리의 기술 체계에 있어서 타키온은 상상의 정지 질량을 가지고 있다. 불행하게도, 아무도 물리학적 용어 '가정지질량imaginary rest mass'이 무엇인가에 대해서 아는 바가 없거나, 우리가 만든 것으로부터 실제 정지 질량에 대한 정상적인 입자와 타키온 사이의 내부 작용력은 무엇이 될까에 대해서 아는 바가 없다. 사파티 이론은 타키온의 이론이 아니다. 타키온은 공간을 통해서 에너지와 운동량을 수송한다. 신호에 의해 연결될 수 없는 두 사건 사이의 초광속적 전달의 개념('공간적'의 정의)은 1905년에 아인슈타인의 특수상대성이론이 물리학에 받아들여진 것만큼이나 현재의 물리학 이론으로부터의 급진적으로 탈피한 개념이다. 그럼에도 불구하고, 그것은 논리적으로 기존의 물리학의 사고와 일치하고 있다. 사실상 그것은 플랑크의 작용양자의 불가분성으로부터 나올 수도 있으며, 양자이론의 기초 요소가 되고 있다. 바로 그 플랑크의 작용양자의 불가분성은 양자 구조에서의 서로 다른 상태에서의 '양자뜀'은 불연속적이어야 한다는 결론을 이끌고 있다. 준비하는 지역과 측정하는 지역 사이의 고립에서 전파하는, 관측되는 구조를 측량할 때에, 관측되는 구조를 나타내 주는 파동함수 상의 하나의 가능성이 실현되면 파동함수 상의 다른 가능성들은 사라지게 된다. 관측되는 구조라면 반드시 이런 상태로 관측이 되어야 하거나 저런 상태로 관측되어야 한다. 다시 말하면 어떠한 관측 가능한 변화에 있어서도 어떤 양자 구조는 연속적인 일련의 중간 상태가 통과하지 않게 된다. 한 상태는 일반적으로 공간에서 확장된 정보의 형태이기 때문에, 이것은 불연속적인 상태의 변화는 파동함수를 정의하는 정보 형태의 초광속적 변화를 내포하고 있다는 사실을 따르게 한다. 말을 바꾸면, 만일 전파하는 유일한 길이 광속이나 그것보다 느린 속도로 제한이 되는 신호의 전파에 의한다면 정지된 상태 사이의 전달은 불연속적이 될 수 없다. 신호를 전파하는 데 있어서의 서로 다른 활동 무대에 상응하는 일련의 연속적인 중간상태가 반드시 있어야만 할 것이다. 따라서, 플랑크의 작용양자의 불가분성은 논리적 일치성과 함께 신호 없는 메시지의 사고 관념에 이르게 한다.

P-R의 통과 실험과 실제적으로 수행된 클라우져-프리드만 실험의 입자들은 서로 연결되어 있는 것 같으나, 물리학의 법칙에 의하면 그것들은 연결되지 못한다(만일 그것들이 진짜로 공간적으로 떨어져 있다면).

왜냐하면 그들이 연결될 수 있는 유일한 길은 신호를 통해서만 가능하기 때문이다.

1975년에 물리학자인 잭 사파티Jack Safatti는 그 누구도 생각하지 못했던 아주 '명백한' 제안을 내놓았다. 사파티는 만일 무엇이 존재한다면(클라우져-프리드만 실험의 결과인), 물리학 법칙들은 부정확하거나 부적당한 것임에 틀림없다는 제안을 하였다. 특히 사파티는 이 현상을 기술하는 것에 물리학의 법칙은 적당하지 않다는 제안을 하였다. 사파티에 의하면, 이 현상은 E-P-R의 통과 실험과 클라우져-프리드만 실험의 입자들이 공간적으로 분리되어 있고 또한 연결되어 있으나, 이것들은 신호에 의해서 연결되어 있지는 않다고 한다. 그들은 공간이나 시간을 초월하는 길로서 가깝게, 그리고 즉각적으로 연결되어 있다. 사파티는 이 이론을 신호 없는 무질서도(negentropy, 정보)의 초광속적 전달이라고 불렀다(무질서도 '질서'에 대한 또 다른 용어이다).

1975년에 아인슈타인은 광속도 불변의 수수께끼를 광속도 불변의 공리로 만들고 풍성한 논리적 결과를 거둬들였다(다시 말해서 특수상대성원리). 사파티는 1975년에 초광속 전달의 수수께끼를 초광속 전달의 공리로 만들고, 앞으로 우리가 보게 되겠지만, 마찬가지로 풍성한 논리적 결과들의 수확을 거둬들였다.

사파티의 이론에 따르면, 각각의 양자뜀은 무질서도의 공간적 초광속적 전달이다. 거기에는 에너지의 전달이 없다. A지역과 B지역 사이에는 움직이는 것이 아무것도 없다. 그럼에도 불구하고 A지역과 B지역 양쪽 다 에너지의 질적인 '순간적인' 변화(응집 구조)가 있다.

스탭은 혼자서 같은 결론에 이르렀다. 그의 논문 〈초광속적 연결이 필요한가〉에서 그는 다음과 같이 그것이 잘 되어야 할 것이라고 결론지었다.

양자 현상은 고전적 생각에 일치하지 않는 방법으로 정보를 주고받는다는, 한 번만 봐도 알 수 있는 증거를 제공하고 있다. 따라서 정보가 초광속적으로 전달된다는 사고는 이미 있었던 것이지만, 합리적인 사고는 아니다. ……우리가 자연에 대해서 알 수 있는 모든 것은, 시공에 놓일 수 있는 사건을 생성하는 것을 제외하고는, 자연의 근본 과정은 시공 밖에 놓여 있다는 생각과 일치하고 있다.

이 논문에 대한 정리는 초광속적 정보 전달이 필요하다는 것을 보여 줌으로써, 보다 덜 부당해 보이는 특정한 대안들을 막으면서, 이러한 자연관을 지지하고 있다. 정말로 보어의 철학적인 지위는 그밖의 가능성을 물리치는 데에 이르게 하는 것처럼 보이고 있으며, 초광속적 정보의 전이가 필요하다는 결론에 이르게 하는 것처럼 보인다.[9]

이 책이 인쇄되어 갈 무렵, 프랑스 오세이에 있는 파리대학 광학연구소의 물리학자 에일리언 아스펙트Alain Aspect는 우연히도, 사파티의 신호 없는 초광속 전달의 이론에 결정적인 증거를 제공하게 될 실험을 준비하고 있었다. 양자쌍이 날아가고 있는 동안 편광탐지기의 설치 위치를 바꿈으로써, 양자쌍 중 한 양자가 시공 내에서의 정상적인 신호전파의 교환을 통해서 자기 짝에게 무엇이 발생하는지를 아는 것은 불가능하다는 점을 입증하는 것이다.

아스펙트의 실험은 공간적으로 분리된 A지역에 있는 짝의 변화된 상태를 알고서는, 그 순간 그 결과에 따라서 B지역의 입자가 자신의 상태도 변화시키게 된다는 보옴의 논리적인 결론(그것을 보옴은 스핀 상태라는 용어로 표현했다)을 시험하게 될 것이다. 왜냐하면 아스펙트의 실험은 그것이 계획했던 것처럼 그 탐지 과정에서 오로지 보완 관계의 입자 양식을 사용했기 때문이다. 따라서 사파티는 우리가 아스펙트의 광전측정기(입자탐지기)를 각 슬릿마다 '하이젠베르크 현미경'을 가지고 있는 쌍-슬릿 체계로 대체해야 한다는 제안을 했다.

쌍-슬릿 체계는 파동 탐지 기구이다. 하이젠베르크 현미경은 입자 탐지기이다. 쌍-슬릿 실험에서 하이젠베르크 현미경을 각 슬릿마다 배치함으로써 우리는 양자가 통과하는 슬릿을 결정할 수 있다. 각 슬릿마다 하이젠베르크 현미경을 갖춘 쌍-슬릿 체계를 사용하면, 탐지상의 파동 양식이나 입자 양식을 사용할 수 있는 선택을 하게 된다. 우리가 하이젠베르크 현미경을 작동시키면, 우리는 입자 탐지 체계를 얻게 된다. 현미경을 끄면 우리는 파동 탐지 시스템을 가지게 된다.

이것은 초광속적 통로를 지나는 메시지를 우리가 암호화할 수 있도록 허용하는, 상호 양립할 수 있는 실험상의 내용(파동과 입자) 사이에서 현미경을 작동시킬 수 있는 바로 그런 능력을 타나내고 있는 것이다. 우리가 하이젠베르크 현미경을 켜면, 그 중의 하나는 쌍-슬릿 실험에서, 쌍-슬릿 중의 하나를 통과하는 양자를 알아낼 수 있는데, 그 입자에 대해서 간섭 형태는 부서지고 만다.

만일 우리가 가진 탐지 기구가 완전히 효과적으로 작동하면, 만일 실패 없이 그것들이 하나의 슬릿 또는 다른 슬릿을 통과함에 따라서 각각 하나의 양자를 탐지할 수 있다면, 간섭 형태는 전혀 없을 것이다. 그러나 현재로는 그러한 효과를 가진 탐지기는 없다. 더구나 현재 수준의 기술이 만들어 낼 수 있는 입자 탐지 기구는 우리의 목적에는 적합하지 못할 것이다. 현재 수준의 기술로 만들어 낼 수 있는 입자 탐지기는 변화를 주어가면서-확률의 차원에서 통제 가능하지는 못하지만 – 입자를 탐지하고 있다. 따라서 실제로는 쌍 – 슬릿 실험 상의 각 슬릿에 배치되어 있는 가설적인, 그러나 현재 수준의 기술의 하이젠베르크 현미경(입자 검색기)을 설치하더라도 동시에 간섭 형태를 부숴 버리지는 못할 것이다.

붕괴도는 실험자의 의식적인 통제에 영향을 받을 것이다. 다른 말로 하면, 그런 입자탐지기를 쓰면, 우리는 의식적으로 사파티의 제안과 같이 한 쌍의 쌍 – 슬릿의 양 극에서 간섭 형태를 '조절'할 수 있을 것이다.

사파티는 벨의 이론과 E-P-R 효과에 근거하여, 그런 쌍의 쌍 – 슬릿 체계의 한쪽 끝에서 보는 간섭 형태는 시공을 넘어서 어떤 방법으로 우리가 다른 쪽 끝에서 보는 간섭 형태와 양자쌍으로 불가분하게 연결되어 있다고 설명했다. 따라서 그 체계의 한쪽 극에서의 간섭 형태의 조정은, 비록 두 과정을 연결시키는 에너지 – 운동량을 수송하는 신호 – 는 없어도, 이 체계와 다른 한쪽 극에서의 유사한 조정을 유발하게 될 것이다. 이것이 소위 사파티가 말하는 '공간적 간격에 대한 비국소적인 위상 고정화'이다.*

---

*초광속적 정보전달이론은 융의 동위성과 물리학적으로 유사하다. 사파티의 이론에 따르면, 양자쌍의 파동함수는 각각의 양자들의 파동함수보다도 '보다 높은 현실성'이 있다. 보다 낮은 현실성을 가진 양자쌍 중의 양자들의 개별적인 무질서도의 합보다도 보다 현실성이 있는 양자쌍의 결합도(무질서도, 질서)가 일반적으로 더 크다. 다시 말해서, 비국소적 E-P-R 효과에 의한 보다 높은 수준의 현실성은 보다 낮은 수준의 현실성에 비해 더 결합되어(질서가 잡혀) 있다. 다른 말로 바꾸면, 전체는 각 부분의 합보다 항상 크다는 것이다. 이것을 사파티는 '긴급한 질서의 열역학부등식'이라고 부른다. 어떤 수준의 현실성을 지닌, 떨어진 각 부분이 신호의 대치에 의해 서로 작용하게 될 때는(힘으로써) 각각의 파동함수는 다음의 더 높은 현실성의 상호 연관을 갖게 된다. 이런 식으로 그들은 실제로 '각각의 부분'이 반대로 더 낮은 수준의 현실성으로는 타나나지 않는다. 우리 수준의 현실성에서 양자쌍의 상호 연관된 파동함수는 '시공을 초월하는 데서부터 오는 질서를 수행하고 있다.' 새로운 수준의 현실성으로 오르는 모든 계단은 새 질서 – 이것은 현실성 수준에 대한 정의에 관한 계단이다. 이러한 의미에서, E-P-R의 효과는 우리의 다층 수준의 단계적 현실 원리(다시 말해, 어떤 수준의 현실성에 있는 '분리된' 사건에 대한 파동함수는 다음에 올 수준의 상승에 상호 연관이 있다)로서, 계속해서 다음 수준에 있는 '각각의 사건'은 또 다음에 증가될 수준에 상호 연관이 있고, 이런 식으로 계속된다.

만일 아스펙트의 실험이 양자역학에 의해서 예견되거나 클라우져-프리드만 실험에 의해 확신되는, 동일하고 강한 상호 연관을 보여 주는 데 실패한다면, 신호 없는 초광속적 정보의 전달에 관한 사파티의 이론은 사형선고를 받게 될 것이다(이것이 과학의 최상 형태이다. 이론들의 결정적인 확인 가능성은 형이상학으로부터 과학을 분리하는 것이 될 것이다).

그러나 만일 아스펙트의 실험이 양자이론에 의해 예견되고 클라우져-프리드만 실험이 계속해서 주장하는 바에 의해 확신되고 있는, 양자쌍의 두 양자 사이의 동일하고 강한 상호 연관을 보여 준다면, 양자쌍이 날고 있는 동안은 심지어는 측정 기구의 편극화의 설치 방향이 변하는 경우에 있어서도, 사파티의 신호 없는 초광속 전달의 이론은 이 현상을 설명하는 데 최우선적 후보자가 될 것이다. 만일 사파티의 신호 없는 초광속적 전달의 이론이 실험을 정확히 상호 연관시킨다는 것이 사실로 증명된다면, 물리 과학과 마찬가지로 서양 사상의 중요한 혁명이 가까운 장래에 도래할 것이다.

다시 말하면, 아스펙트의 실험은, 우리를 아인슈타인 이후의 시대(획기적인 사건)로 몰고 간 마이클슨-모올리의 실험과 같은 것이 될 수 있을 것이다.

1975년에 미국 에너지개발진흥국에 의해 지원받고 있는, 한 연구소에서 스탭은 이렇게 쓴 적이 있다.

벨의 정리는 과학의 가장 심오한 발견이다.[10]

벨의 정리는 양자이론의 통계적 예견이나 국소발생원인원리가 거짓이라는 것을 보여 주었다. 그것은 그 중에 어느 하나가 거짓이라는 것뿐 아니라, 둘 다 사실이 될 수 없다는 것을 말해 주고 있다. 클라우져와 프리드만이 양자이론의 통계적 예견을 옳다고 확신했을 때에 깜짝 놀랄 만한 결론은 불가피했었다. 국소발생원인원리는 거짓이어야만 했다! 그러나 만일 국소발생원인원리가 실패해서, 이 세계가 그것이 나타나야 할 그런 길로 나타나지 않았다면, 이 세상의 진정한 원래 모습은 무엇인가?

몇 가지 상호배타적인 가능성이 있다. 첫 번째의 가능성은 우리가 바로 논의했던 것처럼 나타나 보이는 것과는 반대로, 우리의 세계에는 '분리된 부분'과 같은 그런 것은 실제 존재하지 않는다는 것이다. 분리된 부분이 서로 상호 작용할 때 그것(그들의 파동함수는)은 서로 상호 연관을 가지게 된다(통상적인 신호의 교환을 통해서)(힘). 만일 이 상호 연관이 다른 외부의 힘에 의해 혼란이 일어나지 않는다면, 이러한 '분리된 부분'을 나타내는 파동함수는 영원히 상호 연관에 된 채로 남아 있을 것이다. 그런 상호 연관되고 분리된 부분에 대해 이 지역에서 실험자가 수행하는 것은 공간적으로 떨어진(분리된) 먼 곳의 어떤 실험 결과에 본래적인 영향을 주게 된다. 이런 가능성은 관례적으로 물리학이 설명할 수 있는 것과 다른 형식을 가진 초광속적 전달을 일으킨다.

이러한 체계에서는 이곳에서 일어나는 일이 우주의 딴 곳에서 일어나는 것과 즉각 밀접하게 연관을 가지게 되고, 그것은 다시 우주의 또 다른 곳에서 일어나는 일과 밀접하게 그리고 즉각 관계를 갖는 식으로 계속 진행되는데, 이것은 우주의 '부분'은 분리된 부분이 아니라는 간단한 이유 때문이다.

보옴이 기술한 것처럼 '부분들'은,

전 체계의 상태에 밀접하게 연관돼 있으며 또한 그것과 돌이킬 수 없는 역동적인 관계를 맺고 있는 것처럼 보인다(그리고 정말로 그것들이 포함되어 있는, 궁극적이고 전체 우주에 통하는 원리에 의해 확장되고 있다). 더 넓은 체계에서 우리는 이 세계를 개별적으로, 그리고 독립적으로 존재하는 부분들로 분석 가능하다고 보는 고전적 관념을 부정하는, 부서지지

않는 전체라는, 새로운 관념을 가지게 될 것이다.[11]

양자역학에 의하면, 개별적인 사건들은 순전히 우연에 의해 결정된다. 예를 들어 다음과 같은 것을 계산해 보면, 자발적으로 일어나는 양의 K입자의 붕괴가 반뮤입자와 중성미자를 생성하는 것은 21%, 양의 파이입자와 음의 파이입자를 생성하는 것은 5.5%, 양전자, 중성미자, 중성 파이입자를 생성하는 것은 4.8%, 반뮤입자, 중성미자, 중성 파이입자를 생성하는 것은 3.4% 등이다. 그러나 양자이론은 어떤 붕괴가 어떤 결과를 생성할 것인가에 대해서는 예측할 수는 없다. 개개의 사건은, 양자역학에 따르면 순전히 임의의 것이다.

다시 말하면, 자연적으로 붕괴하는 K입자를 기술하는 파동함수는 이런 종류의 가능한 결과를 포함한다. 붕괴가 일어날 때 이런 잠재 가능성 중의 하나가 현실화된다. 각각의 잠재 가능성 확률이 계산된다고 하더라도, 붕괴하는 순간에 어떤 잠재 가능성이 실재로 발생할 것인가 하는 것은 우연의 문제이다. 벨의 정리는 일정한 시간에 어떠한 붕괴 반응이 일어나는 것은 우연의 문제가 아니라고 시사하고 있다. 다른 모든 것과 마찬가지로, 그것은 그밖의 어디에서 발생하고 있는 어떤 것에 달려 있다. 스탭은,

잠재 가능성이 현실로 옮겨지는 것이 국소적으로 허용 가능한 정보에 기초하여 계속 진행될 수는 없다. 만일 우리가, 어떻게 정보가 시간과 공간을 통해서 전파되는가에 대하여 보통 가지고 있는 생각을 받아들인다면, 벨의 정리는 먼 곳에 떨어져 있는 발생 원인에 대해 영향을 받지 않을 수 없는 거시적 응답을 보여 주고 있음을 알아야 한다. 그 응답이 '순전한 우연'에 의해 결정된다고 해서는 이런 문제가 해결되지도, 완화되지도 않는다. 벨의 정리는, 거시적 응답의 결정은 '우연'이 아니어야 하고 적어도 먼 곳에 떨어진 곳에서의 발

생 원인에 대한 이런 응답을, 몇 가지 종류의 종속 요건으로서 허용하는 정도까지는 되어야 한다는 것을 밝히고 있다.12)

적어도 표면상으로 초광속적 양자 전달성은 어떤 종류의 심리적 현상을 설명 가능하게 하는 이야기처럼 보인다. 예를 들어, 텔레파시는 만일 그것이 빛보다 빠르지 못하다면 순간적으로 자주 발생한다. 심령적 현상은 뉴턴 이후 물리학자들에 의해 경멸적으로 다루어져 왔다. 사실 대부분의 물리학자들은 그것의 존재 여부까지도 믿지 않는다.

이런 의미에서 볼 때, 벨의 정리는 물리학자의 진지에 뛰어든 트로이의 목마와 같은 것이 될 수 있을 것이다. 첫째 이유는, 그것은 양자이론이 정신 감응의 전달과 유사한 모습의 전달을 요구하고 있다는 것을 밝혔으며, 둘째 이유는 야릇하게도 그들이 존재를 믿을 수 없는 종류의 현상에 대해 그들 스스로가 계속해서 토론해 왔다는 사실을 알 수 있었던 신중한 물리학자들 (모든 물리학자들은 신중하지만)에게, 벨의 이론은 수학적인 형식 체계를 제공하여 주었기 때문이다.

국소발생원인원리의 실패는 반드시 초광속적 연결이 실제로 일어나는 것을 의미하는 것은 아니다. 그밖에 국소발생원인원리의 실패를 설명할 수 있는 길이 있다. 예를 들어, 국소발생원인원리-한 지역에서 발생하는 것은 공간적으로 분리된 먼 지역의 실험자의 통제에 의해 종속되는 변수의 영향을 받지 않는다-는, 그들이 보고 지나치기 쉬울 것이 명백한 두 가지의 가정에 기초를 두고 있다.

첫 번째는, 국소발생원인원리는 우리가 어떻게 실험할 것인가에 대한 선택을 우리가 할 수 있다는 가정을 가지고 있다. 우리가 클라우져-프리드만의 광자 실험을 수행한다고 생각하자. 우리 앞에 편광판은 서로 일직선상에 똑같이 가지런하게 놓여 있으나, 편광판 위치를 어떻게 잡아 줄 것인가를 결정하는 스위치를 켜면 편광판은 서로 직각으로 돌아 위치를 잡게 될 것이다. 이번에는 스위치를 켜고 편광판을 서로 가지런히 놓는다고 가정하자. 정상적으로, 우리는 스위치를 꺼버릴 수도 있어서, 우리가 원하기만 했다면 편광판을 직각이 되도록 돌려서 위치를 잡을 수 있었을 것이라고 생각할 수 있을 것이다. 다른 말로 하면, 우리는 우리 앞에 있는 스위치가 실험이 시작될 때 켜질 것인가 꺼질 것인가를 자유롭게 결정할 수 있다고 가정하자.

국소발생원인원리는 우리의 실험을 어떻게 수행할 것인가를 결정하는 데 우리는 자유의지를 가졌고 또 행사할 수 있다는 가정을 하고 있다. 두 번째로(이것은 더 간과하기가 쉬운 것이지만) 국소발생원인원리는 만일 우리가 실제로 그 실험을 수행했던 것과 다른 방법으로 우리의 실험을 수행하더라도 우리는 똑같이 확실한 결과를 얻으리라고 가정하는 것이다. 이 두 가지 가정(우리가 선택하지 않는 것까지 포함해서 확실한 결과를 가져오며, 또 가져올 것이다)을 스탭은 소위 '사실에 반대되는 결정성'이라 불렀다.

이 경우에 사실은, 우리는 스위치를 켠 상태에서 우리의 실험을 수행하기로 했었다. 우리는 가정하기를 -사실에 반대가 되게-, 스위치를 끈 상태에서 그 실험을 수행할 수 있었다고 한다. 그 실험을 스위치를 켠 상태에서 수행함으로써, 우리는 똑같은 결과를 얻었다(각각의 지역에서의 똑딱거리는 얼마만큼의 숫자). 따라서 우리는 만일 우리가 스위치를 끈 상태에서 실험하도록 주어졌다면, 우리는 마찬가지로 확실한 결과를 얻을 수 있으리라고 가정한다(이번의 결과가 무엇인지를 우리가 계산할 수 있다는 사실도 필요가 없다). 이상하게 보일지 모르지만 어떤 물리학의 이론은(앞으로 우리가 보게 되지만), "만일 ……라면, 어떤 것이 발생할 것이다."는 논리가 확실한 결과를 나타내고 있다는 가정을 하지 않는다.

벨의 이론이 국소발생원인원리가 틀렸다는 것을 보여 주었기 때문에(양자이론의 정당성을 가정하면서), 그리고 만일 우리가 초광속적 전달의 존재를 국소발생원인원리의 실패의 원인으로서 받아들이는 것을 원치 않는다면('국소성의 실패'), 우리는 반사실적 명확성에 대한 우리의 가정이 틀릴 가능성에 직면하도록 강요되어야 할 것이다("반사실적 결정성은 실패했다"). 반사실적 결정성은 두 부분을 가지고 있기 때문에, 반사실적 결정성은 실패할 수 있었던 두 가지 길이 있었다.

첫 번째 가능성 있는 길은, 자유의지는 환상에 불과하다는 것이다("반사실성은 실패했다"). 아마도 '만일 ……라면, 무엇이 발생할 것이다.'와 같은 그런 것은 존재하지 않을 것이다. 아마도 '무엇이다'만 존재할 수 있을 것이다. 이 경우에 우리는 초결정론에 도달하게 된다. 이것은 정상적인 결정론을 훨씬 넘어선 결정론이다. 정상적인 결정론은 일단 어떤 시스템의 초기상태가 설정되면, 그것은 원인과 결과의 사정없는 법칙에 따라 진행되어야 하기 때문에 시스템의 미래도 설정된다. 이런 형태의 결정론은 이 우주를 대단히 큰 기계로 보는 데에 기초를 두고 있다. 그러나 이 관점에 따르면, 만일 어떤 체계의 초기 상태가 이미 우주처럼 변화하게 되면, 이 체계의 미래도 역시 변화한다고 한다.

초결정론에 따르면, 심지어는 우주의 초기 상태마저도 변할 수 없다고 한다. 상태가 있는 것 이외에 딴 것이 되는 것은 불가능할 뿐 아니라, 심지어는 우주의 초기 상태가 과거의 그것 이외의 것으로 있을 수 있다는 것도 불가능하다는 이야기다.

현실성에 대한 이 초결정론적인 모델은 아마 실제로 있는 현실성에 관한 불교도의 관점일 것이다. 비록 이것이 불교도의 관점으로부터 온 것이긴 해도, 그것은 아주 잘 설명되어 있지는 않다.

'자유의지'에 대한 개념은 내가 자유의지를 행사하는 우주로부터 '나'는 떨어져서 존재한다는 가정에 기초를 두고 있다. 불교에 의하면, 자아가 여타 우주로부터 분리되어 있다는 것은 미망이라는 것이다. 따라서 만일 내가 우주라면, 나는 무엇에 근거하는 자유의지를 행사할 수 있단 말인가? 자유의지는 자아가 만든 환상의 일부이다.

만일 그곳에 포함되어 있는 '결정론'의 가정이 틀리다면, 반사실적 결정성은 틀리게 된다. 이 경우에 우리는 우리의 실험을 수행하는 방법의 선택의 여지는 있지만, '만일 ……라면, 어떤 결과를 얻을 것이다.' 라는 것은 어떠한 확실한 결과도 만들어 내지 못한다. 이 대안은 바로 그것이 우리 귀에 들리는 것처럼 우리에게 낯설다. 그것은 바로 양자역학의 '다세계해석'으로부터 나온 것이다. 다세계이론에 따르면, 가능한 한 사건과 다른 사건 사이의 세계에서 선택이 이루어질 때마다 세계는 서로 다른 가지로 갈라진다고 한다.

우리의 가상 실험의 도중에 우리는 스위치 켜기를 결정했었다. 스위치가 켜진 상태에서 실험이 수행될 때는, 그 실험은 우리에게 결정적인 결과를 준다(각각의 지역에서 어떤 수만큼의 똑딱임). 그러나 다세계이론에 의하면 우리가 스위치를 켜는 순간에, 세계는 두 갈래로 쪼개진다고 한다. 한쪽에서는 실험이 스위치가 켜진 상태에서 수행되는 것이고 다른 한쪽에서는 실험이 꺼진 상태에서 수행되는 것이다.

누가 두 번째에서 실험을 수행하고 있을까? 바로 우리다! 각각의 다른 세계의 갈래에는 서로 다른 우리의 복제가 있는 것이다. 각각의 우리의 복제는 그가 속한 갈래의 세계만이 현실의 전부라고 확신하고 있는 것이다.

두 번째 갈래의 실험은(이것은 스위치가 꺼진 상태에서 수행하는 실험이다) 역시 고유의 결과를 얻는다(어느 수만큼의 똑딱임). 그러나 이 결과는 다른 갈래의 세계의 결과이지 우리 세계의 결과는 아니다. 따라서, 갈라진 세계의 우리에 관한 한, '만일 ……이면, 무엇이 발생할 것이다.'라는 논리의 경우가 실제로 발생하게 된다. 그리고 실제로 정말 확실한 결과를 얻는다. 그러나 그것은 우리의 경험상의 현실성을 영원히 넘어선 갈래의 세계 안에서 일어난다.* 다음에 벨 정리가 논리적으로 함축하고 있는 내용을 그린 도표가 있다.

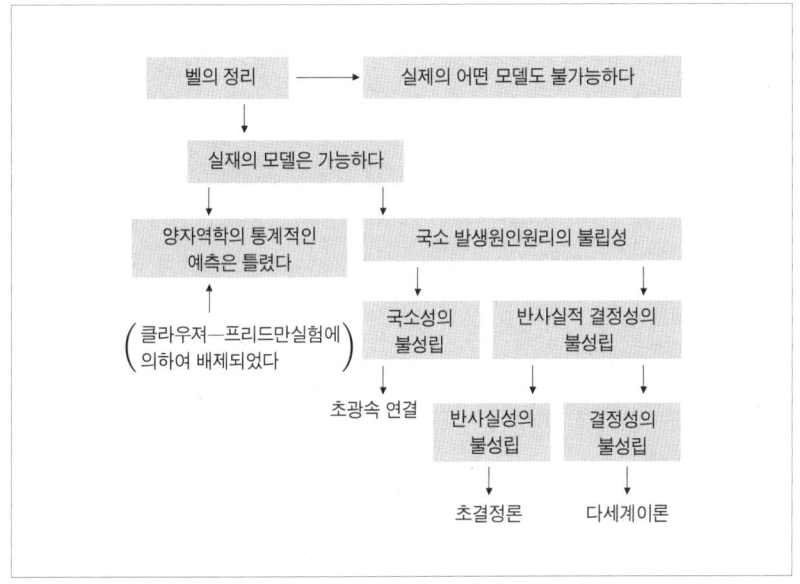

---

*세계가 갈래로 쪼개지는 것은 결과 사이의 선택에서도 역시 일어난다. 이것은 E-P-R실험의 예에서 설명할 수 있다. 예를 들어 자기장의 축이 수직이어서 그 결과 스핀이 위아래로 될 때, 원래 갈래의 세계에서 다시 두개의 '작은 갈래'로 갈라진다. 작은 갈래에서도 자기장이 수직일 때, 첫 번째 작은 갈래는 그 결과가 오른쪽 스핀이고 두 번째의 작은 갈래에서는 그 결과가 왼쪽 스핀이다. 따라서 어떤 주어진 작은 갈래에서도 결정적인 결과가 있게 된다(위의, 아래의, 오른쪽의, 왼쪽의). 그러나 양쪽의 결과(위로의 아래로의, 또는 좌로의 우로의)가 다른 갈래에서 일어났으므로, '만일 우리가 그밖의 갈래를 선택한다면 무엇이 일어날 것인가.'에 대한 의문은 의미가 없다. 따라서 '그밖의' 갈래의 결과는 확정적인 것이 아니다.

위의 도표는 라우셔Elizaeth Rascher의 지도와 후원 아래, 로렌스-버클리 연구소의 기초 물리실의 비공식 토론 내용에서 뽑은 것이다. 이 토론은 스탭의 연구를 바탕으로 한다.

요약하자면, 1964년에 벨 정리는 양자이론의 통계적 예측과 국소발생원인원리 중에 하나가 거짓임을 보인다. 1972년에 클라우져와 프리드만은 버클리에서 양자이론의 통계적 예측의 진실성을 뒷받침하는 실험을 실시했다. 따라서 정리에 의하면 국소발생원인원리가 거짓이라는 것이다.

국소발생원인원리에 의하면 한 장소의 사건은 공간적으로 떨어져 있는 실험자의 조종 아래 있는 변수들의 영향을 받지 않는다고 말한다. 국소발생원인원리의 실패를 설명하는 가장 간단한 방법은 한 장소에서 일어나는 사건이 공간적으로 떨어져 있는 실험자의 조작의 영향을 받는다고 결론짓는 길뿐이다. 만약 이 설명이 맞는다면, 우리는 뚜렷하게 떨어져 있는 부분들 사이의 초광속도적 연결성으로 특징지을 수 있는, 비국소적인 세계(국소성 실패)에 살고 있다는 것이 된다.

그러나 국소원리가 실패하는 다른 경우가 있다. 국소원리는 두 개의 묵계의 가정을 기반으로 한다. 첫째는, 우리는 우리의 행동을 결정할 수 있는 능력을 가진다는 점이다. 즉 자유의지가 있다는 것이다.* 둘째, 한 실험 대신에 다른 상태에서 실험을 실시했더라면 다른 고유한 결과를 가져올 것이라는 것이다. 이 두 가정이 스탭이 말하는, 반사실적 결정성이다.

위의 첫째 가정이 틀리다면, 다른 가능성들을 미리 배제하는 초결정론을 얻게 된다. 이와 같은 결정론에 의하면 세계는 미리 결정된 것으로서 애당

---

*학자들은 철학적인 용어인, 자유의지라는 말을 보다 정연히 표현한다. 예를 들어서, 이러한 조건 하에서 자유의지의 개념은 다음과 같은 묵계의 가정으로 정의된다. 'A와 B에 위치하는 각 관측자들은 두 개의 가능한 관측(실험) 중에 하나를 택할 수 있다.' 두 개의 선택이란 두 입자 체계의 연구에서 두 입자에 대한 관측의 의미 아래에서 '자유변수'로 본다.

초 다른 상태로 될 수 없다는 것이다. 둘째의 가정이 틀리다면, 모두 한곳에 위치한 서로 다른 무대에서 똑같은 시간에 서로 다른 연주를 하는 똑같은 배우들의 복제들을 수용하는, 서로 고립되고 통할 수 없는 여러 개의 세계로 계속 갈라진다고 보는 다세계이론에 도달한다.

국소원리의 실패를 설명하는 다른 방법이 있을 수 있겠으나, 국소원리가 성립하지 않는다는 사실만으로도 세계는 우리가 생각하는 것과 완전히 다르다는 것을 시사한다(어두운 동굴에 사는지도 모른다).

앞의 도표 가운데 '실재에 대한 모델은 없다.'는 제안은 양자역학의 코펜하겐해석이다. 1927년 역사상 유례없는 유명한 물리학자들의 모임에서 이들은 실재에 관한 일관성 있는 모델을 만든다는 것은 불가능할지도 모른다고 결론지었다(즉, 현실의 기본적인 과정을 설명하는 일). 30여 년 동안 우리에게 밀어닥친 지식의 홍수에도 불구하고 기초 물리실은 반세기 전에 코펜하겐에 모였던 물리학자들처럼, 실재에 대한 모델을 만들기 불가능하다는 인식을 하게 되었다. 이러한 인정은 임의의 이론의 한계성을 인정하는 문제가 아니다. 그것은 서방에서 서서히 대두되는 움직임으로서, 지식 자체의 한계성을 인식하는 것이다. 다른 말로 하면, 지식과 지혜의 차이를 인정하게 된 것이다.*

---

*사실상 대부분의 물리학자들은 이런 문제를 생각하지도 않는다. 코펜하겐해석의 주요 요지는 (대부분의 학자들이 받아들이고 있는) 과학의 진정한 목적은 경험 뒤에 존재할 수 있는 특정 현실의 모델을 제시하기보다는, 경험을 확장하고 조직화할 수 있는 수학적 토대를 만드는 데 있다. 즉 오늘날 대부분의 물리학자들은 그것을 경험하지 않고도 만들 수 있는 현실 모델의 실용성에 관한 논란에 있어서 아인슈타인보다 보어의 편에 서 있다. 코펜하겐 관점에 의하면, 양자이론은 현재 상태로서 만족스러우며 그것을 보다 깊이 이해하고자 하는 노력은 비생산적이라고 본다. 이러한 노력은 다만 지금까지 지적한 어려움만 초래한다. 많은 물리학자들에게 이런 문제점은 물리학적이라기보다 철학적인 것으로 보이며, 따라서 대부분의 학자들은 도표의 '현실 모델이 가능하지 않다.'는 쪽을 주장한다.

고전적 과학은 물리학 실재를 구성하는 개개의 부분들을 가정하는 것으로 시작한다. 그 이후 주요 관심사는 이들 개개의 부분들이 어떻게 연관되어 있는지를 연구하는 데 있다.

뉴턴의 위대한 업적은 지구와 달, 행성들 등이 사과를 지배하는 법칙과 똑같은 법칙의 지배를 받고 있음을 보였다는 점이다. 프랑스의 수학자 데카르트는 서로 다른 시간과 거리에 관한 측정 결과들 사이의 관계를 나타내는 그림을 그리는 방법을 발명했다. 이 과정(해석 기하)은 분산된 자료를 조직하여 하나의 의미 있는 형태로 만드는 좋은 도구이다. 바로 여기에 서양과학의 힘이 있다. 이것은 서로 상이한 경험적 사실들을 운동의 법칙과 같은 간단하고 합리적인 구조의 개념으로 집약한다. 이 과정의 시발점은 경험들은 논리적으로 무관하고 물리 세계는 여러 개로 갈라져 있는 것으로 파악하는 정신적 태도이다. 뉴턴물리학은 이미 존재해온 '개개의 부분들' 사이의 관계를 규명하고자 하는 노력이다.

양자역학은 이와는 반대의 가정에 기반을 둔다. 따라서 양자역학과 뉴턴역학은 엄청난 차이를 갖는다.

양자역학과 뉴턴역학의 가장 핵심적인 차이는 양자역학은 관찰(측정)에 의존한다는 점이다. 어떠한 관측이 없으면 양자역학은 아무것도 말할 수 없다. 양자역학은 측정하는 사이에 무엇이 일어난다고 말해 주지 못한다. 하이젠베르크에 의하면, '일어난다happen'는 용어는 관측에 국한되어 있다.[13] 이것은 지금까지 생각지 못했던 혁신적인 과학 사상이다.

우리는 많은 경우, 지역 A, 그 다음에 B지점에서 전자를 탐지한다는 말을 하지만, 이는 엄밀히 말해서 옳지 않다. 양자역학에 의하면, A에서 B로 간 전자는 없었다. 오직 A와 B에서의 관측만이 존재한다.

양자이론은 철학뿐 아니라 – 점점 자명해지지만 – 인식에 관한 이론들과 밀접한 관계에 있다. 일찍이 1935년에, 폰 노이만은 그의 저서 《측정의 이론》에서 이런 관계를 연구했다(도대체 입자를 의미하는 파동함수는 언제 붕괴하는가? 입자가 감광판을 부딪칠 때? 사진판이 현상될 때? 현상판으로부터 빛이 우리 망막에 들어올 때? 망막에서 신경자극으로 대뇌로 들어올 때?).

보어의 상보성원리 또한 물리학과 의식의 본질적 관계를 논한다. 실험자의 실험의 선택(파동 혹은 입자)이 같은 현상의, 상보 관계에 있는 사건 중에 어떤 사건이 일어날 것인가를 결정한다. 마찬가지로 하이젠베르크의 불확정성의 원리도 현상을 변화시키지 않고는 그것을 관측할 수 없음을 보인다. 우리가 관찰하는 '외적' 세계의 물리 성질은 우리의 인식에 심리적으로뿐만 아니라 존재론적으로 뿌리박혀 있다.

뉴턴역학과 양자론의 두 번째 주요한 상이점은, 뉴턴역학은 사건을 예측하나 양자역학은 사건들이 일어날 확률을 예측한다는 점이다. 양자이론에 의하면 사건들 사이에 결정될 수 있는 유일한 관계는 통계적 사실 – 확률 – 이라는 것이다.

런던대학교 버크벡 단과대학의 물리학 교수인 데이비드 보옴은, 양자역학이 질서의 새로운 인식 위에 서 있다고 말한다. 보옴에 의하면, "우리는 물리학을 뒤바꿔야 한다. 부분들로 시작하여 설명하는 대신(데카르트적 질서) 전체를 다루어야 한다."14)

보옴의 이론은 벨의 정리와 일치한다. 벨 정리는 우주의 개개의 부분이 본질적으로는 밀접하게 연관되어 있음을 시사한다. 보옴은 가장 기초적인 차원에서는, 그의 말로 '존재하는 – 그것', 즉 분해되지 않는 전체성이 존재한다고 말한다. 우주의 기본적인 과정에 깔려 있는 질서가 있으나 그 질서는 잘 보이지 않을 따름이다.

예를 들어서, 조그마한 원통을 내포하는 크고 속이 빈 원통을 상상하자.

두 원통 사이의 공간은 글리세린과 같은 맑고(투명) 끈끈한 액체로 채워져 있다.

다음에 글리세린의 표면에 잉크 방울을 떨어뜨린다고 하자. 글리세린의 성질 때문에, 잉크 방울은 투명한 액체 위에 떠 있는, 눈에 보이는 흑색점으로 그대로 떠 있다.

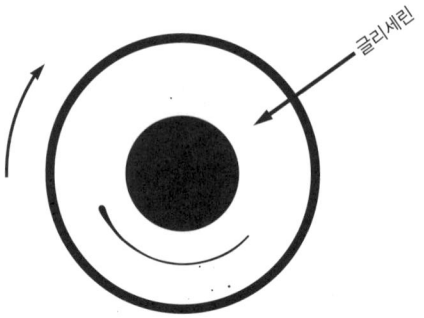

만약 한 개의 원통을 시계 방향으로 돌리면, 잉크 방울은 반대쪽으로 퍼지면서 점차 엷어져서 안 보이게 된다. 잉크 방울은 글리세린 속으로 완전히 사라졌지만 아직 존재한다. 다시 원통을 반대 방향으로 돌리면 잉크 방울이 다시 나타난다. 처음에는 엷은 선이, 차츰 굵어져서 하나의 점으로 다시 응집한다.

만약 원통을 반시계 방향으로 계속 돌린다면 똑같은 일이 반대로 일어난다. 이런 과정을 계속 되풀이할 수 있다. 어떤 경우에라도 잉크 방울은 엷은 선이 되어 사라졌다가 원통 회전 방향을 바꾸면, 다시 나타난다.

만약 잉크 방울을 사라지게 하는 데 1회의 회전이 필요하다면 반대 방향으로 한 번 회전시키면 다시 원래의 위치에 나타날 것이다. 잉크 방울을 없애거나 나타나게 하는 데 필요한 회전수를 보옴은 내재된 질서 혹은 함축된

질서라 불렀다.

다음, 글리세린 표면에 한 방울의 잉크를 떨어뜨려 없어질 때까지 1회 돌리고, 또 한 방울을 떨어뜨려 같은 방향으로 회전시켜(한 번 더) 사라지게 하고, 세 번째를 떨어뜨려 그것이 사라질 때까지 또 한 번 돌린다. 이제 글리세린 속에는 세 방울의 잉크 방울이 있다. 한 방울도 보이지는 않으나, 내재적 질서의 어디에 이들이 있는지는 알고 있다. 우리가 원통을 반대 방향으로 돌리면 셋째 잉크 방울이 1회전 후에 나타나고, 두 번 회전시키면 또 한 방울이 나타나며, 세 번째 회전 후에 또 한 방울이 보인다. 이것이 외적 질서이다. 세 개의 잉크 방울은 외적 질서로 보면 서로 무관한 것 같으나, 내재적 질서로 연결되어 있다.

우리가 잉크 방울 대신에 '입자'들을 생각하면, 임의로 일어나는 것처럼 보이는 입자 현상에 관한 보옴의 가설에 도달한다. '입자'들은 서로 다른 곳에 나타나지만 내재적 질서로 연결되어 있을 수 있다. 보옴의 말에 의하면, "입자들은 공간(외적 질서)에서 연결되어 있지 않더라도 내재적 질서로 밀접한 관계가 있을지도 모른다."[15]

물질은 소용돌이vortex가 물의 한 형태인 것처럼 내재적 질서의 형태이다. '더 작은 입자로 쪼개지지 않는다.'[16] 모든 물질처럼, 입자들은 내재적 질서의 형태이다. 이 사실이 난해하다면 그것은 우리가, "내재적 질서의 내재적 질서가 무엇이냐?"를 알고 싶어 하기 때문이다. 내재적 질서란, '존재하는-그것'의 내재적 질서이다. 그러나 존재하는 그것은 바로 내재적 질서이다. 이것은 보통의 세계관과 극히 상이하여, 보옴은 다음과 같이 말한다. "서술(묘사)은 우리가 말하고자 하는 것과 일치하지 않는다."[17] 그 이유는 우리의 사고는 고대 그리스도의 사고방식에 기초하기 때문이다. 이 사고방식에 의하면 존재만이 있다. 따라서 비존재는 없다는 것이다. 이러한 사고

방식은 세계를 다루는 실용적인 도구이기는 하나, 실제 일어나는 사건을 묘사하지 못한다. 실제로, 비존재도 존재한다. 비존재, 존재 모두가 존재하는 그것이다. 모든 것, 심지어 '빈 공간'조차 존재하는 그것이다. 존재하는-그것이 아닌 것은 없다.

현실을 보는 이러한 방법은 관측자의 의식 문제를 제기한다. 정신은, "내재적 질서의 내재적 질서는 무엇이냐?"를 알고자 한다. 왜냐하면 우리의 문화는 외적 질서만 인지하도록 가르쳤기 때문이다(데카르트 견해). '물체'들이란 우리에게는 본질적으로 개개의 것들이다.

보옴의 물리학은 그의 말에 의하면, '새로운 사고의 도구'를 필요로 한다. 보옴의 물리학을 이해하는 데 필요한 사고의 도구는 관측자의 의식을 혁신적으로 변화시킬 것이다.

그러나 이러한 인식은 외적 질서를 보는 데 지장을 초래하지 않을 것이다. 보옴의 이론은 아인슈타인의 이론들과 상응하는 상대성의 요소를 갖는다. 내재적, 외적 질서는 관점에 따라 다르다. 문제는 우리의 현재 관점은 외적 질서에 국한되었다는 것이다. 내재적 질서의 관점에서 보면 외적 질서의 개개의 요소들은 밀접하게 관련되어 있다. 심지어 '원소'나 '밀접히 관련된'과 같은 말도, 존재하지 않는 데카르트의 고립성을 풍긴다. 존재하는-그것의 본질적 차원에서는 '내재적 질서에서 밀접히 연관된', '개개의 원소들' 그 자체가 내재적 질서이다.

보옴의 이론이 필요로 하는 새로운 사고 도구의 필요성은 얼핏 보이듯이 장애물이 아니다. '분해하지 않는 정체성'을 기초로 하는 사고의 도구가 이미 존재한다. 더구나 이런 사고 기구를 발달시키는 것이 유일한 목적인, 2천여 년의 연습과 성찰을 거쳐 온 고도로 발달된 심리학이 있다.

이런 심리학들은 보통 우리가 '동양 종교'라 부르는 것들이다. '동양 종교'는 종류가 다양하다. 동양 종교는 서양의 종교와 엄청나게 다르나, 그렇다고 해서 힌두교나 불교가 똑같다고 보는 것도 실수다. 그러나 모든 동양 종교들은 보옴의 물리와 철학에 본질적으로 일치한다. 이것들은 모두 존재하는-그것인 순수하고 분해될 수 없는 현실의 경험에 기초한다. 보옴의 이론과 동양철학의 관계를 과장하는 것은 어리석으나, 그것을 무시하는 것은 바보스럽다. 다음의 말을 의미하자.

'reality實在'란 말은 'thing(res:사물)'과 'think(revi:생각하다)'라는 어원에서 나왔다. 'Reality'의 뜻은 '당신이 상상할 수 있는 모든 것'이다. 이것은 '존재하는-그것'이 아니다. 어떤 개념이든지 존재하는-그것의 의미로 '진리'를 잡을 수는 없다.

궁극적 인식은 그것을 표현하는 물질 구조는 필요하지만 두뇌나 물질 구조에서 유래하지는 않는다. 진리를 인지하는 오묘한 메커니즘은 두뇌에서 나오는 것이 아니다.

사고와 물질은 비슷한 면이 있다. 우리를 포함해서 모든 물질은 '정보'에 의해 결정된다. '정보'가 곧 시간과 공간을 결정한다.

앞뒤의 문맥을 보지 않으면 앞의 말을 보옴 교수가 했는지, 티베트 불교도가 했는지 식별이 안 될 것이다. 실상 이 말들은 1977년 2월에 버클리에서 보옴 교수가 두 번의 강연을 통해 발표한 내용들이다. 첫째 강연은 물리학도들에게 캠퍼스에서 한 것이었고, 둘째 강연은 전문가들에게 한 것이다(로렌스 버클리 연구소). 위의 대부분은 둘째 강연의 내용이다.

얄궂은 것은 대부분의 물리학자들이 보옴의 이론을 비판적으로 보는데 비해, 과학과 동떨어진 일반 대중에게는 환영을 받고 있다는 점이다.

만약에 보옴의 이론이나 그와 유사한 것이 미래의 물리학의 주요 부분이 된다면 동서양의 사상은 조화를 이루게 될 것이다. 21세기의 물리 교과에는 명상 시간이 생길지도 모른다.

동양 종교의 기능은 정신으로 하여금 상징의 한계를 벗어나게 한다. 이 관점에 의하면, 사람, 개념, 언어 등 모든 것은 상징이다. 상징의 한계를 넘는 곳에서 순수한 깨달음, 실재의 '본질suchness'을 체험하게 되는 것이다.

그러나 모든 동양 종교는 상징의 영역을 벗어나는 데 상징 기호를 사용한다. 어떤 유파는 보다 많은 상징을 사용하지만, 모두들 어떤 형식으로든 상징을 사용한다. 따라서 다음의 문제가 제기된다. 만약 순수한 깨달음이 깨달음의 내용과 별도의 것이라면, 의식의 내용이 순수 의식의 인식에 영향을 미치는 구체적인 방법은 어떤 것인가? 어떤 종류의 내용이 정신을 극복(초월)하게 만드는가? 무엇이 그것으로 하여금, 자신을 초월할 수 있게 하는 능력을 갖게 하나?

이런 질문에 대답하기는 어렵다. 어떠한 대답이든 하나의 관점에 지나지 않는다. 그 관점 자체가 한계성을 지닌다. 무엇을 '이해'한다는 것은 그것을 다른 방법으로 생각하는 것을 포기함을 뜻한다. 이것은 마음 자체가 한계 있는 형상을 다룬다는 말이다. 그러나 의식의 내용과 자신을 초월할 수 있는 정신의 능력 사이에는 엄연한 관계가 있다.

'실재'는 우리가 진실이라고 보는 것이다. 우리가 진실이라 보는 것은 우리가 믿고 있는 것이다. 믿고 있는 것은 우리의 인식에 바탕을 둔다. 인식은 우리가 지향하는 것에 의존한다. 지향하고 있는 것은 우리가 생각하는 것을 토대로 한다. 생각은 우리의 인식에 기초한다. 인식은 우리의 믿음을 결정한다. 진실로 여기는 것이 우리의 실재이다.

위에서 핵심이 되는 과정은 '우리가 생각하는 것'이다. 우리는 적어도, 개방적인 것(그리스도, 붓다, 크리슈나, '자연의 무한한 다양성' 등)에 대한 추구는 마음을 열게 하고, 열린 마음은 깨달음을 향한 최초의 내딛음이 된다.

물리의 심리학적 형태는 근래에 와서 극히 개방적이고 혁신적으로 변했다. 1800년대 후반에, 뉴턴역학은 그 최고점에 도달했다. 역학 모델로서 설명되지 않는 현상은 없는 것 같았다. 모든 역학 모델들은 오랜 원리들에 의거했다. 하버드대학의 물리학 과장은, 해결되지 않은 문제가 거의 없었기 때문에, 대학원 연구를 말렸다.[18]

1900년 〈왕립연구협회〉에서 켈빈Kelvin 경은 흑체복사문제와 마이클슨-모올리 실험의 두 가지 문제만 남았다고 말했다.[19] 그는 이 문제에 의해 갈릴레오와 뉴턴의 시대는 막을 내렸다고 했다. 흑체복사의 문제는 플랑크의 작용양자를 발견하게 했다. 약 30년 만에 뉴턴물리학은 양자이론의 특수하고 제한적인 경우가 되어 버렸다. 1927년에 이르러 새로운 물리학의 기초로서 양자역학과 상대성이론이 다져졌다.

켈빈의 시대와는 달리 오늘의 물리학자들은 극히 개방적인 것에 익숙해져 있다. 노벨상 수상자이며, 컬럼비아대학의 명예 물리학 과장인 이시도르 라바이Isidor Rabi는 1975년에 다음과 같이 썼다.

나는 물리학이 끝이 없을 거라고 생각한다. 자연의 독특함은 그 다양성이 무한한 것이다. 변화하는 형태뿐만 아니라 개념의 새로움과 심오함에 있어서 영원하다.[20]

1971년에 스탭은 이렇게 썼다.

인간의 노력은 영원히 새롭고 중요한 진리를 밝혀낼 것이다.[21]

오늘날 물리학자들의 생각은 인간의 경험과 같이 물리학은 무한히 다양하다는 것이다. 동양 종교는 물리학에 대해 한 말은 없으나 인간의 경험에 관해 많은 언급을 한다. 힌두 신화에서 성모인 칼리Kali는 체험의 무한한 다양성에 대한 상징이다. 그녀는 인생의 비극, 익살, 슬픔, 드라마이다. 그녀는 부모, 형제, 연인, 친구이다. 또한 악마이며, 괴물, 야수이다. 태양이자 바다이며 잔디이자 이슬이며, 우리의 보람의 느낌이며, 가치의 느낌이다. 우리의 발견의 기쁨은 그녀의 팔찌의 장식이다. 우리의 자랑은 그녀의 발에 달린 방울이다.

이렇듯 유혹적이며, 가공스러우며, 위대한 지구의 어머니인 칼리는 항상 새로운 형태로 보인다. 힌두교도들은 칼리를 정복하는 것, 증오하거나 사랑하는 것의 무의미함을 알며, 오직 칼리를 존경하기만 한다.

한 신화에서는, 칼리는 신의 아내 시타Sita이다. 람Ram, 시타와 락사만Lasaman(Ram의 동생)이 밀림을 걷고 있었다. 길이 좁아서 락사만은 시타만 보인다. 그러나 길이 바뀔 때마다 락사만은 신인 그의 형을 볼 수 있었다.

이런 강력한 은유는 물리학 발전에 적용될 수 있다. 대부분의 물리학자들은 은유 따위에는 관심이 없지만, 물리 그 자체는 커다란 은유이다. 20세기의 물리학은, 물리학자들의 증명을 추구하는 보수적인 성질에도 불구하고, 지적 보수주의에서 지적 개방으로서의 변천 과정에 있다. 물리학의 발견이 끝없을 것이라는 인식은 우리를 비옥한 땅으로 안내했다. 이러한 인식은 물리학의 현재 패권에 타격을 주었으나, 지성의 발전을 도모했다.

물리학 도사들은 물리학자들이 '자연의 무한한 다양성을 발견'하는 일 이상의 일을 하고 있음을 안다. 그들은 힌두 신화의 성모 칼리와 춤을 추고 있다.

불교는 철학이자 실천이다. 불교 철학은 심오하고 풍부하다. 불교의 의식은 탄트라Tantra라고 불리는데, 탄트라는 산스크리트어로 '짜다weave'의 뜻이다. 탄트라에 관해서는 할 말이 없다. 오직 행하는 것뿐이다.

불교 철학은 A.D. 2세기에 그 정상에 도달했다. 그 이후 이렇다 할 발전은 없었다. 불교 철학과 탄트라는 정확하게 구별된다. 불교 철학은 지식이 될 수 있으나, 탄트라는 그렇지 못하다. 불교 철학은 이성의 기능이다. 탄트라는 이성을 초월한다. 인도 문명의 가장 심오한 지성들은 언어와 개념의 한계성을 깨달았다. 이것을 초월한 곳에는 오직 의식의 실행과 말로 표현될 수 없는 체험만이 있다. 이것이 불교 의식을 효과적이고 고도의 기교를 갖춘 것으로 발전시키는 데 지장을 주지는 않았으나, 이러한 방법들에서 나오는 경험을 묘사하는 것은 불가능하다.

탄트라 의식은 이성의 종말을 의미하지 않는다. 그것은 상징에 기초한 사고를 보다 큰 의식의 차원에 결합시킴을 의미한다(깨달은 자도 우편번호를 기억한다).

인도의 불교 발전은 실재의 본질을 탐구하는 심오하고 날카로운 지적 탐구가 합리성을 초월하는 양자 도약에서 그 절정에 도달할 수 있다는 것을 보여 주고 있다. 실상 개인적으로는 이 길이 깨달음으로 가는 길 중에 하나다. 티벳 불교는 이것을 형태 없는 길, 마음의 수련이라 한다. 무형의 길은 지성적인 사람에게 적합하다. 물리학은 이 길과 비슷한 방향을 간다.

20세기 물리학의 발달은 우리들의 버릇을 변화시켰다. 상보성의 연구, 불확정성의 원리, 양자이론, 양자역학의 코펜하겐해석 등은 동양 철학의 연구에서 얻는 것과 비슷한 실재의 본질에 대한 통찰을 얻게 했다. 현세의 위대한 물리학자들은 점차 그들의 언어를 초월한 것을 상대하고 있음을 깨닫고 있다. 양자역학의 아버지라 불리는 플랑크는 다음과 같이 썼다.

과학은 지성이 결코 파악할 수 없으나, 시적 직관이 이해할 수 있는 목표를 향한 끊임없는 노력과 계속 진행되는 발전을 뜻한다.22)

이제 과학의 끝장에 가까워 온다. '과학의 끝장'은 더욱 더 포괄적이고 유용한 물리 이론의 그 '끊임없는 노력과 계속적인 발전'의 종말이라는 뜻은 아니다(깨달은 물리학자도 우편번호를 기억한다). 과학의 끝장은 서양 세계가 그 스스로의 때와 방법으로, 인간 체험의 보다 높은 차원의 세계로 나아감을 뜻한다.

버클리의 물리학과장 츄G.F. Chew 교수는 소립자이론에 관해 다음과 같이 썼다.

지금 벌어지고 있는 고급 물리학advanced physics과의 씨름은 물리학의 영역 밖에 있으며 '과학적'이라고 부를 수도 없는, 완전히 새로운 형태의 인간 정신의 노력을 시사하는 것일지 모른다.23)

우리는 인도나 티벳을 순례할 필요가 없다. 그곳에서 배울 것은 많겠지만 바로 여기, 입자가속기와 컴퓨터들 사이에 우리들이 가야 할 '무형의 길'이 출현하고 있다.

우리WuLi라는 은유를 만든 태극권 사범인 알 황은 다음과 같이 말한다.

우리는 말하면, 언젠가는 벽에 부딪치게 된다.24)

똑같은 의미로, 우리가 말하면 언젠가는 순환 논리가 된다고 말할 수 있다. 이살런의 산장에서 나의 새로운 친구인 휜켈스타인이 말한다.

나는 입자들을 양자위상이론Quantum topology의 가장 원시적 사건에 관여하는 원소로 보는 것은 오해라고 생각한다. 왜냐하면 이들(입자)은 시공 속에서 움직이지 않으며, 질량도 전하도 없고, 일반적 의미의 에너지도 없기 때문이다.

질문 : "그 차원에서 사건을 만드는 것은 무엇인가?"

대답 : "춤을 추는 것과 춤은 무엇인가? 이들은 춤 이외의 특징은 없다."
질문 : "그들은 무엇인가?"
대답 : "춤추는 것, 춤추는 자."

맙소사! 책의 제목으로 되돌아 왔구나!"[25]

역자 후기

〈춤추는 물리〉를 옮겨 쓴 지 어언 사반세기가 지나고 보니 감회가 새롭다.
모든 분야에서 이론이나 접근법에 유행이 있듯이 물리학도 바람을 타기 마련이다. 이 책이 지어졌던 6~70년대 입자 이론에서는 분자론이 압도했는데 이제는 이론 물리에서 분산론을 따지는 이는 없다. 이론이 틀렸다기보다 실제로 계산을 통한 예언을 하기가 너무 힘들기 때문이다.
입자 사이의 당기고 밀치는 상생상극의 힘질은 이론상으로는 얽히고설키면서 전자와 모든 입자의 질량마저 이론상 저절로 결정된다는 것이 분산론이었던 것이다. 하지만 실제 계산에서 근자법을 쓰자는 들이론과 별로 나은 결과를 얻지 못한 것이다.
그러나 이 이론에서 나오는 끈이론은 초대칭을 더하면서 현재 하나 된 들이론의 바탕을 마련해 주었고, 이 하나 된 들이론으로 모든 입자 현상을 설명하려는 이론이 판치고 있다. 하지만 천체물리에서 '검은 구멍' 연구로 이름난 허어킹 박사는 이런 연구에 찬물을 끼얹는 말을 하고 있다. '괴델정리'를 빌려 따지면서 하나 된 들이론은 안 된다는 것이다.

어떻든 우리는 서로 힘질하며 살고 있고 서로 달려 있다고 볼 때 위 물리 이론들은 삶을 이해하는 틀 또는 본을 보여 준다는 의미에서 여전히 쓸모가 있고, 그러기에 〈춤추는 물리〉는 아직도 춤추고 있지 않나 생각해 본다.

지구가 더워지면서 생기는 이상 기후로 우리는 시달리고 있고, 자연과 어울려 살아야 하며, 오행이나 화엄의 가르침에 귀를 기울이며, 과학 이론의 본을 길잡이로 삼을 수 있다는 생각을 곰곰이 해 본다.

2007년 11월 1일
가비고시 바히동산에서 자연을 벗하며, 옮긴이 동계 씀

추 천 사

한국과학원 교수 조병하

  이 책은 20세기 초반기의 물리학에서 성취된 창의적이고 혁신적인 현대 물리학의 발전상을 비전문가에게 전수, 소개하여 전문가와 비전문가 사이에 다리를 놓아 문화의 동질적인 공동의 광장을 마련하는 것을 주된 목적으로 집필된 것이다. 저자는 이 책을 통해서 그의 목적을 달성하고 있다. 특히 상대성이론과 양자역학에 중점을 두고 있다. 우리는 실험적 사실과 이론적 개념 사이의 미묘한 상호 작용을 통해서 진척되어 온 여러 가지 사고의 진화상을 이 책에서 흥미롭게 볼 수 있을 뿐만 아니라 맛있게 소화할 수 있을 것이다.
  X선, 방사선동위원소, 반도체, 원자력(원자핵에너지가 옳은 말), 레이다, 전자현미경, 초음파, 레이저, 원자탄, 수소탄, 프라즈마Plasma 등, 오늘날 이와 같은 말은 자주 듣고 있는 낱말들이다. 이 낱말들은 20세기의 물리학이 창출한 것이다.
  현재에 있어서 자연에 대한 인간의 인식 활동은 조직적이고 합목적적으로 진행되어 인간의 지식은 빠른 속도로 발전하고 있다. 인간의 인식 활동에서 철학은 주로 문제 형성에 관계하고, 과학은 주로 문제 해결에 관계한다. 그러나 실제로는 철학이나 과학이나 다 같이 문제의 형성과 해결에 관여한다. 철학이 철학인 까닭은 문제 형성의 근원성에 있고, 과학이 과학인 까닭은 문제 해결의 확실성에 있다. 과학 중에서도 물리학이 대표적인 위치를 차지하고 있을 뿐만 아니라, 선두주자로서의 구실을 담당하고 있다. 물리학의 발전사를 간추려 보면 다음과 같이 다섯 과정을 볼 수 있다.

〈제1혁명〉 역학(고전)의 창립 : 상식의 수학화

거시 세계의 물체 운동을 지배하는 이른바 고전역학은, 1687년 뉴턴이 관성운동 및 작용 반작용 등 세 가지 기본 명제를 정립하여, 그의 저서 《자연철학의 수학적 원리》를 통해서 공표함으로써 탄생되었다고 본다. 이 역학 법칙을 바탕으로 하여 중력을 발견(만유인력의 발견과 같다)함으로써 지상의 운동과 천상의 운동이 통일되었다. 이는 지구와 천체는 이질적인 존재가 아니고 동질적인 실재라는 혁명적인 자연 인식을 가능케 했었다. 운동 초기 조건으로 물체의 위치와 속도가 주어지면 미래의 운동은 인과율에 따라 결정론적으로 확정된다. 오늘날의 기계문명의 바탕은 바로 이 고전 역학에 원리적인 기반을 두고 있을 뿐만 아니라, 인공위성과 우주선의 성공적인 운항으로 극적인 실증을 얻고 있다. 이 역학에서의 물리량은 모두 연속량이고 시간만은 절대화되어 매개 변수의 구실을 하고 있는 것이 특색이다. 고전역학에서는 인과율이 결정론적으로 적용되어 운동의 예측성이 확정적이다. 이 역학에 따라 이른바 역학적 자연관이 탄생하였다. 이 역학체계는 다른 분야에서도 발전하여 유체역학, 열역학 및 탄성학 등을 개화시켰음에도 불구하고, 20세기 초에 접어들자 고전학의 절대성을 손상하는 조짐이 나타나 위기를 맞게 되었다.

〈제2혁명〉 전자기역학의 정립 : 경험의 수학화

19세기에 와서 전기력과 자기력은 서로 겉보기로는 다른 힘 같지만 실은 통일된 전자기력이라는 것을 알게 되었다. 1820년 Oersted가 전류가 흐르고 있는 도선 주변에다 나침반을 갖다 놓으면 침이 흔들리는 것을 발견한 것이 전자기의 발견의 첫 계기가 되었다. 그 후 페러데이Faraday와 맥스웰Maxwell에 의해서 더욱 발전되었다. 맥스웰은 에르스텟Oersted, 암페어Ampere, 및 페러데이 등의 실험 사실을 수학적으로 집대성하여 이른바 맥스웰 방정식을 정립하였다. 이와 같은 수학적 정식화에서 그는 변위전류라는 새로운 개념을 도입하였다. 이에 따라 전자파의 존재가 이론적으로 예언될 수 있었다. 그 후 헤르츠Hertz에 의해 전자파의 존재가 실증되었다. 이 역학은 바로 오늘날의 라디오, 텔레비전, 전신, 전화, 레이다 등 전기문명의 원리적인 기반이 되어 있다. 전자파와 광파의 전파 속도가 같다는 것을 알게 되어 광파, X선, 감마선 등도 전자파의 일종이라는 것이 명백하게 되었다. 하전체와 하전체, 자극과 자극 사이에 작용하는 전기력과 자기력은 하전체나 자극 주변 공간에 형성된 장에 의해서 그 힘이 전달된다는 개념과 이해 방법이 탄생한 것도 빼놓을 수 없는 큰 성과라 아니할 수 없다. 이 전자기 역학에서도 고전 역학에서와 같이, 전류는 유체와 같은 연속적인 것이라고 보고 있으므로 연속관이 적용되고 있으며 아울러 결정론적인 인과율이 적용되고 있다.

고전역학이 질점이나 입자에 대한 운동 법칙인데 반하여, 전자기역학은 장이나 파동에 대한 운동 법칙이라고 할 수 있다.

20세기 초에 접어들어 광양자(또는 광자)가 도입되면서 전자기이론에 새로운 국면이 전개되었다.

〈제3혁명〉 상대성이론의 창출 : 상식에의 도전

지프차가 주행하면서 주행 방향으로 나란하게 놓인 기관총을 발사할 때 지상에서 관측되는 총탄의 속도(v)는, 지프차의 속도(v_1)에다 지프차가 정지하고 있을 때 기관총에서 발사되는 총탄의 속도(v_2)를 더한 것이 된다.

총탄 : $v=v_1+v_2$

이 덧셈은 지극히 상식적이고, 고전역학의 법칙에서 얻어지는 것과 일치한다.

기관총으로 총탄을 발사하는 대신에 전등불을 켜면 이 광파의 전파 속도 (v)는, 지프차가 정지하고 있을 때의 광파의 전파 속도를 c라고 하면, 위의 덧셈법칙에 따르면 $v=(v_1+c)$가 된다. 그러나 1887년의 마이클슨-모올리의 실험에 따르면 이렇게 되지 않고 지프차의 속도는 영향을 주지 않는다.

광파 : $v \neq v_1+c \rightarrow v=c$

이렇게 광속은 광원체의 속도하고는 무관하고 항상 일정하다. 따라서 고전역학이 적용되지 않는 결정적인 현상이 나타났다. 즉 상식이 도전을 받게 된 것이다. 아인슈타인은 광속이 일정하다는 것을 상대성이론 구성에서 공리의 하나로 했다.

그리고 두 사람의 관측자가 서로 등속도 운동을 하고 있으면, 두 사람은 전적으로 같은 조건 속에 있다. 어느 한쪽이 운동하고 어느 한쪽이 정지하고 있는지를 결정짓는 방법은 없다. 진짜로 움직이고 있는 것은 어느 쪽이

냐고 묻는다면, 물리적으로는 무의미한 것이다. 절대 운동이란 개념은 없다. 있다면 상대운동뿐이다. 물리법칙은 등속상대운동에 대해서 불변형식으로 되어 있어야만 비로소 그 법칙의 보편 타당성의 테두리가 정해지는 것이다. 물리법칙의 불변의 요구를 아인슈타인은 상대성이론 구성에서 공리의 하나로 했다. 즉 상대성이론(특수)은 물리 법칙의 불변성을 제1공리로 하고 광속불변을 제2공리로 하고 있다. 이 공리계에서 도출되는 결론 중에는 운동하는 시계의 진도는 늦어지고, 운동하는 자의 길이는 축소되는 등 우리들의 상식으로는 받아들이기가 어려운 것이 많이 나타났으나, 운동 속도가 광속에 가까울 정도로 고속인 경우에는 위의 결론이 실험 사실과 잘 맞는다는 것이 입증되고 있다.

고전역학이 광속보다 늦는 속도 영역에서 성립되는 역학이라는 것이 밝혀졌다. 상대론에서는 시간이 독립적인 매개변수라는 절대성은 사라지고, 공간변수와 높은 수준의 변수로 탈바꿈하여 시공변수로 동격화되었다. 시간은 1차원이고 공간은 3차원이므로, 연속시공 4차원 세계에서 물리법칙이 정립되었다. 즉 상대성이론으로 시공 4차원의 변환에 대해서 물리법칙의 불변성이 보장되는, 이른바 로렌츠Lorentz 대칭성의 존재가 분명하게 된 것이다.

고전 역학, 전자기역학, 상대성이론 등을 총칭해서 고전물리학이라 한다. 고전물리학의 특성은 물리량은 하나같이 다 연속량이며 그 법칙들은 결정론적 인과율의 지배를 받고 있다는 것으로 요약된다.

〈제 4혁명〉 양자역학의 정립 : 미시 세계의 개척

전자의 발견으로 전기량은 유체와 같은 연속량은 아니고 전자가 지니고 있는 하전량을 소단위로 한 불연속적인 집합이라는 것이 명백해졌고, 원자핵의 발견으로 원자는 '소'립자가 아니고 원자핵과 전자로 형성된 복합입자라는 것이 규명되었다. 특히 열복사에서 고전 역학에서는 연속량으로 취급된 '작용(에너지×시간의 차원을 지니는 물리량)'에 대해서 이의 원소 단위로서 '작용양자action quantum'가 플랑크Planck에 의해서 발견되어 마침내 불연속화되었다. 위와 같은 발견들을 토대로 하여 원자 구조론이 발전하고, 나아가 분자, 원자 및 아원자의 미시 세계에 적용될 수 있는 물리법칙의 체계로서 양자역학이 20세 초반기에 정립되었다. 전자와 같은 미시적인 존재는, 고전 역학에서 통용된 입자 개념도 한 면에서는 적용되는 반면에 파동개념도 적용되어야 하는 일면도 보고 있다. 즉 파동성과 입자성을 이중으로 겸유하고 있는 것이다. 이로 인하여 두 가지의 물리량 A와 B를 측정할 때 고전역학에서는 측정 순서에 관계없이 AB와 BA는 같은 값이 되어 주지만,

   고전역학 : AB=BA

양자역학에서는 그렇지 않고 같은 경우도 있고 같지 않게 되는 경우도 있다.

   양자역학 : AB≠BA 와 AB=BA

AB≠BA인 경우는, 측정 수단이 피측정체의 운동 상태에 미치는 요건을 무시할 수 없는 경우에 나타난다. 즉 불확정성의 원리의 지배를 받게 된다.

 양자역학은 양자화학, 양자통계역학, 양자전자공학, 양자생물학 등으로 관련 분야에 확산 적용되어 많은 성과를 거두었을 뿐만 아니라 핵발전, 원자탄 등의 기본 원리가 되어 있어 그 유효성은 다방면에서 입증되었다. 상대성이론과 양자역학의 결합에서 출생한 상대론적 양자역학(장론)으로 소립자의 생성, 소멸과 상호 전환을 기술할 수 있게 되었다. 양자역학을 중심으로 하는 물리학을 우리들은 현대물리학이라고 부르고 있다. 현대물리학과 고전물리학을 비교해 보면, 현대물리학에서의 물리량은 불연속성이고, 인과율은 확률적으로 적용된다. 즉 고전물리학은 결정론적 인과율의 지배를

받는 연속적 자연관이 바탕이 되어 있는 반면, 현대물리학은 확률론적 인과율의 지배를 받는 불연속적 자연관을 바탕으로 하고 있다.

상대론적 양자역학(장론)을 양자와 전자의 물리계에 적용해서 형성된 양자전자역학은 장론의 한 성공 사례가 되었을 뿐만 아니라 다른 소립자의 물리계에 대한 이론형성에 관한 지도적 역할까지 하고 있다.

〈제5혁명〉 전자력과 약한 핵력의 통일 : 새로운 통일론

자연계의 물질 사이에 작용하고 있는 기본적인 힘은 중력과 전자력 이외에 원자핵의 붕괴를 지배하는 약력(또는 붕괴력)과 원자핵 등의 결합을 지배하는 강력이 있다. 1960년대의 후반에 와서 와인버그S. Weinberg와 살람A. Salam에 의해 약력과 전자력은 겉보기에 서로 다를 뿐 그 뿌리는 같다는 학설이 제창되었다. 그 후 10여 년간의 실험 결과로 이 이론의 타당성이 많이 입증되어 그들은 1980년도의 노벨물리학상을 공동으로 수상했다.

이 같은 통일론의 성공이 계기가 되어 기본사력基本四力에 대한 대통일론의 탐구가 활발히 진행되고 있다. 소립자의 유연관계에서 얻어지는 대칭성 이론도 중요성을 더해가고 있는 실정이다. 통일론은 물리학자의 꿈!

이러한 과정을 거쳐 오늘에 이른 현대물리학에서 얻은 여러 가지 원리가 그 관찰 결과가 동양 사상과 상통하는 점이 많이 발견되는 것은 뜻밖이고도 놀라운 일이라 하지 않을 수 없다. 이러한 흥미진진한 비교를 주커브는 예리한 관찰과 명쾌한 필치로 비전문가도 읽기 쉽게 첫걸음부터 차근차근 풀이해 주고 있다.

현대에 사는 동양인이 현대물리학을 통해 새삼 전통 사상을 재음미하는 좋은 읽을거리를 마련해 주는 이 책을 여러분에게 적극 추천하고 싶다.

원주 및 참고 문헌

|원주|

● 빅서에서 보낸 한 주일

1. Al Chung-liang Huang, *Embrace Tiger, Return to Mountain,* Moab(Utah), Real People Press, 1973, p.1.
2. Albert Einstein and Leopold Infeld, *The Evolution of Physics,* New York, Simon and Schuster, 1938, p31
3. Isidor Rabi, "Profiles-Physicists, I", *The New Yorker Magazine,* October 13, 1975

● 아인슈타인은 그것을 좋아하지 않는다

1. Albert Einstein and Leopold Infeld, *The Evolution of Physics,* New York, Simon and Schuster, 1938, p31
2. Ibid., p152
3. Werner Heisenberg, *Across the Frontiers,* New York, Harper & Row, 1974. p114
4. Isaac Newton, *Philosophiae Naturalis Principia Mathematica*(trans. Andrew Motte), reprinted in *Sir Isaac Newton's Mathematical*

Principles of Natural Philosophy and His System of the World(revised trans. Florian Cajori), Berkeley, University of California Press, 1946, p547

5. *Proceedings of the Royal Society of London,* vol. 54, 1893, p381, which refers to *Correspondence of R. Bentley,* vol. 1, p70, There is also a discussion of action-at-a-distance in a lecture of Clerk Maxwell in Nature, vol. VII, 1872, p325

6. Joseph Weizenbaum, *Computer Power and Human Reason,* San Francisco, Freeman, 1976

7. Niels Bohr, *Atomic Theory and Human Knowledge,* Now York, John Wiley, 1958, p62

8. J. A. Wheeler, K. S. Thorne, and C. Misner, *Gravitation,* San Francisco, Freeman, p1273

9. Garl G. Jung, *Collected Works,* vol. 9, Bollingen Series XX, Princeton, Princeton University Press, 1969, pp70-71

10. Carl G. Jung and Wolfgang Pauli, *The Interpretation of Nature and the Psyche,* Bollingen Series LI, Princeton, University Press, 1955, p175

11. Albert Einstein, "On Physical Reality", *Franklin Institute Journal,* 221, 1936, 349ff.

12. Henry Stapp, "The Copenhagen Interpretation and the Nature on Space-Time", *American Journal of Physics,* 40, 1972, 1098ff.

13. Robert Ornstein, ed., *The Nature of Human Consciousness,* New York, Viking, 1974, pp61-149

● 살아 있음이란?

1. Victor Guillemin, *The Story of Quantum Mechanics*, New York, Scribner's, 1968, pp50-51
2. Max Planck, *The Philosophy of Physics*, New York, Norton, 1936, p59
3. Henry Stapp, "Are Superluminal Connections Necessary?", *Nuovo Cimento,* 40B, 1977, 191
4. Evan H. Walker, "The Nature of Consciousness", *Mathematical Biosciences,* 7, 1970, 175-17-6
5. Werner Heisenberg, *Physics and Philosophy,* New York, Harper & Row, 1958, p41

● 일어나는 것

1. Max Born and Albert Einstein, *The Born-Einstein Letters,* New York, Walker and Company, 1971, p91
2. Henry Stapp, "S-Matrix Interpretation of Quantum Theory", *Physical Review,* D3, 1971, 1303
3. Ibid., p3
4. Ibid., iv
5. Werner Heisenberg, *Physics and Philosophy,* Harper Torchbooks, New York, Harper & Row, 1958, p41
6. Henry Stapp, "Mind, Matter, and Quantum Mechanics", unpublsihed paper
7. Hugh Everett III, "'Relative State' Formulation of Quantum

Mechanics", *Reviews of Modern Physics,* vol. 29, no. 3, 1957, pp454~462

● '나'의 구실
1. Niels Bohr, *Atomic Theory and the Description of Nature,* Cambridge, England, Cambridge University Press, 1934, p53
2. Werner Heisenberg, *Physics and Philosophy,* Harper Torchbooks, New York, Harper & Row, 1958, p42
3. Werner Heisenberg, *Across the frontiers,* New York, Harper & Row, 1974, p75
4. Erwin Schrödinger, "Image of Matter", *in On Modern Physics,* with W. Heisenberg, M. Born, and P. Auger, New York, Clarkson Potter, 1961, p50
5. Max Born, *Atomic Physics,* New York, Hanfner, 1957, p95
6. Ibid., p96
7. Ibid., p102
8. Werner Heisenberg, *Physics and Beyond,* New York, Harper & Row, 1971, p76
9. Niels Bohr, *Atomic Theory and Human Knowledge,* New York, John Wiley, 1958, p60
10. Max Born, op. cit., p97
11. Heisenberg, *Physics and Philosophy,* op. cit., p58

● 초발심자의 마음

1. Shunryu Suzuki, *Zen Mind, Beginner's Mind*, New York, Weatherhill, 1970, pp 13~14
2. Henry Miller, "Reflections on Writing", in *Wisdom of the Heart*, Norfolk, Connecticut, New Directions Press, 1941(reprinted in The *Creative Process*, by B. Ghiselin(ed.)), Berkeley, University of California Press, 1954, p186
3. KQED Television press conference, San Francisco, California, December 3, 1965
4. Werner Heisenberg, *Physics and Philosophy*, Harper Torchbooks, New York, Harper & Row, 1958, p33

● 특수 무의미

1. Albert Einstein, "Aether und Relativita?ts theorie", 1920, trans. W. Perret and G. B. Jeffery, *Side Lights on Relativity*, London, Methuen, 1922(reprinted in *Physical Thought from the Presocratics to the Quantum Physicists* by Shmuel Sambursky, New York, Pica Press, 1975, p497
2. Ibid., p497
3. Ibid., p497
4. Albert Einstein, "Die Grundlage der Allgemeinin Relativita?ts theorie", 1916, trans. W. Perret and G. B. Jeffery, *Side Lights on Relativity*, London, Methuen, 1922 (reprinted in *Physical Thought from the Presocratics to the Quantum Physicists* by Shmuel Sambursky, New York, Pica Press, 1975, p491)

5. Einstein, "Aether und Relativita?ts theorie", op. cit., p496
6. J. Terrell, *Physical Review*, 116, 1959, 1041
7. Isaac Newton, *Philosophiae Naturalis Principia Mathematica*(trans. Andrew Motte), reprinted in *Sir Isaac Newton's Mathematical Principles of Natural Philosophy and His System of the World*(revised trans. Florian Cajori), Berkely, University of California Press, 1946, p6
8. From "Space and Time", an address to the 80th Assembly of German Natural Scientists and Physicians, Cologne, Germany, September 21, 1980(reprinted in *The Principles of Relativity,* by A. Lorentz, A. Einstein, H. Minkowski, and H. Weyle, New York, Dover, 1952, p75)
9. Albert Einstein and Leopold Infeld, *The Evolution of Physics,* New York, Simon and Schuster, 1961, p197

● 일반 무의미
1. Albert Einstein and Leopold Infeld, *The Evolution of Physics,* New York, Simon and Schuster, 1961, p197
2. Ibid., p219
3. Ibid., pp33~34
4. David Finkelstein, "Past-Future Asymmetry of the Gravitational Field of a Point Particle", *Physical Review,* 110, 1958, 965

● 입자 동물원

1. Goethe, *Theory of Colours,* Pt. II (Historical), iv, 8(trans. C. L. Eastlake, London, 1840; repr., M. I. T. Press, Cambridge, Massachusetts, 1970)
2. Werner Heisenberg, *Across the Frontiers,* New York, Harper & Row, 1974. p.162.
3. Jack Sarfatti, unpublished manuscript
4. Werner Heisenberg et al., *On Modern Physics,* New York, Clarkson-Potter, 1961, p13
5. David Bohm, *Causality and Chance in Modern Physics,* Philadelphia, University of Pennsylvania Press, 1957, p90
6. Werner Heisenberg, *Physics and Beyond,* New York, Harper & Row, 1971, p41
7. Werner Heisenberg et al., *On Modern Physics,* op. cit., p34
8. Virtor Guillemin, *The Story of Quantum Mechanics,* New York, Scrihner's, 1968, p135
9. Max Born, *The Restless Universe,* New York, Dover, 1951, p206
10. Ibid., p206
11. Ibid., p206
12. Kenneth Ford, *The World of Elementary Particles,* New York, Blaisdell, 1965, pp45~46

● 춤

1. Louis de Broglie, "A General Survey of the Scientific Work of Albert Einstein", in *Albert Einstein, Philosopher Scientist,* vol. 1, Paul

Schilpp(ed), Harper Torchbooks, New York, Harper & Row. 1949, p114

2. Richard Feynman, "Mathematical Formulation of the Quantum Theory of Electromagnetic Interaction", in Julian Schwinger(ed.) *Selected Papers on Quantum Electrodynamics*(Appendix B), New York, Dover, 1958, p272

3. Kenneth Ford, *The World of Elementary Particles,* New York, Blaisdell, 1963, p208 and cover

4. Sir Charles Eliot, *Japanese Buddhism,* New York, Barnes and Noble, 1969, pp109~110

● 둘보다 더한

1. John von Neumann, *The Mathematical Foundations of Quantum Mechanics*(trans. Robert T. Beyer), Princeton. Princeton University Press, 1955

2. Ibid., p253

3. Werner Heisenberg, *Physics and Beyond,* New York, Harper & Row, 1971, p206

4. Max Born, *Atomic Physics,* New York, Hafner, 1957, p97

5. Transcribed from tapes recorded at the Esalen Conference on Physics and Consciousness, Big Sur, California, January, 1976

6. Albert Einstein, Boris Podolsky, and Nathan Rosen, "Can Quantum Mechanical Description of Physical Reality Be Considered Complete?", *Physical Review,* 47, 1935, 777ff.

7. Werner Heisenberg, *Across the Frontiers*, New York, Harper & Row, 1974, p72
8. Esalen Tapes, op. cit.
9. Garrett Birkhoff and John von Neumann, "The Logic of Quantum Mechanics", *Annals of Mathematics*, vol. 37, 1936
10. Esalen Tapes, op. cit.

● 과학의 끝장

1. Longchenpa, "The Natural Freedom of Mind", trans. Herbert Guenther, *Crystal Mirror*, vol. 4, 1975, p125
2. Albert Einstein, Boris Podolsky, and Nathan Rosen, "Can Quantum Mechanical Description of Physical Reality Be Considered Complete?" *Physical Review*, 47, 1935, 777ff.
3. Erwin Schrödinger, "Discussions of Probability Relations between Separated Systems", *Proceedings of the Cambridge Philosophical Society*, 31, 1935, 555~562
4. Albert Einstein, "Autobiographical Notes", in Paul Schilpp(ed.), *Albert Einstein, Philosopher-Scientist*, Harper Torchbooks, New York, Harper & Row, 1949, p85
5. Ibid., p87
6. Ibid., p85
7. Henry Stapp, "S-Matrix Interpretation of Quantum Theory", *Physical Review*, D3, 1971, 1303ff.
8. Stuart Freedman and John Clauser, "Experimental Test of Local

Hidden Variable Theories", *Physical Review Letters,* 28, 1972, 938ff.
9. Henry Stapp, "Are Superluminal Connections Necessary?", *Nuovo Cimento,* 40B, 1977, 191
10. Henry Stapp, "Bell's Theorem and World Process", *Il Nuovo Cimento,* 29B, 1975, 271
11. David Bohm and B. Hiley, "On the Intuitive Understanding of Nonlocality as Implied Quantum Theory" (preprint, Birkbeck College, University of London, 1974)
12. Henry Stapp, "S-Matrix Interpretation", op. cit.
13. Werner Heisenberg, *Physics and Philosophy,* Harper Torchbooks, New York, Harper & Row, 1958, p52
14. Lecture given April 6, 1977, University of California at Berkeley
15. Lecture given April 6, 1977, University of California at Berkeley
16. Lecture given April 6, 1977, University of California at Berkeley
17. Lecture given April 6, 1977, University of California at Berkeley
18. Victor Guillemin. *The Story of Quantum Mechanics,* New York, Scribner's, 1968, p19
19. Lord Kelvin(Sir William Thompson), "Nineteenth Century Clouds over the Dynamical Theory of Heat and Light", *Philosophical Magazine,* 2, 1901, 1~40
20. Isidor Rabi, "Profiles-Physicist II", *The New Yorker Magazine,* October 20, 1975
21. Henry Stapp, "The Copenhagen Interpretation and the Nature of Space-Time", *American Journal of Physics,* 40, 1972, 1098

22. Max Planck, *The Philosophy of Physics,* New York, Norton, 1936, p83
23. This quotation was given to the Fundamental Physics Group, Lawrence Berkeley Laboratory, November 21, 1975(during an informal discussion of the bootstrap theory) by Dr. Chew's colleague, F. Capra
24. Al Chung-liang Huang, *Embrace Tiger, Return to Mountain,* Moab, Utah, Real People Press, 1973, p14
25. Transcribed from tapes recorded at the Esalen Conference on Physics and Consciousness, Big Sur, California, January, 1976.

|참고문헌|

Barnett, L., *The Universe and Dr. Einstein,* New York, Haper & Row, 1948

Birkhoff, G., and von Neumann, J., "The Logic of Quantum Mechanics", *Annals of Mathematics,* vol. 37, no. 4, Oct. 1936

Bohm, D., *Causality and Chance in Modern Physics,* Philadelphia, University of Pennsylvania Press, 1957

Bohm, D., and Hiley, B., On the Intuitive Understanding of Nonlocality as Implied by Quantum Theory(preprint, Birkbeck College, University of London, 1974)

Bohr, N, *Atomic Theory and the Description of Nature,* Cambridge, England, Cambridge University Press, 1934

Bohr, N., *Atomic Theory and Human Knowledge,* New York, John Wiley, 1958

Born, M., *Atomic Physics,* New York, Hafner, 1957

Born, M., *The Restless Universe,* New York, Dover, 1951

Born, M., and Einstein, A., *The Born-Einstein Letters*(trans, Irene

Born), New York, Walker and Company, 1971

Capra, F., *Chronology of the Development of Quantum Mechanics*, unpublished paper prepared for the Physics/Consciousness Research Group, J. Sarfatti, Ph. D., Director.

Capra, F, *The Tao of Physics,* Berkeley, Shambala, 1975

de Broglie, L., "A General Survey of the Scientific Work of Albert Einstein", in Schilpp, P.(ed.), *Albert Einstein, Philosopher Scientist,* vol. 1, New York, Harper & Row, 1949, p114

De Witt, and Graham, N., *The Many Worlds Interpretation of Quantum Mechanics,* Princeton, Princeton University Press, 1973

Eddington, A., *The Mathematical Theory of Relativity,* Cambridge, England, Cambridge University Press, 1923

Eddington, A., *Space, Time, and Gravitation,* Cambridge, England, Cambridge University Press, 1920

Einstein, A., "Aether und Relativita?ts theorie", 1920(trans, Perret, W., and Jeffery, G., *Side Lights on Relativity,* London, Methuen, 1922)

Einstein, A., "Autobiographical Notes", in Schilpp, P.(ed.), *Albert Einstein, Philosopher-Scientist,* vol. 1, New York, Harper & Row, 1959, p1ff.

Einstein, A., "Die Grundlage de Allgemeinen Relativita?ts theorie", 1961(trans, Perret, W., and Jeffery, G., *Side Lights on Relativity,* London, Methuen, 1922)

Einstein, A., "On Physical Reality", *Franklin Institute Journal,* 221, 1936, 349ff.

Einstein, A., and Infeld, L., *The Evolution of Physics*, New York, Simon and Schuster, 1961

Einstein, A., Podolsky, B., and Rosen, N., "Can Quantum-Mechanical Description of Physical Reality Be Considered Complete?" *Physical Review,* 47, 1935, 777

Eliot, C., Japanese Buddhism, New York, Barnes and Noble, 1969

Feynman, R., "Mathematical Formulation of the Quantum Theory of Electromagnetic Interaction", in Schwinger. J.(ed.), *Selected Papers of Quantum Electrodynamics,* New York, Dover, 1958, p272ff.

Finkelstein, D., "Beneath Time: Explorations in Quantum Topology", unpublished paper

Finkelstein, D., "Past-Future Asymmetry of the Gravitational Field of a Point Particle", *Physical Review,* 110, 1958, 965

Ford, K., *The World of Elementary Particles,* New York, Blaisdell, 1963

Frerdman, S., and Clauser, J., "Experimental Test of Local Hidden Variable Theories", *Physical Review Letters,* 28, 1972, 938

Goethe, *Theory of Colours*(trans. Eastlake, C. L., London, 1840: repr. M. I. T. Press, Cambridge, Mass., 1970)

Guillemin, V., *The Story of Quantum Mechanics,* New York, Scribner's, 1968

Hafele, J., and Keating, R., *Science,* vol. 177, 1972

Hawking, S. W., "Singularities in the Geometry of Space-time", Adams Prize, Cambridge University, 1966

Heisenberg, W., *Across the Frontiers,* New York, Harper & Row, 1974

Heisenberg, W., *Physics and Beyond*, New York, Harper & Row, 1971

Heisenberg, W., *Physics and Philosophy*, New York, Harper & Row, 1958

Heisenberg, W., et. al., *On Modern Physics*, New York, Clarkson Potter, 1961

Herbert, N., "More than Both: A Key to Quantum Logic", unpublished paper(available from C-Life Institute, Box 261, Boulder Creek, Cal. 95006)

Herbert, N., "Thru the Looking Glass: Alice's Analysis of Quantum Logic", unpublished paper (available from C-Life Institute, Box 261, Boulder Creek, Cal. 95006)

Herbert, N., "Where Do "Parts Come From?", unpublished paper(available from C-Life Institute, Box 261, Boulder Creek, Cal. 95006)

Huang, A., *Embrace Tiger, Return to Mountain*, Moab, Utah, Real People Press, 1973

Jung, G., *Collected Works*, vol. 9(Bollingen Series XX), Princeton, Princeton University Press, 1969

Jung, C., and Pauli, W., *The Interpretation of Nature and the Psyche*(Bollingen Series LI), Princeton, Princeton University Press, 1955

Kelvin, Lord(Sir William Thompson), "Nineteenth-Century Clouds over the Dynamical Theory of Heat and Light", *Philosophical Magazine*, 2, 1901, 1~40

Longchenpa, "The Natural Freedom of Mind", trans. Guenther, H., in *Crystal Mirror,* vol. 4. 1975, p125

Lorentz, A., et. al., *The Principle of Relativity,* New York, Dover, 1952

Miller, H., "Reflections on Writing", *Wisdom of the Heart,* Norfolk, Conn. New Directions, 1941(repr. in Ghiselin(ed.), *The Creative Process,* Berkeley, University of California Press, 1954)

Murchie, G., *Music of the Spheres,* vol. 1 and 2, New York, Dover, 1961

Newton, 1., *Philosophiae Naturalis Principia Mathematica*(trans, Andrew Motte), reprinted in *Sir Isaac Newton's Mathematical Principles of Natural Philosophy and His System of the World*(revised trans. Florian Cajori), Berkeley, University of California Press, 1946

Oppenheimer, J. R., and Snyder, H., "On Continual Gravitational Contraction", Physical Review, 56, 1939, 455~459

Ornstein, R.(ed.), *The Nature of Human Consciousness,* New York, Viking, 1974

Penrose, R., "Gravitational Collapse and Space-time Singularities", *Physical Review Letters,* 14, 1965, 57~59

Planck, M., "Neue Bahnen der physikalichen Erkenntnis", 1913(trans, d'Albe, F., Phil. Mag., vol. 28, 1914)

Planck, M., *The Philosophy of Physics,* New York. Norton, 1936

Rabi, I., "Profiles-Physicist I", *The New Yorker Magazine.* October 13, 1975

Rabi, I., "Profiles-Physicist II", *The New Yorker Magazine,* October

20, 1975

Russell, B., *The ABC of Relativity*, London George Allen & Unwin, 1958

Sambursky, S., *Physical Thought from the Presocratics to the Quantum Physicists*, New York, Pica, 1975

Sarfatti, J., "The Case for Superluminal Information Transfer", *MIT Technology Review*, vol. 79, no, 5, 1977, p3ff.

Sarfatti, J., "Mind, Matter, and Einstein", unpublished paper

Sarfatti, J., "The Physical Roots of Consciousness", in Mishlove, J., *The Roots of Consciousness*, New York, Random House, 1975, pp279ff.

Sarfatti, J., "Reply to Bohm-Hiley", *Psychoenergetic Systems*, London, Gordon & Breach, vol. 2, 1976, pp1~8

Schilpp, P., *Albert Einstein, Philosopher-Scientist*, vol. 1, New York, Harper & Row, 1949

Schro?dinger, E., "Discussions of Probability Relations Between Separated Systems", *Proceedings of the Cambridge Philosophical Society*, vol. 31, 1935

Schro?dinger, E., "Image of Matter". in Heisenberg, W., et. al. *On Modern Physics*, New York, Clarkson Potter, 1961, pp50ff.

Shamos, M.(ed.), *Great Experiments in Physics*, New York, Holt-Dryden, 1959

Stapp, H., "Are Superluminal Connections Necessary?", *Nuovo Cimento*, 40B, 1977, 191

Stapp, H., "Bells Theorem and World Process", *Nuovo Cimento*, 29B,

1975, 270

Stapp, H., "The Copenhagen Interpretation and the Nature of Space Time", *American Journal of Physics,* 40, 1972, 1098

Stapp, H., "S-Matrix Interpretation of Quantum Theory", *Physical Review,* D3, 1971, 1303

Stapp, H., "Theory of Reality", *Foundations of Physics,* 7, 1977. 313

Suzuki, S., *Zen Mind, Beginner's Mind,* New York, Weatherhill, 1970

Targ, R., and Puthoff. H., Mind-Reach, New York, Delacorte Press. 1977

Taylor, J., *Black Holes: The End of the Universe?,* New York, Random House, 1973

Terrell, J., *Physical Review,* 116, 1959, 1041

Von Neumann J., *The Mathematical Foundations of Quantum Mechanics,* trans. Beyer, R., Princeton, Princeton University Press, 1955

Walker, E., "The Nature of Consciousness", *Mathematical Biosciences* 7, 1970

Weisskopf. V. *Physics in the Twentieth Century,* Cambridge, Mass., M. I. T, Press, 1972

Weizenbaum, J., *Computer Power and Human Reason,* San Francisco, Freeman, 1976

Witten(ed.), *Gravitation : An Introduction to Current Research,* New York, Wiley, 1962

Wheeler, J., et. al., *Gravitation,* San Francisco, Freeman, 1973sss

춤추는 물리
The Dancing Masters

초판 1쇄 발행 | 1981년 6월 1일
2판 3쇄 발행 | 2021년 10월 20일

지은이 | 게어리 주커브
옮긴이 | 김영덕
발행인 | 이현숙
발행처 | 범양사
등 록 | 제 2015-000045호
주 소 | 경기도 고양시 일산동구 호수로 662, 442호
전 화 | 031-921-7711
팩 스 | 031-921-7712
이메일 | pumyangbooks@naver.com

편집·디자인 | 홍영사
인쇄·제본 | 내일북

ISBN 978-89-7167-172-6 03420